科学出版社"十三五"普通高等教育本科规划教材

生物仪器分析

U0181768

主　编　陈志伟　王永在

编　者　（按姓氏笔画排序）

王永在　孔　玲　刘东武

孙发哲　陈志伟

科学出版社

北　京

内 容 简 介

本书介绍了生物样品分析中常用的仪器分析方法，分为绪论以及生物样品前处理法篇、元素成分分析法篇、结构分析法篇、分离分析法篇、热分析法篇和超显微结构分析法篇六大部分共 19 章，包括生物样品前处理、原子吸收光谱、原子发射光谱、等离子体质谱、有机元素分析、电化学分析、紫外 - 可见吸收光谱、红外吸收光谱、拉曼光谱、分子荧光分析、核磁共振波谱、质谱、X 射线衍射分析、气相色谱、高效液相色谱、毛细管电泳、热分析、透射电子显微分析和扫描电子显微分析等内容。每章由基本原理、仪器基本结构、实验技术、思考题与习题及典型案例等部分构成。本书条理清晰，通俗易懂，适用性强。

本书可作为高等院校生物类各专业本科生和研究生的教材，也可作为化学、食品、药学、环境、医学和材料等专业学生的参考教材，还可供从事仪器分析的企业、科研和管理部门有兴趣的读者学习参考。

图书在版编目（CIP）数据

生物仪器分析 / 陈志伟，王永在主编. —北京：科学出版社，2020.11
科学出版社"十三五"普通高等教育本科规划教材
ISBN 978-7-03-066691-8

Ⅰ．①生…　Ⅱ．①陈…　②王…　Ⅲ．①仪器分析 - 高等学校 - 教材
Ⅳ．①O657

中国版本图书馆 CIP 数据核字（2020）第 215182 号

责任编辑：王玉时　林梦阳 / 责任校对：严　娜
责任印制：张　伟 / 封面设计：蓝正设计

科 学 出 版 社 出版
北京东黄城根北街 16 号
邮政编码：100717
http://www.sciencep.com
北京盛通数码印刷有限公司 印刷
科学出版社发行　各地新华书店经销

*

2020 年 11 月第 一 版　开本：787×1092　1/16
2024 年 1 月第六次印刷　印张：16 1/2
字数：399 000

定价：65.00 元
（如有印装质量问题，我社负责调换）

前　言

　　仪器分析的主要目的是解决物质的成分和结构的分析问题。作为现代科学技术的"眼睛"，仪器分析对生命科学、生物技术和食品科学等相关领域的发展进步具有极其重要的作用。

　　生物质材料的组分和结构非常复杂，对其进行分析涉及多种仪器分析方法，而每种分析方法的特点、原理和应用各不相同，本科生初学仪器分析课程，容易产生"如何学、有何用和怎么用"的问题。为解决这一问题，本书将常用的生物仪器分析方法按其用途大致进行分类，分为生物样品前处理法篇、元素成分分析法篇、结构分析法篇、分离分析法篇、热分析法篇和超显微结构分析法篇六大部分，在每篇里包含若干种具体的仪器分析方法，每种方法重点阐述基本原理，辅以介绍简单的仪器构成及实验技术，并附有思考题与习题和典型案例。典型案例的内容涉及实际样品分析的整个流程和结果解析，起示范分析方法的作用，以架起理论与实践的桥梁，激发学生的学习兴趣。本书通过这样的教材内容安排，努力让学生做到在"知其所以然"的基础上，学以致用，增强分析问题和解决问题的能力。

　　本书体系完整，条理清晰，内容简明扼要，深浅适度，具有完整性和连贯性，符合学习的认知规律，可以起到现代仪器分析入门书的作用。

　　本书由陈志伟、王永在担任主编，具体编写分工如下：陈志伟编写第三、八、九和十四章；王永在编写绪论、第一、二、四、五、七、十至十三、十五至十七章及全书思考题与习题和典型案例；孔玲编写第六章；刘东武参编第一章；王永在和孙发哲编写第十八、十九章。全书由陈志伟、王永在负责统稿整理。

　　本书的作者均是多年从事仪器分析教学和科研的教师，有较高的理论水平和丰富的仪器分析实践经验。在本书编写过程中，作者参考借鉴了国内外大量相关书籍、期刊及有关国家和行业标准，并引用了其中的某些数据和图表，在此谨向有关作者表示衷心感谢！本书的出版得到山东理工大学和科学出版社的热情关心与帮助，在此一并表示诚挚的谢意！

　　由于编者水平有限，书中难免存在不足之处，敬请专家和读者批评指正。

作　者

2020 年 4 月

目 录

CONTENTS

绪　论

仪器分析是指采用比较复杂或特殊的仪器设备，通过测量物质的物理性质或物理化学性质参数及其变化来获取物质的化学组成、成分含量或化学结构等信息的一类分析方法。从传统的学科分类角度来看，仪器分析与化学分析均为二级学科分析化学的分支学科。

仪器分析是人类从事科学研究和生产活动的"眼睛"。许多重大科技成就的取得和突破都是直接或间接基于仪器分析实验结果的。没有 DNA 晶体的 X 射线衍射数据，就没有 DNA 双螺旋结构的发现；没有毛细管电泳技术，就不会有人类基因组计划的顺利完成；没有生物大分子质谱法和生物大分子三维结构核磁共振技术，就无法开展蛋白质组学研究。据不完全统计，自 20 世纪以来，诺贝尔奖自然科学奖项中，有 68.4% 的物理学奖、74.6% 的化学奖和 90% 的生理学或医学奖的获奖成果是借助各种先进的科学仪器完成的。各类工业产品从原料进厂、生产加工，到产品出厂的整个生产活动中，仪器分析在原料检验、生产过程控制和产品质量检验中都发挥着重要的作用。在食品工业领域，食品营养成分、农药和兽药残留及重金属等有害成分的分析检测等；在医药学领域，医学检验检测、药品质量的检验评价和新医药的研发等；在生态环境领域，大气、水和土壤的污染监测评价；在生物质材料和生物质能源开发利用领域，不同物态转化过程的分析研究……各行各业中，仪器分析均是不可或缺的重要工具和解决问题的手段。

第一节　仪器分析方法分类

据不完全统计，现有的各种仪器分析方法多达百种，但其分析检测过程均是由信号发生、信号检测、信号处理和信号读出等几个连续步骤构成的，整个过程涉及反映物质内涵特性相关信息的提取、分离、输出、传递、转换、接收、检测、采集和处理等内容，依据检测信号与被分析物的特征关系，即可进行物质的成分和结构分析。

仪器分析方法的种类虽多，但可以根据分析方法的基本原理和功能进行分类。

一、基本原理分类法

按照测量过程中所观测的物理或化学特性及信号的类别进行分类的方法就是基本原理分类法。采用不同的测量信号形成了各种不同的仪器分析方法，主要有光学分析法、电化学分析法、色谱分析法、质谱法、热分析法和电子显微分析法等。

1. 光学分析法　　光学分析法是基于能量作用于物质后产生的电磁辐射信号或电磁辐射与物质相互作用后产生辐射信号的变化而建立起来的一类分析方法。光学分析法是一种物理方法，分为光谱法和非光谱法。

1）光谱法：光谱法是以物质与电磁辐射（或能量）相互作用后，引起辐射波长或辐射强度的变化进行分析的方法，可分为吸收光谱法和发射光谱法。吸收光谱法包括原子吸收光谱法、分子吸收光谱法（如紫外 - 可见吸收光谱法和红外吸收光谱法等）、核磁共振波谱法和拉曼光谱法等。发射光谱法包括原子发射光谱法（如原子荧光光谱法和 X 射线荧光光谱法等）、分子发射光谱法（如分子荧光光谱法和分子磷光光谱法等）。原子发射光谱是由原子外层或内层电子能级的变化产生的，其表现形式为线光谱。分子发射光谱是由分子中电子能级、振动和转动能级的变化产生的，其表现形式为带光谱。

2）非光谱法：非光谱法是不以辐射的波长作为特征信号，而仅以测量辐射的某些基本性质（如反射、折射、干涉和偏振等）的变化来进行分析的方法，如折射法、旋光法和 X 射线衍射法等。

2. 电化学分析法　　电化学分析法是一种利用样品溶液在电极上的电化学性质及其变化规律进行分析的物理化学方法。电化学性质用电化学参数（如电压、电导、电流和电量等）来表达。电化学分析法包括电导分析法、电位分析法、电解分析法、库仑分析法、极谱法和伏安法等。

3. 色谱分析法　　色谱分析法是利用混合物中各组分在互不相溶的两相（固定相和流动相）中的吸附能力、分配系数或其他亲和作用力的差异性而建立的一种分离分析方法。其主要包括气相色谱法、高效液相色谱法、薄层色谱法、离子色谱法和毛细管电泳法等。

4. 质谱法　　质谱法是根据待测物质被电离而形成不同质荷比的带电粒子在电磁场中运动行为的差异性进行定性、定量和结构分析的方法。

5. 热分析法　　热分析法是依据物质的质量、体积、热导、反应热等性质与温度之间的动态关系来进行分析的方法，包括热重、差热分析法和差示扫描量热法等。

6. 电子显微分析法　　电子显微分析法是基于电子束与物质的原子核和（或）核外电子发生弹性、非弹性碰撞进行分析的方法，主要用来对物质的超显微结构进行分析。该法可提供的信息包括：微区粒子（相）的形状、大小、数量和分布特征；微区相的组合特征；界面结构和缺陷结构等。

基本原理分类法将各种仪器分析方法按基本原理进行了归类，能够很好地解释仪器分析的原理属性，但一般不易快速、准确地定位其功能属性。

二、功能分类法

仪器分析主要用来分析物质的化学组成、成分含量或化学结构等。化学组成包括元素组成、分子组成和化合物组成；化学结构包括分子结构、晶体结构、显微超显微结构、表面结构和体结构等不同尺度和维度的结构。功能分类法即按照仪器分析方法的基本功能属性进行分类，大致可分为元素成分分析法、结构分析法、分离分析法、超显微结构分析法和热分析法等。对多功能的仪器，应按照其某种主要用途进行划分和归类。

1. 元素成分分析法　　该法的基本功能为对物质进行元素组成的定性、定量分析，包括原子吸收光谱法、原子发射光谱法、有机元素分析法、X 射线荧光光谱法和电化学分析法等。电化学分析法既能进行元素组成分析，也能对化合物组成进行分析，但其方法的原理是电化学反应，在此仍然将其归为元素成分分析法。

2. 结构分析法　　结构分析法是基于待测组分的结构特征进行分析的方法，包括分子吸收光谱法（紫外 - 可见吸收光谱法、红外吸收光谱法）、分子荧光光谱法、拉曼光谱法、核磁共振波谱法、质谱法和 X 射线衍射法等。这类方法也能够进行组分的定性、定量分析。

　　3. 分离分析法　　分离分析法主要包括各种色谱法。由于色谱法是对混合物先分离后分析，分离是手段而分析是目的，目的是对分离后的化合物组分进行定性、定量分析，因此色谱法实际上是一种化合物组成分析法。

　　4. 超显微结构分析法　　该法主要是通过电子显微镜（扫描电子显微镜和透射电子显微镜）获得的二维或三维图像对物质的超显微结构进行分析的方法。

　　5. 热分析法　　热分析法是根据物质的某些物理性质与温度之间的动态关系来进行组成和结构分析的一类方法。

　　功能分类法以分析目的为引导，将众多的分析方法整合分为 5 种主要类型，简单明了，既便于从整体上把握仪器分析的主要内容，也有利于快速、有效地选定拟采用的分析方法。

第二节　仪器分析的特点及发展趋势

一、仪器分析的特点

　　仪器分析是采用电学、光学、精密仪器制造、真空和计算机等先进技术探测物质组分及结构的分析方法，具有以下特点。

　　1）灵敏度高，检出限低。一般微克、微升级的样品量即可满足分析要求，适合于微量、痕量和超痕量成分的测定。

　　2）准确度高。相对标准偏差一般较小（许多仪器分析方法为 2% 左右），特别是在低浓度下的分析准确度较高，如测定元素含量 $1 \times 10^{-9} \sim 1 \times 10^{-6}$g 时的相对误差一般小于 1%～10%。但一般不适合于常量和高含量成分的测定。

　　3）选择性好。很多仪器分析方法通过选择或调整测试参数，可以将共存组分相互间的干扰效应降低或消除，尤其适合于复杂体系如中药的分析等。

　　4）分析速度快，自动化程度高，操作简便。可作即时、在线和原位分析，适于批量样品的分析。例如，原子发射光谱法在 1min 内可同时测定水中 48 种元素，灵敏度可达纳克级。

　　5）可进行无损分析。有些分析方法可在不破坏试样的情况下进行测定，适于生物、药物和食品等领域的快速无损检测。

　　6）能进行多种信息的分析。既可用于样品成分的定性、定量分析，也可进行价态分析及结构分析。

　　7）一般需用标准物质作对照。仪器分析是一种相对分析方法，进行成分定性、定量分析时要用已知组成的标准物质作为参比，而标准物质的获得通常会制约仪器分析的广泛应用。

　　8）仪器设备较复杂和昂贵，分析费用相对较高。

二、生物仪器分析的特点

　　与其他物质的仪器分析相比，生物仪器分析具有某些特殊性，这主要是由于生物样品具有多样性和复杂性。生物样品的主要特点可概括为：样品来源广泛而复杂，既包括动物、植物和微生物样品，也包括食品、药品、有害有毒物质和环境样品等；样品的形态和性状多样，有固体、液体和固液混合物等；样品组分复杂，既包括生物大分子（如蛋白质、氨基酸、核酸、酶、糖、脂类、肽），也有小分子物质；样品元素组成有主要元素和微量元素；组分在样品中分布不均匀，含量变化幅度较大；各组分的结构与成分容易受代谢等生物化学作用的影响而发生动态变化；干扰物质多，基质效应明显；部分样品稳定性较差，容易失活。因此进行生物仪器分析时，必须注意以下几个问题。

1）样品前处理是生物仪器分析成功与否的关键性因素。必须根据分析目的和样品的特点，科学合理地制订样品的前处理方法，如进行成分分析时一般需采取沉淀、水解、离心、萃取、消解和超滤等方法；进行显微超显微结构观察时需制备合适的超薄切片等。

2）很多生物样品不耐高温、强电磁辐射和强电子束轰击，因此要求分析仪器的信号激发源以不破坏样品的组分结构为前提，如质谱分析时尽可能选择软电离源等。

3）正确选择分析方法。针对不同的样品进行相同内容的分析，采用的分析方法可能不同；同一样品，测定项目不同，所选分析方法也可能不同。可以通过建立分析方法来优化分离条件和检测条件，同时应用灵敏度、检出限、线性范围、选择性和分析速度等指标来评价分析方法的优劣。

4）专一性和综合性分析方法的选择。生物样品的复杂性决定了解决问题的多角度性，在进行分析时既要考虑效率，也要考虑效果。有时需要选择专一性很强的分析仪器，有时需要选择联用仪器，有时需要若干种仪器相互配合使用。

三、仪器分析的发展趋势

随着信息技术、微电子技术、新材料技术和传感器技术的广泛应用，现代仪器分析技术的智能化和数字化程度不断提高，其发展趋势主要表现在以下几个方面：①分析测试高速化、高通量化逐渐成为常态；②仪器的灵敏度不断提高，所需试样向微量、超微量化发展；③原位、微区、实时和在线分析的应用，能最大程度获得待分析物的真实组分和结构状态信息；④联用技术使仪器分析向多功能、集成集约化方向发展，各种分析技术的有机组合联接，取长补短，实现用一个样品一次性完成不同性质的测试目的；⑤从静态稳态分析向动态追踪反应历程的方向发展，以揭示反应机理；⑥分析仪器趋于小型化、微型化和智能化；⑦交叉学科和新型学科所提出的新任务，促进仪器分析不断发展；⑧分析仪器的操作趋于简单化。仪器工作者从单纯的重复性的仪器操作向提供整套分析解决方案转变。

四、课程的学习方法

仪器分析是综合性和实践性很强的一门课程，对培养学生发现问题、分析问题和解决问题的能力具有非常重要的作用。仪器分析方法的种类繁多，每种分析方法所涉及的仪器原理、使用方法和分析对象各有所不同，学习本课程时必须首先弄懂每种仪器分析方法的基本原理，做到"知其所以然"，然后在了解仪器的基本结构、测试条件、操作方法和对样品的要求的基础上，结合实验课程，认真观察和体会整个分析流程，掌握相关实验操作技能和数据处理方法，为进行有关仪器分析测试工作奠定坚实的基础。

第一篇

生物样品前处理法

第一章

生物样品前处理常用方法

样品的分析过程一般包括取样、样品前处理、仪器测试、数据分析和结果报告 5 部分，其中取样及样品前处理是整个分析过程中的关键步骤，这两部分工作的质量将直接影响最终分析结果的可靠性。

对取样的要求是：所取得的样品必须具有代表性，其组成和状态应与被分析样品整体的平均组成和状态保持一致。如果取样没有充分的代表性，那么即使用再先进的仪器设备、采用再精确的测试手段、得到再准确的分析结果也都无意义。取样时一定要根据分析对象的性质和特点，结合分析的目的，制订合理的取样方案。

样品前处理，也称样品预处理，其基本目的是将样品用各种机械、物理和化学手段处理成满足仪器分析的状态。仪器分析的目的主要是对样品的组成和结构进行分析。进行组成分析的样品，要保证原始样品中的待测组分经过前处理后含量不变。进行结构分析的样品，要保证原始样品中的待测组分经过前处理后结构不被破坏。

生物样品的化学组成非常复杂，既含有蛋白质、糖、脂肪、维生素及可能由污染引入的外来大分子等有机化合物，又含有钾、钠、钙、铁等各种无机元素。这些组分之间往往通过各种作用力以复杂的结合态或络合态形式存在。当应用某种仪器分析方法对其中的某种组分进行定性、定量分析时，其他组分的存在，常给测定带来不同程度的干扰。为了保证仪器分析工作的顺利进行，得到准确的分析结果，必须在测定前破坏样品中各组分之间的作用力，使被测组分游离出来，或对被分析组分进行提取与纯化，以尽可能排除其他组分造成的干扰效应。

进行成分分析时常用的生物样品前处理法主要有灰化、消解和萃取等技术。其中，灰化和消解总的原则是在分解样品过程中既不能引入待测组分，也不能使样品中待测组分有所损失，所用试剂及反应产物对测定应无干扰。

第一节 灰 化 法

灰化法是一种应用广泛的样品分解方法，其基本过程是：将样品放在可控温的马弗炉中高温灼烧（500～600℃）一定时间，样品中所含的有机物经过脱水、炭化、分解和氧化而挥发，最后只剩下待测组分而保留在白色或浅灰色的干灰（无机灰分）中。除汞外，大多数金属元素和部分非金属元素的测定都可采用这种方法对样品进行预处理。

灰化法一般包括试样干燥、炭化、灰化及浸取几个步骤，每一个步骤对分析结果都可能产生影响。其中，炭化是将经干燥处理后的样品在电热板上小火加热，温度一般控制在200～300℃。炭化后的样品置于冷马弗炉中，将炉温缓慢升至所需的温度，并保温一定时间进行灰化。灰化后的灰分可用水或稀酸浸取。对于某些难溶的灰分也可用浓盐酸或硝酸浸取，再用水稀释。不同的样品，其组成有很大的差别，所得灰分的性质也各不相同，应在对样品组成有较好了解的基础上选择合适的酸溶剂来浸取灰分。

灰化法的优点是：①基本不加或加入很少的试剂，因此试剂玷污量较少，空白值低；②因多数生物样品经灼烧后灰分的体积很小，因而适于处理大批量的样品，可富集被测组分，降低检测下限；③有机物分解彻底；④设备简单；⑤操作方便。灰化法的缺点是：①所需灰化时间较长；②由于是敞口灰化，较高的灰化温度易造成砷、铜、硒、锑、镉、汞等低沸点易挥发元素的损失；③高温灼烧可能使盛放样品的坩埚材料结构发生改变而形成一些微小孔穴，某些被测组分易吸留于这些孔穴中而很难被溶出，导致测定结果和回收率随着灰化温度的升高和时间的增加而降低。

第二节　消　解　法

消解法又称湿法消化法，其主要过程为：向样品中加入强氧化剂（如浓硝酸、浓硫酸、高氯酸、高锰酸钾和过氧化氢等）并加热消煮，使样品中的有机物完全氧化分解，而待测成分则转化为离子状态存在于消化液中，供分析测试使用。消解法分为敞口消解法、高压密封罐消解法和微波消解法三种。

一、敞口消解法

该法在敞口容器中于高温常压下进行，消化过程中易产生大量有害气体，且在消化初期会产生大量泡沫外溢，因此必须在通风橱内进行，需要操作人员严密监管。

二、高压密封罐消解法

该法是在上述常压湿法消化的基础上，密封加压使样品中的有机物较快分解的技术。常用的高压密封罐为内衬聚四氟乙烯的金属容器。在聚四氟乙烯罐中加入适量样品、氧化性强酸和氧化剂后密封，将其置于烘箱中在 120～150℃消化数小时，取出后自然冷却至室温，得到的消化液可直接用于测定。该法的特点是样品用量少，酸用量少，消化速度快，消化彻底，可防止外界污染物进入，空白值低。由于消化温度相对较低，且密闭的消化系统可避免组分挥发，适宜于砷、铬、镉、铅、铜、锌和硒等易挥发元素的分析测定，且完全可以避免灰化法和敞口消解法中所存在的一些问题，广泛用于生物和食品等样品元素分析的前处理。高压密封罐消解法的缺点是不便于处理成批样品，且高压密封罐的使用寿命有限。

三、微波消解法

微波是波长在 0.1～100cm 的电磁波（其相应的频率为 300MHz～300GHz，常用的频率为 2450MHz），它能穿透绝缘体介质把能量辐射到有电介特性的物质上，使物体内部直接受热，具有加热迅速和热效率高的特点。微波消解法结合了高压消解和微波快速加热两方面的优点，具有消化速度快、试剂用量少、空白值低、挥发损失少、污染少和回收率高等优点，现已被广泛用于生物样品、食品、化妆品和污水等领域金属元素的检测，被认为是"理化分析实验室的一次技术革命"。美国公共卫生协会已将该法作为测定金属离子时消解植物样品的标准方法。

进行微波消解的装置又称微波溶样仪，主要由微波炉、溶样器皿和辅助件 3 部分组成。

溶样器皿最常用的是聚四氟乙烯罐，它能允许微波自由通过，耐高温、高压，且不与溶剂反应。聚四氟乙烯罐使用前后应在热盐酸（1∶1）中淋洗，再以热硝酸（1∶1）清洗。

对于一般有机样品的消解，先将少量样品置于聚四氟乙烯罐中，加入适量浓硝酸，混匀，观察反应。若反应激烈，需待反应平息后再闭罐，若直接闭罐消解，可能引起罐内超压，发生危险。现代微波溶样仪均有程序控制功能，可以根据待消化样品的特点设置微波输出功率和加热时间等仪器工作参数。

微波消解法只需用几到十几分钟即可完成一个生物样品的消解，而高压密封罐同样条件下消解一个样品需要 6～8h，而且微波溶样仪的转盘上一次可以放置多达几到几十个消解容器，因此工作效率可以提高 2～3 个数量级，很适合于大批样品的快速消解。

第三节　萃　取　法

萃取是利用物质在两种互不相溶的溶剂中溶解度或分配系数的不同，将物质从一种溶剂里转移到另一种溶剂里的分离方法，包括液 - 液萃取（抽提）和固 - 液萃取（浸取）。萃取是样品提取与纯化的重要技术手段，可以提高待测组分的浓度，使含量极少或浓度很低的痕量组分通过萃取富集于小体积液体中进行测定。

传统的样品提取方法主要为溶剂萃取法，其缺点是：有机溶剂使用量大；危害人体健康和污染环境；耗时长；萃取液在进一步浓缩过程中会导致有效组分的损失。随着分离提取技术的进步，超临界流体萃取、微波萃取和固相萃取等方法在生物样品前处理过程中逐步获得了广泛的应用。

一、超临界流体萃取法

超临界流体萃取（supercritical fluid extraction，SFE）是以超临界状态下的流体作为溶剂的一种分离技术。作为一种独特、高效、清洁的新型提取和分离手段，SFE 在生物技术、食品工业、中药分析、医药保健、精细化工和环境等领域已展现出良好的应用前景，成为取代传统化学分离方法的首选。

超临界流体是介于液体和气体之间的一种单一相，具有如下特点：①黏度与气体相近而密度接近于液体，溶解能力较强；②扩散系数远大于一般的液体，有利于传质；③零表面张力，很容易渗透扩散到被萃取物的微孔内。因此，超临界流体具有良好的溶解和传质特性，能与萃取物很快地达到传质平衡，实现物质的有效分离。

SFE 的分离过程是利用压力和温度对超临界流体溶解能力的影响而进行的。在超临界状态下，将流体与被分离物质接触，使其有选择性地依次把极性大小、沸点高低和分子质量大小不同的成分萃取出来，然后借助减压、升温的方法使超临界流体变成普通气体，被萃取物质则完全或基本析出，从而达到分离和提纯的目的。

常见的超临界流体有乙烷、丙烷、己烷、乙烯、丙烯、二氧化碳、氨和水等，其中应用最为广泛的是超临界 CO_2。CO_2 的临界温度（31.3℃）和临界压力（7.18MPa）较易达到，处于超临界状态的 CO_2 对大多数溶质具有较强的溶解能力，而对水的溶解度却很小，有利于萃取分离有机水溶液；而且具有不燃、不爆、不腐蚀、无毒害、化学稳定性好、廉价易得和极易与萃取产物分离等一系列优点。

与传统的化学分离提取方法相比，SFE 技术具有如下优点：①可以在接近室温下进行提取，可有效地防止热敏性物质的氧化和逸散；②是一种最干净和环保的提取方法，提取过程中无威胁人体健康和污染环境的有害物，可保证样品的纯天然性；③萃取和分离合二为一，当饱和溶解物的超临界流体进入分离器时，压力的下降或温度的变化，使得流体与被萃取物迅速成为气液两相而立即分开，萃取效率高；④流体在生产中可以重复循环使用；⑤工艺简单易控，通过改变温度和压力即可实现萃取分离的目的；⑥能耗和物料成本较低。

二、微波萃取法

微波萃取（microwave extraction，ME），又称微波辅助提取（microwave-assisted extraction，MAE），是微波和传统的溶剂萃取法相结合而成的一种萃取方法。该法是利用微波的热效应对样品及有机溶剂进行加热，从而将目标组分从样品基体中分离出来的一种新型高效分离技术。微波萃取技术作为一种绿色分离技术，已广泛应用到很多行业中。例如，在医药工业中，可用于中草药有效成分的提取、热敏性生物药物的精制及脂质类混合物的分离；在食品工业中，可用于对啤酒花和色素的提取等；在香料工业中，用于精制天然及合成香料；在化学工业中，可用于对混合物进行分离等。

微波能直接作用于样品基体内，使极性分子瞬时极化，极化的分子以每秒 24.5 亿次的高速度做极性变换运动，导致分子整体快速转向及定向排列，从而产生化学键的振动、撕裂和粒子之间的相互摩擦、碰撞等一系列作用，促进分子的极性部分更好地接触和反应，同时迅速生成大量的热能，引起样品温度升高。物质的介电常数不同，其吸收微波能的程度不同，由此产生的热能及传递到周围环境的热能也随之不同。在微波场作用下，萃取体系中基体物质的某些区域或某些组分由于吸收微波能力的不同而被选择性地加热，从而使被萃取组分从体系中分离出来，进入微波吸收能力较差的萃取剂中，达到萃取分离的目的。

微波萃取具有以下优点：①试剂用量少，污染小；②加热均匀，热效率较高，萃取时无高温热源，不存在温度梯度；③无热惯性，过程易于控制；④样品无须干燥等预处理；⑤可批量处理样品，萃取效率高、省时；⑥选择性较好；⑦萃取结果不受物质含水量的影响，回收率较高。微波萃取也有如下不足：①仅适用于热稳定性物质的提取，对于热敏性物质，微波加热可能使其变性或失活；②要求样品有良好的吸水性，否则其难以吸收足够的微波能而无法将萃取产物释放出来；③萃取过程中一些介电常数相近的组分会同时溶解于溶剂中，从而使萃取的选择性降低。

微波萃取装置一般为带有功率选择、控温、控压和控时附件的微波制样设备。萃取罐一般为聚四氟乙烯专用密封罐。萃取溶剂应选用极性溶剂，如甲醇、乙醇、丙酮和水等，不能直接使用不吸收微波能量的纯非极性溶剂。微波萃取过程中溶剂的温度要控制在溶剂沸点和待测物分解温度以下。

微波萃取的工艺流程为：将极性溶剂或极性溶剂和非极性溶剂的混合物与被萃取样品混合装入聚四氟乙烯专用密封罐中，在密闭状态下，用微波制样系统加热一定时间，将加热后的样品过滤，得到的滤液可直接用于分析测试或进行进一步处理。

影响微波萃取的主要因素包括萃取溶剂种类、溶剂 pH、萃取温度、时间、操作压力和物料含水量等，要根据样品的特点和欲萃取化合物的性质，合理选择工作参数。

三、固相萃取法

固相萃取（solid phase extraction，SPE）是近年来快速发展的一种样品预处理方法，可以将其近似看作一种简化的液 - 固色谱分离技术。其基本原理是：用固体吸附剂（吸附柱）将液体样品中的目标化合物（被萃取物）吸附保留，以与样品的基体和干扰化合物分离；用洗脱液洗脱或加热解吸被吸附物，实现目标化合物分离和富集的目的。

根据目标物与萃取溶剂间相互作用的相似相溶机理，将 SPE 分为三种类型：正相 SPE、反相 SPE 和离子交换 SPE。正相 SPE 所用的吸附剂是极性的，样品中目标化合物的极性官能团与吸附剂表面的极性官能团之间存在极性 - 极性作用，如氢键、π-π 键作用、偶极 - 偶极作用和偶极 - 诱导偶极作用及其他的作用。反相 SPE 所用的吸附剂和目标化合物之间存在非极性或极性较弱的相互作用，主要是范德瓦耳斯力或色散力。离子交换 SPE 靠目标化合物与吸附剂之间的静电力作用，又可分为阳离子交换 SPE 和阴离子交换 SPE。

SPE 大多用来处理液体样品（如果是固体样品必须先处理成液体），以萃取、浓缩和净化其中的半挥发性和不挥发性化合物。与传统的液 - 液萃取法相比，SPE 具有如下优点：①目标物的回收率高；②目标物与干扰组分分离更有效；③无须使用超纯溶剂，有机溶剂的低消耗减少了对环境的污染；④能处理小体积试样；⑤无相分离操作，容易收集目标物；⑥操作简单、省时、省力，易于自动化。

固相萃取的操作过程一般分为 5 步：①吸附柱的选择，应根据目标化合物的理化性质和样品基质特点，选择对目标化合物有较强保留能力的固定相；②活化，萃取前先用充满小柱的甲醇等水溶性有机溶剂冲洗小柱或滤膜，溶剂流速要适中，保证溶液充分湿润吸附剂即可；③上样，生物样品取离心分离后的上清液或沉淀后的上清液，上样时要求样品流速尽量缓慢；④洗涤，反相 SPE 的清洗溶剂多为水或缓冲液，可在清洗液中加入少量的有机溶剂、无机盐或适当调节其 pH；⑤洗脱，一般用离子强度较弱但能洗下目标化合物的洗脱溶剂，要求洗脱溶剂的流速尽量慢些。

SPE 在环境分析、药物分析、临床分析、刑事鉴定和食品饮料分析中得到了广泛的应用。例如，鱼、水果等食品和水中的农药残留物分析，人血清和牛奶中有机氯的分析，以及用于评价农药毒性对人健康的影响等分析过程，均涉及用 SPE 处理相关样品。

 思考题与习题

1. 生物样品前处理的基本要求有哪些？
2. 高压密封罐消解法和微波消解法有何异同？
3. 何谓超临界流体？超临界流体萃取的特点是什么？
4. 简述固相萃取时选择吸附柱的主要依据。

典 型 案 例

测定动物肝脏中铅、砷、镉等元素含量的样品前处理

动物肝脏是营养价值较高的食品。由于环境污染及各种饲料添加剂的使用，作为营养元素代谢和有害物质分解的主要器官之一的动物肝脏有可能蓄积一些铅、砷、镉等有害元素。

这些元素能够通过食物链进入人身体内而对人体健康造成一定程度的危害。因此，测定动物肝脏中的有害元素的种类和含量具有重要的意义。有多种仪器分析方法如原子吸收光谱法、原子发射光谱法和电感耦合等离子体质谱法等，可以进行包括动物肝脏等脏器中有害微量元素的测定。但不论采用何种分析方法，首先必须对取得的动物脏器样品进行处理。微波消解法是一种常用的有机质样品预处理方法，样品在全密封消解罐中进行高温消化，消解速度快，试剂消耗少，可防止样品损失，同时能用于易挥发或易损失元素的测定。

预处理方法示例：准确称取 0.5g（精确至 0.1mg）肝脏于微波消解罐中，加入 6mL HNO_3 及 2mL H_2O_2，待无明显反应后密封，按设定的消解程序（表 1-1）进行消解。消解完待罐冷却后，取出，置于温控加热板上低温赶酸至剩余 1~2mL，用去离子水定容至 25mL 容量瓶中，摇匀，即可待测。

表 1-1　微波消解程序

编号	温度 /℃	时间 /min	功率 /W
1	120	20	700
2	140	20	700
3	160	15	700
4	180	15	700

第二篇

元素成分分析法

原子吸收光谱法

原子吸收光谱法（atomic absorption spectrometry，AAS）又称为原子吸收分光光度法，是一种基于待测元素的原子蒸气对特定波长的光吸收强度进行元素定量分析的方法。

早在 1802 年，英国化学家沃拉斯顿（Wollaston）就发现太阳连续光谱中存在暗线。1859 年，德国科学家基尔霍夫（Kirchhoff）和本生（Bunsen）在研究碱金属和碱土金属的火焰光谱时，发现钠蒸气发出的光通过温度较低的钠蒸气时，会引起钠光的吸收，并且根据钠发射线与太阳连续光谱中的暗线在光谱中位置相同这一事实，认为太阳光谱中的暗线是太阳周围大气圈中的气态钠原子对太阳光中的钠辐射吸收的结果。1953 年，澳大利亚物理学家瓦尔什（Walsh）发表的著名论文"原子吸收光谱在化学分析中的应用"奠定了原子吸收光谱法的应用基础，此后这种光谱法作为一种实用分析方法得到了迅速发展。原子吸收光谱法作为一种单元素定量分析方法，具有灵敏度高（火焰原子吸收光谱法的检出限可达 $10^{-9}\sim10^{-6}$g，石墨炉原子吸收光谱法的检出限可达 $10^{-12}\sim10^{-9}$g）、准确度高（可达 1%～3%）、选择性好、测定范围广（可测 70 多种元素）、分析速度快和操作简便等独特优点，广泛应用于生物医药、环保、农业、食品、化工和地质等各个领域。

第一节　原子吸收光谱法的基本原理

一、原子吸收光谱的产生

原子具有多种能级状态，其中能量最低的能态称为基态，其余的能态均称为激发态，而能量最低的激发态称为第一激发态。正常情况下，原子处于基态。如果用一定波长的电磁辐射作用于原子蒸气，当电磁辐射的能量正好等于原子中基态和某一激发态之间的能级差时，该基态原子将吸收能量跃迁至相应的激发态，这就产生了原子吸收光谱。

由于不同元素原子的结构和外层电子排布方式均不相同，各元素原子从基态激发至激发态时所需的能量也各不相同，每种元素都有各自的特征吸收谱线，这种特征吸收谱线称为共振线。由基态跃迁到第一激发态所需的能量最小，跃迁概率最大，其对应的特征吸收谱线称为第一共振线，也称主共振线。主共振线的吸收频率位于紫外区和可见光区。一般所讲的共振线就是指主共振线。对大多数元素而言，主共振线也是最灵敏的吸收线。

二、基态原子和激发态原子的比例

原子吸收光谱是以测定原子蒸气中基态原子对同种原子特征辐射的吸收进行元素定量分析的方法。样品中的待测元素由化合物解离成基态原子的过程中，其中部分原子可能吸收能量而被激发成为激发态。在达到热力学平衡时，激发态原子数和基态原子数的分布遵循玻尔兹曼（Boltzmann）分布定律：

$$\frac{N_j}{N_0} = \frac{g_j}{g_0} e^{-\frac{\Delta E}{kT}}$$ （2-1）

式中，N_j、N_0 分别为分布在激发态和基态能级上的原子数目；g_j、g_0 分别为激发态和基态能级的统计权重；ΔE 为激发态和基态的能级差，即 $\Delta E = E_j - E_0$；k 为玻尔兹曼常数；T 为热力学温度（原子化温度）。

在原子吸收光谱法中，原子化温度一般低于3000K，大多数元素的 ΔE 小于 1.62eV，根据式（2-1）计算的 N_j/N_0 结果均小于 10^{-3}，因此，可忽略激发态原子，认为试样中参与原子吸收的基态原子数目近似等于发生原子吸收的总原子数目。

三、吸收线轮廓

原子吸收谱线属线状光谱，但并不是单色的几何线，其吸收频率或波长分布在一很窄的范围内，因此谱线具有一定的宽度和轮廓。

频率为 ν、强度为 I_0 的一束平行光通过厚度为 L 的原子蒸气云时，透射光的强度 I_ν 与频率 ν 的关系如图 2-1 所示。由图 2-1 可见，原子对不同频率的光吸收程度不同，透射光的强度也不同，光强与频率的关系构成一条轮廓线，在频率 ν_0 处透过的光最少，即吸收最大。若用原子吸收系数 K 随频率 ν 变化的关系作图，可得到如图 2-2 所示的吸收线轮廓图，图中对应于中心频率 ν_0 处，吸收系数有一极大值，在中心频率的两侧吸收曲线有一定的宽度。通常以吸收系数等于极大值一半处的吸收线轮廓上两点间的频率差来表征吸收线的宽度，称为半宽度，以 $\Delta\nu$ 表示。

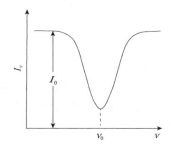 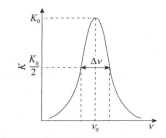

图 2-1 由透射光强度 I_ν 与频率 ν 构成的原子吸收线轮廓示意图 　　　图 2-2 由吸收系数 K 与频率 ν 构成的原子吸收线轮廓示意图

一般用中心频率 ν_0 和半宽度 $\Delta\nu$ 的大小表征原子吸收线的轮廓特征，ν_0 由原子的能级分布特征决定，而 $\Delta\nu$ 既与谱线本身的自然宽度有关，还受其他多种因素的影响。

四、谱线变宽

原子吸收谱线具有一定的宽度，是自然宽度、多普勒变宽和碰撞变宽等内外因素综合作用的结果。

1. 自然宽度　　在无外界影响下，原子吸收谱线仍有一定的宽度，该宽度称为自然宽度，以 $\Delta\nu_N$ 表示。自然宽度是由激发态能级具有一定宽度引起的，其大小取决于激发态原子的平均寿命 $\Delta\tau$，$\Delta\tau$ 越小谱线越宽。大多数情况下，$\Delta\nu_N$ 为 $10^{-6} \sim 10^{-5}$，可忽略不计。

2. 多普勒变宽　　原子在空间做无规则热运动所导致的谱线变宽，称为多普勒（Doppler）

变宽，又称为热变宽。从一个运动着的原子发出的波长为 λ_0 的光，如果原子的运动方向背离观察者（仪器的检测器），在观察者看来，其频率较静止原子发出的光的频率低，即发生红移，相当于 λ_0 被拉长；反之，若原子向着观察者运动，其频率较静止原子发出的光的频率高，即发生蓝移，相当于 λ_0 被压缩。这种现象在物理学上叫作多普勒效应。由于原子的热运动是无规则的，在背向和朝向检测器方向运动的原子数基本上是相同的，检测器接收到的光的频率（波长）总会有一定的变化范围，因此导致谱线变宽。

多普勒变宽随原子化温度升高、谱线中心波长的增长和待测元素原子质量的减小而增大。在原子化温度为 2000～3000K 时，多普勒变宽一般在 10^{-3}nm 数量级，是导致谱线变宽的主要因素。

3. 碰撞变宽　　碰撞变宽是指吸光原子与蒸气中的原子或分子发生相互碰撞，导致发生跃迁的激发态原子平均寿命缩短所引起的谱线变宽。根据发生碰撞的粒子不同，碰撞变宽可分为两类：共振变宽和洛伦茨（Lorentz）变宽。

（1）共振变宽　　共振变宽又称压力变宽，是被测元素激发态原子与同种类的基态原子（同种原子）相互碰撞而产生的变宽。共振变宽只有在被测元素浓度较高时才有影响，在通常的原子吸收测试条件下，被测元素的原子蒸气压强很少超过 0.1Pa，此时可以不考虑共振变宽效应；当蒸气压力达到 13.3Pa 时，共振变宽效应表现明显，成为谱线变宽的主要因素之一。

（2）洛伦茨变宽　　被测元素激发态原子与其他种类的原子（异种粒子）碰撞而产生的变宽，称为洛伦茨变宽。洛伦茨变宽与原子化区内原子蒸气的压力和温度呈正相关关系。在一个大气压和常用原子化温度下，大多数元素共振线的洛伦茨变宽与多普勒变宽具有相同的数量级。

除上述 3 种变宽外，还有自吸变宽和场致变宽等。自吸变宽是光源发射的共振线被光源内同种基态原子吸收引起的现象。场致变宽包括斯塔克（Stark）变宽和塞曼（Zeeman）效应变宽，是由于有较强电场和磁场存在时原子的能级分裂，从而引起谱线分裂产生的变宽。

在通常的原子吸收分析实验条件下，吸收线的轮廓主要受多普勒变宽和洛伦茨变宽两种因素的影响。当原子蒸气中非待测元素粒子浓度很小时，吸收谱线的轮廓主要受多普勒变宽的控制。谱线变宽通常会导致测定的灵敏度下降。

五、积分吸收和峰值吸收

1. 积分吸收　　在吸收谱线轮廓内，吸收系数 K_ν 对于频率的积分称为积分吸收。积分吸收表示基态原子发生跃迁时所吸收的全部能量，其大小相当于吸收轮廓线下所包围的整个面积。根据经典色散理论，积分吸收与基态原子数 N_0 成正比，可用式（2-2）表示：

$$\int K_\nu \mathrm{d}\nu = \frac{\pi e^2}{mc} N_0 f \qquad (2\text{-}2)$$

式中，K_ν 为吸收系数；e 为电子电荷；m 为电子质量；c 为光速；N_0 为单位体积原子蒸气中吸收辐射的基态原子数，即基态原子密度；f 为振子强度，代表能被入射辐射激发的每个原子的电子平均数，可用以估计谱线强度，对于给定的元素，在一定条件下，f 可视为定值。

由于原子化过程中激发态原子数目极少，故式（2-2）中基态原子数 N_0 可约等于待测元素原子的总数 N，因此谱线的积分吸收与待测元素的原子总数成正比，而与 ν 等因素无关。

当分析线确定后，式中的 $\dfrac{\pi e^2}{mc}f$ 是一常数，可用 k 表示，因此可将式（2-2）简化为

$$\int K_\nu \mathrm{d}\nu = kN \tag{2-3}$$

根据式（2-3）可知，如果能准确测量积分吸收，那么就能求出待测元素的含量，这就是原子吸收光谱分析的理论依据。这种方法称为积分吸收法。

实际上要准确测量原子吸收光谱的积分吸收非常困难，这是因为原子吸收线的半宽度非常窄，仅在 10^{-3}nm 数量级。要测定如此窄的谱线的积分吸收，需要精确扫描吸收线的轮廓，即需要高分辨率的单色器。例如，在波长为 500nm 条件下测量半宽度为 0.001nm 的原子吸收谱线轮廓的积分值（吸收值），需要单色器的分辨率高达 5×10^5，这以目前的技术是难以实现的。这也是原子吸收从发现到实际应用经历了上百年时间的原因。

2. 峰值吸收　　1953 年，澳大利亚物理学家瓦尔什提出了峰值吸收测量法的理论，其基本内容为：以半宽度很小的锐线光源作为激发光源，在温度低于 3000K 的稳定原子化条件下，峰值吸收系数 K_0 与原子蒸气中待测元素的基态原子密度 N_0 之间存在着简单的线性关系，此种条件下的 K_0 是可准确测定的，这样就能够用测量 K_0 的方法得到 N_0 的值，该种方法称为峰值吸收测量法。

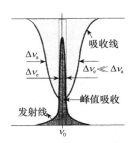

图 2-3　峰值吸收测量示意图

采用峰值吸收测量法要满足两个条件：一是通过原子蒸气的发射线的中心频率 ν_{0e} 与吸收线的中心频率 ν_{0a} 相等（待测元素与锐线光源材料为同种元素），即 $\nu_{0e}=\nu_{0a}$；二是要求光源发射线的半宽度 $\Delta\nu_e$ 要远远小于吸收线的半宽度 $\Delta\nu_a$，即 $\Delta\nu_e \ll \Delta\nu_a$，如图 2-3 所示。

满足上述条件的发射线的轮廓可近似看作一个很窄的矩形，吸收只限于在发射线宽度 $\Delta\nu_e$ 的范围内进行。在 $\Delta\nu_e$ 区间内，K_ν 不随频率而变化，$K_\nu \approx K_0$，此时式（2-3）变为

$$K_0 \Delta\nu_e = A = kN \tag{2-4}$$

式（2-4）左侧部分为测量得到的吸收前后发射线的强度变化，即吸光度 A。

根据吸光度定义：

$$A = \lg\frac{I_0}{I} \tag{2-5}$$

式中，I_0 为在 $\Delta\nu_e$ 频率范围内的入射光强；I 为在 $\Delta\nu_e$ 频率范围内的透射光强。

一般在原子吸收测量条件下，原子蒸气中基态原子数近似等于待测元素原子总数。实际工作中，要求测定的并不是蒸气中的原子浓度，而是被测试样中某元素的含量。在给定的实验条件下，被测元素的含量 c 与蒸气中原子浓度 N 之间保持一定的比例关系：

$$N = ac \tag{2-6}$$

式中，a 为与实验条件有关的比例常数，当实验条件一定时，a 为一常数。将式（2-6）代入式（2-4）得

$$A = kN = kac = Kc \tag{2-7}$$

式中，$K=ka$，为与实验条件有关的常数。式（2-7）说明：在一定实验条件下，吸光度 A 与被测元素的含量 c 成正比。所以通过测定 A 就可求得试样中待测元素的浓度 c，此即原子吸收分光光度法的定量基础。

第二节　原子吸收光谱仪

一、原子吸收光谱仪的组成

原子吸收光谱仪由光源、原子化器、单色器（分光器）、检测器和自控系统组成，如图 2-4 所示。

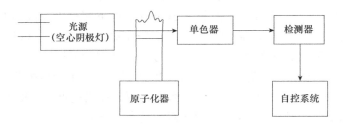

图 2-4　原子吸收光谱仪结构示意图

1. **光源**　　光源的功能是提供待测元素的特征谱线——共振线。对光源的基本要求是：①锐线光源，即发射的共振线的半宽度要明显小于吸收线的半宽度；②辐射强度大，以保证足够的信噪比；③光强度的稳定性好，噪声小。空心阴极灯是能满足上述各项要求的理想的锐线光源，应用最广。

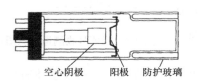

空心阴极　阳极　防护玻璃

图 2-5　空心阴极灯结构示意图

空心阴极灯也称元素灯，是一种气体放电管，其结构如图 2-5 所示。用高纯待测金属元素作阴极材料并做成空心圆筒形，阳极为金属镍、钨或钛等材料，阳极和阴极密封在具有光学窗口的硬质玻璃管内。管内充有低压惰性气体（氖气或氩气）作载气，用来载带电流。

在空心阴极灯的两极施加 300~450V 的直流电压或脉冲电压时，管内就会产生辉光放电。在电场的作用下，阴极发射的电子向阳极高速运动，运动途中与惰性载气粒子发生碰撞并将其电离形成电子和载气正离子。持续的碰撞作用使电子和载气正离子的数目不断增加，维持了产生的电流。正离子在电场中获得足够的动能撞击阴极表面后，阴极材料表面待测元素的原子就会克服晶格能而被溅射出来。除溅射外，阴极受热也会蒸发出表面的待测元素原子。溅射和蒸发出的待测原子共同聚集在空心阴极灯内形成原子蒸气云，进一步与受热的电子、离子或原子碰撞而被激发，发射出阴极相应元素的特征共振线。

空心阴极灯发出的特征吸收线随着圆筒阴极材料的不同而变化，如果用金属铜作为阴极，空心阴极灯就发射出铜的特征共振线，其透过样品的原子蒸气时，待测样品中的铜元素就会产生共振吸收，从而减弱由空心阴极灯发射出的特征谱线。

2. **原子化器**　　原子化器的功能是提供能量，使试样干燥、蒸发和原子化，从而产生待测元素的原子蒸气。入射光束在原子化器里被基态原子吸收，因此也可把原子化器视为"吸收池"或"样品池"。对原子化器的基本要求是：具有足够高的原子化效率和良好的稳定性与重现性；操作简单和干扰水平低等。

按照试样原子化方法的不同，原子化器分为火焰原子化器和非火焰原子化器。火焰原子化器对大多数元素有较高的灵敏度和较低的检出限，应用较广；非火焰原子化器有石墨炉原子化器和低温原子化器，原子化效率高，灵敏度和检出限更低。

（1）火焰原子化器　　火焰原子化器是利用火焰使试液中的待测元素变为原子蒸气的装置，可分为预混合型（在雾化室将试液雾化后导入火焰）和全消耗型（试液直接喷入火焰）两种，其中前者应用较多。

预混合型火焰原子化器由喷雾器、雾化室和燃烧器三部分组成（图2-6）。

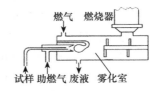

图 2-6　预混合型火焰原子化器示意图

喷雾器又称为雾化器，用来吸入试样溶液并将其雾化形成微米级的气溶胶颗粒。喷雾的雾滴直径愈小，在火焰中生成的基态原子就愈多，原子化效率就愈高。雾粒的粒度大小及试液的提升量对测定的精度、灵敏度及化学干扰都有一定的影响。

雾化室又称为混合室，其作用是进一步细化和均匀化待测样品的雾滴，使雾滴和燃气、助燃气混匀，并排出由大雾滴积聚成的液滴，以减少混合气溶胶进入火焰时产生的扰动。

燃烧器的作用是产生火焰，使进入火焰的气溶胶经干燥、熔化、蒸发和解离等过程后，产生大量的基态自由原子及少量的激发态原子、离子和分子。燃烧器多用不锈钢做成，有单缝和双缝两种，常用的是单缝燃烧器。燃烧器要满足能产生稳定的火焰、原子化效率高、吸收光程长、噪声小和背景低等条件。燃烧器应能旋转一定的角度，高度也能上下调节，以便选择合适的火焰部位进行测量。

常用的火焰类型有：空气-乙炔火焰、氧化亚氮-乙炔火焰、空气-氢气火焰、氩气-氢气火焰和空气-丙烷火焰等。火焰的类型及状态不同，原子化效率也不相同，其中以空气-乙炔火焰应用最为广泛，其燃烧稳定、重复性好、噪声低，对大多数元素都有足够的灵敏度，能适用于30多种元素的测定。氧化亚氮-乙炔火焰的火焰温度可高达近3000K，是目前唯一能广泛应用的强还原性高温火焰，它干扰少，可以使许多难解离元素（如Al、B、Ti、V、Zr、稀土等）的氧化物分解并原子化，用这种火焰可测定70多种元素。空气-氢气火焰是氧化性火焰，温度较低、背景发射弱、透射性好，特别适用于共振线在短波区元素的分析，如As、Se、Sn、Zn等元素的测定。

火焰原子化器的优点包括：火焰稳定性好，重现性及精度较好；基体效应及记忆效应较小；结构简单、操作方便和应用较广等。其缺点是：雾化效率低，原子化效率较低（一般低于30%），灵敏度比非火焰原子化器低；火焰燃烧过程中使用的大量载气起了稀释作用，使原子蒸气浓度降低，也一定程度限制了其灵敏度和检出限；某些金属原子易受助燃气或火焰周围空气的氧化作用而生成难熔氧化物或发生某些化学反应，也会减小原子蒸气的密度。

（2）石墨炉原子化器　　石墨炉原子化器属于一种无火焰原子化器，由电源、保护系统、石墨管和炉体4部分组成（图2-7）。石墨管固定在两电极之间，长轴方向与光源光束的通路重合。进样口通常在石墨管的中心。保护系统的作用是通过流动的惰性气体防止石墨管及试样被氧

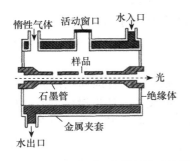

图 2-7　石墨炉原子化器结构示意图

化。另外，原子化器外围还有一个水冷却套，其作用是保护炉体，确保切断电源后 20～30s 内使炉体降至室温。

样品在石墨炉中的原子化过程一般包括干燥、灰化、原子化和高温除残 4 个阶段。干燥是为了除去样品中的溶剂和水分；灰化是为了除去样品中易挥发的基体和有机物，以减少基体干扰；原子化是将试样解离为中性基态原子；高温除残是测完一个样品后通过升温除去石墨管中的残留物，以减少和避免记忆效应。

石墨炉原子化器具有如下优点：液体和固体都可直接进样；试样用量一般很少；原子化效率高，炉中高温的碳蒸气还原环境能显著提高原子化效率，同时延长了蒸气原子在石墨管中的停留时间，可得到比火焰原子化器大数百倍的原子化蒸气浓度，绝对灵敏度比火焰原子化器提高几个数量级。其不足之处是：首先，由于进样量少，进样量及注入管内位置的变动都会引起偏差，故精度差；其次，共存化合物的干扰较火焰原子化器大。火焰原子化器和石墨炉原子化器的比较见表 2-1。

表 2-1 火焰原子化器和石墨炉原子化器的比较

方法	原子化法	原子化温度 /K	原子化效率 /%	进样体积	信号	检出限 /（ng/mL）	重现性	基体效应
火焰原子化器	火焰	较低（3000）	<30	约 1mL	台阶形	高（镉 0.5）	较好（RSD 为 0.5%～1%）	较小
石墨炉原子化器	电热	较高（达 3273）	>90	1～50μL	尖峰形	低（镉 0.002）	较差（RSD 为 1.5%～5%）	较大

注：RSD 为相对标准偏差。

（3）低温原子化器 在低温条件下对样品进行原子化的方法称为低温原子化法，又称为化学原子化法。该法是一种利用某些元素（如 Hg）本身或一些元素的氢化物（如 AsH_3）在低温下的易挥发性，将其导入气体流动吸收池内进行原子化的方法。常用的低温原子化法有汞原子化法和氢化物原子化法。

1）汞原子化法：Hg 在室温下有较大的蒸气压，沸点仅为 629.73K。只要对含 Hg 试样进行适当的化学预处理还原出 Hg 原子，然后用载气（Ar、N_2 或空气）将 Hg 原子蒸气送入具有石英窗的气体吸收池内进行吸光度测量即可。该法可在常温进行测量，灵敏度、准确度较高（可达 10^{-8}g Hg）。现已有利用低温原子化法制成的专用测汞仪。

2）氢化物原子化法：该法适用于 Ge、Sn、Pb、As、Sb、Bi、Se 和 Te 等元素的测定。其工作原理为：在一定酸度下，将样品与强还原剂硼氢化钠反应，样品中的待测元素被还原成极易挥发和分解的氢化物，如 AsH_3、SnH_4、BiH_3 等。将这些氢化物用载气送入石英管中加热原子化，进行吸光度测量。由于被测元素生成氢化物后与基体实现了分离，相当于提高了原子蒸气浓度，因此氢化物原子化法的检出限比火焰原子化法低 1～3 个数量级，且原子化温度低，选择性好，基体干扰和化学干扰少。

3．单色器 单色器又称为分光器，由入射狭缝、出射狭缝、反射镜和色散元件组成。其作用是将光源发射的未被待测元素吸收的特征谱线（共振线）与邻近谱线分开。单色器的关键部件是色散元件，现在的原子吸收光谱仪使用的都是光栅色散元件。单色器置于原子化器与检测器之间，以阻止来自原子化器的干扰辐射进入检测器。原子吸收光谱仪对单色器的分辨率要求不高，一般采用锰二线 Mn 279.5nm 和 Mn 279.8nm 作为标准来检定光栅的分辨率。

4.检测器 原子吸收光谱仪通常使用光电倍增管型检测器，它是一种灵敏度高、响应速度快的光电检测器。光电倍增管的工作电源应有较高的稳定性。使用时应注意光电倍增管的疲劳现象，避免过高的工作电压、过强的照射光和过长的照射时间。

二、原子吸收光谱仪的类型

原子吸收光谱仪有多种类型，目前使用最普遍的仪器是单道单光束和单道双光束两种类型（图2-8）。

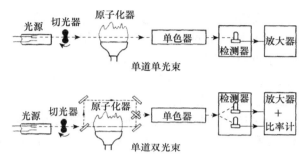

图 2-8　原子吸收光谱仪示意图

1.单道单光束原子吸收光谱仪 这种类型的仪器结构简单，其不足之处是存在光源不稳定而容易引起基线漂移的问题。由于原子化器中被测原子对辐射的吸收与发射同时存在，同时火焰组分也会发射带状光谱，这些来自原子化器的辐射会干扰检测，必须通过一定的方法（如加一个切光器等）调制光源以消除干扰信号。

2.单道双光束原子吸收光谱仪 光源发出的光经切光器调制后被分成两束：一束光用来测量，另一束光不经过原子化器而作为参比。两束光交替进入单色器后分别进行检测，可消除由光源强度变化及检测器灵敏度变动所产生的影响。

第三节　测试条件的选择

在原子吸收光谱法中，分析线类型、光源工作状态和原子化器工作参数等测量条件的选择，对测量的准确度、灵敏度和干扰情况等都有较大的影响。要获得满意的分析结果，必须对有关测量条件进行合理选择和优化。

一、分析线类型

通常选择被测元素的共振线作分析线，可使测定具有较高的灵敏度。但并非在任何情况下都是如此。当试样中被分析元素浓度较高时，可选用灵敏度较低的非共振线作为分析线，来获得大小合适的吸光度，以改善吸收曲线的线性范围。此外，还要考虑谱线的自吸收和干扰等问题。As、Se、Hg 等元素的共振线在 200nm 以下，此时火焰组分也有明显的吸收，可选择非共振线作分析线或选择非火焰原子吸收光谱法进行测定。对于微量元素的测定应选用最强的吸收线作分析线。

二、空心阴极灯电流大小

空心阴极灯的发射特性取决于其工作电流。灯电流过小，放电不稳定，输出的光强度小；灯电流过大，发射谱线变宽，导致灵敏度下降，灯寿命缩短。灯电流的选择，应在保持稳定和有适度的光强输出的情况下，尽量选用较低的工作电流。在实际工作中，一般通过测定吸收值随灯电流的变化来选定最适宜的工作电流。空心阴极灯使用前一般要预热 $10 \sim 30\text{min}$。

三、火焰类型

对火焰原子化器来说，火焰的选择与调节是影响原子化效率的重要因素之一。选择何种火焰，取决于被分析对象的特性。不同火焰对不同波长辐射的透射性能各不相同。适合低温、中温火焰原子化的元素可使用空气 - 乙炔火焰；在火焰中易生成难解离的化合物及难熔氧化物的元素，宜用氧化亚氮 - 乙炔高温火焰；分析线处于 220nm 以下的元素在乙炔火焰中有明显的吸收，此时可选用空气 - 氢气火焰。

火焰类型选定后，须通过试验来调节燃气与助燃气间的比例，以得到所需特性的火焰。对易生成难解离氧化物的元素，一般用富燃火焰；对氧化物不稳定的元素，宜选用化学计量火焰或贫燃火焰。

四、燃烧器高度

火焰原子化器中燃烧器的高度决定了光源光束通过的火焰区域。不同的火焰区域，自由基态原子浓度的分布随火焰高度而变化，也随火焰条件而变化。因此必须仔细调节燃烧器的高度，使测量光束从自由原子浓度最大的区域通过，以得到较高的灵敏度。

五、狭缝宽度

单色器的狭缝宽度会影响光谱通带的大小与检测器接收辐射能量的强弱。狭缝宽度的选择要能使吸收线与邻近干扰线分开。当有干扰线进入光谱通带内时，吸光度将立即减小。不引起吸光度减小的最大狭缝宽度为适宜的狭缝宽度。

原子吸收分析中，谱线重叠的概率较小。因此，可选较宽的狭缝，以增加光强度、降低检出限。在实验中，也要考虑被测元素谱线的复杂程度，碱金属、碱土金属谱线简单，可选择较大的狭缝宽度；过渡金属与稀土等元素谱线复杂，要选择较小的狭缝宽度。合适的狭缝宽度应通过试验确定。

第四节　定量分析方法

作为一种应用广泛的元素定量分析方法，原子吸收光谱法具有灵敏度高、选择性好、精度和准确度较高的优点，可用于 70 余种金属元素和部分非金属元素的定量测定。根据样品的基体特性，选择合适的分析方法不仅能提高定量分析结果的准确度，还能加快分析速度、减少试剂用量等。常用的定量分析方法有标准曲线法和标准加入法等。

一、标准曲线法

标准曲线法是最常用的定量分析方法。其工作流程是：①用标准品或对照品配制与试样溶液相同或相近基体的不同浓度的待测元素的标准溶液，用试剂空白溶液作参比，在选定条件下，按照浓度从低到高依次测定其吸光度 A，以吸光度 A 为纵坐标，被测元素浓度 c 为横坐标，作 c-A 标准曲线；②在相同条件下，测定试样溶液的吸光度 A；③从标准曲线上用内插法求出样品中被测元素的浓度。

标准曲线法操作简便，一般适用于组成简单、干扰较少的试样的快速测定，特别是对共存组分互不干扰的同一类的大批样品的分析具有优势。

使用标准曲线法时应注意以下几点：①所配标准溶液的浓度，应在吸光度与浓度呈线性关系的范围内。一般应使吸光度控制在 0.1～0.8。在此范围内由测光误差引起的浓度测量的相对误差较小。②所用标准试样与待测试样的组成应尽可能一致，且标准溶液与试样溶液应使用相同的试剂处理。③在整个分析过程中，应保持实验操作条件一致。④由于喷雾效率和火焰状态的不稳定性，标准曲线的斜率也会相应发生变化。因此，每次测定前应使用标准溶液对吸光度进行检查和校正。

二、标准加入法

在实际样品的分析过程中，待测样品的组成一般是完全未知的，这就很难配制成与待测样品相匹配的标准溶液，也就不能采用上述标准曲线法来分析。如果待测样品的量比较大，可以采用标准加入法进行分析。

取几份浓度相同的待测样品溶液，分别加入不同量待测元素的标准溶液，其中一份不加入待测元素的标准溶液，最后稀释到相同体积，则加入的标准溶液浓度分别为 0、$1c_s$、$2c_s$、$3c_s$、$4c_s$、…，分别测定其吸光度。以加入的标准溶液的浓度与吸光度作标准曲线，再将该曲线外推至与浓度轴相交。交点至坐标原点的距离 c_x 即待测元素稀释后的浓度。这种方法又称为外推作图法，如图 2-9 所示。

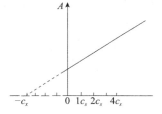

图 2-9　标准加入法示意图

根据朗伯 - 比尔定律，曲线上各点均可表示为 $A=k$ (c_x+c_{si})，式中 c_{si} 为加入的标准溶液浓度。当外推至 $A=0$ 时，曲线与横坐标相交于 c_{si}'（为一负值），则有 $c_x=-c_{si}'$。

使用标准加入法时应注意以下几点：①标准加入法建立在吸光度与浓度成正比的基础上，因此要求相应的标准曲线是一条直线，被测元素的浓度应在此线性范围内。②应当扣除标准加入法的试剂空白值，而不能用标准曲线法的试剂空白值代替。③为了得到较为精确的外推结果，应采用 4 个或 4 个以上的点来制作外推曲线，且加入标准溶液的浓度不能过高或过低，否则直线斜率过大或过小均会引起较大误差。一般加入的第一个标准溶液的吸光度约为待测样品原吸光度的一半较好。可以通过试喷试样溶液和标准溶液，比较两者的吸光度来判断。④标准加入法可消除基体效应带来的影响，但不能消除背景吸收的影响。因此只有扣除背景之后，才能得到被测试样中待测元素的真实含量，否则将使结果偏高。⑤对于斜率太小的曲线，容易引入较大的误差。

三、灵敏度和检出限

灵敏度和检出限是评价分析方法与分析仪器的重要指标。国际纯粹与应用化学联合会（IUPAC）对此做了建议规定或推荐命名。

1. 灵敏度与特征浓度　　在原子吸收光谱分析中，灵敏度 S 定义为校正曲线的斜率，即信号增量与分析物浓度或质量的增量之比，其表达式为

$$S = \frac{dx}{dc} \tag{2-8}$$

式中，x 为信号测量值；c 为被测元素的浓度或质量。

在浓度较低时，S 通常为一常数。S 大，即灵敏度高，它意味着浓度改变很小，测量值变化就很大。

在火焰原子吸收光谱法中，常用特征浓度来表征灵敏度。所谓特征浓度是指能产生 1% 吸收信号（此时的吸光度为 0.0044）时所对应的待测元素的质量浓度 $[\mu g/(mL \cdot 1\%)]$ 或者质量分数 $[\mu g/(g \cdot 1\%)]$，其计算公式为

$$c_0 = \frac{0.0044c}{A} \tag{2-9}$$

式中，c_0 为某待测元素的特征浓度，即 1% 吸收灵敏度；A 为与 c 对应的多次测量的吸光度。显然，特征浓度或质量愈小，表明方法的灵敏度愈高。

2. 检出限　　检出限又称检测下限，是指能产生一个能够确证在试样中存在某元素的分析信号所需要的该元素的最小含量。只有元素的存在量达到或高于检出限，才能可靠地将有效分析信号与噪声信号区分开，确定试样中待测元素具有统计意义。未检出就是被测元素的量低于检出限。

在测定误差遵从正态分布的前提下，通常以待测元素能产生标准偏差读数的 3 倍时的量或浓度来表示检出限：

$$D_c = \frac{3\sigma c}{A} \tag{2-10}$$

式中，D_c 为检出限；A 为多次测量的吸光度的平均值；σ 为空白溶液吸光度的标准偏差，对空白溶液，至少连续测定 10 次，从所得吸光度来求标准偏差。

检出限考虑了噪声的影响，其意义比灵敏度更明确。同一元素在不同仪器上的灵敏度有时相同，但由于两台仪器的噪声水平不同，检出限可相差一个数量级以上。因此，通过合理选择分析条件来降低噪声，提高测定的精度，有利于降低检出限。

第五节　干扰效应及其消除方法

原子吸收光谱法的优点之一就是干扰效应较小，其主要原因有：①谱线重叠少。以空心阴极灯作为锐线光源，选择共振线为分析线来测定基态原子，吸收线的数目要比发射线的数目少得多，谱线间相互重叠干扰的概率较小。②原子吸收跃迁的起始态是基态，而基态原子的数目受温度波动的影响很小。除易电离元素的电离效应外，基态原子数近似等于总原子数，因此测定时受温度的干扰较小。

在实际工作中，原子吸收光谱法依然会出现一些影响分析结果的干扰，应在了解干扰原

因的基础上采取针对性的抑制和消除方法。干扰效应按其性质和产生的原因，可分为物理干扰、化学干扰、电离干扰和光谱干扰 4 类。

一、物理干扰

物理干扰是指试样在处理、转移、蒸发和原子化过程中，由于溶质或溶剂的性质（黏度、表面张力、蒸气压等）发生变化而使雾化效率及原子化程度变化的效应，该效应导致分析结果偏低。物理干扰属于非选择性干扰，对试样中各元素的影响都是相似的。

消除方法：配制与待测试样具有相似组成的标准溶液，尽可能地保持待测试液与标准溶液的物理性质一致；测定条件一致也是消除物理干扰最常用的方法；在不知试样组成或无法匹配试样时，可采用标准加入法或稀释法来尽可能地排除物理干扰。

二、化学干扰

化学干扰是指液相或气相试样中被测元素的原子与干扰组分发生了化学反应的现象。干扰组分与被测元素的原子形成了热力学更稳定的化合物，导致待测元素不能从形成的化合物中全部解离出来，从而降低了火焰中基态原子数目的现象。化学干扰一般都是形成负误差。

常见的化学干扰是待测元素与共存组分生成难离解的氧化物、氮化物、氢氧化物和碳化物等化合物。化学干扰是一种选择性的干扰。例如，Al 的存在对 Ca、Mg 的原子化起抑制作用，因为这些元素会形成热稳定性高的 $MgO \cdot Al_2O_3$、$3CaO \cdot 5Al_2O_3$ 等化合物；PO_4^{3-} 的存在会形成 $Ca_3(PO_4)_2$ 而影响 Ca 的原子化，同样 F^-、SO_4^{2-} 也影响 Ca 的原子化。

消除化学干扰的方法：①加释放剂，让释放剂与干扰组分形成更稳定的或更难挥发的化合物，使待测元素释放出来（如加入 La、Sr、Mg、Ca、Ba 等的盐类）。例如，磷酸盐干扰 Ca 的测定，当加入氯化镧（释放剂）后，镧离子与磷酸根更容易结合而将 Ca 释放出来，从而消除了磷酸根对 Ca 的测定干扰。②加保护剂，与干扰元素或分析元素生成稳定的配合物，避免分析元素与共存元素生成难熔化合物［如加入乙二胺四乙酸（EDTA）等］。③采用化学分离方法，或使用高温火焰。④采用标准加入法，可以消除与浓度无关的化学干扰，但不能消除与浓度有关的化学干扰。在实际工作中，常用稀释的方法及加标回收实验来检验是否可以采用标准加入法消除干扰及检查测定结果的可靠性。

三、电离干扰

电离干扰是指待测元素在高温原子化过程中由电离作用而引起基态原子数减少，从而引起吸光度降低的现象（主要存在于火焰原子化法中）。电离干扰与原子化温度和待测元素的电离电位及浓度有关。元素的电离度随温度的升高而增加，随元素的电离电位及浓度的升高而减小。碱金属的电离电位低，易发生电离，电离干扰效应明显。

消除电离干扰的方法：加入更易电离的碱金属元素作为消电离剂（电离抑制剂）。例如，测 Ba 时加入过量的 KCl，可以消除电离干扰，Ba 的电离电位为 5.21eV，K 的电离电位为 4.3eV，K 电离产生大量电子，使 Ba^{2+} 得到电子而生成原子。常用的消电离剂有 NaCl、KCl 和 CsCl 等。此外，控制原子化温度和采用标准加入法等也可以在一定程度上消除某些电离干扰。

四、光谱干扰

光谱干扰是指与光谱发射和吸收有关的干扰，包括谱线干扰和背景干扰，其中后者一般是主要的干扰因素。

1. 谱线干扰　　光谱通带内存在的非吸收线、待测元素的分析线与共存元素的吸收线的重叠、原子化器内的直流发射等因素均可形成谱线干扰。可视情况采取不同的消除方法：若是在测定波长附近有单色器不能分离的待测元素的邻近线产生干扰，应减小狭缝宽度；若是空心阴极灯内有单色器不能分离的非待测元素的辐射，可选择高纯元素灯；如果是待测元素分析线与共存元素吸收线十分接近，可另选分析线或采取预先化学分离。

2. 背景干扰　　背景干扰是指原子化器中非原子吸收产生的光谱干扰，包括分子吸收干扰和光散射干扰。分子吸收干扰是指在原子化过程中生成的难熔盐分子、氧化物分子和气体分子对光源共振辐射的吸收而引起的干扰。例如，$Ca(OH)_2$ 在 $530\sim560nm$ 有吸收，会干扰 Ba 553.6nm 的测定；氧化亚氮 - 乙炔火焰中的半分解产物 OH 在 $309\sim330nm$ 及 $206\sim281nm$ 有吸收，会分别干扰 Cu 324.7nm 及 Mg 285.2nm 的测定。光散射干扰是指在原子化过程中产生的微小固体颗粒使光产生散射和折射，被散射或折射的光偏离光路不能被检测器检测到而形成的假吸收现象。

背景干扰是一种宽频带吸收，使吸光度增大，引起测量正误差。石墨炉原子吸收光谱法的背景吸收干扰比火焰原子吸收光谱法严重，有时不扣除背景甚至不能进行测定。消除背景干扰的主要方法简介如下。

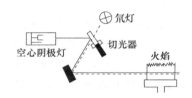

图 2-10　氘灯背景校正原理示意图

（1）连续光源背景校正法　　连续光源有氘灯（用于紫外光区）和卤钨灯或氙灯（用于可见光区）。切光器可使锐线光源与氘灯连续光源交替进入原子化器。锐线光源测定的吸光度为原子吸收与背景吸收的总吸光度。连续光源所测吸光度为背景吸收，因为在使用连续光源时，被测元素的共振线吸收相对于总入射光强度是可以忽略不计的，所以连续光源的吸光度即背景吸收。将锐线光源吸光度减去连续光源吸光度，即校正背景后的被测元素的吸光度。氘灯背景校正原理见图 2-10。

氘灯校正法的灵敏度高，应用广泛，非常适合火焰原子吸收校正。此法的缺点在于氘灯是一种气体放电灯，而空心阴极灯属于空心阴极溅射放电灯。两者放电性质不同，能量分布不同，光斑大小和形状不同，试样光束与参比光束的光轴较难一致，即不易使两个灯的光斑完全重叠，因而造成背景扣除的误差。此外，连续光源背景校正法对高背景吸收的校正也有困难。

（2）塞曼效应背景校正法　　当仅使用石墨炉原子化器进行原子化时，利用塞曼效应进行背景校正是最理想的方法。塞曼效应是指光通过加在石墨炉原子化器上的强磁场时，简并的谱线分裂为偏振方向不同谱线的现象。塞曼效应背景校正法就是利用磁场中分裂的偏振谱线来区分被测元素和背景的吸收进行校正的（图 2-11）。该法分为光源调制法与吸收线调制法两大类，其中前者是将强磁场加在光源上，后者是将磁场加在原子化器上。吸收线调制法应用较广，又可分为两种方式，即恒定磁场调制方式和可变磁场

图 2-11　塞曼效应背景校正原理示意图

调制方式。

　　在火焰原子化器中，由于存在火焰中的固体颗粒对锐线光源的散射，以及燃烧时粒子发生互相碰撞等因素，光谱线分裂紊乱，因此塞曼效应背景校正法在火焰原子吸收光谱法中的应用极不理想。

　　（3）自吸收校正法　　当空心阴极灯在高电流条件下工作时，其阴极发射的锐线光会被灯内产生的原子云基态原子吸收，使发射的锐线光谱变宽，吸收度下降，灵敏度也下降，这种效应就是自吸收现象。自吸收校正法的过程是：首先让空心阴极灯在低电流条件下工作，使锐线光通过原子化器，测得待测元素和背景吸收的总和；然后使它在高电流条件下工作，通过原子化器，测得的吸光度相当于背景吸收；将两次测得的吸光度相减，就可扣除背景的影响。自吸收校正法现已基本不使用了。

　　（4）非共振线背景校正法　　用分析线测量原子吸收和背景吸收的总吸光度，因为非共振线不产生原子吸收，用它来测量背景吸收的吸光度，两次测量值相减即得到校正背景之后的原子吸收的吸光度。背景吸收随波长而改变，因此非共振线背景校正法的准确度较差。这种方法只适用于分析线附近背景分布比较均匀的场合。

　　除上述几种方法外，也可以利用空白试剂进行背景扣除，尤其是对于基体组分较为明确的样品，配制与基体组分相同的试剂，可以较有效地进行背景扣除。

思考题与习题

1. 简述原子吸收光谱法的基本原理。
2. 何谓锐线光源？为什么原子吸收光谱法要使用锐线光源？
3. 石墨炉原子化器有什么特点？为什么其比火焰原子化器具有更高的绝对灵敏度？
4. 原子吸收光谱分析的主要干扰有哪几类？简述抑制干扰的主要方法。
5. 解释以下概念：共振线；灵敏度；检出限。
6. 用火焰原子吸收光谱法测定血清中钾的浓度（人正常血清中含钾量为 3.5～8.5mmol/L）。将 4 份 0.2mL 血清样品分别加入 25mL 容量瓶中，再分别加入浓度为 40μg /mL 的 K^+ 标准溶液，体积如表 2-2 所示，用去离子水稀释至刻度。测得的吸光度如表 2-2 所示。试计算血清中钾的含量，并判断其是否在正常范围内。

表 2-2　测得的吸光度

编号	1	2	3	4
体积（K^+）/mL	0	1.00	2.00	4.00
A	0.105	0.216	0.328	0.550

典型案例

石墨炉原子吸收光谱法测定食品中铅的含量

　　铅是有一定毒性的重金属。现代生活中，人类受到铅危害的途径较多，如食用含铅食品，经常接触油漆类物品、彩印的食品包装、含铅化妆品、染发剂、汽车尾气、含铅药物；

点含铅的蜡烛和使用不合格的彩釉餐具等。铅元素进入人体内后，有90%～95%积存于骨骼中，只有少量铅存在于肝、脾等脏器中。骨中的铅一般较稳定，当食物中缺钙或有感染、外伤、饮酒、服用酸碱类药物而破坏了酸碱平衡时，铅便由骨中转移到血液，引起铅中毒的症状。铅中毒的症状表现很广泛，如头晕、头痛、失眠、多梦、记忆力减退、乏力、食欲不振、上腹胀满、嗳气、恶心、腹泻、便秘、贫血、周围神经炎等；重症中毒者有明显的肝损害，会出现黄疸、肝肿大、肝功能异常等症状。铅对人体是一种累积性毒物，在体内不易排出，有蓄积性，半衰期长。在日常生活中，铅主要通过饮食由消化道进入人体，因此控制食品中的铅含量，对预防铅中毒有重要意义。国家对食品尤其是婴儿食品中铅的含量有严格限制，并建立了铅含量检测的国家标准方法，即石墨炉原子吸收光谱法、火焰原子吸收光谱法和二硫腙比色法。下面介绍石墨炉原子吸收光谱法测定食品中铅含量的方法。

1. 原理　　试样经前处理（灰化或酸消解）后，注入原子吸收光谱仪石墨炉中，电热原子化后吸收283.3nm共振线，在一定浓度范围，其吸收值与铅含量成正比，与标准系列进行比较即可定量。

2. 试剂和材料　　除非另有规定，本方法所使用试剂均为分析纯，水为GB/T 6682—2008规定的一级水。

1）硝酸，优级纯；过硫酸铵；过氧化氢（30%）；高氯酸，优级纯。

2）硝酸溶液（1:1）：取50mL硝酸慢慢加入50mL水中。

3）硝酸溶液（0.5mol/L）：取3.2mL硝酸加入50mL水中，稀释至100mL。

4）硝酸溶液（1mol/L）：取6.4mL硝酸加入50mL水中，稀释至100mL。

5）磷酸二氢铵溶液（20g/L）：称取2.0g磷酸二氢铵，以水溶解稀释至100mL。

6）混合酸溶液［硝酸＋高氯酸（9＋1）］：取9份硝酸与1份高氯酸混合。

7）铅标准储备液：准确称取1.000g金属铅（99.99%），分次加少量硝酸溶液（1:1），加热溶解，总量不超过37mL，移入1000mL容量瓶，加水至刻度。混匀。此溶液每毫升含1.0mg铅。

8）铅标准使用液：每次吸取铅标准储备液1.0mL于100mL容量瓶中，加0.5mol/L硝酸至刻度。如此经多次稀释成每毫升含10.0ng、20.0ng、40.0ng、60.0ng、80.0ng铅的标准使用液。

3. 仪器和设备　　原子吸收光谱仪附石墨炉及铅空心阴极灯，马弗炉，天平（感量为mg），恒温干燥箱，瓷坩埚，压力消解器、压力消解罐或压力溶弹，可调式电热板、可调式电炉等。

4. 分析步骤

（1）试样采集　　①在采样和制备过程中，应注意不使试样污染。②粮食、豆类去杂物后，磨碎，过20目筛，储于塑料瓶中，保存备用。③蔬菜、水果、鱼类、肉类及蛋类等水分含量高的鲜样，用食品加工机或匀浆机打成匀浆，储于塑料瓶中，保存备用。

（2）试样前处理　　可根据实验室条件选用以下任何一种方法进行处理。

1）干法灰化：称取1～5g试样（精确到0.001g，根据铅含量而定）于瓷坩埚中，先小火在可调式电热板上炭化至无烟，移入马弗炉于（500±25）℃灰化6～8h，冷却；若个别试样灰化不彻底，则加1mL硝酸＋高氯酸（9＋1）在可调式电炉上小火加热，反复多次直到消化完全，放冷；用0.5mol/L硝酸将灰分溶解，用滴管将试样消化液洗入或过滤入（视消化后试样的盐分而定）10～25mL容量瓶中，用水少量多次洗涤瓷坩埚，洗液合并于容量瓶中并定容至刻度，混匀备用；同时做试剂空白液。

2）过硫酸铵灰化法：称取 1～5g 试样（精确到 0.001g）于瓷坩埚中，加 2～4mL 硝酸（优级纯）浸泡 1h 以上，先小火炭化，冷却后加 2.00～3.00g 过硫酸铵盖于上面，继续炭化至不冒烟，转入马弗炉，于（500±25）℃恒温 2h，再升至 800℃，保持 20min，冷却；加 1mol/L 硝酸 2～3mL，用滴管将试样消化液洗入或过滤入（视消化后试样的盐分而定）10～25mL 容量瓶中，用水少量多次洗涤瓷坩埚，洗液合并于容量瓶中并定容至刻度，混匀备用；同时做试剂空白液。

3）压力消解罐消解法：称取 1～2g 试样（精确到 0.001g，干样、含脂肪高的试样<1g，鲜样<2g 或按压力消解罐使用说明书称取试样）于聚四氟乙烯内罐，加硝酸（优级纯）2～4mL 浸泡过夜；再加过氧化氢（30%）2～3mL（总量不能超过罐容积的 1/3），盖好内盖，旋紧不锈钢外套，放入恒温干燥箱，于 120～140℃保持 3～4h，在箱内自然冷却至室温，用滴管将消化液洗入或过滤入（视消化后试样的盐分而定）10～25mL 容量瓶中，用水少量多次洗涤罐，洗液合并于容量瓶中并定容至刻度，混匀备用；同时做试剂空白液。

4）湿式消解法：称取试样 1～5g（精确到 0.001g）于锥形瓶或高脚烧杯中，放数粒玻璃珠，加 10mL 硝酸＋高氯酸（9＋1），加盖浸泡过夜，在锥形瓶口加一小漏斗并将其置于可调式电炉上消解；若变棕黑色，再加混合酸，直至冒白烟，消化液呈无色透明或略带黄色，放冷，用滴管将试样消化液洗入或过滤入（视消化后试样的盐分而定）10～25mL 容量瓶中，用水少量多次洗涤锥形瓶或高脚烧杯，洗液合并于容量瓶中并定容至刻度，混匀备用；同时做试剂空白液。

5. 测定

1）仪器条件：根据各自的仪器性能调至最佳状态。参考条件为波长 283.3nm；狭缝 0.2～1.0nm；灯电流 5～7mA；干燥温度 120℃，20s；灰化温度 450℃，持续 15～20s；原子化温度 1700～2300℃，持续 4～5s；背景校正采用氘灯背景校正法或塞曼效应背景校正法。

2）标准曲线绘制：吸取上面配制的铅标准使用液 10.0ng/mL、20.0ng/mL、40.0ng/mL、60.0ng/mL、80.0ng/mL 各 10μL，注入石墨炉，测得其吸光度并求得吸光度与浓度关系的一元线性回归方程。

3）试样测定：分别吸取样液和试剂空白液各 10μL，注入石墨炉，测得其吸光度，代入标准系列的一元线性回归方程中求得样液中铅含量。

4）基体改进剂的使用：对有干扰试样，则注入适量的基体改进剂 20g/L 磷酸二氢铵溶液（一般为 5μL 或与试样同量）消除干扰。绘制铅标准曲线时也要加入与试样测定时等量的基体改进剂磷酸二氢铵溶液。

6. 分析结果的表述　　试样中铅含量按下式进行计算。

$$w = \frac{(c_1 - c_0)V}{m}$$

式中，w 为试样中铅含量，mg/kg 或 mg/L；c_1 为测定样液中铅含量，ng/mL；c_0 为试剂空白液中铅含量，ng/mL；V 为试样消化液定量总体积，mL；m 为试样质量或体积，g 或 mL。

结果以重复性条件下获得的 2 次独立测定结果的算术平均值表示，结果保留 2 位有效数字。

7. 精度　　在重复性条件下获得的两次独立测定结果的绝对差值不得超过算术平均值的 20%。

8. 检出限　　检出限为 0.005mg/kg。

3

第三章

原子发射光谱法

原子发射光谱法（atomic emission spectrometry，AES）是基于待测物质的气态原子或离子被激发后所发射特征光谱的波长和强度来进行元素定性与定量分析的方法。

原子发射光谱法是最早发展起来的一种光学分析方法。早在 19 世纪初，科学家就用分光光度计在火焰中发现了钠元素所发射的黄色特征线。19 世纪 60 年代，德国科学家基尔霍夫（Kirchhoff）和本生（Bunsen）利用分光镜研究了某些盐及其溶液在火焰中产生的特征辐射线，发现了 Rb 和 Cs 两种元素，证明了特征辐射线是由元素而不是化合物产生的，从而奠定了光谱定性分析的基础。20 世纪 30 年代，赛伯（Schiebe）和罗马金（Lomakin）提出了基于光谱强度与分析物含量的经验关系式，即赛伯 - 罗马金公式，标志着光谱定量分析法的建立。进入 20 世纪 60 年代后，随着各种新型光源和现代电子技术的应用，发射光谱法得到了迅速发展并成为不可或缺的仪器分析方法之一，现已在地质、冶金、机械、化工、环保、材料、生命科学和食品科学等领域获得广泛应用。

原子发射光谱法作为一种常规的无机元素分析方法，可以测定 70 多种元素。其主要特点有：①多元素同时分析且分析速度快。样品一经外部能量激发，其中所含各种不同的元素都发射出相应的特征谱线，这样就可以在几分钟内同时对几十种元素进行定量分析。用电弧或电火花作激发光源可以直接测定固体、液体样品。②检出限低。一般可达 $0.1 \sim 1 \mu g/g$，绝对值可达 $10^{-9} \sim 10^{-8} g$。③选择性好。不同元素的原子结构不同，发射出的特征谱线各不相同，因此可以分析一些化学性质极其相似的元素。④准确度高。一般光源的相对误差为 $5\% \sim 10\%$，使用电感耦合等离子体光源，相对误差可降低到 1% 以下，非常适合于微量及痕量元素的分析。⑤精度高，线性范围大。对于一般光源，精度在 $\pm 10\%$ 左右，线性范围约 2 个数量级；对于电感耦合等离子体光源，精度约为 $\pm 1\%$，线性范围可达 $4 \sim 6$ 个数量级，可有效地用于高、中、低含量的元素分析。⑥试样用量少。一般只需几毫克至几十毫克试样，就可对样品中的多种元素同时进行分析或全分析（定性或定量），优于其他仪器分析方法，尤其适合批量样品的多组分检测分析。

原子发射光谱法的不足之处有：①该法只能用于元素分析，而不能确定这些元素在样品中存在的化合状态和结构；②对于一些非金属元素如氧、硫、氮、磷和卤素等难以测定；③对待测元素浓度较大的溶液测定准确度较差；④检出限、精度和稳定性一般低于原子吸收光谱法。

第一节　原子发射光谱法的基本原理

一、原子发射光谱的产生

物质是由各种元素的原子组成的，而原子又是由原子核和核外电子组成的。原子的核外电子按能级高低分布在不同的轨道上。将电子从基态激发至激发态所需要的能量称为激发电位。处于激发态能级的原子是不稳定的，在极短时间（10^{-8}s）内外层电子会跃迁至低能级的激发态或基态而释放出多余的能量，若这种能量是以辐射一定频率的电磁波形式释放的，就产生了原子发射光谱。由于原子的各个能级是量子化的，电子的跃迁是不连续的，因此原子发射光谱为线状光谱。

当外加的能量足够大时，原子会发生电离形成带正电荷的离子。使原子电离所需要的最小能量称为电离电位。离子中的外层电子也能被激发，其所需的能量即相应离子的激发电位。原子失去一个电子时，称为一次电离，再失去一个电子时，称为二次电离，以此类推。离子也可以被激发而产生发射光谱，称为离子线。在原子谱线表中，罗马数字 I 表示原子线，II 表示一次电离离子发射的谱线，III 表示二次电离离子发射的谱线。例如，Na I 558.99nm 是钠原子线，Mg II 280.27nm 是镁的一次电离的离子线。由于原子和离子具有不同的能级，因而原子发射的光谱和离子发射的光谱是不同的。

原子从高能态跃迁至低能态或基态释放的能量与辐射线波长的关系为

$$\Delta E = E_2 - E_1 = h\nu = h\frac{c}{\lambda} \tag{3-1}$$

式中，E_2、E_1 分别是原子高、低能级的能量；ΔE 为电子跃迁时释放出的能量；ν、λ 分别为辐射线的特征频率、波长；c 为光速；h 为普朗克常数。

由式（3-1）可知：①辐射的每一条谱线的波长，取决于电子跃迁前后原子两个能级的能量差，其中电子由激发态跃迁至基态产生的辐射线叫作共振发射线（共振线）；电子从最低激发态跃迁到基态所发射的谱线称为第一共振线。第一共振线的激发电位最小，最容易被激发，也是该元素的最强谱线（最灵敏线）。②不同元素的原子，由于其结构不同，发射谱线的波长也不同，故谱线的波长是光谱定性分析的依据。试样中待测元素含量越高，对应的谱线强度就越强，故谱线强度是光谱定量分析的依据。③由于原子的能级很多，原子在被激发后，其外层电子可有不同的跃迁方式，但这些跃迁均遵循一定的规则（即"光谱选律"），因此对特定元素的原子可产生一系列不同波长的特征光谱线，这些谱线按一定的顺序排列，并保持一定的强度比例。

二、谱线的强度与影响因素

1. 谱线强度的表达式　　原子发射光谱谱线的产生是原子外层电子受激发后，从激发态跃迁回到基态或低能级时释放出多余能量的结果。谱线的强度特性是原子发射光谱定量测定的基础。

若高能级以 j 表示，低能级以 i 表示，则 j 与 i 两能级间跃迁产生的谱线强度 I_{ij} 与激发态原子数成正比。

$$I_{ij} = N_j A_{ij} h\nu_{ij} \tag{3-2}$$

式中，N_j 为单位体积内的激发态原子数；A_{ij} 表示 i 和 j 两个能级间的跃迁概率；h 为普朗克常数；ν_{ij} 为发射谱线的频率。

如果激发是处于热力学平衡状态下，分配在各激发态和基态的原子数目 N_j 与 N_0 之间应遵循玻耳兹曼分布定律，即

$$N_j = N_0 \frac{g_j}{g_0} e^{-\frac{E_j}{kT}} \tag{3-3}$$

式中，g_j 和 g_0 分别为激发态和基态能级的统计权重；E_j 为激发电位；k 为玻耳兹曼常数，其值为 1.38×10^{-23} J/K；T 为激发温度。

将式（3-3）代入式（3-2）中，则原子发射谱线的强度为

$$I_{ij} = \frac{g_j}{g_0} A_{ij} h\nu_{ij} N_0 e^{-\frac{E_j}{kT}} \tag{3-4}$$

2. 影响谱线强度的因素　　由式（3-4）可知，影响谱线强度的因素主要有原子激发电位、跃迁概率、统计权重、激发温度和基态原子数等。

（1）激发电位　　谱线强度与激发电位 E_j 呈负指数关系，激发电位越高，谱线强度就越弱。这是因为激发电位越高，处于该激发态的原子数目就越少，因此谱线强度就越弱。实验证明，绝大多数激发能较低的元素，其谱线都比较强，因此激发电位最低的共振发射线通常是该元素所有谱线中最强的谱线。

（2）跃迁概率　　跃迁概率 A_{ij} 是指单位时间内每个原子由一个能级态跃迁到另一能级态的次数，可以通过实验数据计算得到，A_{ij} 的数值一般为 $10^6 \sim 10^9$ 次 /s。谱线的强度与跃迁概率成正比。跃迁概率与激发态原子的平均寿命成反比，即原子处于激发态的时间越长，跃迁概率就越小，产生谱线的强度就越弱。

（3）统计权重　　谱线强度与激发态和基态统计权重之比（g_j/g_0）成正比。

（4）激发温度　　谱线强度与激发温度 T 的关系比较复杂。T 升高，谱线强度增大。但当超过某一温度后，体系中电离的原子数目增加，而相应的中性原子数减少，使原子谱线强度减小，而离子线的强度增大。如果温度再升高，一级离子线的强度也随之减弱。因此，每条谱线均有其最合适的激发温度，在此温度时，谱线强度最大。

（5）基态原子数　　谱线强度与基态原子数 N_0 成正比。在一定实验条件下，基态原子数与试样中该元素的浓度成正比，所以谱线强度与待测元素的浓度成正比，这就是光谱定量分析的依据。

三、谱线的自吸和自蚀

试样在受到激发光源作用后，温度升高，经过蒸发、解离、原子化、激发和电子能级跃迁等一系列过程，发射电磁辐射释放出能量而得到原子发射光谱。激发光源一般是具有一定厚度呈弧形的焰炬，焰炬中心区域的温度最高，激发态原子数也最多；边缘区域的温度较低，其中处于基态或较低能级的同类原子较多。当激发态原子从焰炬中心发射出谱线时，必须通过弧焰边缘才能到达检测器。此时，弧焰边缘的基态或低能态同类原子就可能吸收高能态原子发射的辐射，从而减弱了检测器接收到的谱线强度，这种现象称为自吸现象（图3-1）。谱线的自吸程度与谱线的固有强度成正比，即谱线越强，自吸越严重。弧层越厚，弧焰中被测元素的原子浓度越大，则自吸现象越严重。

自吸现象对谱线中心强度的影响最大。当原子浓度很低时，谱线不呈现自吸现象；如果原子浓度增大，谱线就会呈现自吸

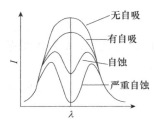

图 3-1　谱线的自吸与自蚀

现象，使谱线强度减弱。当自吸现象非常严重时，谱线中心强度几乎完全被吸收，好像是两条谱线，这种现象称为自蚀。

第二节 原子发射光谱仪

原子发射光谱仪主要由光源、分光系统和检测器三部分组成。

一、光源

光源的主要作用是为试样的蒸发、解离、原子化和激发提供所需要的能量，使其发射光谱。光源的特性对光谱分析的检出限、精度和准确度都有很大的影响。原子发射光谱仪的光源可分为非等离子体和等离子体两大类，后者常见的是电感耦合等离子体光源，因其性能优良而成为现代原子发射光谱仪的首选光源。

1. 非等离子体光源　　非等离子体光源包括火焰、直流电弧、交流电弧、电火花和激光等。

火焰是最早使用的原子发射光谱光源，实际上就是通过燃气燃烧产生的热量使样品被激发。火焰光源的优点是设备简单、操作方便、稳定性好，但是火焰温度一般只有2000～3000K，不能激发电位高的原子。

电火花是指利用变压器把电压升高后，向电容器充电，当电容器的电压达到一定值之后将空气击穿发生放电，其优点是稳定性好、温度高，缺点是灵敏度差。

电弧光源包括直流电弧和交流电弧光源，其原理是当较大的电流通过电极之间时产生强烈的电弧放电，当样品处于电弧放电区域时，放电产生的高能量使样品激发，从而发射线光谱。直流电弧光源温度能够达到4000～7000K，其优点是灵敏度高，适合定性分析，但电弧光源稳定性差，不适合定量分析。交流电弧具有脉冲性，电流密度比直流电弧大得多，温度高，优点是稳定性好，但灵敏度稍差。

激光光源是一种使用激光蒸发试样表面的微小区域并通过电极放电激发原子的设备。激光光源亮度高、单色性好、灵敏度高。将激光显微光源应用于原子发射光谱的分析方法叫作激光显微光谱分析，能用于分析块状、片状或粉状等各种形状的试样，绝对检出限可达飞克（fg）级，在解决生物、地质和冶金等领域的微量、微区或薄层定性分析等问题上具有广泛的应用。

上述几种光源中，火焰和电火花光源已经很少使用，电弧光源的使用范围也有限。

2. 电感耦合等离子体光源　　电感耦合等离子体光源是指高频电能通过电感（感应线圈）耦合到等离子体所得到的外观上类似火焰的高频放电光源，其结构、形成机理和性能特点简介如下。

（1）等离子体　　等离子体又称电浆，是一种由离子、电子及中性粒子组成的呈电中性的高温气体状物质。等离子体的力学性质（如体积、压力与温度的关系）与普通气体相同，但由于其有带电粒子，其电磁学性质与普通气体相差很大。等离子体主要有三类：电感耦合等离子体（inductively coupled plasma，ICP）、电流型的直流等离子体（direct current plasma，DCP）和电容耦合型的微波诱导等离子体（microwave induced plasma，MIP），其中以 ICP 的应用最为广泛。

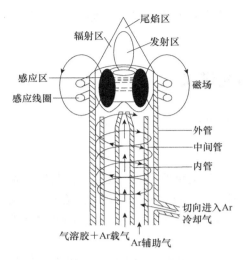

图 3-2 ICP 光源结构示意图

（2）ICP 光源的结构　　ICP 光源一般由高频发生器、等离子体炬管和进样系统三部分组成，如图 3-2 所示。

高频发生器的作用是产生高频磁场，以供给等离子体能量。

等离子体炬管是一个三层同心的石英玻璃管。内层（中心）石英管用来通入携有试样气溶胶的氩载气，并引入等离子体。中间石英管通入氩气起维持等离子体的作用。外层石英管通氩气，氩气流以切线方向旋转进入并呈旋涡式上升，其作用有三：①将等离子体吹离石英管内壁，避免烧毁石英管；②利用离心作用，在炬管中心产生低气压通道，以利于进样；③这部分氩气同时也参加放电过程以维持 ICP 的正常工作。

进样系统分固体、液体和气体形式的进样系统，通常使用的是液体进样系统，通过蠕动泵将待测样品的溶液泵入雾化室雾化为气溶胶，由载气携带气溶胶注入等离子体炬管的内管内。

（3）ICP 的形成　　当高频振荡电流通过感应线圈时，在炬管的轴线方向上就产生了高频电磁场，此时石英管内的氩气是非导体，不能产生感应电流，也无等离子体出现。如果用高频点火装置引燃通过中间管和外管的氩气，部分氩原子发生电离形成由离子和电子组成的载流子。这种载流子在高频电磁场的作用下加速运动，与周围的氩原子发生碰撞而产生更多的载流子，当载流子不断增多达到足够的导电率时，在垂直于管轴方向的截面上就会感应出涡电流，强大的涡电流产生的高热将气体加热，使其瞬间形成外观与火焰相似的高温等离子焰炬。高频电能不断地通过感应线圈耦合到等离子焰炬中，以维持等离子焰炬的稳定。当载气带着试样气溶胶通过等离子焰炬时，试样可被加热至 6000～7000K，并被原子化和激发而产生发射光谱。

（4）ICP 焰炬的组成和温度分布　　等离子焰炬具有环状结构，自里向外依次为发射区（焰心区）、辐射区（内焰区）和尾焰区 3 个区域。发射区位于感应线圈内高频电流形成的涡流区内，温度高达 10 000K，具有很高的电子密度，该区是用来预热和蒸发试样气溶胶的区域，能够发射较强的连续背景光谱，不能用其激发试样。辐射区具有半透明淡蓝色的焰炬，温度在 7000K 左右，是被测物原子化、激发、电离与辐射的主要区域。辐射区具有较低的光谱背景，是观测与分析光谱的最佳区域。尾焰区在辐射区的外上部，无色透明，温度低于 6000K，只能激发低能级的谱线。

（5）ICP 光源的特点　　ICP 光源是目前原子发射光谱法中应用最广的光源，可用于定性、定量测定周期表中绝大多数元素（70 多种），具有以下特点：①激发温度高，有利于难激发元素的激发；离子线强度大，有利于灵敏线为离子线的元素的测定。②样品在炬管中央通道的惰性气体中受热而原子化，原子化完全，化学干扰小，谱线强度大。试样中基体和共存元素的干扰小，甚至可以用一条工作曲线测定不同基体试样的同一元素。③稳定性好，精度高。相对标准偏差约为 1%。④样品集中在中央通道，由于从温度高的外围向中央通道气溶胶加热，较少出现其他发射光谱中常见的由外部冷原子蒸气造成的自吸和自蚀现象，提高了测量的灵敏度，检出限低（10^{-10}～10^{-9}g/mL）。工作曲线的线性范围宽，可达 4～6 个数量级，适用于高、低、微含量金属和难激发元素的分析测定，同一份试液可用于从常量至痕量元素的分析。⑤ICP 是无极放电，没有电极污染。⑥对卤素等非金属元素的测定灵敏度较低。

二、分光系统

分光系统主要由光路系统、狭缝和色散元件等组成，其中光栅是现代光谱仪的主要色散元件。分光系统的作用是：接收待测试样激发出的各种特征辐射光谱；用色散元件分光以获得按波长大小依次排列的光谱图。

三、检测器

检测器应性能稳定，灵敏度和分辨率高，光谱响应范围宽。

现代原子发射光谱仪的检测器主要为光电转换器，它是利用光电效应将不同波长光的辐射能转化成电信号的检测器。常见的光电转换器有光电倍增管和固态成像系统两类。其中，固态成像系统是一类以半导体硅片为基材的光敏元件制成的多元阵列集成电路式焦平面检测器，如电荷耦合器件（CCD）和电荷注入器件（CID）等，具有多谱线同时检测的能力，检测速度快，动态线性范围宽，灵敏度高。CCD 和 CID 在光电直读原子发射光谱仪中得到了广泛应用。

第三节　定　性　分　析

各种元素的原子结构不同，其激发时所产生的光谱也各不相同，这是光谱定性分析的依据。通过试样光谱中有无特征谱线的出现来确定该元素是否存在，称为光谱定性分析。

一、基本概念

1. 灵敏线　　灵敏线是指谱线强度较大、激发电位较低、跃迁概率较大的一些原子线或离子线。灵敏线多是一些共振线。

2. 最后线　　最后线是指随着试样中被测元素含量的逐渐减少而最后消失的谱线。

3. 分析线　　分析线是指用作鉴定元素存在及测定元素含量的谱线。分析线实际上是一些灵敏线或最后线。

二、定性分析方法

每种原子都可发射出很多条谱线。在定性分析时，一般只要检测到该元素的 1 根或几根不受干扰的灵敏线或最后线，就可确定该元素存在。相反，若试样中未检测到某元素的 1～2 根灵敏线，则说明试样中不存在该元素，或者该元素的含量在检出限以下。

现在的原子发射光谱仪均通过光电直读法自动进行定性分析，可分析各种元素。

第四节　定　量　分　析

通过测量发射谱线的强度来确定样品中被测元素含量的过程就是光谱定量分析。常用的定量分析方法有内标法、标准曲线法和标准加入法等。

一、定量分析的基本原理

实验证明，在大多数情况下，谱线强度与试样中被测元素含量的关系为

$$I = Ac^b \qquad (3\text{-}5)$$

式中，I 为谱线强度；c 为被测元素的浓度；A 为与实验条件有关的常数；b 为自吸收系数。当被测元素浓度很小、无自吸时，$b=1$；反之，有自吸时，$b<1$，且自吸愈大，b 值愈小。这个公式称为赛伯 - 罗马金公式，是光谱定量分析的基本关系式。

将式（3-5）取对数，得

$$\lg I = \lg A + b \lg c \qquad (3\text{-}6)$$

由式（3-6）可知，谱线强度的对数与被测元素浓度的对数呈线性关系。在一定的条件下，式（3-6）中的系数 A、b 都是常数，但在实际工作中，由于 A 值受试样的组成、蒸发、激发和光源的工作条件等因素的影响，在实验中很难保持恒定不变，因此根据谱线强度的绝对值来进行定量分析很难获得准确的结果。所以在实际光谱分析中，常采用内标法来消除工作条件变化对测定结果的影响。

二、定量分析方法

1. 内标法　　内标法是利用分析线对的相对强度来进行元素定量分析的方法。其原理是：在被测元素的谱线中选一根谱线作为分析线，再在另一个含量固定的元素（内标元素）的谱线中选一根与分析线性质相近的谱线作为内标线，由这两条谱线组成分析线对。分析线与内标线的绝对强度的比值称为分析线对的相对强度。利用分析线对的相对强度就可以求出被测元素的含量。内标法可以在很大程度上消除由光源放电不稳定等因素对检测结果带来的影响。

设被测元素和内标元素含量分别为 c 和 c_0，分析线和内标线强度分别为 I 和 I_0，b 和 b_0 分别为分析线和内标线的自吸收系数，A_1 和 A_0 分别为测分析线和内标线强度时与实验条件有关的常数，根据式（3-5），对分析线和内标线分别有

$$I = A_1 c^b , \quad I_0 = A_0 c_0^{b_0} \qquad (3\text{-}7)$$

将式（3-7）结合式（3-6）整理，得内标法光谱定量分析的基本关系式：

$$\lg(I/I_0) = \lg R = b \lg c + \lg A \qquad (3\text{-}8)$$

式中，$R = I/I_0$，为分析线对的相对强度；$A = A_1/A_0 c_0^{b_0}$，在内标元素含量 c_0 和实验条件一定时，A 为一常数。

只要测出标样系列谱线的相对强度 R，即可绘制 $\lg R$-$\lg c$ 标准曲线。在分析时，测得试样中分析线对的相对强度，即可由标准曲线查得分析元素的含量。

应用内标法时，对内标元素和分析线对的选择应考虑以下几点：①待测试样中应不含或含有极微量的内标元素；若试样中某种主要成分（基体元素）的含量变化不大，也可选用此基体元素作为内标元素。②应选择激发电位（或电离电位）相同或相近的分析线组成分析线对。③所选分析线对间的强度不应相差过大。试样中的杂质元素的含量通常很小，这种情况下若选用基体元素作内标元素，则应选其光谱线中的一条弱线；若外加少量其他元素作内标，则应选用加入的内标元素一条较强的线。④所选作为分析线的谱线不能被其他元素的谱线干扰，且无自吸收或自吸收很少。⑤内标元素与分析元素的挥发率应相近。

内标法的优越性在于没有标准对照元素时，可以定量分析某些元素。

2. 标准曲线法　　在完全相同的实验条件下，将 3 个或 3 个以上不同浓度的待测元素的标准试样和样品激发测得激发光谱，以分析线的强度 I 对浓度 c 或 $\lg c$（或内标法分析线对强度比 R 或 $\lg R$）作校正曲线，由该标准曲线求得试样中被测元素的含量。

标准曲线法是光谱定量分析的基本方法，应用广泛，特别适合于成批样品的分析。

3. 标准加入法　　当待测元素的含量较低，且标准样品与未知样品的基体匹配有困难时，可采用标准加入法。

在几份未知试样中分别加入不同含量的被测元素标准样品，在同一条件下激发光谱，测量不同加入量时的分析线对强度比。在被测元素含量低时，自吸收系数 b 为 1，谱线强度比 R 直接正比于元素含量 c，将标准曲线 R-c 延长交于横坐标，交点至坐标原点的距离所对应的含量，即未知试样中被测元素的含量。

标准加入法可用来检查基体纯度、估计系统误差、提高测定灵敏度等。

三、定量分析的主要干扰因素及消除方法

影响发射光谱定量分析准确度的主要因素有光谱干扰和基体干扰，必须采取针对性措施予以消除。

1. 光谱干扰　　光谱干扰是元素光谱分析尤其是 ICP 光谱分析中最常见的问题，由于 ICP 的激发能力很强，几乎每一种存在或引入 ICP 中的元素都会发射出丰富的谱线，从而产生大量的光谱干扰。光谱干扰主要分为谱线重叠干扰和背景干扰。

（1）谱线重叠干扰　　谱线重叠干扰是光谱仪分光系统色散率和分辨率的不足，导致某些共存元素的谱线重叠在分析线上的干扰。采用高分辨率的分光系统只能减小但不能完全消除此类干扰。最常用的方法是选择另一条干扰小的谱线作为分析线，或应用干扰因子校正法（IEC）予以校正。

（2）背景干扰　　背景干扰是由连续光谱或带状分子光谱等所产生的谱线强度叠加于线状光谱上所引起的干扰。背景发射强度总是叠加在分析线发射强度上，使分析线信号测量值产生正的偏离，导致分析结果的准确度变差。

消除背景干扰的方法主要有离峰扣背景法和卡尔曼（Kalman）滤波法等。现代原子发射光谱仪均有相关背景校正程序可用来消除背景干扰。

2. 基体干扰　　样品中除待测物以外的其他组分称为基体。基体的改变会影响被测元素谱线的强度，降低定量分析的准确度，这种效应称为基体效应。在实际分析过程中，应尽量采用与试样基体一致或接近的标准样品，以减少或消除基体干扰。在光谱分析中，常根据试样的组成、性质及分析的要求，在试样和标准样品中加入一些具有某种性质的光谱添加剂，以改善基体特性，从而减小基体效应，提高分析的准确度或灵敏度。光谱添加剂主要有光谱缓冲剂和光谱载体。

（1）光谱缓冲剂　　试样中加入一种或几种辅助物质，用来抵偿试样组成的影响，这种物质称为光谱缓冲剂。其作用是减少标样与试样间的基体差异，使各试样的组成趋于一致，从而补偿由于试样组成变化对谱线强度的影响。常用的光谱缓冲剂有碱金属、碱土金属的盐类（如 NaCl、KCl、Na_2CO_3、$CaCO_3$）、炭粉、AgCl、NH_4Cl 及低熔点的 B_2O_3、硼砂和硼酸等。例如，分析难熔物质时，可加入低熔点的 B_2O_3 等，使试样熔点降低，减小试样组成的变化以抑制基体效应。

（2）光谱载体　光谱载体主要通过控制试样的蒸发条件和激发条件来改善基体效应。

1）控制蒸发行为：通过高温化学反应，利用分馏效应，促进一些元素提前蒸发，抑制或减慢另一些元素的蒸发，从而抑制基体物质的谱线，能有效地增强分析元素的谱线。因此可以将样品中难挥发性化合物（一般为氧化物）转变为低沸点、易挥发的化合物（如卤化物等）。例如，对 ZrO_2、TiO_2 及稀土化合物等难挥发物质，加入氯化物，可让其转化为易挥发的氯化物，增强分析元素的谱线强度或抑制基体物质谱线的出现，提高测定微量元素的灵敏度。

2）控制电弧激发温度：采用电弧光源时，较大量的载体或低电离电位元素可控制电弧激发温度。例如，Ga_2O_3 可抑制 U_3O_8 的蒸发，从而使其中的杂质元素 B、Cd、Fe、Mn 免受 U_3O_8 的干扰。

3）增加停留时间：大量载体的原子蒸气可减小待测原子在等离子区的自由运动范围，从而增加待测原子的停留时间，提高分析灵敏度。

光谱缓冲剂与光谱载体的许多作用相似，二者之间常常没有明显的界线，一种添加剂往往同时起缓冲剂和载体的作用。

◇ 思考题与习题

1. 何谓原子发射光谱法？
2. 发射光谱定性分析的基本原理是什么？
3. 何谓元素的灵敏线、共振线、最后线、分析线？它们之间有何联系？
4. 何谓谱线的自吸与自蚀？
5. 光谱定量分析的依据是什么？为什么要采用内标法？内标元素和内标线选择的原则是什么？
6. ICP 光源有何特点？

◇ 典型案例

电感耦合等离子体发射光谱法分析水中重金属（铅、镉、铬）含量

水中的重金属主要包括铅（Pb）、镉（Cd）和铬（Cr）等，这些重金属污染物多来自采矿、化工、冶金、电子电镀等行业排出的废水，其对环境生态的危害性极大。由于水中的重金属可通过食物链富集于人体，严重威胁人类的身体健康，因此，严格控制水体重金属污染，是保护地表生态系统和人体健康的重要措施之一。水中的重金属元素含量可通过多种方法测定，其中电感耦合等离子体发射光谱法具有多元素同时定性定量分析、分析速度快和准确度高的特点，获得了广泛应用。

1. 原理　样品在电感耦合等离子体（ICP）中蒸发、原子化、激发、电离，各元素的原子形成自己的特征谱线。根据发射谱线的波长可对元素进行定性分析，根据谱线的强度可对元素进行定量分析。

2. 试剂和材料

1）待测水样，必要时需适度稀释。

2）混合标准溶液。取 1.0mg/mL 的铅、镉、铬标准储备液（国家钢铁材料测试中心钢铁

研究总院），用 1% 的硝酸，依次逐级稀释，制备成如下浓度的 5 个系列铅、镉和铬多元素混合标准溶液（表 3-1）。配制用水均为二次蒸馏水。

表 3-1　标准溶液配制

元素	混合标准溶液的质量浓度 /（μg/L）				
	1（空白）	2	3	4	5
Pb	0	10.00	20.00	40.00	100.00
Cd	0	2.00	5.00	10.00	20.00
Cr	0	10.00	20.00	40.00	100.00

3. 仪器和设备　　原子发射光谱仪、ICP 光源等。

4. 测定

（1）ICP 光谱仪工作参数　　分析线波长，Cd 228.8nm，Cr 283.5nm，Pb 283.3nm；入射功率，1kW；氩冷却气流量，12~14L/min；氩辅助气流量，0.5~0.8L/min；氩载气流量，1.0L/min；试液提升量，1.5mL/min。

（2）方法步骤　　按照 ICP-AES 光电直读仪的基本操作步骤完成准备工作，开机及点燃 ICP 炬；进行单色仪波长校正，然后输入工作参数；按单元素定量分析程序，输入分析元素、分析线波长及最佳工作条件等；喷入标准溶液，进行预标准化；进行标准化，绘制标准曲线；喷入待测水样，采集测试数据。

5. 结果与分析

（1）标准曲线的制作　　根据混合标准溶液不同浓度不同元素的响应值制作标准曲线。

（2）样品测定　　待测水样，按分析条件测试，根据标准曲线求出各元素浓度，并计算样品初始含量。

4

第四章

等离子体质谱法

　　等离子体质谱法的全称为电感耦合等离子体质谱法（inductively coupled plasma-mass spectrometry，ICP-MS），它是一种以电感耦合等离子体（ICP）作为离子源的无机质谱法，主要用来对痕量和超痕量元素进行定性、定量分析，是测量同位素丰度最灵敏和准确的方法之一。

　　ICP-MS 是在电感耦合等离子体原子发射光谱（ICP-AES）技术的基础上，于 20 世纪 80 年代发展起来的一种新型痕量元素分析技术。ICP-AES 在元素分析中虽具有高灵敏度、低检出限、宽动态线性范围和多元素同时分析等优点，但其不足之处是普遍存在的基体干扰及光谱干扰问题，导致在进行微量及痕量元素测定时难以正确选择分析谱线。如果把 ICP-AES 仪器中的波长色散元件替换为质量色散器（质谱仪），通过质谱仪将 ICP 电离产生的样品离子，依质荷比 m/z 的大小分别聚焦并分离，这就构成了电感耦合等离子体质谱仪。自从 Houk 和 Gray 成功解决了 ICP 和 MS 的接口问题后，英国和加拿大的公司就于 1983 年同时推出了商用 ICP-MS，此后该方法获得了迅速发展。

　　ICP-MS 可测定元素周期表中的大部分元素，被公认为最理想的无机元素分析方法，几乎可取代全部的传统无机元素分析技术（如 AAS、ICP-AES 等），已被广泛地应用于生命科学、环境、地质、材料、化工、医药和食品安全等领域。

第一节　等离子体质谱法的基本原理

　　ICP-MS 是以 ICP 为离子源，以质谱仪进行检测的无机多元素分析技术，其基本工作原理为：被分析的样品通过一定形式进入等离子体中心区，等离子体的高温使样品蒸发、原子化和离子化形成单电荷正离子，这些离子在高速喷射气流的作用下，通过不同的压力区（接口区）进入质谱仪的真空系统，再经过离子透镜的能量聚焦作用后，不同质荷比的离子被质量分析器分离，最后分别到达检测器被检测记录。ICP-MS 既可以按照离子质荷比大小进行定性分析，也可以按照特定质荷比的离子数目进行半定量和定量分析。

第二节　等离子体质谱仪

　　ICP-MS 由进样系统、ICP 离子源、接口、离子聚焦系统、质量分析器、真空系统、检测器和数据处理系统等组成，其基本结构如图 4-1 所示。

　　1. 进样系统　　ICP-MS 要求所有样品以气溶胶或固体小颗粒的形式引入等离子炬管的中心通道载气流中。样品导入的方式主要分为三大类型：溶液气溶胶进样系统（如气动雾化或超声雾化法）、气化进样系统（如氢化物发生法、电热气化法、激光剥蚀法及气相色谱法等）和固态粉末进样系统（粉末或固体样品直接插入或吹入等离子体中）。

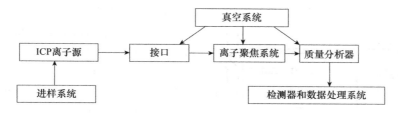

图 4-1 ICP-MS 组成结构示意图

目前最常用的是溶液气溶胶进样系统，该系统由蠕动泵、雾化器和雾室（通常采用半导体制冷的双层雾室系统）组成，其主要作用是将液体样品气溶胶化。对进样系统的一般要求是：雾化效率高，雾化器不易堵塞；尽可能减少溶剂的导入以减少氧化物等组分的干扰；进样管路的长度尽可能短以减少记忆效应。

2. ICP 离子源　　离子源的作用是提供能量，将进样系统输入的样品蒸发、解离、原子化和离子化。

ICP-MS 和 ICP-AES 中的电感耦合等离子体在结构与工作原理等方面基本相同（详细内容见第三章），不同之处是前者的炬管水平放置，而后者一般垂直放置。

3. 接口　　接口是整个 ICP-MS 最关键的部分，其功能是将等离子体中的离子有效传输到质谱仪内。在等离子体和质谱仪之间存在着温度、压力和浓度的巨大差异，前者在常压和高温条件下工作，而后者则是在高真空和常温条件下工作。如何将高温、常压下的等离子体中的离子有效地传输到高真空、常温下的质谱仪，就是接口技术所要解决的难题。对接口的基本要求是：必须能使足够多的离子在上述压力差巨大的两个区域之间进行有效传输，而且在传输过程中样品离子在性质和相对比例上不应有变化。

ICP-MS 的接口（图 4-2）由一个采样锥（孔径约 1mm）和一个截取锥（孔径 0.4～0.8mm）组成，截取锥安装于采样锥后，两者处在同一轴线上。采样锥的作用是把来自等离子体中心通道的载气流（离子流）大部分吸入锥孔，进入第一级真空室。截取锥的作用是选择来自采样锥孔的膨胀射流的中心部分，并让其通过截取锥进入下一级真空室。

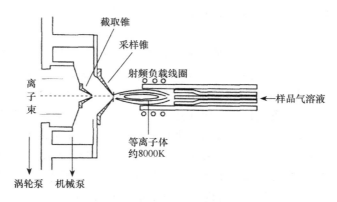

图 4-2 ICP-MS 接口示意图

由于被采样锥提取的载气流是以超声速进入真空室的，且到达截取锥的时间仅需几微秒，在此过程中样品离子的成分及特性基本没有变化，这就很好地解决了由大气压环境到真空系统过渡的难题。

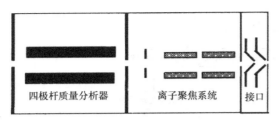

图 4-3   ICP-MS 离子聚焦系统示意图

四极杆质量分析器   离子聚焦系统   接口

4. 离子聚焦系统   离子聚焦系统位于截取锥和质谱分离装置之间（图 4-3），它有两个作用：一是聚焦并引导待分析离子从接口区域到达质谱的分离系统，二是阻止中性粒子和光子通过。离子聚焦系统决定了进入质量分析器的离子数量和仪器的背景噪声水平。

离子聚焦系统由一组静电控制的离子透镜组成，其原理是利用离子的带电性质，用电场聚焦或偏转牵引离子。载气流通过离子透镜时，其中的光子以直线方式传播，离子以离轴方式做偏转运动，或采用光子挡板阻止非带电粒子（光子和中性粒子）通过而允许离子束在其周围通过，这样离子与非带电粒子就实现了分离。离子在透镜中获得一定的速度后定向传输至质量分析器，而不需要的中性粒子则被真空泵吸除。

在离子聚焦系统中，空间电荷效应导致的质量歧视是直接影响离子传输效率及整个质量范围内离子传输均匀性的重要因素。这种效应在基体离子的质量大于分析离子时尤为严重。在等离子体和超声射流中，离子流被一个相等的电子流所平衡，因此整个离子束基本上呈电中性。当离子流离开截取锥后，离子透镜建立起的电场将收集离子而排斥电子，电子将不再存在，从而使离子被束缚在一个很窄的离子束中。离子束在瞬间虽不是准中性的，但离子密度仍然非常高。同电荷离子间的相互排斥使离子束中的离子总数受到限制。在总离子电流为 $1\mu A$ 时，ICP-MS 中的空间电荷效应是显著的，这意味着基体浓度越高，重离子数越多，空间电荷效应就越显著。若以同样的空间电荷力作用在所有离子上，则轻离子受影响最大，被偏转（歧视）最严重，故灵敏度偏低。空间电荷效应是 ICP-MS 基体效应的主要根源，如果不采取任何方式进行补偿的话，较高质荷比的离子将会在离子束中占优势，而较轻质荷比的离子则遭排斥，导致高动能的离子（重质量元素）传输效率高于中质量及轻质量元素。

5. 质量分析器   质量分析器置于离子聚焦系统和检测器之间，通过离子聚焦系统的离子束进入质量分析器中，离子按照其质荷比实现分离。绝大多数 ICP 质谱仪使用的是四极杆质量分析器。四极杆质量分析器是 ICP-MS 的核心部件，其作用相当于一个滤质器，其详细工作原理见第十二章质谱法。

6. 真空系统   质谱仪的真空系统性能是影响 ICP-MS 灵敏度的一个关键因素。ICP-MS 的真空系统一般由三级真空系统组成。在这个系统中，第一级真空系统位于采样锥和截取锥之间（也称膨胀区域，进来的高温离子流在此区域快速膨胀而被冷却），一般用机械泵抽走大部分气体。这部分的真空度较低，一般在几百帕。第二级真空系统位于紧接着膨胀区域的离子聚焦系统（离子透镜）位置，一般由一个扩散泵或分子涡轮泵来维持。第三级真空系统位于离子透镜之后的四极杆质量分析器和离子检测器部位，这部分的真空度是最高的，要求真空度至少达到 6×10^{-5} Pa 时才能进行测样，一般由一个性能更高的分子涡轮泵来维持。质谱仪系统在远离等离子体区域的轴向方向，真空度是逐渐增加的。

7. 检测器和数据处理系统   质量分析器将离子按质荷比分离后最终引入检测器，检测器将离子转换成电子脉冲后计数。电子脉冲的大小与样品中被分析离子的浓度有关。检测器有连续或不连续的打拿极电子倍增器、法拉第杯检测器和 Daly 检测器等。数据处理系统将检测器的电信号转变为数字信号和质谱图。

第三节 质谱干扰及其消除方法

ICP-MS 的分析结果是一幅质谱图，其横坐标为离子的质荷比，纵坐标为离子的计数值。图 4-4 为铈（Ce）的 ICP-MS 图谱，图谱主要由铈的同位素峰和一些简单的光谱背景峰组成。而同一试样如果采用 ICP-AES 分析，则可看到铈的十几条强线和几百条弱线，而且光谱背景十分复杂。

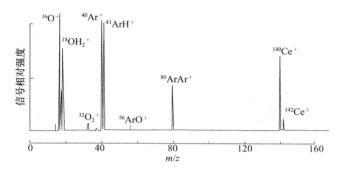

图 4-4　10μg/mL Ce 溶液的 ICP-MS 图谱

总体来说，ICP-MS 的干扰不十分严重，但仍有一些干扰因素会影响分析结果。这些干扰因素可分为质谱干扰和非质谱干扰两大类。凡是造成目标分析元素质量数发生变化（增大或减少）的因素都可视为质谱干扰，包括同量异位素干扰、氧化物和氢氧化物离子干扰与多原子离子干扰等。基体效应干扰和物理效应干扰等属于非质谱干扰。

1. 质谱干扰

（1）同量异位素干扰　　当两种不同元素具有几乎相同质量的同位素时，就会产生质谱峰的重叠。例如，铟有 $^{113}In^+$ 和 $^{115}In^+$ 两个稳定的同位素，前者与 $^{113}Cd^+$ 重叠，后者与 $^{115}Sn^+$ 重叠。使用高分辨率的质谱仪可以减少或消除这种干扰。

（2）多原子离子干扰　　在测量过程中氩、水和溶剂的引入，会电离产生 Ar^+、ArH^+、OH^+、OH_2^+、O^+、N^+ 等离子，这些离子可进一步复合形成多原子离子，干扰与其相同质量的被分析元素测定。例如，^{56}Fe 的测定会受到 $^{40}Ar^{16}O^+$ 和 $^{40}Ca^{16}O^+$ 的干扰；^{51}V 会受到 $^{35}Cl^{16}O^+$ 的干扰；^{75}As 会受到 $^{40}Ar^{35}Cl^+$ 的干扰；^{80}Se 会受到 $^{40}Ar^{2+}$ 的干扰等。因此，在选择同位素进行测定时，要尽量避开这些离子的干扰。

（3）氧化物和氢氧化物离子干扰　　由分析物、基体组分、溶剂和等离子气体等形成的氧化物和氢氧化物是 ICP-MS 中的重要干扰因素，分析物和基体组分元素会形成 MO^+ 和 MOH^+ 型离子，这些离子有可能与某些分析物离子峰重叠。氧化物的形成与实验条件有关，如进样流速、采样锥和截取锥的间距、取样孔大小、等离子体气体成分及氧和溶剂的去除效率等。通过控制实验条件可减小或消除这种干扰。

（4）试样制备时引起的干扰　　在试样前处理时，如果使用盐酸或高氯酸作溶剂，会在 ICP 中电离生成 Cl^+、ClO^+、$ArCl^+$ 等离子；使用硫酸作溶剂，可电离生成 S^+、SO^+、SO_2^+ 等离子，这些溶剂离子有可能干扰某些元素的测定。因此在制备样品时，应尽量使用硝酸作溶剂。

2. 非质谱干扰

（1）基体效应干扰　　基体效应干扰又称为电离干扰，易电离元素（如 K、Na、Ca、Mg、Cs、Al 等）在等离子体中浓度的增加将会极大地增加等离子中电子的数量，从而引起等离子体的平衡转变，造成基体效应干扰，这种效应与 ICP-AES 类同。当基体效应干扰不很严重时，可通过标准溶液的基体匹配或标准加入法来克服。当基体效应干扰很严重时，最好采用离子交换分离或共沉淀分离等技术将被测元素与基体分离。

（2）物理效应干扰　　ICP-MS 中有两种物理效应干扰。一种是与 ICP-AES 分析类似的干扰，即记忆效应。记忆效应是指分析测试的结果与分析质量，受此次分析测试之前样品中基体及其他高含量元素所造成的影响。这些基体及高含量元素由于吸附或其他物理效应而附着在连接管道、雾化室、等离子体炬管口，尤其是采样锥及截取锥表面，形成记忆效应。

记忆效应可影响待分析样品中某些元素的准确测定，也会产生噪声，影响测定的稳定性及测定的精度。克服记忆效应的方法通常是在每一样品分析结束之后，用适当的酸（一般是 2% 的硝酸溶液）或其他试剂清洗管路及其他相关器件，然后再进行下一个样品的分析。

另一种物理效应干扰是接口中的采样锥和截取锥孔壁与等离子体接触的部分会沉积样品基体的氧化物，导致测定信号的下降和稳定性变差。可通过优化仪器操作条件（如功率、载气流速及样品基体浓度、样品提升速度等）来减小这种影响。

第四节　分析方法

根据 ICP-MS 图谱离子的质荷比可以确定未知样品中存在哪些元素；而根据某一质荷比的计数，则可以进行定量分析。

1. 定性分析　　ICP-MS 是一种非常有效而快速的定性分析手段。采用扫描方式能在很短时间内获得全质量范围或所选择质量范围的质谱信息，依据图谱上出现的峰可以判断存在的元素和可能的干扰。进行定量分析前，可以先进行快速的定性分析以了解待分析样品的基体组成情况。

2. 半定量分析　　当需要了解样品中待测元素的大致含量以便有针对性地配制标准溶液时，可采用半定量分析方法。该方法涉及的主要步骤包括：①测定包含低、中、高质量数元素（一般需 5~8 个元素）的混合标准溶液，根据元素周期表中元素的电离度及同位素丰度等数据，获得质量数 - 灵敏度响应曲线，利用该曲线校正所用仪器的多元素灵敏度和存储灵敏度信息；②测定未知样品，未知样品中所有元素的浓度都可根据上述响应曲线求出，从而获得样品的半定量分析结果。一般 ICP-MS 的半定量分析误差可以控制在 ±（30%~50%），甚至更好（±20% 以内）。

在用标准加入法进行定量分析前，用 ICP-MS 的半定量分析手段预先确定标准加入量的大小，可提高标准加入法定量的准确度。

3. 定量分析　　ICP-MS 检出的离子流强度与离子数目成正比，通过离子流强度的测量可进行定量分析。常用的定量分析方法有内标法、标准加入法和同位素稀释法。为克服仪器的不稳定性和基体效应，可采用内标法以建立标准工作曲线。内标元素通常选用质量数在原子质量范围的中心部分且很少自然存在于试样中的 ^{115}In、^{113}In 和 ^{103}Rh。更为精确的定量分析法是同位素稀释法，往试样中加入已知量的添加同位素的标准溶液，添加同位素一般为富集后的待分析元素的稳定同位素。由于添加同位素的加入，被测元素被稀释，称为同位素稀释法。通过测定添加同位素与参比同位素（通常是被测元素的丰度最高的同位素）的信号强度比来进行定量分析。

4. ICP-MS 的分析特点　　ICP-MS 可测定元素周期表中约 90% 的元素，被公认为目前最理想的无机元素分析方法，具有以下特点：①分析灵敏度高，优于其他无机分析方法。大部分元素的检出限可达 $10^{-15}\sim10^{-12}$g/mL。②可同时进行多元素分析，并可以测定同位素，分析速度快。③准确度与精度高，相对标准偏差可达 0.5%。④测定线性范围宽，可达 4～6 个数量级。⑤谱线简单，容易辨认，干扰小。

5. ICP-MS 分析对于液体样品的基本要求　　ICP-MS 是一种具有很高灵敏度的痕量、超痕量多元素成分分析技术，其主要进样方式是液体进样法。在进行 ICP-MS 测试之前，需将样品处理成满足 ICP-MS 分析的溶液形态。在第一章中已对样品前处理的一般方法进行了概略性介绍，应用这些方法处理基体复杂的样品（如生命科学和环境科学领域的样品）时，需要充分考虑各种因素对获得的溶液样品物理化学性质的影响，以最大程度地消除由此带来的干扰问题，提高分析结果的精度和准确度。

ICP-MS 分析对于液体样品的一般要求如下。

1）溶液中溶解的总固体量（TDS）<0.2%。

2）溶液中有机物的含量不能太高，否则会引起严重的基体效应和有机物燃烧后的碳粒沉积并堵塞锥口，导致灵敏度和稳定性下降。

3）溶液中待测元素的浓度不能太高。元素的计数（信号值）一般应小于 5×10^6cps，否则要进行稀释。一般要求固体样品中元素含量≤0.01%，液体样品≤ 1×10^{-6}（最好≤1×10^{-7}）g/mL。

4）溶液应保持一定的酸度，以防止金属元素水解后产生沉淀。一般以一定浓度（1%～5%）的 HNO_3 为介质。

5）溶液中尽量不含高沸点的 H_2SO_4 和 H_3PO_4 介质，以免损坏采样锥和截取锥，以及避免 S、P 带来的多原子离子干扰。

6）溶液中应不含 HF，否则会损坏石英玻璃材料的雾化器和雾室及接口，除非使用耐 HF 的进样装置和铂锥。

7）样品必须消解彻底，不能有浑浊，最好经 0.45μm 或 0.22μm 的微孔滤膜过滤后或者离心后取上清液进行测试。

思考题与习题

1. 简述电感耦合等离子体质谱法的基本原理。
2. 比较 ICP-AES 和 ICP-MS 的异同。
3. ICP-MS 分析的主要质谱干扰有哪几类？
4. ICP-MS 分析对于液体样品有哪些基本要求？

⬡⬡⬡ **典型案例**

ICP-MS 同时测定金银花样品中的 5 种有毒微量元素

金银花是一种常见的中药材，常用于多种药品中。金银花中含有的有毒有害元素（如 Pb、Cu、As、Cd、Hg）如含量过高，可能会引起身体某些不良反应，所以有必要对这 5 种元素的含量进行监控。

1. 原理　　植物样品中由于含有丰富的 C、N 等有机质，会造成在 ICP-MS 测试过程中产生多原子离子干扰和碳粒在采样锥与截取锥锥口的沉积，影响测试结果。一般可通过加入浓硝酸等强氧化剂采用湿法消解的方法加以除去。本实验采用浓 $HNO_3 + H_2O_2$ 结合微波消解的方法，可以很好地解决这一问题。微波消解后的金银花样品直接上 ICP-MS 进行测试。由于 ICP-MS 具有同时测试多种元素的能力，一次进样即可得到上述 5 种元素的含量，方便、快捷、准确、高效。ICP-MS 测试过程中采用 Rh 和 Bi 的混合内标校正仪器的信号漂移和基体效应，并通过测定 ^{118}Sn，运用经典校正方程校正 ^{114}Sn 对 ^{114}Cd 的干扰。

2. 试剂和材料

1）优级纯或高纯硝酸（68%）、优级纯过氧化氢、超纯水（18.2mΩ）。

2）标准溶液：①混合标准溶液 1，含 Pb、Cu、As、Cd 均为 1×10^{-8}g/mL，Hg 为 2×10^{-9}g/mL，2% 硝酸介质，另外加入 1×10^{-7}g/mL 的 Au 溶液以稳定 Hg。②混合标准溶液 2，含 Pb、Cu、As、Cd 均为 2×10^{-8}g/mL，Hg 为 5×10^{-9}g/mL，2% 硝酸介质，另外加入 1×10^{-7}g/mL 的 Au 溶液以稳定 Hg。③内标溶液，含 Rh 和 Bi 均为 1×10^{-8}g/mL 的混合溶液（2% 硝酸介质）。

上述标准溶液和内标溶液均由国家有色金属及电子材料分析测试中心提供。

3. 仪器和设备　　美国热电（Thermo Electron）X7 型 ICP-MS、三通道蠕动泵、纯氩 99.995% 及以上、微波消解装置等。

4. 分析步骤

（1）试样预处理　　准确称取 0.1g 过 60 目筛且经 60℃过夜干燥后的金银花粉末样品，转入微波消解仪聚四氟乙烯消解罐中，用少量水润湿后加入 2～3mL 68% 高纯硝酸静置过夜，补加 1mL 优级纯过氧化氢后放入微波消解装置中进行微波消解，同时做过程空白。消解后的溶液转入 50mL 容量瓶中，同时加入一定量的 Au 溶液以稳定 Hg，最后用超纯水定容至刻度线，待测。

（2）仪器条件　　用美国热电公司提供的 1×10^{-9}g/mL 调谐溶液，运用仪器的自动优化功能将仪器调节到最佳状态，然后手动调节采样深度和雾化器流速，使氧化物产率（CeO/Ce）<3%，二价离子产率（Ba^{2+}/Ba）<3%。数据采集主要参数如下：扫描次数（sweeps），50；通道数（channels per mass），1；通道间隔（channel spacing），0.02；采样深度（sampling depths），130；采集时间（acquisition time），30～60s；样品提升速度（sample up-taking speed），0.8mL/min。

（3）实验方法　　按照 ICP-MS 的常规操作规程运行仪器，点火后将仪器状态调至最佳，即可进行样品的测定。

定量分析方法采用内标法，内标元素（1×10^{-8}g/mL 的 Rh 和 Bi 溶液）通过一个三通管道在线加入空白、标样及样品中，然后用标准曲线系列进行定量分析。内标 Rh 用来校正 Pb、Cu、As、Cd，内标 Bi 用来校正 Hg。

测试时每个样品重复 3 次，取平均值。若某一元素使用了多个同位素进行测试，则取这几个同位素的平均值，如 Hg 的测试结果可取 ^{200}Hg 和 ^{202}Hg 的平均值，以此类推。测定时使用的各元素的同位素为 ^{65}Cu、^{75}As、^{111}Cd 和 ^{114}Cd、^{200}Hg 和 ^{202}Hg、^{208}Pb。

5. 数据处理及分析结果的表述

1）根据实验测出的强度值分别用外标法和内标法计算 ^{111}Cd 的浓度，比较二者之间的差异。

2）运用校正方程用内标法计算 ^{114}Cd 的浓度，并与内标法计算出来的 ^{111}Cd 的浓度值进行比较。

3）从 Pb、Cu、As、Hg 中任选一种元素用内标法计算其浓度（需扣除过程空白）。假定称样量为 0.1017g，定容体积为 50mL，计算该元素在固体样品中的含量（以 $\times 10^{-6}$ 或 mg/kg 表示）。

5

第五章

有机元素分析法

有机元素分析法是定量分析有机化合物中各主要组成元素（C、H、N、O和S）含量的方法。通过有机元素分析，可以确定有机化合物的实验式，进而为分子结构的解析奠定基础。

早在19世纪30年代，德国化学家李比希（Liebig）就建立了有机元素碳和氢的分析方法。该方法以燃烧法为基础，首先将样品充分燃烧，使其中的碳和氢分别转化为二氧化碳和水蒸气，然后再分别以氢氧化钾溶液和氧化钙进行吸收，根据各吸收管的质量变化分别计算出碳和氢的含量。传统的化学法分析有机元素，存在分析过程复杂和耗时长等不足。自20世纪60年代开始，自动化有机元素分析仪逐渐成为有机元素分析的主要工具，现已被广泛应用于化学、化工、制药、农业、环保、能源和材料等不同领域的研究分析中。

第一节　有机元素分析法的基本原理

有机元素分析法一般包括3个过程：一是在高温氧气流中快速燃烧分解样品；二是吸附分离C、H、N、S的燃烧产物（CO_2、H_2O、N_2、NO和SO_2）；三是用热导法等方法检测燃烧产物。燃烧反应过程可用如下反应式表示。

$$C_x H_y N_z S_t + uO_2 \longrightarrow xCO_2 + y/2H_2O + z/2N_2 + tSO_2$$

在已知样品质量的前提下，通过测定样品完全燃烧后生成的气态产物的量，进行换算即可求得试样中各元素的含量。

第二节　有机元素分析仪及其工作模式

有机元素分析仪是定量测定C、H、N、O、S的仪器，主要由气路控制系统（包括氦气钢瓶、气体流量计、气压控制阀、干燥器、连接管线等）、进样系统（自动进样盘、球形吹扫阀等）、氧化还原系统（氧气钢瓶、燃烧管、催化还原管和控温装置等）、吸附脱附系统（二氧化硫吸附柱、水蒸气吸附柱、二氧化碳吸附柱、一氧化碳吸附柱及其自动温控装置）、检测系统（热导池检测器）和数据处理系统等单元组成。

有机元素分析仪的基本工作原理是普雷格尔（Pregl）测碳、氢的方法与杜马（Dumas）测氮的方法，其工作模式一般有3种，即CHN模式、CHNS模式和O模式，3种工作模式是3个独立的检测方式，不能同时进行。

CHN模式的工作流程简述如下。在分解样品时通过一定量的氧气助燃，以氦气为载气，将燃烧产生的气体载带通过燃烧管和还原管，两管内分别装有氧化剂和还原剂，并填充银丝以去除卤素等干扰物质，最后从还原管流出的气体除氦气以外只有二氧化碳、水蒸气和氮气。流出的气体在一定体积的容器中混匀后，由载气将其带着通过内充高氯酸镁的吸收管中以去除水分。在吸收管前后各有一个热导检测器（热导仪），由二者响应信号之差给出水的含量。除去水分后的气体再通入烧碱石棉吸收管中，由吸收管前后的热导池信号之差求出二氧化碳含量。最后一组热导池则测量纯氦气与含氮的载气的信号差，得出氮的含量。

进行 O/S 分析时，其燃烧管不同于 CHN 模式。测定氧时，其前处理方法与经典法相似，将样品在燃烧管内热解，由氦气携带热解产物通过涂有镍或铂的活性炭填充床，使氧全部转化成一氧化碳，混合气体通过分子筛柱后将各组分分离，其中的一氧化碳气体通过热导检测器进行检测定量分析。另外一种方法是使热解气体通过氧化铜柱，将一氧化碳转化成二氧化碳，用烧碱石棉吸收后由热导检测器测定，或者利用库仑分析法测定。测定硫时，在燃烧管内填充氧化钨等氧化剂，并通过氧气促进氧化，硫则被氧化成二氧化硫，生成的二氧化硫可用多种方法测定。例如，可通过分子筛柱用气相色谱法测量；也可通过氧化银吸收管，由吸收前后的示差热导响应求出含量；也可通过恒电流库仑法，由电量求得硫含量。

下面以德国 Elementar 公司生产的 vario EL Ⅲ 型元素分析仪 CHN 模式为例，具体说明元素分析仪的工作原理。整个实验流程如图 5-1 所示。

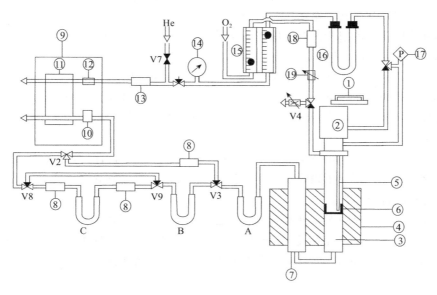

图 5-1　实验流程示意图

1. 旋转式进样盘；2. 球阀；3. 燃烧管；4. 可容 3 个试管的加热炉；5.O₂ 通入口；6. 灰坩埚；7. 还原管；8. 干燥管；9. 辅助性载气入口；10. 流量控制器；11. 热导仪（TCD）；12. 节流阀；13. 干燥管（He）；14. 气体入口压力表；15.O₂ 和 He 流量表；16. 气体清洁管；17. 压力传感器；18.O₂ 干燥管；19. 加入 O₂ 的针形阀；A.SO₂ 吸附柱；B.H₂O 吸附柱；C.CO₂ 吸附柱；V2、V3. 用于解吸附 SO₂ 的通道阀；V4.O₂ 输入阀；V7.He 输入阀；V8、V9. 用于解吸附 H₂O 的通道阀

在 CHN 模式下，含有碳、氢、氮元素的样品，经精确称量后（用百万分之一电子分析天平称取），由自动进样器自动加入 CHN 模式燃烧管，在氧化剂、催化剂及 950℃ 工作温度的共同作用下，样品充分燃烧，其中的有机元素分别转化为相应稳定形态的化合物，如 CO_2、H_2O、N_2 等。

燃烧反应后生成的各气态形式产物先经过还原管，除去多余的 O_2 和干扰物质（如卤素等）。最后从还原管流出的气体除氦气外只有二氧化碳、水蒸气和氮气，这些气体进入特殊吸附柱（如高氯酸镁柱除水分、烧碱石棉柱吸附二氧化碳等）和热导池检测器后测得 H_2O、CO_2 和 N_2 含量。最后通过换算即可求得试样中各元素的含量。氦气用于冲洗和用作载气。

该仪器的主要技术参数如下。

1）测定范围：C，0.03～30mg；N，0.03～2mg。

2）标准偏差：≤0.1% 绝对误差（C、H、N 同时测定，4～5mg 样品）。

3）样品称量：0.02～800mg（根据被测物质）。

4）分解温度：950～1200℃（锡容器燃烧时达 1800℃）。

5）分析时间：C、H、N 同时测定，6～9min；C、H、N、S 同时测定，10～12min。

第三节　样品的制备及实验条件的选择

1. 样品的制备

（1）分析对象　有机元素分析仪的主要分析对象为含 C、H、O、N、S 等元素的有机化合物，但一般不能检测对空气、光、水分等敏感的样品；而对于高氟、高氮化合物，甾族化合物，含磷、硼的化合物，金属化合物等，则必须认真分析这些物质在分析过程中涉及的整个反应体系和吸附脱附过程，对反应体系和吸附脱附过程有影响的物质不能检测；在高温下发生闪爆和爆炸的样品不能检测。

（2）样品的称取　要求称样必须准确，应当选用感量为 0.001mg 或 0.0001mg 的精密天平。CHNS 模式的样品称量为几毫克至几十毫克，O 模式的样品称量为零点几毫克至几毫克；通常在保证分析结果可靠的前提下，应尽量减少进样量，以降低高纯氦、氧等气体和各种高纯催化剂的消耗。

（3）样品的含水量　如果样品中含有水分，那么必然会影响 H、O 的分析结果。因此，分析样品前必须进行严格的干燥脱水处理。若脱水不完全，则必须先测出样品的含水量，然后由仪器的分析软件将其扣除。

（4）制样方法　固体样品采用高纯锡舟包裹成样品块，必须将样品包裹严实，并用力挤压，以免空气进入或用高纯氦气吹扫时样品与锡舟分离，导致称样不准。应保证挤压后的连续三次称量值的标准偏差小于 2‰。液体样品需采用专用锡杯在高纯氦气吹扫下用制样工具制作。

2. 实验条件的选择　元素分析仪一般有 CHN 模式、CHNS 模式和 O 模式三种工作模式，应根据分析的目的，选择合适的操作模式和相应的实验条件。

（1）燃烧炉温度的选择　不同操作模式下燃烧炉温度不同。CHNS/CNS/S 操作模式：燃烧炉温度为 1150℃；还原炉温度为 850℃。CHN/CN/N 操作模式：燃烧炉温度为 950℃；还原炉温度为 500℃。O 操作模式：燃烧炉温度为 1150℃。

（2）氧化剂和还原剂的选择　一般用 WO_3 颗粒作氧化剂填充燃烧管；Cu 颗粒作还原剂填充还原管。

（3）气体流通管路的连接　要根据不同操作模式正确选择燃烧产物流通管路的连接方式。

思考题与习题

1. 简述有机元素分析法的基本原理。
2. C、H、N、O、S 五种有机元素可以一次同时完成测定吗？请简述理由。
3. 含水的样品进行有机元素含量分析时应注意哪些问题？

典型案例

职业人群手指甲有机元素分析

指甲是手指的保护层，它使富含神经的指尖免于受伤害。指甲主要由含硫丰富的蛋白质角质素构成，其化学组成为约含 3% 硫、7% 氢、14% 氧、15% 氮、45% 碳和 8%～10% 无机组分（聚磷酸盐、碳酸盐）。指甲形成时，起先是形成柔软的果冻状细胞，细胞死亡后变硬，紧密地堆积起来外露而成为指甲。指甲甲板由 10%～20% 的软角质和大量纤维状的硬角质组成，其中的高硫角质和众多双硫化学键是甲板具有韧性的原因。指甲仿似身体的缩影，可反映健康状况。

从事某些职业的工作人员，工作中因指甲暴露接触有害物质而可能改变其成分和结构。例如，油漆工使用有机溶剂苯和丙酮等可能使指甲中的蛋白质被溶解而洗脱；美发师在染发时使用的一些氧化剂、还原剂、染料和漂白剂可能影响指甲蛋白质的结构。指甲的元素组成分析结果，对特定职业者的职业风险和健康评价有一定的指示意义。

1. 采样方法和分析过程　选取身体健康的男性美发师、油漆工和非职业人员共 71 名作为实验的志愿者，将其分为美发师、油漆工和非职业者 3 组，非职业者组为对照组。选取的职业人员均声称工作时一般未带防护性手套。收集的指甲样品取自受试人员的食指和小指指甲碎片，取样量为 0.5～15mg。

分析仪器为 Elementar vario EL Ⅲ 型元素分析仪，采取 CHNS 模式分析指甲中的 C、H、N 和 S 4 种元素的含量。样品首先在燃烧管中于 1150℃燃烧形成 O_2、CO_2、H_2O、NO_x 和 SO_x 气体混合物，接着进入还原管于 850℃形成 SO_2、CO_2、H_2O 和 N_2 气体混合物，再分别通过 SO_2、CO_2 和 H_2O 3 个吸附柱吸附后脱附，经过热导检测器检测并计算获得相应元素的含量。

2. 分析结果　表 5-1 为受试人员指甲中 C、H、N 和 S 四种元素含量分析结果。从表 5-1 中可以看出，职业暴露组与对照组相比，指甲中 S 含量显著降低，C 含量增加，说明指甲中富 S 蛋白质减少，C/N 比的增大是蛋白质结构变化的反映。C/S 比可作为指甲受到化学损伤（指甲变脆和异常色素沉着）的指数。

表 5-1　指甲中 C、H、N 和 S 元素含量

指标	手指	油漆工（22 人）	美发师（25 人）	对照组（24 人）
C 含量 /%	食指	44.96 ± 1.44	45.25 ± 1.25	43.60 ± 1.82
	小指	45.21 ± 0.83	45.35 ± 1.19	43.85 ± 1.63
H 含量 /%	食指	7.14 ± 0.21	7.29 ± 0.27	7.36 ± 0.57
	小指	7.06 ± 0.25	7.28 ± 0.30	7.28 ± 0.64

续表

指标	手指	油漆工（22 人）	美发师（25 人）	对照组（24 人）
N 含量 /%	食指	14.48 ± 0.53	14.61 ± 0.41	14.18 ± 0.63
	小指	14.58 ± 0.36	14.63 ± 0.43	14.44 ± 0.57
S 含量 /%	食指	2.09 ± 0.47	2.45 ± 0.43	3.00 ± 0.52
	小指	2.09 ± 0.39	2.54 ± 0.37	3.02 ± 0.64
C/N	食指	3.11 ± 0.08	3.10 ± 0.05	3.08 ± 0.08
	小指	3.10 ± 0.09	3.10 ± 0.06	3.04 ± 0.06
N/S	食指	7.28 ± 1.56	6.12 ± 1.00	4.89 ± 1.04
	小指	7.21 ± 1.27	5.87 ± 0.79	5.06 ± 1.40
C/S	食指	22.73 ± 5.32	18.97 ± 3.18	15.05 ± 3.20
	小指	22.43 ± 4.30	18.19 ± 2.55	15.38 ± 4.25

6

第六章

电化学分析法

电化学分析法是基于化学电池理论，通过测量物质在溶液中的电学性质（如电位、电导、电流和电量等）而对待测物质的化学成分和含量进行分析的方法。

电化学分析法作为仪器分析的一个重要分支，其理论基础是法拉第定律（1834年）、能斯特方程（1889年）和扩散电流方程（1925年）。20世纪60年代后，随着离子选择电极、化学修饰电极、生物电化学传感器、光谱电化学法、超微电极和芯片电极等的发明和应用，电化学分析法已成为生命科学、化学、环境科学、材料科学等科学研究和诸多工业技术领域必不可少的分析技术之一。

电化学分析法一般分为3类：第一类是利用待测溶液的浓度与化学电池电参量（电位、电导、电流和电量）之间的关系获得分析结果，包括电位分析法、电导分析法、离子选择电极分析法、库仑分析法、伏安法和极谱法等；第二类是通过测量化学电池中电参量的突变来指示滴定分析终点的方法，又称为电滴定分析法，包括电导滴定法、电位滴定法、电流滴定法等；第三类是通过电极反应将化学电池中的待测组分转入固相，然后再用重量法进行分析，主要有电解分析法。

电化学分析法具有以下特点：①分析速度快、选择性好和灵敏度高，如离子选择电极的检出限可达到 10^{-7} mol/L，极谱法的灵敏度更高；②电化学仪器常设计成专用的、自动化、连续分析的小型化装置，价格相对便宜，操作简单；③不仅能进行成分分析，也可用于形态和价态等结构分析，还可研究电极过程动力学、氧化还原过程、催化过程等机理；④不仅可以测定浓度，而且可以测定活度，使其在生理学和医学研究上有较广泛的应用。

第一节　电化学分析法的基本概念

一、化学电池

在电化学分析法中，化学能与电能互相转变的装置称为化学电池。化学电池分为原电池和电解池两类。原电池是利用自发的氧化还原反应产生电流的装置，它能将化学能转变为电能。电解池则需外部电源提供电能，才能发生电极反应。在实验条件改变时，原电池和电解池可以相互转化。

化学电池是由两个电极插入电解质溶液中所组成的。每一个电极与其所接触的电解质溶液构成一个半电池。两个半电池通过外部电路构成一个化学电池（图6-1）。两个电极浸在同种电解质溶液中的电池称为无液体接界电池；两个电极分别浸在用盐桥连接的两种不同电解质溶液中构成的电池称为有液体接界电池。

在电化学中通常将发生氧化反应的电极（失去电子的电极）称为阳极，而发生还原反应的电极（获得电子的电极）称为阴极。电子从阳极通过外电路流向阴极，以阳极作为负极，

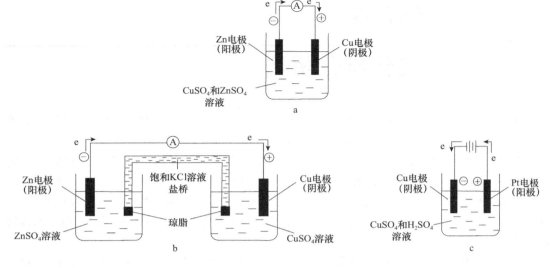

图 6-1　化学电池类型示意图
a. 无液体接界电池；b. 有液体接界电池；c. 电解池

阴极作为正极。电解质溶液中的阳离子流向阴极，阴离子流向阳极，形成闭合回路，而电流方向是从正极流向负极。

原电池可用电池符号表示，一般阳极写在左边，阴极写在右边；用单竖线"｜"表示物质之间的相界面，如 Zn（s）｜Zn^{2+}；用双竖线"‖"表示盐桥；电极物质为溶液时要注明其浓度，如为气体要注明其温度和压力（若不注明，则表示温度为 25℃，压力为 1atm[①]）。图 6-1b 所示的化学电池可以表示为

$$（-）Zn（s）｜Zn^{2+}（xmol/L）‖CuSO_4（ymol/L）｜Cu（s）（+）$$

二、电极电势

1. 电极电势的产生　　电极电势是指不同物质相互接触的相界面上产生的电位差。这种相界面电位差主要包括以下 3 种。

（1）电极和溶液间的相界面电位差　　电极和溶液间的相界面电位差是电极电势的主要来源。当金属电极放在含有该金属离子的溶液中时，电极表面上的部分金属离子迁移入溶液，将电子留在电极上使其带负电。由于静电吸引作用，进入溶液中的正离子和电极上的电子形成双电层；若溶液中存在易接受电子的离子，电子也可从金属电极上被吸引而形成金属电极带正电、溶液带负电的双电层结构。由这种双电层结构形成的电位差就是相界面电位差。

（2）液体和液体间的相界面电位差　　液体和液体间的相界面电位差，即液接电位。当2 个组成或浓度不同的电解质溶液相接触时，就会发生相互扩散，在扩散过程中若正、负离子的运动速度不同，速度较快的离子在其运动的前方积累较多的电荷，这样在溶液接触的界

---

① 　1atm＝1.01325×10^5Pa

面上就形成了双电层，当扩散平衡时所产生的稳定电位差称为液接电位，又称扩散电位。液接电位会影响电极电势的计算，一般是通过盐桥将其产生的影响消除或减到最小值。盐桥中装有浓度较高的饱和电解质（如 KCl），盐桥与电池中的两溶液连接时，在接触界面上形成由盐桥电解质扩散产生的两个电位差。这两个电位差大小相近而方向相反，可以相互抵消。因此利用盐桥既可以连通电路，还可消除液接电位。

（3）电极和导线间的相界面电位差　由于不同金属接触时相互迁移的电子数目不等，在其接触的界面上会形成双电层而产生电位差。这种电位差一般很小，常可忽略不计。

综上所述，原电池的电极电势是由上述各相关电位差的总和决定的，由于液接电位和金属相界面的电位差可忽略不计，故电极电势可近似表示为两电极电位差值。

2. 标准氢电极及标准氢电极电位　单一电极电位的绝对值是无法测定的，只能测定两个电极的电位相对值。一般测定电极电位是以标准氢电极为参比，与其组成化学电池，求得电极电位的相对值。

标准氢电极采用金属铂片为电极，在其表面镀一层铂黑以提高氢的吸附量并促使电极快速平衡，将铂片插入氢离子活度为 1mol/L 的溶液中，通入分压为 101.325kPa 的纯氢气到铂片上，使之在溶液中达到平衡，即构成标准氢电极。该电极的电极反应为

$$2H^+ + 2e \rightleftharpoons H_2$$

国际纯粹与应用化学联合会（IUPAC）规定：在温度 25℃时，标准氢电极的电位为 0V，其他任何电极与标准氢电极组成原电池，该原电池的电极电势就是给定电极的电位，用符号 E 表示。一般在组成原电池时将标准氢电极作为负极，待测电极为正极，电池符号为：（－）标准氢电极 ‖ 待测电极（＋），电池的电极电势为：$E^0 = E^+ - E^-$。

标准氢电极是各种参比电极的一级标准。但是标准氢电极制作麻烦，使用不便且易损坏，实际工作中常用二级标准电极 Ag-AgCl 电极和甘汞电极代替标准氢电极。

3. 能斯特方程　能斯特方程表示了电极电位或电极电势与电极表面溶液中离子活度之间的关系。对于任意给定的氧化还原反应体系，若电极反应为：O＋$ne \rightleftharpoons$ R，则电极电位的能斯特方程为

$$E = E^0 + \frac{RT}{nF} \ln \frac{\alpha_O}{\alpha_R} \tag{6-1}$$

式中，E^0 为标准电极电位；R 为摩尔气体常数，取值为 8.3145J/（mol·K）；T 为热力学温度，K；F 为法拉第常数，取值为 96 487C/mol；n 为化学反应中的电子转移数；α_O、α_R 分别为氧化态和还原态的活度。

把各常数代入并转换为以 10 为底的对数，在 25℃时上述方程可写成：

$$E = E^0 + \frac{0.0592}{n} \lg \frac{\alpha_O}{\alpha_R} \tag{6-2}$$

在分析中要测定的是待测物质的浓度，可通过活度系数将能斯特方程中的活度项转化为浓度项。活度 α 与浓度 c 的关系为 $\alpha = \gamma c$；其中 γ 为活度系数，活度系数与离子强度有关。在实际分析中常设法使标准溶液与被测溶液的离子强度相同，活度系数不变，这时可以用浓度代替活度。

三、电极类型

电化学分析中，可根据电极反应的机理、工作方式及用途等对电极进行分类。

1. **按照电极反应机理分类** 电极可分为金属基电极和膜电极。

（1）**金属基电极** 这类电极是以金属为基体的电极，其共同特点是电极反应中有电子的交换，即有氧化还原反应。常见的金属基电极有以下 4 类。

1）第一类电极：由金属及含有该金属离子的溶液处于平衡状态所组成的电极，其电极组成为 M^{n+} | M；电极反应为 $M^{n+}+ne \rightleftharpoons M$。

电极电位：

$$E=E^0_{M^{n+},M}+\frac{2.303RT}{nF}\lg \alpha_{M^{n+}} \tag{6-3}$$

该类电极的电位主要由金属阳离子的活度决定，当温度和离子强度一定时，其电极电位和离子的浓度成正比。这类电极主要有银、铜、锌、镉、铅和汞等。

2）第二类电极：由金属、该金属的难溶盐和该难溶盐的阴离子溶液组成，其电极组成为 M | M_xN_y, N^{x-}。常用的有银 - 氯化银电极和甘汞电极（Hg | Hg_2Cl_2 电极）；电极反应为 $M_xN_y+ne \rightleftharpoons xM+yN^{x-}$。

电极电位：

$$E=E^0_{M_xN_y,M}-\frac{2.303RT}{nF}\lg \alpha_{N^{x-}} \tag{6-4}$$

3）第三类电极：由金属与两种具有相同阴离子的难溶盐（或难解离的配合物），以及一种难溶盐或难电离的配离子的阳离子溶液组成的电极体系。

4）零类电极：该类电极由惰性金属（Pt 或 Au）与含有可溶性的氧化态和还原态物质的溶液组成，其中惰性金属不参与电极反应，仅是传递电子的场所。

例如，Pt | Fe^{3+}, Fe^{2+} 电极；电极反应为 $Fe^{3+}+e \rightleftharpoons Fe^{2+}$。

电极电位：

$$E=E^0_{Fe^{3+},Fe^{2+}}+\frac{2.303RT}{F}\lg \frac{\alpha_{Fe^{3+}}}{\alpha_{Fe^{2+}}} \tag{6-5}$$

（2）**膜电极** 膜电极具有敏感膜，其电极电势是由于离子在膜与溶液界面上发生离子交换产生，离子交换过程中不存在电子的传递与转移行为。膜电位与响应离子的活度关系符合能斯特方程：

$$E=E^0 \pm \frac{2.303RT}{nF}\lg \alpha_i \tag{6-6}$$

式中，n 为 i 离子的电荷数；α_i 为离子的活度。对于阳离子，式中取"＋"号；对于阴离子，式中取"－"号。这类电极有多种离子选择电极。

2. **按照电极用途分类** 电极可分为指示电极、工作电极、参比电极和辅助电极。

（1）**指示电极和工作电极** 指示电极为其电位随溶液中待测离子活度（或浓度）变化而变化，且能反映待测离子活度（或浓度）的电极。指示电极用于平衡体系或在测量过程中溶液主体浓度不发生可察觉变化体系的情况，如电位分析法中的离子选择电极就是最常用的指示电极。

工作电极用于测量过程中溶液主体浓度发生变化的情况。例如，伏安法中，待测离子在 Pt 电极上沉积或溶出，溶液主体浓度发生改变，所用的 Pt 电极称为工作电极。

（2）**参比电极** 电极电势恒定，不受溶液组成或电流流动方向变化影响的电极称为参比电极。参比电极是测量和计算电极电势的基准。标准氢电极是各种参比电极的一级标准。实际工作中常用的是二级标准电极甘汞电极。

甘汞电极是由金属汞和它的饱和难溶汞盐——甘汞（Hg_2Cl_2）及 KCl 溶液所组成的电极。甘汞电极的组成是 Hg，Hg_2Cl_2∣KCl；电极反应为 $Hg_2Cl_2 + 2e \rightleftharpoons 2Hg + 2Cl^-$。

电极电位：

$$E = E^0_{Hg_2Cl_2,Hg} - \frac{2.303RT}{nF} \lg \alpha_{Cl^-} \tag{6-7}$$

当温度一定时，甘汞电极的电极电势主要决定于 α_{Cl^-}，当 α_{Cl^-} 一定时，其电极电势是一个定值。不同浓度的 KCl 溶液组成的甘汞电极，具有不同的恒定电极电势值。甘汞电极通过其尾端的烧结陶瓷塞或多孔玻璃与指示电极相连，这种接口具有较高的阻抗和一定的电流负载能力，因此甘汞电极是一种很好的参比电极。

（3）辅助电极　　电解分析中和工作电极一起构成电解池的电极称为辅助电极，在三电极体系中，除工作电极外，一支是提供电位标准的参比电极，另一支是起输送电流作用的辅助电极，电解分析中的辅助电极通常也称为对电极。

第二节　离子选择电极

离子选择电极（ion selective electrode，ISE）属于一种电化学传感器，是对特定离子具有选择性响应的膜电极，是电化学分析法中使用最广泛的指示电极。敏感膜是其主要组成部分，膜电位产生的机制是离子交换或扩散作用，这与由氧化还原反应产生电位的金属电极有本质不同。

一、电极结构

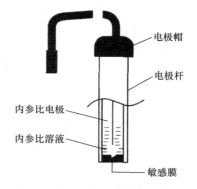

离子选择电极由敏感膜、内参比电极、内参比溶液和电极腔体构成（图 6-2）。其中，敏感膜能将两种电解质溶液分开，并对特定离子有选择性响应，是决定电极性能的核心部件。膜电位能反映溶液中某种离子的活度大小，可用来测定这种离子。

电极帽

电极杆

内参比电极

内参比溶液

敏感膜

二、电极分类

图 6-2　离子选择电极结构示意图

离子选择电极的种类很多，一般依敏感膜材料分为原电极和敏化离子选择电极两大类。原电极是指敏感膜直接与试液接触的离子选择电极，包括晶体膜电极、非晶体膜电极和流动载体电极。晶体膜电极分为均相晶体膜电极和非均相晶体膜电极；非晶体膜电极分为硬质电极（如 pH 玻璃电极）和流动载体电极。敏化离子选择电极是以原电极为基础装配成的离子选择性电极，包括气敏电极（如氨电极）、酶电极（如尿素电极）和生物传感器等。

1. 原电极

（1）晶体膜电极　　均相晶体膜电极是由单晶，或者一种或多种化合物均匀混合的多晶压片制成，非均相晶体膜电极由多晶中掺入惰性物质压制而成。以氟离子电极为例，其敏感膜由 LaF_3 单晶压片制成，并添加 0.1%～0.5% 的 EuF_2 和 1%～5% 的 CaF_2，晶体中的 La^{3+} 固定在晶格中，氟离子是电荷的传递者，内参比电极和内参比溶液由 Ag∣AgCl，0.1mol/L

NaCl 和 0.1mol/L NaF 溶液组成。将氟离子电极插入待测离子的溶液中，待测离子吸附在膜表面，它与膜上的相同离子进行交换，并通过扩散进入膜相。膜相中由于晶格缺陷产生的离子也可扩散进入溶液，于是在晶体膜与溶液界面上就建立了双电层结构，产生如下的相界面电位差：

$$E = 常数 - 0.059 \lg \alpha_{F^-} \tag{6-8}$$

该电极对氟离子有良好的选择性，对测试起干扰作用的主要物质是 OH^-。产生干扰的原因很可能是在膜表面发生了如下反应：$3OH^- + LaF_3 = La(OH)_3 + 3F^-$，该反应造成正干扰，使测定结果偏高。当溶液酸度较高时，F^- 与 H^+ 反应生成 HF 使氟离子的浓度降低，造成负干扰，所以测定氟离子的适宜 pH 为 5~7。

（2）非晶体膜电极   非晶体膜电极的典型代表是 pH 玻璃电极，该电极属于刚性基质电极，是应用最早和使用最广泛的膜电极。

常用的 pH 玻璃电极由 pH 玻璃敏感膜、内参比电极（Ag｜AgCl）、0.1mol/L HCl 内参比溶液及带屏蔽的导线组成，其核心部分是玻璃敏感膜。玻璃敏感膜的化学组成对 pH 玻璃电极的性质有很大的影响，其材料由 SiO_2、Na_2O 和 CaO 等组成。纯 SiO_2 制成的石英玻璃由于没有任何可供离子交换用的电荷质点，因此对氢离子没有响应。当向 SiO_2 中添加 Na_2O 等碱金属氧化物制成玻璃薄膜后则对氢离子有选择性响应。这是由于 Na_2O 使部分硅氧键断裂，生成固定的带负电荷的硅 - 氧骨架（载体），钠离子可在骨架网络中活动。当玻璃膜电极浸入水溶液时，骨架中的 Na^+ 和水中的 H^+ 发生交换反应，同时在玻璃膜内外表面形成内外两个水化层，中间是干玻璃。当浸泡好的玻璃电极进入待测溶液时，由于玻璃膜表面水化层中的 H^+ 浓度与溶液中的 H^+ 浓度存在差异，此时 H^+ 从浓度高的区域向浓度低的区域扩散，并建立起交换平衡，从而产生一定的相界面电位差 $E_{外}$；同理，在玻璃膜的内侧水化层和内缓冲液界面间也产生一个相界面电位差 $E_{内}$，当玻璃膜内层的缓冲液 pH 一定时，$E_{内}$ 为一固定值。玻璃膜的电位为 $E_{膜} = E_{外} - E_{内}$，也就是说玻璃膜的电位 $E_{膜}$ 由 $E_{外}$ 决定：

$$E_{膜} = 常数 + 0.059 \lg \alpha_{H^+} \tag{6-9}$$

pH 的理论定义为：$pH = -0.059 \lg \alpha_{H^+}$。

玻璃膜除了对 H^+ 有响应，对某些碱金属离子活度也有响应，当 pH>9 时碱金属引起的 pH 测定干扰就比较明显，该现象称为碱差。另外，通过改变玻璃的某些成分，如加入一定量的 Al_2O_3 可开发出测定不同元素的玻璃电极。

（3）流动载体电极   流动载体电极又称液膜电极，其敏感膜是由某种有机液体离子交换剂浸于多孔性材料中制成的。该膜与水互不相溶，膜一侧溶液中的待测离子可以与载体结合而穿越膜到另一侧水溶液中进行交换，溶液中伴随的相反电荷的离子被排斥在膜相之外，从而引起相界面电荷分布不均匀，在界面上形成双电层，产生膜电位。根据电活性物质（载体）带电荷性质不同，将该类电极分为带正电荷流动载体电极、带负电荷流动载体电极和电中性流动载体电极三种类型。膜中除电活性物质（载体）外，还含有溶剂（增塑剂）、基体（微孔支持体）等成分。电活性物质在有机相和水相中的分配系数决定电极的检测下限，分配系数越大，检测下限越低。钙电极是典型的流动载体电极。

2. 敏化离子选择电极

（1）气敏电极   气敏电极是对气体敏感的电极，其结构是化学电池的复合体，电极端部装有憎水性微多孔透气膜，气体通过透气膜进入管道。管内插入 pH 玻璃复合电极，管中充入电解液，气体通过透气膜进入电解液引起的离子活度变化可由 pH 玻璃复合电极测定。常用的气敏电极能分别对 CO_2、NH_3、NO_2、SO_2、H_2S、HCN、HF、HAc 和 Cl_2 等进行测量。

（2）酶电极　　　酶电极是一种利用酶的催化反应敏化的离子选择电极。其关键是将酶活性物质覆盖在电极表面，这层酶活性物质与被测的有机物或无机物（底物）反应形成一种能被电极响应的物质，响应过程即酶催化反应过程。酶电极具有高度选择性。例如，血糖仪就是典型的葡萄糖氧化酶电极，可专一测定葡萄糖含量。

（3）生物传感器　　　将生物体的成分（酶、抗原、抗体、激素）或生物体本身（细胞、细胞器、组织）固定在一器件上作为敏感元件的传感器称为生物传感器（biosensor）。生物传感器主要由 2 部分组成：分子识别元件（生物敏感膜）和换能器（将分子识别产生的信号转换成可检测的电信号）。其中电化学生物传感器是一个重要分支，它由电化学基础电极（换能器）和生物活性材料（分子识别元件）组成，因此又称生物电极，包括酶电极、组织电极、微生物电极、免疫电极和细胞器电极等。例如，将大肠杆菌固定在二氧化碳气体敏感电极上，可实现对赖氨酸的检测分析；将球菌固定在氯气体敏感电极上，可实现对精氨酸的检测。微生物菌体系含有天然的多酶系列，活性高，可活化再生，稳定性好，以微生物膜作为生物传感器的感受器，具有广泛的应用和开发前景。

三、电极性能参数

离子选择电极的性能参数包括能斯特响应斜率、电位选择性系数、响应时间、膜内阻和不对称电位等。

1. 能斯特响应斜率和电位选择性系数　　　理想的离子选择电极的电位与离子活度间应符合如下的能斯特方程：

$$E = 常数 \pm \frac{2.303RT}{nF} \lg \alpha_i \tag{6-10}$$

式中，"常数"为离子选择电极的标准电位，对不同的电极，该值不相同，它包括内参比电极与内参比溶液的界面电位、膜电位、不同金属导体连接的接界电位等；$2.303RT/nF$ 称为理论能斯特响应斜率，其中的"$\pm$"与离子种类相对应，"$+$"对应于阳离子选择电极，"$-$"对应于阴离子选择电极。

当电极用于测定系列标准溶液时，会发现离子在某一活度范围内，电位与活度的对数呈线性关系。随着活度逐渐降低，电位开始逐渐偏离线性，当活度降低至一定数值后，电位呈现恒定不变状态。这种现象可以用如下扩充的离子选择性电极能斯特方程加以解释。

$$E = 常数 \pm \frac{2.303RT}{nF} \lg \left(\alpha_i + \sum_j K_{ij}^{pot} \alpha_j^{n_i/n_j} \right) \tag{6-11}$$

式中，α_i 和 α_j 分别为待测离子 i 和第 j 种干扰离子的活度；$\sum$ 为共存的所有干扰离子干扰效果的加和；n_i 和 n_j 分别为待测离子和干扰离子的电荷数；K_{ij}^{pot} 为 i 离子选择电极对 j 离子的电位选择性系数，简称选择性系数，其值越小，说明共存离子的干扰越小，该电极对待测离子的选择性就越好。选择性系数一般不能从文献中直接利用，可以通过实验测定。

2. 响应时间　　　按 IUPAC 推荐，响应时间定义为从离子选择电极与参比电极同时接触试液算起，到电极电势与稳态值相差 1mV 所经历的时间。

响应时间的长短与膜电位建立的快慢、参比电极的稳定性、溶液的搅拌速度有关。搅拌溶液有利于缩短响应时间，一个性能良好的电极响应时间应小于60s。

3. 膜内阻　　离子选择电极的膜内阻与膜的组成有关，晶体膜的电阻一般为$10^4 \sim 10^6\Omega$，玻璃膜的电阻为$10^6 \sim 10^9\Omega$，聚氯乙烯（PVC）膜的电阻为$10^5 \sim 10^8\Omega$。膜内阻的大小直接影响测量仪器输入阻抗的大小。

4. 不对称电位　　如果电极敏感膜两侧的响应离子浓度相同，按膜电动势公式计算的膜电位应为0V。但由于与内外溶液接触的膜两个表面的不对称性，膜电位在$1.8 \sim 4.2$mV波动，这个电位称为不对称电位。不对称电位主要源于由化学侵蚀及机械摩擦引起的内外表面张力差异。

在离子选择电极测量中，不对称电位可以通过充分活化电极的方式将其降为最低，也可用标准缓冲液校准来消除。

第三节　电位分析法

用离子选择电极测定离子活度时，将电极浸入待测溶液中，与参比电极组成化学电池，可测量其电动势。由于液接电位和不对称电位的存在，以及活度系数难以计算，一般不能直接以电池的电动势数据通过能斯特方程计算被测离子的浓度，而要通过直接电位法和电位滴定法等方法进行测定。

一、直接电位法

1. 工作曲线法　　配制一系列不同浓度待测离子的标准溶液，其离子强度用惰性电解质调节，用选定的指示电极和参比电极插入标准溶液测得电动势，用电动势和待测离子浓度的对数作E-lg$c$图，该图在一定范围内是一条直线。将待测溶液进行离子强度调节后，用同一对电极测量其电动势E_x，从E-lg$c$图上可找出与E_x对应的浓度c_x。由于待测溶液和标准缓冲液均加入离子强度调节液，调节到总离子强度基本相同，其活度系数也基本相同，测定时可用浓度代替活度，液接电位和不对称电位的影响可通过工作曲线校准。

常用的控制离子强度的方法有2种：①恒定离子背景法，当溶液中除待测离子外，还有一种含量高、组成恒定的其他离子时，可配制一系列与样品组成类似的标准溶液，使两者的离子强度基本一致，可用直接电位法测定，从E-lg$c$图上可找出与E_x对应的浓度c_x。②总离子强度调节缓冲液（TISAB）法，总离子强度缓冲液是浓度很大的电解质溶液，它对待测离子没有干扰，将其加入待测试样与标准溶液中使其离子强度基本一致，活度系数基本相同，绘制E-lg$c$图，从曲线上可找出与E_x对应的浓度c_x。TISAB中除了含有高浓度的电解质外，还含有为控制pH而加入的缓冲剂溶液及消除干扰的掩蔽剂。

由于温度、搅拌速度、盐桥液接电位及膜表面状态的影响，直接电位法标准曲线的稳定性不如分光光度法的曲线稳定。实际工作时可重做曲线上的$1 \sim 2$个点，取其直线部分工作时，通过2个点做一条与原标准曲线平行的直线用于分析。

2. 标准加入法　　标准加入法是将一定体积和一定浓度的标准溶液加入已知体积的待测试液中，根据加入前后电位的变化计算待测离子的含量。标准加入法适用于待测溶液组分复杂而难以使其与标准溶液一致的情况。先测定试液（浓度为c_x，体积为V_x）的电动势E_1，然后加入浓度为c_s、体积为V_s的标准溶液，再测定其电动势E_2，根据电位法原理，得

$$E_1 = K + S \lg \gamma_1 c_x \qquad (6\text{-}12)$$

式中，S 为电极的响应斜率，$S = \dfrac{2.303RT}{F}$；γ_1 为离子活度系数。

$$E_2 = K + S \lg(\gamma_2 c_x + \gamma_2 \Delta c) \qquad (6\text{-}13)$$

式中，γ_2 为加入标准溶液后的离子活度系数；Δc 为加入标准溶液后的浓度增量，$\Delta c = \dfrac{c_s V_s}{V_x + V_s}$。

由于加入的标准溶液体积远小于待测溶液的体积，因此 $\Delta c = c_s V_s / V_x$，新溶液的浓度近似为 $c_s + \Delta c$。若 $E_2 > E_1$，且认为 $\gamma_1 \approx \gamma_2$，则有

$$\Delta E = E_2 - E_1 = S \lg\left(1 + \frac{\Delta c}{c_x}\right) \qquad (6\text{-}14)$$

据此可求出未知溶液的浓度 c_x：

$$c_x = \Delta c \lg(10^{\Delta E/S} - 1)^{-1} \qquad (6\text{-}15)$$

标准加入法的优点是仅需加入一次标准溶液，不需要做校正曲线，操作比较简单。在有大量过量络合剂存在的体系中，此法是使用离子选择电极测定待测离子总浓度的有效方法。通常用此方法分析时，要求加入的标准溶液体积 V_s 比试液体积 V_x 约小 100 倍，而浓度要大 100 倍，这时标准溶液加入后的电位值变化约 20mV。

二、电位滴定法

电位滴定法（potentiometric titration）是一种用电位法确定滴定终点的滴定分析方法。和直接电位法相比，电位滴定法不需要准确地测量电极电势，因此，温度和液体接界电位的影响并不重要，其准确度优于直接电位法。电位滴定法的准确度与滴定分析法相当，并不受试液颜色、浑浊度及缺乏合适指示剂等因素的限制。使用不同的指示电极，电位滴定法可以进行酸碱滴定、氧化还原滴定、配合滴定和沉淀滴定等。在滴定过程中，随着滴定剂的不断加入，电极电势不断发生变化，电极电势发生突跃时，说明滴定到达终点。如果使用自动电位滴定仪，在滴定过程中可以自动绘出滴定曲线，自动找出滴定终点，自动给出体积，滴定快捷方便。

三、电位分析法的应用

电位分析法是电化学分析法的重要分支，是以在电路的电流接近于零的条件下测定电极的电动势或电极电位为基础的电化学分析法。直接电位法和电位滴定法的原理虽有不同，但在各自的适用范围内都具有重要的意义。

直接电位法测量的线性范围较宽，一般有 4～6 个数量级，而且在有色或浑浊的试液中也能测定。测定速度快，仪器设备简单，可以制作成传感器，用于工业生产流程或环境监测的自动检测。酶电极、组织电极、微生物电极及免疫电极等可以做成微电极，在生物化学和临床等领域获得广泛应用。以下是直接电位法的 2 个应用实例。

1. 血液的 pH 测定　　血中氢离子浓度维持在一定水平对细胞功能的正常运行起非常重要的作用，pH 是容易测定的生理上的 H^+ 浓度，已广泛应用于临床检测指标。美国制定了测定血液 pH 的一级标准溶液，它是由 0.008 69mol/kg KH_2PO_4 和 0.0304mol/kg K_2HPO_4 组成的

缓冲液，使用离子选择电极来检测血液中的 H^+ 浓度，进而得到 pH。进行实际测量时需要注意以下几点：①保持测量条件与生物体温一致；②防止测量时血液吸入或逸出 CO_2，要在隔离空气下进行；③血液容易粘污电极，需要有专门的清洁方法。

2. 牙膏中游离氟的测定　　氟是人体所必需的微量元素之一，其在形成骨骼组织、牙齿釉质及钙磷的代谢等方面有重要作用。氟缺乏可出现龋齿、生长发育迟缓、贫血、骨密度降低等问题。在牙膏中添加氟是防龋的有效措施，但摄入过量的氟化物会导致慢性氟中毒，主要表现为氟牙症或氟骨症。因此，检测牙膏中氟化物的浓度十分重要。目前，氟离子选择电极法是测定游离氟的常用方法，其工作原理是当氟离子选择电极与含氟的待测水样接触时，原电池的电动势随溶液中氟离子浓度的变化而改变。

第四节　伏　安　法

伏安法（voltammetry）是根据电解过程中所得的电流 - 电位（电压）曲线进行分析的方法，其特点是灵敏度高和分辨率好，凡具有电活性的物质都能测定。极谱法（polarography）属于伏安法的特例，两者的差别主要在于工作电极的不同。伏安法使用的电极是表面不能够周期性更新的液体或固体电极，而极谱法使用的是表面能够周期性更新的滴汞电极。

一、伏安法及其三电极系统

伏安法是以小面积的工作电极与参比电极组成电解池，将分析物质的稀溶液置于电解池中进行电解，根据所得电流 - 电压曲线（伏安图）来进行定性、定量分析的方法。伏安法实质上是使用微加工的电极（如铂丝）进行微尺度的电解。

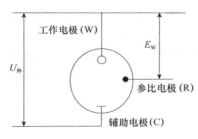

图 6-3　三电极系统的电路示意图

伏安法常采用由工作电极、参比电极和辅助电极组成的三电极系统（图 6-3）。参比电极常采用 Ag-AgCl 电极或饱和甘汞电极（SCE），辅助电极一般为铂丝（或铂片）。电源电压（$U_外$）经过电流计加在工作电极和辅助电极上。使用伏安法测量时，电解池中由电化学反应产生的电流仅流经工作电极和辅助电极，电流大小由电流计测量。工作电极与参比电极组成另外一个回路，此回路中阻抗甚高，所以实际上没有明显的电流通过，从而保证了参比电极的稳定性，可以实时显示电解过程中工作电极相对于参比电极的电位（E_w）。由于参比电极的电位恒定不变，又基本上无电流通过，工作电极上的电位不会受工作电极与辅助电极间的电压降的影响，这就使在高阻非水介质中和极稀水溶液中进行伏安研究成为可能。

二、溶出伏安法

伏安法分线性扫描伏安法、循环伏安法和溶出伏安法等。这里只介绍溶出伏安法。

溶出伏安法（stripping voltammetry）是将待测物质预先用适当的方式富集在电极（如滴汞电极）上，再用线性电位扫描法或示差脉冲伏安在电位扫描的过程中将其溶解，根据溶出过程中得到的电流 - 电位曲线来进行分析的方法。

1. 溶出伏安法的工作电极　　溶出伏安法的工作电极对测定起决定性作用，目前多采用由工作电极、对电极和参比电极组成的具有快速扫描功能的三电极体系。对电极常用铂片电极,工作电极电位以参比电极为基准,通过不断改变外线路电阻使工作电极电位维持恒定,这样就能避免后放电物质的干扰,且溶出峰的峰形比较对称。溶出伏安法常用的工作电极有汞电极和固体电极两大类。

(1)汞电极　　汞电极是溶出伏安法最为常用的工作电极,包括悬汞电极和汞膜电极。悬汞电极是使一汞滴悬挂在电极的表面且测定过程中使其表面积基本恒定的电极。以玻璃电极作为基质在其表面镀一层汞就构成汞膜电极。由于汞膜很薄,被富集生成汞齐的金属原子不会向内扩散,因此能经较长时间的电极富集而不会影响结果。由于汞膜电极具有电富集效率高的特点,常被用作溶出伏安法的工作电极。凡能在汞膜电极上发生可逆氧化还原反应或可在电极表面形成一种能再溶出的不溶物的分析物都可以用溶出伏安法来测定。

(2)固体电极　　当溶出伏安法在较正电位进行时,因汞氧化而溶解,所以不能使用汞电极,此时必须采用固体电极。固体电极按材料的种类可分为贵金属电极(如铂、金、银)和碳质电极。

2. 溶出伏安法的基本过程　　溶出伏安法的实验操作主要分为预电解和溶出2步。

(1)预电解　　预电解是用控制电位电解法将待测组分富集到电极上。为了提高富集效率,溶液应充分搅拌,富集时间一般为2~15min。富集后停止搅拌,让溶液静置30s(称为休止期),使沉积物在电极上均匀分布,为下一步溶出做准备。

(2)溶出　　溶出是用伏安法在短时间内(10~160s)将富集在电极上的待测物质迅速溶解,使其返回到溶液中的过程,是富集过程的逆过程。溶出峰电流的大小与被测物质的浓度成正比。由此可见,溶出伏安法是一种把恒电位电解与伏安法相结合,在同一电极上进行的电化学分析法。

溶出伏安法按照溶出时工作电极是发生氧化反应还是还原反应,可分为阳极溶出和阴极溶出。前者电解富集时,工作电极为阴极,溶出时作为阳极;后者则相反。

3. 溶出伏安法的定量基础　　若溶出过程采用的是线性电位扫描法(施加于电解池的工作电极和参比电极之间的电位呈线性扫描),则溶出峰电流(i_p)与被测物质浓度(c_0)的关系为

$$i_p = -kc_0 \tag{6-16}$$

这就是溶出伏安法定量分析的基础。

滴汞电极表面积 A 及体积 V 与峰电流有如下关系:

$$i_p = KnA/V \tag{6-17}$$

式中,n 为试液中被测物质总量;K 为常数。当汞滴的表面积与体积的比值较大时,即汞滴的半径较小时,测量灵敏度较高。实验中,每个汞滴只能使用1次,所以每次测量时能否获得同样大小的汞滴,是保证结果重现性的关键。对于汞膜电极来说,其 A/V 会较悬汞电极大得多,所以灵敏度高,可达 10^{-11}mol/L,电解富集的时间也大为缩短。

4. 常用的溶出伏安法　　根据工作电极上发生反应的不同,溶出伏安法可以分为以下几类。

(1)阳极溶出伏安法　　阳极溶出伏安法(anodic stripping voltammetry)是将被测金属离子(M^{z+})在阴极(工作电极)上还原为金属,如阴极为汞电极,则形成汞齐。在反向扫

描时，阴极变为阳极，金属在阳极上被氧化为金属离子而溶出，此时产生氧化电流。

以悬汞电极阳极溶出伏安法为例，在预电解富集阶段需要计算的是控制电位电解条件下的汞齐浓度，同时需考虑溶液的搅拌速度或电极的旋转速度。为了使汞滴中汞齐的浓度均匀，在溶出前常停止搅拌一段时间（称平衡时间）。预电解富集阶段的理论基于控制电位电解理论，溶出过程的法拉第电流可依据相应的伏安法计算，此时电活性物质的本体浓度为汞滴中的汞齐浓度。

采用阳极溶出伏安法时，对于试样和标准溶液，其各自电解富集时间、电解的电位、静置时间及扫描速率等实验条件必须彼此相同。用阳极溶出伏安法进行定量分析，校正曲线法和标准加入法都可以使用。

（2）阴极溶出伏安法　　工作电极上发生还原反应的称为阴极溶出伏安法（cathodic stripping voltammetry）。阴极溶出伏安法的富集过程是被测物质的氧化沉积，溶出过程是沉积物的还原。

阴极溶出伏安法的富集过程通常有 2 种情况。一种是被测阴离子与阳离子（电极材料被氧化的产物）生成难溶化合物而富集。例如，阴离子（X^-）在汞或银电极上的阴极溶出伏安法为

富集：$Hg \longrightarrow Hg^{2+} + 2e$，$Hg^{2+} + 2X^- \longrightarrow HgX_2 \downarrow$；溶出：$HgX_2 \downarrow \longrightarrow Hg + 2X^-$。

第二种是被测离子在电极上氧化后与溶液中某种试剂在电极表面生成难溶化合物而富集。例如，Tl^+ 在 pH＝8.5 的介质中和石墨碳电极上的阴极溶出伏安法为

富集：$Tl^+ \longrightarrow Tl^{3+} + 2e$，$Tl^{3+} + 3OH^- \longrightarrow Tl(OH)_3 \downarrow$；溶出：$Tl(OH)_3 \downarrow + 2e \longrightarrow Tl^{3+} + 3OH^-$。

许多生物物质或药物（如嘧啶类衍生物等）能够与 Hg^{2+} 生成难溶化合物，因此能用阴极溶出伏安法测定，并且具有很高的测定灵敏度。

（3）吸附溶出伏安法　　吸附溶出伏安法类似于阳极或阴极溶出伏安法，所不同的是其富集过程是通过非电解过程即吸附来完成的，而且被测物质可以是开路富集，也可以是控制工作电极电位来富集，而被测物质的价态不发生变化。但吸附溶出过程与上述溶出伏安法一样，即借助电位扫描使电极表面富集的物质氧化或还原溶出，根据其溶出峰电流 - 电位曲线进行定量分析。某些生物分子、药物或有机化合物如血红素、多巴胺、尿酸和可卡因等，在汞电极上具有强烈的吸附性，它们从溶液相向电极表面吸附传递并不断地富集在电极上，使电极表面上被测物质浓度远远大于本体溶液中的浓度。在溶出过程中，使用快速的电位扫描速率（大于100mV/s），富集的物质会迅速地氧化或还原溶出，故能获得较大的溶出电流而提高灵敏度。

5. 溶出伏安法的特点和应用　　溶出伏安法具有如下主要特点：①灵敏度较高，一般可达 $10^{-11} \sim 10^{-7}$mol/L，可用于微量分析和超微量分析；②分析速度快，一般在数分钟内完成一次测定；③试样用量少，试样少至 0.1～1mL 就可以进行测定，如血样一般仅需 1 滴，头发只需几根；④仪器简单价廉。

可用阳极溶出伏安法分析的金属离子有 40 余种，可用阴极溶出伏安法分析的阴离子和有机生物分子有 20 余种，主要测定一些氯、溴、碘、硫等能与汞生成难溶化合物的阴离子。对于析出电位很正或很负的一些金属离子如镁、钙、铝和稀土离子等，溶出伏安法一般难以直接测定，但是这些离子能跟某些配位体形成吸附性很强的络合物而在汞电极上吸附富集，从而在溶出过程中通过配位体的还原而间接测定。

思考题与习题

1. 原电池和电解池有何区别？

2. 何谓指示电极及参比电极？试举例说明。

3. 电极电位是如何产生的？如何测量？

4. 何谓液接电位？其产生的原因是什么？在电位测量中为什么要消除液接电位？怎样消除？

5. 以 pH 玻璃电极为例，简述离子选择电极膜电位的形成机理。

6. 总离子强度调节缓冲液（TISAB）的作用是什么？

7. 单独一个电极的电极电位能否直接测定？怎样才能测定？

8. 某氟离子选择电极对氢氧根离子的选择性系数 $K_{F^-, OH^-} = 0.10$，当氟离子浓度为 10mol/L 时，若允许测定误差为 5%，允许的 OH^- 浓度应为多少？

9. 取含 Ca^{2+} 溶液 100mL，以钙离子选择电极和参比电极测定其电位值为 -53.5mV，加入 1mL 浓度 1.000×10^{-2}mol/L 的 Ca^{2+} 标准溶液，测得其电位为 -35.5mV，试计算此溶液中 Ca^{2+} 的浓度。

典型案例

氟离子选择电极法快速分析食品中的氟

氟是人体必需微量元素，微量氟对促进儿童发育、牙齿和骨骼结构的形成及钙、磷的代谢有重要作用。适量氟能被牙齿釉质的羟基磷灰石晶粒表面吸着，形成一种抗酸性氟磷灰石保护层，使牙齿硬度增大，提高牙齿抗酸能力，还可抑制口腔中的乳酸杆菌，降低碳水化合物分解产生的酸度，有预防龋齿的作用。老年人缺氟会影响钙和磷的利用，导致骨质松脆，易发生骨折。饮用水和食物中含氟量太低，会使儿童患龋齿，含量太高，会使人患氟牙症，甚至罹患氟骨症。国家规定饮用水氟的容许限量为 0.50～1.00mg/L。

饲草对氟的富集作用达 20 万倍，叶片是植物富集氟的主要器官。牛、羊等食草动物用含氟牧草饲养后，骨骼中的含氟量显著增加。据统计，牛、羊在氟浓度为十亿分之一的空气中生活三年，其骨骼中蓄积的氟分别为 5000mg/kg、3000～4000mg/kg，比对照群高出 4 倍。氟引起牛体中毒，主要表现为牙齿畸形及骨骼损害，病牛足痛、关节肿胀、牛蹄形成剪刀蹄，蹄尖无法触地，跪着吃草，逐渐四肢僵硬，体重减轻，瘫痪，直至死亡。

氟化物对植物的危害比其他常见污染物严重得多，植物对氟化氢的敏感性，由于种类、品种不同而出现很大的差异。氟化氢进入植物叶片后，在进入的位置不造成损害，而是转移到叶片的先端和边缘，呈环带状分布，积累到足够浓度，使叶片细胞的质壁分离而造成植株死亡。国家卫生健康委员会建议成人每日从天然食物和饮用水中获得的氟摄入量为 3.5mg。部分食物中的含氟量如表 6-1 所示。

表 6-1 部分食物中的含氟量

食物	干海藻	鲭鱼、茶叶、沙丁鱼	虾、蟹、小麦芽	肉类、鸡蛋、果蔬、小麦、大豆、黄豆
含量 /（mg/kg）	326	10～30	2～10	<2

通常，海洋生物、茶叶和天然盐类含有丰富的氟，饮水和食物可为机体带来充足的氟营养，缺氟地区向饮用水中加氟是补充氟营养最简单和有效的方法。但摄取太多会影响健康，国标 GB 2762—2017 中取消了食品中氟的限量指标。

食品中氟按 GB/T 5009.18—2003《食品中氟的测定》进行检验。该标准中规定了粮食、果蔬、豆类及其制品、肉、蛋等食品中氟的测定方法。其中，氟离子选择电极法不适用于花生、肥肉等脂肪含量高而又未经灰化的试样。

1. 原理　　氟电极和饱和甘汞电极组成的电极电势 E 与溶液中氟离子活度 a_F（或浓度 c_F）遵循能斯特方程，E 与 $\lg c_F$ 呈线性关系，25℃时直线的斜率为 59.159。溶液的酸度为 pH＝5～6，用总离子强度调节缓冲剂（TISAB）消除铁、铝等离子的干扰及酸度的影响。

2. 仪器及主要试剂　　甘汞电极、氟电极、离子分析仪等；TISAB：3mol/L 乙酸钠溶液与 0.75mol/L 柠檬酸钠溶液等体积量混合，用时现配；氟标准使用液：吸取 1.00mg/mL 氟标准溶液 10.00mL 于 100mL 容量瓶中，加水逐级稀释至 1.00μg/mL。

所用水均为不含氟的去离子水，试剂为分析纯。

3. 分析步骤　　称取 40 目试样 1.00g 于 50mL 容量瓶中，加 10mL 盐酸（1＋11），密闭浸泡提取 1h（不时轻轻摇动），应尽量避免试样粘于瓶壁上。提取后加 TISAB 25mL 和水至刻度，混匀，备用。吸取 0.00mL、1.00mL、2.00mL、5.00mL、10.00mL 氟标准使用液（相当于 0.00μg、1.00μg、2.00μg、5.00μg、10.00μg 氟），分别置于 50mL 容量瓶中，各加 TISAB 25mL、盐酸（1＋11）10mL，加水定容，混匀备用。

将连接好的氟电极和甘汞电极插入盛有水的小塑料杯中，在电磁搅拌中读取平衡电位值，更换两三次水，待电位值平衡后，可进行样液与标准液的测定。以原电池电动势为纵坐标，氟离子浓度的负对数 $\lg c_F$ 为横坐标绘制标准曲线，根据试样测得的电池电动势在标准曲线上求得含量，按下式计算试样中氟的质量分数：$w＝\rho V/m$。式中，w 为试样中氟的质量分数，mg/kg；ρ 为测定用样液中氟的质量浓度，μg/mL；m 为试样质量，g；V 为样液总体积，mL。

计算结果保留两位有效数字。在重复性条件下获得的两次独立测定结果的绝对值不得超过算术平均值的 20%。

第三篇

结 构 分 析 法

第七章

紫外 - 可见吸收光谱法

在电磁波谱中，紫外光是波长介于 X 射线和可见光之间的电磁辐射，其波长为 10～400nm；可见光是人眼可以感知的电磁辐射，波长为 400～780nm。物质分子选择性地吸收紫外区和可见光区的电磁辐射而得到的吸收光谱就是紫外 - 可见吸收光谱。利用紫外 - 可见吸收光谱对物质进行定性、定量和结构分析的方法叫作紫外 - 可见吸收光谱法（ultraviolet-visible absorption spectrometry，UV-Vis），又称紫外 - 可见分光光度法。

与其他各种仪器分析方法相比，紫外 - 可见吸收光谱法具有仪器结构简单、操作简便、准确度高、重现性好和分析速度快等特点，广泛应用于化学、生物学、医学、物理学、材料科学和环境科学等研究领域及众多工业技术领域中。

第一节　光学分析法概论

一、电磁辐射的基本性质

电磁辐射是一种以极大的速度通过空间传播能量的电磁波，包括无线电波、微波、红外光、紫外光、可见光及 X 射线、γ 射线等形式。电磁辐射具有波动性和粒子性。

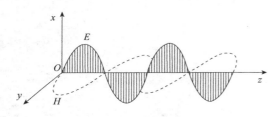

图 7-1　电磁辐射波动性示意图

电磁辐射是在空间传播的交变电磁场，可以用电场矢量 E 和磁场矢量 H 来描述（图 7-1）。这两个矢量以相同的位相在两个相互垂直的平面内以正弦波形式振动，其振动方向均垂直于波的传播方向。当电磁辐射通过物质时，就会与物质微粒的电场或磁场发生相互作用并产生能量传递。由于与物质中电子发生作用的是电磁辐射的电场矢量，通常仅用电场矢量来表示电磁波。

电磁辐射的波动性可用波长 λ、传播速度 c、频率 ν 或波数 σ 等参数来描述。

波长是指电磁辐射在传播路径上具有相同振动位相的两点之间的距离，即相邻两个波峰或波谷间的直线距离。对不同的电磁辐射波谱可采用不同的波长单位表示，如 γ 射线、X 射线、紫外光和可见光常用 nm 表示，红外光常用 μm 或波数 cm^{-1} 表示，微波用 mm 和 m 表示。各单位之间的换算关系为：$1m = 10^2cm = 10^6 \mu m = 10^9 nm$。

频率是指单位时间内电磁场振动的次数，即单位时间内通过传播方向上某一点的波峰或波谷的数目，单位为赫兹（Hz）或 s^{-1}。频率 ν 与波长 λ 的关系为 $\nu = c/\lambda$，式中，c 为光速，其值为 3.00×10^{10}cm/s。

波数表示每厘米长度中波的数目，是波长的倒数，单位为 cm^{-1}。波数 σ 与波长 λ 的换算关系为 $\sigma = 1/\lambda$。

电磁辐射的波动性还体现在其具有散射、折射、反射、干涉和衍射等现象。

电磁辐射的粒子性表现在辐射能量的空间传播不是均匀连续的，而是按一个基本固定量一份一份地或以此基本固定量的整数倍来进行传播的。也就是说，能量是"量子化"的，其中能量的最小单位称为"光子"。光子的能量 E 与电磁辐射的频率 ν 成正比，与波长 λ 成反比，而与光的强度无关，用公式表示如下：

$$E = h\nu = hc/\lambda \tag{7-1}$$

式中，E 为每个光子的能量，J；h 为普朗克（Planck）常数（$h = 6.626 \times 10^{-34}$ J·s 或 4.136×10^{-15} eV·s）。

式（7-1）将电磁辐射的粒子性和波动性有机地结合在一起，可以很好地解释光电效应、康普顿（Compton）效应及黑体辐射等现象。

二、电磁波谱

将电磁辐射按波长（或频率、波数、能量）的大小顺序排列成谱，称为电磁波谱。表 7-1 列出了各种电磁波的波长范围、能量大小及其产生的机理。

表 7-1　电磁波谱的分区

波谱区	波长范围	光子能量 /eV	能级跃迁类型
γ 射线	<0.005nm	> 2.5×10^6	核能级
X 射线	>0.005~10nm	>1.2×10^2~2.5×10^6	内层电子能级
远紫外	>10~200nm	>6.2~1.2×10^2	内层电子能级
近紫外	>200~400nm	>3.1~6.2	外层（价）电子能级
可见光	>400~780nm	>1.6~3.1	外层（价）电子能级
近红外	>0.78~2.5μm	>0.5~1.6	分子振动能级
中红外	>2.5~50μm	>2.5×10^{-2}~0.5	分子振动能级
远红外	>50~1000μm	>1.2×10^{-4}~2.5×10^{-2}	分子转动能级
微波	>1~300cm	>4.1×10^{-7}~1.2×10^{-4}	分子转动能级
无线电波（射频）	>300cm	<4.1×10^{-7}	电子或核自旋能级

三、电磁辐射与物质的作用

根据量子理论，物质粒子（原子和分子等）的能量状态（能级）是量子化的。通常情况下，粒子处于能量最低的稳定状态，称为基态，用 E_0 表示。当受到电磁辐射或其他外界能量（如电能、热能等）作用时，物质就会吸收能量，引起粒子的外层电子从基态跃迁到更高的能级上，这种能态称为激发态，用 E 表示。当物质改变能态时，它所吸收或发射辐射的能量应完全等于两能级之间的能量差 ΔE，ΔE 与电磁辐射的波长或频率的关系可表示为

$$\Delta E = E - E_0 = h\nu = hc/\lambda \tag{7-2}$$

如果与物质作用的电磁辐射能量不等于 ΔE，则粒子不会吸收该辐射的能量，其能级状态不发生改变。

四、光学分析法及其分类

光学分析法是基于电磁辐射与物质相互作用的机理建立起来的一类仪器分析方法，分为

非光谱分析法和光谱分析法两大类。

1. 非光谱分析法　　非光谱分析法是根据物质对电磁辐射的折射、反射、散射、干涉、衍射及偏振等光学现象进行分析的方法，包括折射法、光散射法、旋光法、干涉法、X射线衍射法和圆偏振二向色性法等。非光谱分析法中，电磁辐射的传播方向发生变化而能量不变，也不涉及物质内部的能态变化。

2. 光谱分析法　　根据物质对电磁辐射的吸收、发射或散射现象建立起来的一类仪器分析方法称为光谱分析法。光谱分析法中，电磁辐射的能量和物质内部的能态均会发生相应改变。

根据电磁辐射引起能量变化的物质粒子（原子、分子）的不同，光谱分析法可分为原子光谱法和分子光谱法。原子光谱是由原子外层或内层电子跃迁所产生的光谱，其表现形式为线光谱。属于这类分析方法的有原子吸收光谱法、原子发射光谱法及原子荧光光谱法。分子光谱是由分子中电子能级、振动能级和转动能级的跃迁所产生的光谱，其表现形式为带光谱。属于这类分析方法的有紫外-可见吸收光谱法、红外吸收光谱法和分子荧光光谱法等。

根据电磁辐射的波长也可分为X射线光谱法和核磁共振波谱法等。

根据辐射和物质相互作用的结果，光谱分析法又可分为吸收光谱法和发射光谱法等。

（1）吸收光谱法　　根据物质对电磁辐射的特征吸收光谱进行分析的方法，称为吸收光谱法。常见的吸收光谱法见表7-2。

表 7-2　常见的吸收光谱法

方法名称	电磁辐射	作用对象	检测信号
紫外-可见吸收光谱法	紫外、可见光	分子外层电子	吸收后的紫外、可见光
红外吸收光谱法	红外光	分子的振动	吸收后的红外光
核磁共振波谱法	无线电波	磁性原子核	共振吸收
原子吸收光谱法	紫外、可见光	气态原子外层电子	吸收后的紫外、可见光
拉曼光谱法	可见光（激光）	分子的振动	散射光
X射线吸收光谱法	X射线	$Z>10$的重元素原子的内层电子	吸收后的X射线

注：Z代表原子序数。

（2）发射光谱法　　基于物质粒子受到电磁辐射能、热能、电能或化学能的激发跃迁到激发态，再由激发态以电磁辐射形式释放掉多余能量而回到基态时产生的光谱进行分析的方法称为发射光谱法。常见的发射光谱法见表7-3。

表 7-3　常见的发射光谱法

方法名称	激发方式	作用物质或机理	检测信号
原子发射光谱法	电弧、火花、等离子炬等	气态原子外层电子	紫外、可见光
原子荧光光谱法	高强度紫外、可见光	气态原子外层电子	原子荧光
分子荧光光谱法	紫外、可见光	分子	荧光（紫外、可见光）
分子磷光光谱法	紫外、可见光	分子	磷光（紫外、可见光）
化学发光法	化学能	分子	可见光
X射线荧光分析法	X射线（0.01～2.5nm）	原子内层电子的逐出，外层能级电子跃入空位（电子跃迁）	特征X射线（X射线荧光）

第二节　紫外 - 可见吸收光谱法的基本原理

用一束具有连续波长的紫外 - 可见光照射物质,其中某些波长的光被物质分子吸收后,引起分子中价电子的跃迁,就形成紫外 - 可见吸收光谱。紫外 - 可见吸收光谱属于电子光谱。

一、基本原理

分子的能量实际上是电子运动能量、原子振动能量和分子转动能量三种能量的总和,这三种能量都是量子化的,并都对应有一定的能级。当分子吸收外来辐射的一定能量后,分子就会发生运动状态的变化,即发生电子运动、原子振动和分子转动的能级跃迁。若用 ΔE_e、ΔE_v 和 ΔE_r 分别表示电子能级、原子振动能级和分子转动能级的能级差,则分子吸收能量后能级的变化 ΔE 可表示为:$\Delta E = \Delta E_e + \Delta E_v + \Delta E_r$。

每个电子运动能级中存在着若干原子振动能级,每个原子振动能级中又存在着若干分子转动能级(图 7-2),因此 $\Delta E_e > \Delta E_v > \Delta E_r$。由于电子能级跃迁的能级差最大,因此发生电子能级跃迁时必然会同时引起振动能级跃迁和转动能级跃迁,3 种能级跃迁产生的光谱重叠在一起,就形成了带状的紫外 - 可见吸收光谱。

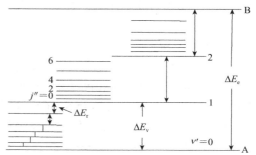

图 7-2　双原子分子能级示意图

A,B 代表电子能级;$v'=0,1,2,\cdots$表示电子能级的各振动能级;$j''=0,1,2,\cdots$表示 A 电子能级和 $v'=1$ 振动能级的各转动能级

分子中的电子分布在分子轨道上,根据其能量大小将分子轨道分为:能量较低的成键分子轨道,如 σ、π 轨道;能量较高的反键分子轨道,如 σ^*、π^* 轨道;由孤对电子(非键电子)占据的非键分子轨道,即 n 轨道。各种分子轨道的能量大小关系为 $\sigma < \pi < n < \pi^* < \sigma^*$,通常情况下,电子占据在分子较低能级的 σ、π 和 n 轨道上。

当分子受到紫外、可见光的作用吸收能量后,电子就可以从成键轨道跃迁到反键轨道,

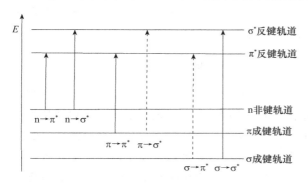

图 7-3　分子轨道与电子跃迁类型示意图

或者从非键轨道跃迁到反键轨道,如图 7-3 所示。具体的跃迁形式包括以下 6 种:$n \to \pi^*$、$\pi \to \pi^*$、$n \to \sigma^*$、$\pi \to \sigma^*$、$\sigma \to \sigma^*$、$\sigma \to \pi^*$。其中 $n \to \pi^*$、$\pi \to \pi^*$ 2 种跃迁的能量相对较小,相应吸收波长多出现在紫外、可见光区域;而其他 4 种跃迁的能量相对较大,所产生的吸收谱多位于远紫外区(也称真空紫外区,波长为 10~200nm)。

分子中电子的跃迁类型和分子的结构及其基团密切相关,可以根据分子的结构来预测可能产生的电子跃迁类型。反之,特定的分子结构会形成特定的电子跃迁方式,对应着不同能量的电磁辐射被吸收,反映在紫外 - 可见吸收光谱图上就出现一定位置和一定强度的吸收峰,根据吸收峰的位置和强度就可以推知

待测样品的结构信息。

二、基本术语

紫外 - 可见吸收光谱法中一些常用的术语如下。

1. 吸光度　　　吸光度表示光线透过溶液时被吸收的程度。当一束强度为 I_0 的平行单色光照射有色溶液时，光的一部分被吸收，一部分透过溶液。若透射光强度为 I，则吸光度 A 的表达式为：$A=\lg(I_0/I)$。I/I_0 称为透光度（透光率），用 T 表示。透光度和吸光度的关系为：$A=\lg(1/T)=-\lg T$。

2. 吸光系数　　　吸光系数是表示物质对某波长光吸收能力强弱的特征常数，它与吸光物质的性质、入射光的波长及温度等因素有关。吸光系数越大表示该物质对某单色光的吸收能力越强，同时在吸收光谱定量分析中的灵敏度也越高。吸光系数一般用摩尔吸光系数 ε 表示，最大摩尔吸光系数用 ε_{max} 表示，其单位为 L/（mol·cm）（以下吸光系数的单位省略）。

3. 最大吸收波长　　　最大吸收波长是物质发生最强吸收时对应的电磁辐射波长，用 λ_{max} 表示，单位为 nm。

4. 生色团　　　分子中能够吸收紫外光或可见光的基团称为生色团。由于 $\pi \rightarrow \pi^*$ 跃迁和 $n \rightarrow \pi^*$ 跃迁会吸收紫外光和可见光，因此，生色团本质上就是含有不饱和 π 键和孤对电子的基团，如 C＝C、C＝O、N＝N、C＝S 等。

5. 助色团　　　分子中能使生色团吸收峰向长波方向移动且强度增大的一些基团称为助色团。在饱和烷烃中只有 $\sigma \rightarrow \sigma^*$ 跃迁，当其与助色团（如—OH、—NH$_2$、—SH 及—X 等）相连时，助色团中含有的孤对电子会引起 $n \rightarrow \sigma^*$ 跃迁，导致吸收峰向长波方向移动。

6. 红移　　　红移是指吸收光谱中吸收峰向长波长移动的现象。某些有机化合物，当引入含有孤对电子的基团时，其 λ_{max} 会发生红移。

7. 蓝移　　　蓝移是指吸收光谱中吸收峰向短波长移动的现象。当在某些生色团的碳原子一端引入一些取代基之后，其 λ_{max} 会发生蓝移。

8. 增色效应　　　增色效应是指吸收光谱中吸收峰强度增加的现象。

9. 减色效应　　　减色效应是指吸收光谱中吸收峰强度减小的现象。

三、紫外 - 可见吸收光谱图

以一束具有连续波长的光透过某一浓度的被测样品溶液，测出不同波长时溶液的吸光度，以波长为横坐标，吸光度为纵坐标作图，即可得到被测样品的吸收光谱。在紫外 - 可见吸收光谱中，纵坐标既可以用吸光度 A 表示，也可以用摩尔吸光系数 ε 或百分透光率（$T\%$）表示；横坐标多用波长 λ 表示，单位为纳米（nm），也可以用波数 σ 或频率 ν 来表示。图 7-4 为不同浓度高锰酸钾溶液的紫外 - 可见吸收光谱图。

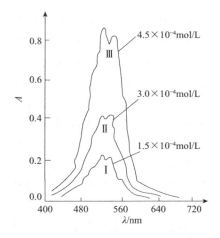

图 7-4　不同浓度高锰酸钾溶液的紫外 - 可见吸收光谱图

第三节 化合物的紫外 - 可见吸收光谱

一、有机化合物的紫外 - 可见吸收光谱

1. 有机化合物的吸收带 紫外 - 可见吸收光谱是带状光谱，吸收峰又称为吸收带。根据发生电磁辐射吸收的分子中电子跃迁的方式，可将吸收带分为以下 4 种类型。

（1）R 吸收带 R 吸收带是由分子的 $n \to \pi^*$ 跃迁引起的。例如，$>C=O$、$—NO_2$、$—N=N—$ 等具有杂原子和双键结构的基团会产生 R 吸收带。R 吸收带的对称性强，呈平滑带状。由于 $n \to \pi^*$ 跃迁所需的能量小，R 吸收带的 λ_{max} 一般出现在 270nm 的长波方向，强度也较弱（$\varepsilon_{max} < 100$），有时容易被附近的强吸收峰掩盖。R 吸收带也容易受溶剂极性的影响而发生偏移。

（2）K 吸收带 K 吸收带由共轭体系的 $\pi \to \pi^*$ 跃迁产生，其特点是吸收峰波长较 R 吸收带短（$\lambda_{max} > 200nm$），但强度较 R 吸收带大得多（$\varepsilon_{max} > 10^4$）。含有共轭生色团的化合物（如共轭烯烃和芳香族衍生物等）可以产生 K 吸收带。

（3）B 吸收带 芳香环内共轭双键 $\pi \to \pi^*$ 跃迁和苯环的振动跃迁叠加会产生 B 吸收带。B 吸收带能反映有机化合物的振动精细结构，是芳香族化合物和杂环芳香族化合物的特征吸收带之一，其特点是在 230~270nm 有一系列的弱吸收峰，强度较 R 吸收带稍大（$\varepsilon_{max} > 100$）。B 吸收带受溶剂的极性和酸碱性等影响较大。例如，辛烷中苯酚的 B 吸收带可以呈现出苯酚的精细结构，但是在极性溶剂甲醇中，其精细结构则不明显。

（4）E 吸收带 E 吸收带是芳香族化合物的另一个特征谱带，由苯环的 $\pi \to \pi^*$ 跃迁产生。该带有较大的吸收强度，其 ε_{max} 为 2000~140 000，吸收波长一般在近紫外区，有时在远紫外区。苯的紫外 - 可见吸收光谱有 3 个吸收带（图 7-5），其中两个就是 E 吸收带，其中 E_1 吸收带

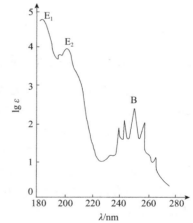

图 7-5 苯的紫外 - 可见吸收光谱
（乙醇）

在 184nm 的远紫外区，强度很大；E_2 吸收带在 204nm 的近紫外区，强度较 E_1 吸收带小。

如果苯环上的氢被助色团取代，由于助色团的 p 电子与苯环上 π 电子的共轭作用，E 吸收带发生红移。各种助色团对 E 吸收带红移影响的大小顺序为：$—O > —NH_2 > —OCH_3 > —OH > —Br > —Cl > —CH_3$。如果苯环上有生色团取代基时，由于苯环的大 π 键与生色团的 π 键相连，产生更大的共轭体系，不仅使 B 吸收带发生强烈红移，E_2 吸收带也会受到影响而发生红移且强度增加，甚至有时会淹没 B 吸收带。如果 E_2 吸收带红移超过 210nm，将衍变为 K 吸收带。稠环芳烃（如萘、蒽、菲、芘等）均能显示出苯的 3 个吸收带，但与苯相比，这 3 个吸收带均发生了红移，且强度增加；随着结构中苯环数目的增多，吸收峰红移更明显，吸收强度也相应增大。

2. 饱和烃及其衍生物的光谱特征 饱和烃类分子中只含有 σ 键，因此只能产生 $\sigma \to \sigma^*$ 跃迁。这种电子跃迁所需的能量最大，吸收峰一般出现在远紫外区，而在紫外、可见光区不产生吸收峰。例如，甲醇的最大吸收峰在 177nm，甲烷的最大吸收峰在 125nm。因此，在紫

外 - 可见吸收光谱中常用饱和烃作溶剂。

当饱和烃上引入助色团时，由于助色团杂原子上有 n 电子，除了有 $\sigma \rightarrow \sigma^*$ 跃迁外，还会产生 $n \rightarrow \sigma^*$ 跃迁，使吸收峰红移。例如，甲烷的吸收峰一般在 125～135nm 的远紫外区，而碘甲烷（CH_3I）的吸收峰则红移至 150～210nm（$\sigma \rightarrow \sigma^*$ 跃迁）及 259nm（$n \rightarrow \sigma^*$ 跃迁）。

3. **不饱和化合物的光谱特征** 对于具有共轭效应的化合物，π 电子系统共轭以后降低了电子跃迁所需的能量，使 λ_{max} 红移。共轭链越长，吸收峰红移程度越大，而且吸收强度也随之增加，如共轭烯烃、芳香烃和稠环芳烃化合物的吸收峰波长主要在 200～700nm。

不饱和烃中除有 σ 键外，还有 π、n 键，因此可以产生 $\sigma \rightarrow \sigma^*$ 和 $\pi \rightarrow \pi^*$ 2 种跃迁。孤立的 $\pi \rightarrow \pi^*$ 跃迁的 λ_{max} 一般在远紫外区。例如，乙烯的吸收峰为 180nm。

含有杂原子 N、O 等的不饱和有机化合物的电子跃迁类型为 $n \rightarrow \pi^*$，其吸收强度较弱，主要在近紫外区（200～250nm），如酮、醛和硝基化合物等。

羰基化合物中含有 $>C=O$，除了 $\sigma \rightarrow \sigma^*$ 跃迁外，还可以产生 $n \rightarrow \sigma^*$、$n \rightarrow \pi^*$ 和 $\pi \rightarrow \pi^*$ 跃迁。其中，由 $n \rightarrow \pi^*$ 跃迁产生的 R 吸收带出现在 270～300nm 附近，是醛和酮的特征吸收带，是判断醛和酮存在的重要依据。

二、无机化合物的紫外 - 可见吸收光谱

无机化合物的紫外 - 可见吸收光谱主要有两类：一类是电荷转移吸收光谱，波长为 200～450nm；另一类是配位体场吸收光谱，波长为 300～500nm。

1. **电荷转移吸收光谱** 当外来电磁辐射作用到某些无机化合物（尤其是配合物时），某些电子就会从电子给予体（配位体）的轨道上跃迁至电子接受体（中心离子）的相关轨道，这种跃迁称为电荷转移跃迁，产生的吸收光谱称为电荷转移吸收光谱。电荷转移吸收光谱所需能量和配位体的电子亲和力密切相关，电子亲和力越低，电子就越容易被激发，则所需的激发能量也就越低，产生的电荷转移吸收光谱的波长也就越长。

电荷转移吸收光谱具有光谱宽、吸收强度大的特点，其波长范围处于紫外区，摩尔吸光系数一般大于 10 000，广泛用于无机化合物的定量分析。

2. **配位体场吸收光谱** 配位体场的电子跃迁有 d-d 跃迁和 f-f 跃迁两种，元素周期表中第 4、5 周期的过渡金属元素分别具有 $3d$ 和 $4d$ 轨道，镧系和锕系元素分别具有 $4f$ 和 $5f$ 轨道。配位体存在时，过渡元素 5 个能级相等的 d 轨道、镧系和锕系元素 7 个能级相等的 f 轨道分别裂分成几组能量不等的 d 轨道和 f 轨道，处于较低能级的 d 电子或 f 电子吸收电磁辐射后可以跃迁至高能级的 d 或 f 轨道，因为 d-d 跃迁或 f-f 跃迁必须在配位体的配位场作用下才能产生，所以产生的光谱叫作配位体场吸收光谱。

配位体场吸收光谱的波长范围处于可见光区，其摩尔吸光系数较小，在 10～100，所以很少用于定量分析，但是常用于研究无机配合物的分子结构及其键合理论等方面。

第四节 影响紫外 - 可见吸收光谱的因素

影响紫外 - 可见吸收光谱的因素主要有共轭效应、溶剂效应和溶剂 pH 等。各种因素对吸收谱带的影响表现为谱带位移（红移和蓝移）、谱带强度的变化（增色效应和减色效

应)、谱带精细结构的出现或消失等。谱带的位移及强度变化如图 7-6 所示。

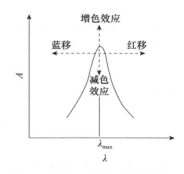

图 7-6　蓝移、红移、增色效应、减色效应示意图

一、分子结构中共轭体系的影响

如果一个化合物分子中含有若干个生色团，按其相互间的位置可分为共轭和非共轭两种情况：若这些生色团之间不存在共轭作用，那么在该化合物的吸收光谱中将出现每个生色团独立的吸收带，且这些吸收带的位置及强度互相影响不大；若两个生色团形成了共轭体系，那么各生色团自身的吸收带消失而产生新的吸收带。由于共轭后 π 电子具有更大的自由度在新结构中运动，使 π→π* 跃迁所需要的能量减小，新的吸收带发生了红移，并且吸收强度也显著增加。共轭体系越大，即参与共轭的双键数目越多，吸收带红移越显著，吸收强度增加得也越大。

分子中生色团与生色团或生色团与助色团之间必须处于同一平面上，才能产生最大的共轭。空间障碍会影响两个生色团或助色团处于同一平面，此为位阻效应。位阻效应越大，对基团共平面性的影响就越大，使分子共轭的程度降低，结果使吸收峰蓝移，吸收强度降低。

二、取代基的影响

取代基的性质也影响谱带的位移和强度的变化。如果取代基为供电子基，即含有未共用电子对的基团 (如—OH、—NH$_2$ 等)，就会形成 π→π* 跃迁，降低了跃迁能量，使吸收峰发生红移。如果取代基为吸电子基，即能吸引电子而使电子容易流动的基团 (如—NO$_2$，—COO$^-$ 等)，也能使吸收峰红移，吸收强度增加。

供电子基的供电子能力顺序为：—N(C$_2$H$_5$)$_2$>—N(CH$_3$)$_2$>—NH$_2$>—OH >—OCH$_3$>—NHCOCH$_3$>—OCOCH$_3$>—CH$_2$CHCOOH>—H。

吸电子基的作用强度顺序为：—N$^+$(CH$_3$)$_3$>—NO$_2$>—SO$_3$H>—CHO >—COO$^-$>—COOH >—COOCH$_3$>—Cl >—Br >—I。

三、溶剂的影响

溶剂极性的强弱对吸收峰的波长、强度和形状都有影响。最显著的变化是当溶剂从非极性变为极性时，由于溶剂化作用限制了分子的自由转动和振动，谱图的精细结构消失，吸收峰呈一宽矮平滑的带状。改变溶剂极性还能使吸收带的位置发生改变。表 7-4 列出了溶剂对异亚丙基丙酮吸收光谱的影响。由表 7-4 可以看出，增大溶剂的极性，π→π* 跃迁的吸收带红移，而 n→π* 跃迁的吸收带蓝移。原因可能是，π→π* 跃迁激发态的极性比基态的极性大，当溶剂极性增强时，由于溶剂与溶质间的相互作用，激发态 π* 和基态 π 的能量都有所下降，但激发态 π* 能量相对下降得更多，使跃迁的能量差减小而发生红移；相反，对于 n→π* 跃迁，基态 n 电子与极性溶剂间形成氢键，降低了基态的能量，使跃迁所需的能量变大，所以吸收带蓝移。

表 7-4　异亚丙基丙酮的溶剂效应

跃迁类型	正己烷	氯仿	甲醇	水	迁移
$\pi \rightarrow \pi^*$	230nm	238nm	237nm	243nm	红移
$n \rightarrow \pi^*$	329nm	315nm	309nm	305nm	蓝移

第五节　定性分析

一、鉴定有机化合物

以紫外 - 可见吸收光谱鉴定有机化合物，通常是在相同的测试条件下，比较未知物与标准物的紫外 - 可见吸收光谱图，若两者的谱图相同，则可认为待测物与标准物具有相同的生色团。如果没有标准物，则可借助标准谱图或有关电子光谱数据进行比较。但两种化合物的紫外 - 可见吸收光谱相同，结构不一定相同，因为紫外 - 可见吸收光谱主要是由分子内的生色团产生的，与分子其他部分的关系不太大。具有相同生色团的不同分子结构，有时在较大分子中并不会影响生色团的紫外吸收峰，导致不同分子结构产生相同的紫外 - 可见吸收光谱，但它们的吸光系数 ε 是有差别的，所以既要比较 λ_{max}，也要比较 ε_{max}。如果待测物和标准物的 λ_{max} 及相应的 ε_{max} 都相同，则可认为两者是同一物质。

此外，如果有机化合物在紫外 - 可见光区没有明显的吸收峰，而杂质在紫外区有较强的吸收，则可利用紫外 - 可见吸收光谱定性判断化合物的纯度。

二、分析有机化合物的结构

1. 推测有机化合物的共轭体系或部分骨架　由于紫外 - 可见吸收光谱是一种简单而宽阔的带状光谱，特征性不强，而且有的有机化合物在紫外区只有弱吸收甚至于无吸收谱带。因此，根据紫外 - 可见吸收光谱仅能鉴定化合物中共轭生色团和同分异构体的种类，以及含有共轭体系的数目和位置，并据此推断有机物的结构骨架，而不能完全确定物质的结构，所以常作为辅助方法配合红外光谱、核磁共振谱、质谱等进行定性结构分析。

利用紫外 - 可见吸收光谱可以推断有机化合物中所含主要生色团种类及其位置，以及化合物中含有共轭体系的数目和位置。如果某一化合物在 220~800nm 无吸收峰（$\varepsilon_{max} < 10$），则说明分子中不存在共轭体系，它可能是脂肪族碳氢化合物、胺、腈、醇、羧酸、氯化烃等不含双键或环状共轭体系的化合物；如果在 210~250nm 有强吸收，表示有 K 吸收带，则可能含有 2 个双键的共轭体系；如果在 260~350nm 有强吸收带，表示化合物有 3~5 个共轭双键；如吸收带进入可见光区，则该化合物可能是长共轭生色团或稠环化合物；如在 250~300nm 有中等强度吸收带并伴有一定的精细结构，则表示有苯环的特征吸收；如在 270~350nm 有弱吸收带，并且随着溶剂极性的增加会发生蓝移，此为 R 吸收带，则分子中可能含有非共轭的且具有 n 电子的生色团，说明可能有羰基存在。

有的化合物谱图中有几种吸收谱带同时出现，这时既要考虑到各基团中电子的跃迁方式，还要考虑到分子结构中各基团之间的相互作用。例如，正庚烷溶液中的乙酰苯，在其紫外 - 可见吸收光谱上可以出现 K、B、R 三种谱带，吸收峰分别为 240nm、278nm 和 319 nm，吸收强度依次减弱，摩尔吸光系数依次为 >10 000、≈10 000、≈50。其中 K 吸收带是苯环和羰基的共轭效应产生的，B 和 R 吸收带分别是苯环和羰基产生的。

2. 区分有机化合物的构型和构象　　具有相同化学组成的不同异构体或不同构象的化合物，其紫外 - 可见吸收光谱往往不同。当具有顺、反两种异构体的化合物中生色团和助色团处在同一平面（反式异构体）时，因为共轭效应最大化，所以吸收带红移；而在化合物的顺式异构体中，位阻效应的存在降低了共轭程度，引起吸收峰蓝移。因此，根据吸收峰的位移方向就可以辨别该类化合物的顺反异构体。例如，1, 2- 二苯代乙烯的 2 种异构体，顺式异构体 $\lambda_{max}=280nm$，$\varepsilon_{max}=10\ 500$；反式异构体中苯环和烯键处于同一平面内，π 轨道共轭作用完全，$\lambda_{max}=295nm$，$\varepsilon_{max}=29\ 000$。

3. 测定氢键强度　　溶剂分子与溶质分子缔合生成氢键时，对溶质分子的紫外 - 可见吸收光谱有较大的影响。对于羰基化合物，根据在极性溶剂和非极性溶剂中 R 吸收带的差别，可以近似测定氢键的强度。

第六节　定量分析

一、朗伯 - 比尔定律

当一束平行的单色光垂直通过某一均匀的含有吸光物质的溶液时，溶液的吸光度 A 与吸光物质的浓度及吸收层厚度成正比，这就是朗伯 - 比尔（Lambert-Beer）定律，也称光吸收定律。其表达式为 $A=abc$，式中，c 为吸光物质的浓度，g/L；b 为吸收层厚度，cm；a 为吸光系数，L/（g·cm）。

如果 c 的浓度单位为 mol/L，b 的单位为 cm，则 a 的单位为 L/（mol·cm），此时的 a 即摩尔吸光系数，用 ε 表示。因此，光吸收定律也可以表示为 $A=\varepsilon bc$。

朗伯 - 比尔定律是紫外 - 可见吸收光谱法定量分析的理论基础（也适用于红外吸收光谱）。通过测定溶液在一定波长处对入射光的吸光度，即可求出该物质在溶液中的浓度或含量。

根据光吸收定律可知，ε 值越大，溶液的吸光度 A 对吸光物质浓度 c 的变化越敏感，即紫外 - 可见吸收光谱法测定的灵敏度就越高。一般 ε 值大于 1000 的化合物就可以用紫外 - 可见吸收光谱法测定。具有 π 电子系统和共轭双键的有机化合物在紫外区有强烈的吸收，其 ε 值高达 $10^4\sim10^5$，有很高的检测灵敏度，所以这类有机化合物的紫外 - 可见吸收光谱主要用在定量分析上。生物化学中的蛋白质含量、DNA 纯度和酶活力的测定均可应用紫外 - 可见吸收光谱法。

朗伯 - 比耳定律成立的前提是：①入射光是平行单色光且垂直照射于含吸光物质的溶液；②溶液为均匀体，不会发生光散射；③吸收过程中，吸光物质间不发生相互作用；④吸光物质的溶液为稀溶液（浓度 <0.01mol/L）。如果不满足上述条件，吸光度与浓度之间偏离线性关系，此时朗伯 - 比尔定律不再适用。

二、定量分析方法

应用朗伯 - 比尔定律进行定量分析的几种常用方法简介如下。

1. 单组分定量分析　　单组分是指试样中只含有一种组分，或在混合物中被测组分的最大吸收处无其他共存物质的吸收。单组分定量分析常采用以下 3 种方法进行分析。

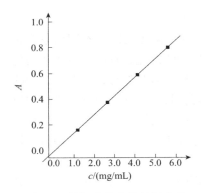

图 7-7　单组分化合物的标准曲
线示意图

（1）标准曲线法　　标准曲线法是实际工作中最常用的分析方法之一。在紫外 - 可见吸收光谱法中，首先要绘制待测组分的吸收曲线，由此选择最大吸收波长。然后配制一系列不同浓度的标准溶液，在固定液层厚度及入射光波长和强度的情况下，以不含待测组分的空白溶液为参比，测定系列标准溶液的吸光度。以吸光度 A 为纵坐标，标准溶液浓度 c 为横坐标绘制标准曲线。当溶液的浓度符合朗伯 - 比尔定律的线性范围时，标准曲线是一条通过原点的直线，如图 7-7 所示。绘制标准曲线时，实验点浓度所跨范围要尽可能宽一些。在相同条件下测定待测组分的吸光度 A，从标准曲线上就可求得待测组分的浓度 c。

（2）标准对比法　　除标准曲线法外，还可以采用一种较简单的方法对单组分试样进行定量分析，即标准对比法。在同样的实验条件下测定试样溶液和某一浓度的标准溶液的吸光度 A_x 和 A_s，由标准溶液的浓度 c_s，通过公式 $c_x = c_s A_x / A_s$，即可计算出试样中被测物的浓度 c_x。

用标准对比法定量比较简便，但是只有在测定的浓度范围内溶液完全遵守朗伯 - 比尔定律，并且 c_s 和 c_x 很接近时，才能得到较为准确的结果。

（3）标准加入法　　当样品组成比较复杂，很难甚至不可能配制与试样组成相匹配的基体物时，为了减小试样中基体效应带来的影响，要采用标准加入法进行定量分析。该方法是取几份等量的待测试样，其中一份不加待测物标准溶液，其余各份分别加入不同浓度 c_1、c_2、c_3、…、c_n 的标准溶液。然后依次测量各溶液的吸光度 A，绘制吸光度 A 对加入浓度 c 的关系曲线。外延曲线与横坐标相交，交点至原点的距离所对应的浓度为 c_x，即待测物的浓度（或含量），如图 7-8 所示。

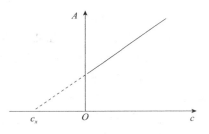

图 7-8　标准加入法校正曲线示意图

2. 多组分混合物的定量分析　　在区分混合物中各组分的吸收光谱是否重叠及重叠程度的基础上，根据吸光度的加和性原则，通过联立方程法及等吸收波长法等方法，可求得待测各组分的浓度。

第七节　紫外 - 可见吸收光谱仪

紫外 - 可见吸收光谱仪一般由光源、单色器、吸收池、检测器等几部分组成。

光源能够发射具有足够强度和良好稳定性的连续光谱（200～800nm），一般使用分立的双光源，其中钨灯或卤钨灯等用作发射可见光，氘灯等用于发射紫外光。两种光源之间通过一个动镜实现平滑切换，从而实现在全光谱范围内扫描。

从光源发出的光首先进入单色器。单色器是光谱仪的核心部件，由入射狭缝、准光器、色散元件、聚焦元件和出射狭缝等几部分组成。其主要功能是产生光谱纯度高、色散率高和波长任意可调的紫外 - 可见单色光。现代光谱仪的色散元件主要为衍射光栅，具有检测波长范围宽和分辨率高等优点。

光束从单色器发出后就成为多组分不同波长的单色光，通过光栅的转动分别将不同波长的单色光经出射狭缝送入吸收池（样品池或比色皿），透过吸收池的光进入检测器（通常为光电管或光电倍增管），信号检测系统记录或显示经检测器放大后的电信号，得到光谱图。

吸收池是用于盛放溶液并提供一定吸光厚度的器皿。一般由透明的光学玻璃或石英材料制成。玻璃吸收池只能用于可见光区，石英吸收池在紫外和可见光区都可使用。常用的吸收池光程为 1cm。

根据仪器的结构，紫外 - 可见吸收光谱仪的类型分为单波长单光束、单波长双光束、双波长双光束和多道型等。以单波长双光束紫外 - 可见吸收光谱仪应用最广，其光路图如图 7-9 所示。从单色器出来的光经分光器一分为二，分别通过参比溶液和样品溶液，经扇形棱镜反射后将两束透射光汇合在一起进入检测系统。因为光强相同的两束光分别同时通过参比溶液和样品溶液，可以消除光源强度变化造成的误差。双光束型紫外 - 可见吸收光谱仪适用于定性、定量分析。

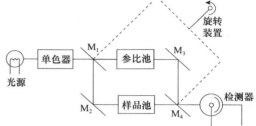

图 7-9　单波长双光束紫外 - 可见吸收光谱仪
光路示意图
M_1、M_4 为同步旋转镜；M_2、M_3 为反射镜

思考题与习题

1. 电子跃迁有哪几种类型？能在近紫外及可见光区反映出来的跃迁类型有哪些？

2. 举例说明何谓发色团、助色团、红移、蓝移。

3. 何谓吸光度及透光率？二者之间的关系是什么？

4. 朗伯 - 比尔定律的物理意义是什么？简述偏离朗伯 - 比尔定律的原因。

5. 丙酮在己烷中的两个吸收带，其 λ_{max} 分别为 189nm 和 280nm，它们是由什么跃迁产生的？其强度如何？

6. 准确称取某药物试样 50.00mg，加水溶解后转移至 250mL 容量瓶中，稀释至刻度后，吸取 2.5mL 置于 25mL 容量瓶中，加水至刻度。取此溶液于 1cm 的比色皿中，在 298nm 处测得 $T=24.3\%$，$\varepsilon=310$ L/（mol·cm）。求此药物试样的质量分数。

7. 用苦味酸（相对分子质量为 229）与未知胺反应，生成 1∶1 加成化合物，该化合物的 95% 乙醇溶液在波长 380nm 处的 $\varepsilon=1.35\times10^4$ L/（mol·cm），现称取该化合物 0.0151g，准确配制成 11.95% 乙醇溶液，在 380nm 处用 1cm 比色皿测得的吸光度 $A=0.402$，求未知胺的摩尔质量。

典型案例

紫外 - 可见吸收光谱法测定植物中的黄酮

黄酮类化合物泛指具有两个酚羟基的苯环通过中央三碳原子相互连接而成的一系列化合物。许多高等植物组织和浆果中都含有黄酮。黄酮是一种很强的抗氧剂，可有效清除人体内的氧自由基，阻止细胞的退化和衰老；还可以降低血液中胆固醇含量，改善血液循环，预防心脑血管疾病的发生，也可改善心脑血管疾病的症状。

1. 原理　　黄酮类化合物可溶于甲醇而不溶于乙醚／石油醚，故以乙醚／石油醚去除植物材料中的脂溶性杂质，再用甲醇提取组织中的黄酮类化合物。

在中性或弱碱性及亚硝酸钠存在的条件下，黄酮类化合物能与铝盐生成螯合物，加入氢氧化钠溶液后显红橙色，在510nm波长附近有吸收峰且符合定量分析的朗伯‑比尔定律。一般情况下，黄酮的测定用芦丁标准系列定量。

2. 试剂和材料　　试剂：甲醇、石油醚、5%硝酸钠溶液、10%三氯化铝溶液、40g/L氢氧化钠溶液、芦丁等。材料：橘子皮。

3. 仪器和设备　　紫外‑可见分光光度计、索氏提取器等。

4. 分析步骤

（1）标准曲线的绘制　　准确称取黄酮标准样品（芦丁）200mg，置于100mL容量瓶中，用甲醇定容、混匀。取10mL置于100mL容量瓶中，用蒸馏水定容、摇匀。此溶液中芦丁的浓度为0.2mg/mL。

取上述水稀释液0.0mL、1.0mL、2.0mL、3.0mL、4.0mL、5.0mL、6.0mL，分别置于25mL容量瓶中。各加入5%硝酸钠溶液1mL，混匀，置于室温下静置6min；各加入10%三氯化铝溶液1mL，混匀后于室温下静置6min；各加入40g/L氢氧化钠溶液10mL，用蒸馏水定容，静置15min。

以第一瓶为空白，使用1cm比色皿，在510nm测定各瓶溶液的吸光度。以芦丁的质量（mg）为横坐标、溶液的吸光度为纵坐标，制作标准曲线。

（2）黄酮类混合物样液的制备　　将橘子皮剪碎，准确称取25g，置于索氏提取器中，加入60mL石油醚，45℃回流至回流液滴无色，冷却至室温，弃去石油醚，加入100mL甲醇，在70℃回流至回流液滴无色。冷却至室温，转移到100mL容量瓶中，用甲醇定容，混匀后吸取10mL，置于100mL容量瓶中，用蒸馏水定容，作为比色法测定黄酮类化合物含量的样液。

（3）黄酮类化合物含量的测定　　取上述样液3mL（控制吸光度在标准曲线吸光度的中间）于25mL容量瓶中，加蒸馏水定容。以下步骤与标准曲线的绘制相同。

5. 结果计算　　样品中黄酮类化合物含量的计算公式为

$$X = (m_1/3m) \times 100\%$$

式中，X为试样中黄酮类化合物的含量，%；m_1为从标准曲线上获得的与样品吸光度对应的黄酮类化合物质量，mg；m为样品的质量，g。

6. 注意事项　　黄酮类化合物对光敏感，故在操作过程中应尽量避光。

第八章

红外吸收光谱法

物质分子吸收红外电磁辐射后，产生的振动-转动能级跃迁光谱出现在红外光区，故称红外吸收光谱（infrared absorption spectrum，IR），简称红外光谱。利用红外吸收光谱进行物质定性、定量及分子结构分析的方法称为红外吸收光谱法。

1800年，英国科学家威廉·赫歇尔（William Herschel）发现太阳光在可见光谱的红光之外还有一种不可见的延伸光谱，这种光谱具有热效应，因而断定有红外线的存在。1887年，科学家在实验室中成功地获得了红外线，并认为红外线、可见光和无线电波在本质上都是相同的，均属于电磁波。1889年，Angstrem通过CO和CO_2的红外吸收光谱实验，首次证实了红外吸收光谱是一种分子光谱。1903年，科学家获得了纯物质的红外吸收光谱。此后，随着光谱仪性能和技术的进步及合成聚合物等工业生产的推动，红外吸收光谱引起了化学家的广泛重视和研究，得到了迅速发展。20世纪70年代后，随着信息技术和化学计量学的发展，形成了现代红外光谱技术。红外光谱仪与其他大型仪器的联用，更使得红外吸收光谱法的应用范围扩展到生物化学、食品、医药、高聚物、环境、染料等诸多领域。红外吸收光谱是"四大波谱"（紫外、红外、核磁、质谱）中应用最广和最成熟的一种方法，在结构分析、化学反应机理研究及生产实践中发挥的作用愈来愈大。

第一节　红外吸收光谱法的基本原理

红外吸收光谱是位于可见光与微波之间的电磁波谱，其波长为$0.78 \sim 1000 \mu m$。通常将红外吸收光谱按波长分为3个区域，即近红外区（$0.78 \sim 2.5 \mu m$）、中红外区（$2.5 \sim 25 \mu m$）和远红外区（$25 \sim 1000 \mu m$），相应的红外吸收光谱分为近红外、中红外和远红外3种类型。其中，近红外光谱由—OH、—NH和—CH等基团化学键振动的倍频和合频吸收峰构成；远红外光谱由分子的转动光谱和某些基团的振动光谱构成；中红外光谱属于分子的基频振动光谱，由于绝大多数化合物的基频吸收带均出现在中红外区，中红外区是研究和应用最多的区域，通常所说的红外光谱即指中红外光谱。

由仪器记录试样对连续变化频率的红外光吸收程度的信息，即获得红外吸收光谱图，如图8-1所示。红外吸收光谱谱图中的横坐标习惯上以波数（σ，cm^{-1}）或波长（λ，μm）来表示吸收频率，纵坐标以透光率（T，%）或吸光度（A，%）表示吸收强度。

由于红外吸收光谱是由分子振动能级跃迁的同时伴随转动能级跃迁而产生的，因此红外光谱吸收峰是有一定宽度的吸收带。

一、分子的振动

任何物质的分子都是由原子通过化学键连接起来的。分子中的原子与化学键都处于不断的运动中。分子的运动包括原子的振动和分子本身的转动，这些运动形式都可能吸收外界能量

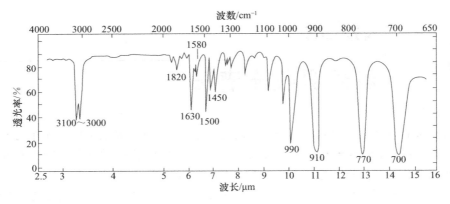

图 8-1　苯乙烯的红外吸收光谱图

而引起能级跃迁。由于分子的每一个振动能级上包含很多转动分能级，分子在发生振动能级跃迁时，会不可避免地发生转动能级跃迁，因此无法获得纯的振动光谱。所以，通常所测得的红外吸收光谱实际上是分子的振动 - 转动光谱，简称振转光谱。红外吸收光谱与分子内原子间的振动有密切关系。

1. 双原子分子的振动　　双原子分子的振动可以近似地看作分子中的原子以平衡点为中心，以很小的振幅做周期性的振动，其振动方式可以用简谐振动模型来解释。根据这种模型，将双原子视为质量为 m_1 与 m_2 的两个小球，将连接它们的化学键视为无质量的弹簧，弹簧的长度就是化学键的长度，那么这两个原子在键轴方向的伸缩振动就是在做简谐振动（图 8-2），用经典力学胡克定律可导出该体系的基本振动频率计算公式：

$$\nu = \frac{1}{2\pi}\sqrt{\frac{k}{\mu}} \tag{8-1}$$

或

$$\sigma\,(\mathrm{cm}^{-1}) = \frac{1}{2\pi c}\sqrt{\frac{k}{\mu}} = 1307\sqrt{\frac{k}{\mu}} \tag{8-2}$$

式中，ν 为振动频率；σ 为波数；k 为键力常数（N/cm），其大小反映化学键伸缩和张合的难易程度；c 为光速，取值为 $3 \times 10^{10}\,\mathrm{cm/s}$；$\mu$ 为两原子的折合质量，$\mu = \dfrac{m_1 m_2}{m_1 + m_2}$。

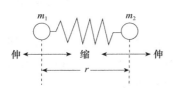

图 8-2　双原子分子的振动模型
r 为平衡状态时的原子间距

根据式（8-1）可知，化学键的振动频率与键力常数成正比，与两个原子的折合质量成反比。键力常数越大，原子折合质量越小，则化学键的振动频率越高。同类原子组成的化学键（折合质量相同），键力常数大的，振动频率就大。由于氢的原子质量最小，故含氢原子单键的基本振动频率都出现在中红外的高频率区。不同化合物的 k 和 μ 不同，所以不同化合物具有不同的特征红外光谱。例如，一些基团的吸收频率为：C—H，$2911.4\,\mathrm{cm}^{-1}$；H—Cl，$2892.4\,\mathrm{cm}^{-1}$；C—C，$1190\,\mathrm{cm}^{-1}$；C=C，$1683\,\mathrm{cm}^{-1}$。

2. 多原子分子的振动　　多原子分子中不仅原子数目多，而且化学键和基团的空间结构类型多样，因此其振动光谱比双原子分子要复杂得多。可以通过将多原子的振动分解成若干简单的基本振动（简正振动）来研究其振动特征。

（1）简正振动的特征　　简正振动的特征是：振动过程中分子的质心位置保持不变，分子整体不转动，每个原子都在其平衡位置附近做简谐振动，即每个原子都在同一瞬间通过其平衡位置，而且同时达到其最大位移值，各原子的振动频率和位相均相同。分子中任何一个复杂的振动都可以看成简正振动的线性组合。

（2）简正振动的基本形式　　简正振动有伸缩振动和变形振动2种基本形式，如图8-3所示。

1）伸缩振动：化学键沿键轴方向伸缩，键长发生变化而键角不变的振动称为伸缩振动，用符号ν表示。按振动的对称性又可以分为对称伸缩振动（ν_s）和不对称伸缩振动（ν_{as}）。对同一基团来说，不对称伸缩振动的频率要稍高于对称伸缩振动。

2）变形振动：又称弯曲振动或变角振动。

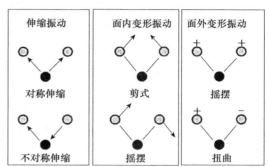

图8-3　简正振动的基本形式
+、−分别表示运动方向垂直于纸面向外和向里的运动

基团键角发生周期变化而键长不变的振动称为变形振动，用符号δ表示。变形振动又分为面内变形振动和面外变形振动。面内变形振动是指振动方向位于分子平面内的振动，又分为剪式振动（以δ_s表示）和平面摇摆振动（以ρ表示）。两个原子在同一平面内彼此相向弯曲的运动称为剪式振动。若键角不发生变化而基团只是作为一个整体在分子的平面内左右摇摆，则是平面摇摆振动。面外变形振动是指在垂直于分子平面方向上的振动，又分为非平面摇摆（ω）和扭曲振动（τ）。非平面摇摆是指基团作为整体在垂直于分子对称面的前后摇摆，而扭曲振动是指基团离开纸面，方向相反的来回扭动。由于变形振动的键力常数比伸缩振动的小，同一基团的变形振动峰都在其伸缩振动峰的低频端出现。

二、红外吸收光谱的产生条件

当一束具有连续波长的红外光通过物质时，分子吸收一些波长的红外辐射引起某些基团的振动或转动能级发生跃迁，就形成了红外吸收光谱。分子要吸收红外辐射必须同时满足以下两个条件。

1. 辐射能量必须与分子产生振动跃迁所需的能量相等　　根据量子力学原理，分子的振动能量E是量子化的，只有当红外辐射能量刚好等于振动跃迁所需的能量时，分子才能吸收红外辐射，产生红外吸收光谱。

以双原子分子的纯振动光谱为例，其振动能量（E_n）为

$$E_n=\left(n+\frac{1}{2}\right)h\nu \tag{8-3}$$

式中，ν为分子的振动频率；h为普朗克常数；n为振动量子数，$n=0，1，2，3，\cdots$。

分子中相邻振动能级间的能量差为

$$\Delta E_n=E_{n+1}-E_n=h\nu \tag{8-4}$$

当红外辐射光量子的能量$h\nu_a$（ν_a为红外辐射的频率）等于该能量差ΔE_n，即$\nu_a=\nu$时，就会发生红外吸收。

2. 分子振动时，必须伴有瞬时偶极距的变化   红外吸收光谱的产生要求分子振动时必须伴随有分子偶极矩的变化，振动能级的跃迁是通过分子偶极矩和交变电磁场（红外辐射）的相互作用而实现的。

分子的偶极矩 μ 是分子中正、负电荷中心的距离 d 与正、负电荷中心所带电荷 q 的乘积（$\mu = qd$），它是分子极性大小的一种表示方法。不同的正负电荷中心形成不同极性的偶极子。

当偶极子处在电磁场中时，由于电磁场的电场矢量方向随时间在传播方向作周期性反转，偶极子将经受交替的作用力而使偶极矩增大和减小（图 8-4）。由于偶极子本身具

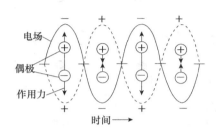

图 8-4　偶极子与交变电场作用示意图

有一定的固有振动频率，只有当辐射频率与偶极子的振动频率相匹配时两者才能发生振动耦合，引起分子振动能增加（能级跃迁）和振幅增大。因此，并非所有的分子振动都会产生红外吸收，只有发生偶极矩变化（即 $\Delta\mu \neq 0$）的分子振动才能产生可观测的红外吸收光谱，具有这种振动特征的分子称为红外活性分子。$\Delta\mu = 0$ 的分子振动不能产生红外吸收，相应的这种分子称为非红外活性分子。

图 8-5 为 H_2O 和 CO_2 分子的偶极矩。H_2O 是极性分子，分子振动时，正、负电荷中心的距离 d 随着化学键的伸长或缩短而变化，μ 随之变化，$\Delta\mu \neq 0$，因此 H_2O 分子是红外活性分子。CO_2 是非极性分子，正、负电荷中心重叠在 C 原子上，$d = 0$，$\Delta\mu = 0$。CO_2 分子发生振动时，如果两个 C—O 化学键同时伸长或缩短，则 d 始终为 0，$\Delta\mu = 0$，这种振动为非红外活性振动；如果是不对称的振动，即在一个键伸长的同时，另一个键缩短，则正、负电荷中心不再重叠，q 随振动过程发生变化，所以 $\Delta\mu \neq 0$，这种振动为红外活性振动。

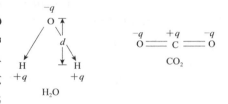

图 8-5　H_2O 和 CO_2 分子的偶极矩

综上所述，当一定频率的红外光照射分子时，如果分子中某个基团的振动频率和它一致，二者就会产生共振，此时光的能量就会通过分子偶极矩的变化而传递给分子，这个基团就吸收该频率的红外光，产生振动跃迁；如果红外光的振动频率和分子中各基团的振动频率不匹配，那么该部分的红外光就不会被吸收。

三、吸收谱带的数目

分子中某一原子的空间坐标假如为（x，y，z），则该原子就具有 3 个自由度。由 N 个原子组成的分子具有 $3N$ 个自由度。分子是原子通过化学键结合形成的一个整体，分子整体的自由度包括：3 个平动自由度（质心沿 x、y、z 3 个轴方向的平移）、3 个转动自由度（分子整体绕 x、y、z 轴的转动；线性分子只有 2 个转动自由度）和 $3N-6$ 个振动自由度。每个振动自由度相当于一个基本振动，这些基本振动构成分子的简正振动。

每种简正振动都有其特定的振动频率，分子振动的自由度数越大，在红外吸收光谱中出现的峰理论上也应该越多。但实际上，绝大多数化合物的红外光谱中基频吸收谱带的数目远小于理论计算的振动自由度数目。其主要原因有：①没有偶极矩变化的分子振动，是非红外活性振动，不会出现红外光谱。②简并。有的振动形式虽不同，但其振动频率相等。③仪

器分辨率不高或灵敏度不够，对一些频率很接近的吸收峰分不开，或对一些弱峰不能检出。④有些吸收带落在仪器检测范围之外。例如，线性分子 CO_2 理论计算的基本振动数为：$3N-5=9-5=4$，即共有 4 种振动形式，在红外图谱上应有 4 个吸收峰。但 CO_2 的红外图谱中，只出现 2349cm^{-1} 和 667cm^{-1} 2 个基频吸收峰。其中，位于 2349cm^{-1} 的吸收峰由 C—O 不对称伸缩振动产生，667cm^{-1} 的吸收峰是面内变形和面外变形两种振动的简并峰。C—O 对称伸缩振动的频率为 1388cm^{-1}，但其偶极矩变化为零，不会产生相应的吸收峰。

四、吸收谱带的强度

红外吸收谱带的强度取决于分子振动时偶极矩的变化程度，而偶极矩变化与分子结构的对称性有关。分子振动的对称性越高，振动中分子偶极矩变化就越小，谱带强度也就越弱。一般极性较强的基团（如 C=O、C—X 等）的振动，吸收峰强度较大，如羰基特征峰在整个红外图谱中总是最强峰之一。极性较弱的基团（如 C=C、C—C、C—N 等）振动，吸收峰强度较弱。同一种基团当其所处化学环境不相同时，除了吸收峰位置有变动外，吸收强度也发生变化。红外光谱的吸收强度一般用很强（vs）、强（s）、中（m）、弱（w）和很弱（vw）等表示。

五、吸收谱带的频率

1. 基频峰、倍频峰和组频峰　当分子吸收一定频率的红外光后，振动能级从基态（ν_0）跃迁到第一激发态（ν_1）时所产生的吸收峰，称为基频峰。如果振动能级从基态（ν_0）跃迁到第二激发态（ν_2）、第三激发态（ν_3）等高能态（ν_n），所产生的吸收峰称为倍频峰。由于分子振动的非谐振性质，基频峰的强度通常比倍频峰强，而且倍频峰的波数也非基频峰的整数倍，而是略小一些。例如，H—Cl 分子的基频峰是 2885.9cm^{-1}，强度很大，其 2 倍频峰是 5668cm^{-1}，是一个很弱的峰。除基频峰和倍频峰外，还有组频峰，它包括合频峰 $\nu_1+\nu_2$、$2\nu_1+\nu_2$ 等，及差频峰 $\nu_1-\nu_2$、$2\nu_1-\nu_2$ 等，其强度更弱，一般不易辨认。倍频峰、合频峰和差频峰统称为泛频谱带。泛频谱带一般较弱，且多数出现在近红外区，它们的存在增加了红外光谱鉴别分子结构的特征性。

2. 基团频率区　大量实验表明，组成多原子分子的各种基团，如 O—H、N—H、C—H、C=C、C=O 和 C—C 等，都有自己特定的红外吸收区域，分子的其他组成部分对其吸收位置影响较小。这种能代表基团存在并有较高强度的吸收谱带称为基团频率峰或特征吸收峰。基团频率峰分布在 4000～1300cm^{-1}，这一区域称为基团频率区、官能团区或特征区。区内的峰是由含氢的官能团和含双键、三键的官能团伸缩振动产生的吸收带，由于折合质量小或键力常数大，因而出现在高波数区，峰的数目较少但强度较大，容易辨认。一般来说，每个峰都可得到较确切的归属，由此可给出化合物的特征官能团和结构类型的重要信息。

根据基团的类型及其键合方式的不同，一般将基团频率区划分为 4000～2300cm^{-1}、2300～2000cm^{-1}、2000～1500cm^{-1} 和 1500～1300cm^{-1} 4 个区域。

（1）4000～2300cm^{-1} 为 X—H 的伸缩振动区（X 代表 O、N、C 或 S 等原子）　O—H 基的伸缩振动出现在 3650～3200cm^{-1}，它可以作为判断有无醇类、酚类和有机酸类的重要依据。氢键的缔合作用对 O—H 吸收峰的位置、形状和强度有很大的影响。处于气态、低浓度的非极性溶剂中的羟基和有空间位阻的羟基，是无缔合的游离态羟基，其吸收峰在高波数区（3640～3610cm^{-1}），峰形尖锐。当试样浓度增加时，羟基间会发生缔合，O—H 基伸缩振动峰向低波数方向位移，峰形宽而钝。例如，乙醇浓度小于 0.01mol/L 时，游离 O—H 峰位于 3640cm^{-1}；乙醇浓度增加时，二聚体 O—H 峰位于 3515cm^{-1}；乙醇浓度达 0.1mol/L 时，多聚体 O—H 峰位于 3350cm^{-1}。羟基间形成分子内氢键时，其峰频可降到 3200cm^{-1}。胺和酰胺的 N—H 伸缩振动峰也出现在 3500～3100cm^{-1} 区域，可能会对 O—H 的伸缩振动峰产生干扰。

C—H 伸缩振动可分为饱和与不饱和 2 种振动形式。饱和 C—H 伸缩振动出现在 3000～2800cm^{-1}，取代基对其影响很小。例如，RCH_3 中 C—H 的伸缩振动吸收出现在 2960cm^{-1} 和 2870cm^{-1} 附近，在 R_2CH_2 中出现在 2930cm^{-1} 和 2850cm^{-1} 附近，在 R_3CH 中出现在 2890cm^{-1} 附近，但强度很弱。不饱和的 C—H 伸缩振动出现在 3000cm^{-1} 以上，可以此来判别化合物中是否含有不饱和的 C—H 键。苯环的 C—H 键伸缩振动出现在 3030cm^{-1} 附近，它的特征是强度比饱和的 C—H 键稍弱，但谱带比较尖锐。不饱和双键上的 =C—H 吸收出现在 3040～3010cm^{-1}，末端 =CH$_2$ 的吸收出现在 3085cm^{-1} 附近。三键 ≡CH 上的 C—H 的伸缩振动出现在更高的区域（3300cm^{-1}）附近。

（2）2300～2000cm^{-1} 为三键和累积双键区　　该区主要包括 C≡C、C≡N 等三键的伸缩振动，以及 C=C=C、C=C=O 等累积双键的不对称性伸缩振动。除了空气中的 CO_2 在 2365cm^{-1} 的吸收峰外，此区内的任何小峰都不可忽视。对于炔烃类化合物，可以分成 R—C≡CH 和 R'—C≡C—R 两种类型。R—C≡CH 中 C≡C 吸收出现在 2140～2100cm^{-1} 附近，R'—C≡C—R 中出现在 2260～2190cm^{-1} 附近。R—C≡C—R 是对称性分子，无 C≡C 红外吸收。C≡N 基的伸缩振动在非共轭的情况下出现在 2260～2240cm^{-1} 附近，当其与不饱和键或芳香核共轭时，吸收峰位移到 2230～2220cm^{-1} 附近；若分子中含有 C、H、N 原子时，C≡N 基吸收峰比较强而尖锐；若分子中含有 O 原子，且 O 原子离 C≡N 基越近，则 C≡N 基的吸收越弱，甚至观察不到。

（3）2000～1500cm^{-1} 为双键伸缩振动区　　该区是提供分子官能团特征峰的重要区域，主要包括 3 种伸缩振动：①C=O 伸缩振动，出现在 1900～1650cm^{-1}，一般是红外光谱中最强的特征吸收峰，以此很容易判断酮类、醛类、酸类、酯类及酸酐等有机化合物。酸酐的羰基吸收带由于振动耦合而呈现双峰。②C=C 伸缩振动。烯烃的 C=C 伸缩振动出现在 1680～1620cm^{-1}，强度很弱。单核芳烃的 C=C 伸缩振动出现在 1600cm^{-1} 和 1500cm^{-1} 附近，有 2 个峰，这是芳环的骨架结构振动的表现，用于确认有无芳核的存在。③苯的衍生物的泛频谱带，出现在 2000～1650cm^{-1}，是 C—H 面外和 C=C 面内变形振动的泛频吸收，虽然强度很弱，但它们的吸收面貌在表征芳核取代类型上有一定的作用。

（4）1500～1300cm^{-1} 区内的吸收峰主要提供 C—H 的变形振动信息　　例如，CH_3 的变形振动峰出现在 1370cm^{-1} 和 1450cm^{-1} 附近，CH_2 的变形振动峰仅在 1470cm^{-1} 附近出现。其中，位于 1375cm^{-1} 的谱带为甲基的 C—H 对称弯曲振动，对识别甲基十分有用。

3. 指纹区　　除基团频率区外，红外光谱中还有分布在 1300～400cm^{-1} 低频区内的谱带，当分子结构稍有不同时，该区的吸收就有细微的差异，并显示出分子的特征，因此这一区域称指纹区。该区内的谱带主要是由不含氢的单键官能团伸缩振动和各种弯曲振动引起的，同时也有一些由相邻键之间的振动耦合而成、并与整个分子的骨架结构有关的吸收峰。指纹区内各种振动的数目较多、振动之间的频率差别较小且容易相互重叠耦合，因此大部分谱峰没有准确的归属。指纹区对于指认结构类似的化合物很有帮助，而且可以作为化合物存在某种基团的旁证。指纹区可分为 1300～900cm^{-1} 和 900～400cm^{-1} 2 个区域。

1）1300～900cm^{-1}区域是所有单键的伸缩振动频率、分子骨架振动频率的分布区。部分含氢基团的一些弯曲振动和C=S、S=O、P=O等双键的伸缩振动也在这个区域。C—O的伸缩振动在1300～1000cm^{-1}，是该区域最强的峰，较易识别。

2）900～400cm^{-1}区域的某些吸收峰可用来确认双键取代程度、分子构型和苯环取代位置等。苯环因取代而在900～650cm^{-1}产生吸收峰。

第二节 影响基团频率的因素

基团频率主要由基团中原子的质量和原子间的化学键力常数决定，但分子内部结构和外部环境的变化对它都有影响，因此，同一基团在不同的分子结构和外界环境中，其频率和强度可能会有一定程度的变化。了解影响基团频率的因素，对正确解析红外光谱和推断分子结构都十分有用。影响基团频率位移的内外因素分述如下。

一、内部因素

影响基团频率移位的内部因素主要有电子效应、立体效应、氢键、振动耦合、费米共振和质量效应等几个方面。

1. 电子效应　　电子效应包括诱导效应、共轭效应和中介效应。

1）诱导效应：具有不同电负性的取代基，通过静电诱导作用，引起分子中电子分布的变化，从而改变了键力常数，使基团的特征频率发生了位移。诱导效应分为推电子诱导效应（+I）和吸电子诱导效应（-I）两种。烷基为推电子基团，腈基为吸电子基团，当它们连接到某个化学键上后，将使该键的极性发生改变，因此振动频率也发生相应变化。例如，将乙酸酯中的甲基变为乙基时，由于乙基的推电子作用比甲基强，羰基氧原子上的电子云密度增加，偶极性增大，使振动跃迁所需的能量下降，导致羰基吸收峰移向低波数。α-腈基乙酸酯由于腈基的吸电子性，羰基氧原子的电荷相对贫乏，羰基键的伸缩振动能升高，相应的羰基峰波数也增加。诱导效应是沿化学键直接起作用的，与分子的空间结构无关。

2）共轭效应：分子中形成大π键所引起的效应，称为共轭效应。共轭效应的存在使体系中的电子云密度平均化，双键略有伸长（电子云密度降低）、键力常数减小，导致吸收峰向低波数方向移动。例如，R—CO—CH$_2$—中的$\nu_{C=O}$出现在1715cm^{-1}，而—CH=CH—CO—CH$_2$—的$\nu_{C=O}$出现在1685～1665cm^{-1}。

3）中介效应（M效应）：含有孤对电子的原子（O、N、S等），能与相邻的不饱和基团共轭，为了与双键的π电子云共轭相区分，称其为中介效应。此种效应能使不饱和基团的振动波数降低，而自身连接的化学键振动波数升高。电负性弱的原子，孤电子对容易供出去，中介效应大，反之中介效应小。酰胺分子中的C=O，由于与N原子间存在共轭作用，使双键间的电子云密度平均化（电子云移向O原子），造成C=O的键力常数下降，吸收频率向低波数位移；而分子中N—H键的键长有所缩短，伸缩振动波数升高。

共轭效应和诱导效应都是由化学键的电子云密度分布发生改变而引起的。当2种效应共存时，基团吸收频率的移动方向根据2种效应的影响强度而定。

2. 立体效应　　立体效应包括空间障碍、场效应和环的张力等因素。

1）空间障碍：指分子中的较大基团在空间上的位阻作用，迫使邻近基团间的键角变小或共轭体系之间单键键角偏转，引起基团的振动波数和峰形发生变化，红外峰移向高波数。

2）场效应：指基团在空间的极化作用，常使伸缩振动能量增加，弯曲振动能量减小。同分旋转异构体中同一基团的吸收峰位置之所以不同，通常是由场效应引起的。

3）环的张力：小环化合物由于碳的键角变小而使键长发生改变，从而使键的振动波数升高或降低。一般环的张力减小的次序为：四元环>五元环>六元环，红外峰随之移向低波数。例如，环丁酮的 $\nu_{C=O}$ 是 1783cm^{-1}，环戊酮的是 1746cm^{-1}，而环己酮的为 1714cm^{-1}。

3. 氢键　　氢键的形成使基团频率降低。氢键 X—H……Y 形成后，由于氢原子周围的力场发生变化，X—H 振动的键力常数改变，其伸缩振动频率降低，峰形变宽，吸收强度增加。分子内氢键的 X—H 的伸缩振动谱带的位置、强度和形状的改变均较分子间氢键小。分子间氢键与溶液的浓度和溶剂的性质有关，而分子内氢键不受溶液浓度的影响。例如，羧酸中的羰基和羟基之间容易形成分子内氢键，使羰基的伸缩振动频率降低。游离羧酸的 $\nu_{C=O}$ 出现在 1760cm^{-1} 左右；在固体或液体中，由于羧酸形成二聚体，$\nu_{C=O}$ 出现在 1700cm^{-1}。

4. 振动耦合　　如果同一分子中的两个类同的基团彼此相邻时，它们的振动会发生相互干扰，并组合成同相（对称）或异相（不对称）的两种振动状态，导致谱带裂分，一个向高频移动，另一个向低频移动，这种现象叫作振动耦合。例如，乙烷的 C—C 伸缩振动频率为 992cm^{-1}，而丙烷的 C—C 伸缩振动频率则为 1054cm^{-1} 和 867cm^{-1}。当基团在光谱中表现出非正常吸收时，应考虑到两个频率之间可能存在耦合作用。振动耦合常出现在一些双羰基化合物如酸酐（R—CO—O—CO—R′）中，两个羰基的振动耦合，使 C=O 吸收峰裂分成 2 个峰，波数分别为 1820cm^{-1}（ν_{as}）和 1760cm^{-1}（ν_s）。

5. 费米共振　　当弱的倍频（或组频）峰位于某强的基频吸收峰附近时，其吸收峰强度常随之增加，或发生谱峰分裂。这种倍频（或组频）与基频之间的振动耦合，称为费米共振。例如，在 C$_4$H$_9$—O—CH=CH$_2$ 中，=C—H 变形振动（810cm^{-1}）的倍频（约 1600cm^{-1}）与 C=C 伸缩振动发生费米共振，在 1640cm^{-1} 与 1613cm^{-1} 出现 2 个强的吸收带。

6. 质量效应　　质量不同的原子构成的化学键，振动波数不同。例如，X—H 键的伸缩振动波数，当 X 是同族元素时，由于彼此质量差别较大，故随质量增大波数明显变小，如 ν_{C-H} 为 3000cm^{-1}，ν_{Sn-H} 降至 1850cm^{-1}。但是同周期元素因质量差异较小而电负性差别较大，随原子序数的增大，ν_{X-H} 反而升高，如 ν_{F-H} 比 ν_{C-H} 大 1000cm^{-1}。

二、外部因素

外部因素主要包括样品的物理状态、溶剂效应和样品的制备方法等。

1. 样品的物理状态　　同一物质的物理状态不同，分子间相互作用力不同，所得到的光谱不同。气态时，分子的密度小，分子间的作用力较小，分子可以发生自由转动，振动光谱上叠加的转动光谱会出现精细构造，吸收波数较高，谱带矮而宽。液态时，分子间的作用力较大，分子的转动遇到阻力，因此转动光谱的精细结构消失，谱带窄而对称，波数较低。例如，丙酮在气态时羰基的吸收频率为 1742cm^{-1}，而在液态时为 1718cm^{-1}。固态时，分子在晶格中排列有序，光谱变得复杂，吸收峰较尖，峰的数目比在其他相时有所增多或减少。由于分子间的引力增大，分子基团的振动波数固态低于液态。

综上所述，同一基团伸缩振动波数降低的顺序是：气态→溶液→纯液体→结晶固体。

2. **溶剂效应**　处于不同溶剂中的物质，由于溶质分子和溶剂分子间的相互作用力不同，故测得的吸收光谱也不同。通常含极性基团的样品在溶液中检测时，基团的吸收频率不仅与溶液的浓度和温度有关，而且与溶剂的极性大小有关。极性大的溶剂围绕在极性基团的周围，形成氢键缔合，使基团的伸缩振动波数降低，强度增大。在非极性溶剂中，分子以游离态为主，故振动波数稍高。例如，羧酸中 C=O 的伸缩振动在非极性溶剂、乙醚、乙醇和碱中的振动频率分别为 $1760cm^{-1}$、$1735cm^{-1}$、$1720cm^{-1}$ 和 $1610cm^{-1}$。因此，在红外光谱测定中，应尽量采用非极性的溶剂。

第三节　定性分析

红外光谱定性分析实际上就是通过对红外谱图吸收谱带的位置、强度和形状进行解析，确定谱带的归属，鉴别分子中所含的基团或化学键类型，推测分子结构，或确定未知物的种类。

一、定性分析的一般步骤

1. **收集样品的相关资料和数据**　在进行图谱解析之前，应尽可能了解样品的来源、用途、制备方法和分离方法等信息；最好通过元素分析或其他化学方法确定样品的元素组成，推算出分子式；还应注意样品的纯度及理化性质，如相对分子质量、沸点、熔点、折光率、旋光率等，同时也要尽可能获得其他分析方法的数据，它们可作为光谱解释的旁证，有助于对样品结构信息的归属和辨认。当发现样品中有明显杂质存在时，应利用色谱、重结晶等方法纯化后再做红外分析。

2. **排除图谱中可能的"假谱带"**　"假谱带"包括因样品制备纯度不高存在的杂质峰，以及仪器及操作条件等引起的一些"异峰"。

3. **计算分子的不饱和度**　不饱和度（Ω）表示碳原子的不饱和程度，是有机分子中是否含有双键、三键、苯环，是链状分子还是环状分子的指示，对确定分子结构非常有用。计算不饱和度的经验公式为

$$\Omega = 1 + n_4 + (n_3 - n_1)/2 \qquad (8\text{-}5)$$

式中，n_4、n_3、n_1 分别为分子中所含的四价、三价和一价元素原子的数目。当 $\Omega=0$ 时，表示分子是饱和的，分子为链状烷烃或其不含双键的衍生物；当 $\Omega=1$ 时，分子可能有一个双键或脂环；当 $\Omega=2$ 时，分子可能有 1 个双键和脂环，也可能有 1 个三键或 2 个双键；当 $\Omega=4$ 时，分子可能有 1 个苯环（1 个脂环和 3 个双键）等。

4. **图谱解析**　一般按照如下经验步骤进行：先特征（区）后指纹（区）；先最强（峰）后次强（峰）；先否定（法）后肯定（法）。先从基团频率区的最强谱带入手，推测未知物可能含有的基团，判断不可能含有的基团；再从指纹区谱带进一步验证，找出可能含有基团的相关峰，用一组相关峰来确认一个基团的存在。对于简单化合物，确认几个基团之后，便可初步确定分子结构，然后查对标准谱图核实。

5. **化合物分子结构的验证**　确定了化合物的可能结构后，应对照其相关化合物的标准红外光谱图［如萨特勒（Sadtler）红外标准图谱集、Aldrich 红外光谱图库、Sigma 傅里叶红外光谱图库等］，或参照由标准物质在相同条件下绘制的红外光谱图。由于使用的仪器性

能和谱图的表示方式等的不同，特征吸收谱带的强度和形状可能有些差异，但其相对强度的顺序应是不变的，因此在进行验证时要允许合理性差异的存在。如果样品为新化合物，则需要结合紫外、质谱、核磁等数据，才能决定所推测的结构是否正确。

6. 未知物质的鉴定　将未知样品的红外谱图与标样谱图进行对照，或者与文献上的标准谱图进行对照，如果两张谱图的吸收峰位置和形状完全相同，峰的相对强度一样，就可以认为样品是该种标准物。如果两张谱图的吸收峰位置不同，则说明两者不为同一物质，或样品中有杂质。如用计算机谱图检索，则采用相似度来判别。使用文献上的谱图应当注意试样的物态、结晶状态、溶剂、测定条件及所用仪器类型均应与标准谱图相同。

二、红外谱图解析实例

未知物质的分子式为 C_8H_7N，其红外谱图如图 8-6 所示，试推断其可能的结构。

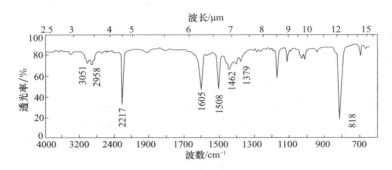

图 8-6　C_8H_7N 的红外谱图

解：由分子式计算不饱和度，$\Omega = 1 + 8 + (1-7)/2 = 6$，说明可能含有苯环或其他不饱和结构。在 3051cm^{-1} 处的中强峰，可能为苯环上 =C—H 的伸缩振动峰；2000～1650cm^{-1} 的几个小峰与芳氢面外变形振动的倍频与合频吸收带相对应；在 1605cm^{-1}、1508cm^{-1} 处有二中强吸收峰，1450cm^{-1} 左右有弱吸收峰，可能由苯环的骨架振动产生；由这些特征峰和相关峰可以确定分子中有苯环结构。818cm^{-1} 处的强峰是对二取代苯芳氢面外变形振动吸收峰，故可认定化合物为对二取代苯。2217cm^{-1} 处为氰基 C≡N 吸收峰，氰基的不饱和度为 2。2958cm^{-1} 处应为甲基—CH_3 非对称伸缩振动峰，此峰很弱，可能是芳环上连的烃基；1462cm^{-1}、1379cm^{-1} 处为甲基—CH_3 的面内变形振动吸收峰，由此能确定—CH_3 的存在。

综上所述，该化合物的可能结构是 H$_3$C—〈苯环〉—CN。对照谱图做进一步验证，各吸收峰与结构式中的相应基团的振动频率相符，结构式中各元素的原子个数与分子式相符，结构式的 $\Omega = 6$，与计算值相同，因此可以确定该化合物为对甲基苯腈。

第四节　定量分析

红外吸收光谱定量分析是通过对特征吸收谱带强度的测量来求出组分含量。其理论依据是朗伯 - 比尔定律。

　　红外吸收光谱定量分析有如下优点：可选择的谱带较多，便于排除干扰；对用气相色谱法进行定量分析存在困难的试样（如物化性质相近、沸点高或气化时要分解的试样），可用红外吸收光谱法定量；不受样品状态的限制，能定量测定气体、液体和固体样品。红外吸收光谱定量分析法也存在定量灵敏度较低的缺点，与其他定量分析方法相比，应用范围有限。

一、吸收谱带的选择

　　红外吸收光谱图中吸收带很多，因此定量分析时，特征吸收谱带的合理选择尤为重要，应特别注意以下几点：①谱带应有足够的强度；②谱带峰形应有较好的对称性；③没有其他组分在所选择特征谱带区产生干扰；④溶剂或介质在所选择特征谱带区域应无吸收或基本无吸收；⑤所选溶剂不应在浓度变化时对所选择特征谱带的峰形产生影响；⑥特征谱带不应选在对 CO_2、水蒸气有强吸收的区域。

二、定量分析方法

　　红外吸收光谱定量分析方法主要有直接计算法、标准曲线法、吸光度比法和内标法等，可根据待分析样品的组成特点合理选择相应的方法。

　　1. 直接计算法　　该方法适用于组分简单，特征吸收谱带不重叠，且浓度与吸光度呈线性关系的样品。直接从谱图上读取吸光度 A 或透光率 T，再按朗伯 - 比尔定律算出组分浓度 c。这一方法的前提是应先测出样品厚度 b 及摩尔吸光系数 ε，分析精度不高时，可直接用文献报道的 ε。

　　2. 标准曲线法　　该方法适用于组分简单，样品厚度一定（一般在液体样品池中进行），特征吸收谱带重叠较少，而浓度与吸光度不呈线性关系的样品。将标准样品配成一系列已知浓度的溶液，在同一吸收池内测出需要的谱带，以计算的吸光度作为纵坐标，以浓度为横坐标，绘出相应的标准曲线，从标准曲线上即可查得试样的浓度。

　　由于标准曲线是由实际测定而得，真实地反映了被测组分浓度与吸光度的关系。所以，即使此关系不服从朗伯 - 比尔定律，只要浓度在所测得的工作范围内，也能得到较准确的结果。

　　3. 吸光度比法　　该方法适用于厚度难以控制或不能准确测定厚度的样品，以及散射影响无法重复的样品，如厚度不均匀的高分子膜、糊状法制备的样品等。该方法要求各组分的特征吸收谱带相互不重叠，且符合朗伯 - 比尔定律。

　　实验时用待测组分的纯物质配成一系列比例不同的标准溶液，分别测定它们的吸光度，得出吸光度比值并对浓度比作工作曲线，该曲线是一经过原点的直线，其斜率即吸收系数比。只要测定出未知样品的吸光度，就可以计算出其相应的浓度，但前提是不允许样品中含其他杂质。吸光度比法也适合于多元体系。

　　4. 内标法　　该方法适用于厚度难以控制的糊状法、压片法等制备的样品的定量分析，可直接测定样品中某一组分的含量。内标法是吸光度比法的特殊情况，将一定量可作为内标的标准物质加入待测样品中，按吸光度比法进行测定和计算。常用的内标物有：$Pb(SCN)_2$，$2045cm^{-1}$；$Fe(SCN)_2$，$1635cm^{-1}$、$2130cm^{-1}$；$KSCN$，$2100cm^{-1}$；NaN_3，$640cm^{-1}$、$2120cm^{-1}$；C_6Br_6，$1300cm^{-1}$、$1255cm^{-1}$。

第五节　红外吸收光谱仪

红外吸收光谱仪主要有色散型和傅里叶变换型两大类，现代大多数红外吸收光谱仪均属于傅里叶变换型。

一、色散型红外吸收光谱仪

色散型红外吸收光谱仪与紫外 - 可见分光光度计的结构相似，都是由光源、吸收池、单色器和检测器等部件组成，二者最大的区别是，前者的样品放在光源和单色器之间，目的是将红外发射的和从池室来的杂散光影响减到最小。

红外吸收光谱仪中所用的光源是能产生高强度连续红外辐射的惰性固体，常用的有能斯特灯、硅碳棒和白炽线圈。

吸收池由可通过红外光的 NaCl、KBr、CsI、KRS-5（TlI 58%，TlBr 42%）等材料制成。用 NaCl、KBr、CsI 等材料制成的窗片需注意防潮，CaF_2 和 KRS-5 窗片可用于水溶液的测定。不同材质样品池的透光范围有所不同。

单色器位于吸收池和检测器之间，其功能是将由入射狭缝进入的复合光通过棱镜或光栅色散为具有一定宽度的单色光，并按一定的波长顺序排列在出射狭缝的平面上。

红外吸收光谱仪中常用的检测器有真空热电偶检测器、热释电检测器（TGS 检测器）和光导电检测器 3 种。其中常用的光导电检测器是碲镉汞检测器（MCT 检测器），其特点是灵敏度高，响应速度快，适于快速扫描测量，但必须在液氮温度下工作。

二、傅里叶变换红外光谱仪

基于干涉调频分光原理的傅里叶变换红外光谱仪（Fourier transform infrared spectrometer, FTIR），其核心部件是一台双光束干涉仪（常用的是迈克耳孙干涉仪），仪器中并没有色散型红外吸收光谱仪所用的单色器和狭缝。

图 8-7 是迈克耳孙干涉仪光学示意图。干涉仪由定镜、动镜、光束分离器和检测器组成。光束分离器的作用是使进入干涉仪中的平行光分成两束，其中一束为透射光，另一束为反射光，这两束光分别经动镜和定镜反射后又汇集到一起，再经过样品投射到检测器上。由于动镜的移动，两束光产生了光程差，当两束光的光程差为 $\lambda/2$ 的偶数倍时，则落在检测器上的相干光发生相长干涉，相干光强度有极大值；当两束光的光程差为 $\lambda/2$ 的奇数倍时，则落在检测器上的相干光相互抵消，发生相消干涉，相干光强度有极小值。当动镜连续移动时，在检测器上记录的相干光强度信号将呈余弦变化。由于多色光的干涉图等于所有各单色光干涉图的加合，故从光源发出的连续红外吸收光经过干涉仪作用后，光信号就转变为具有中心极大值并向两边迅速衰减的对称干涉图。如将有红外吸收的样品放在干涉仪的光路中，由于样品能吸收特征波数的能量，结果所得到的干涉图强度曲线就会相应地产生一些变化。将包含光源的全部频率和与该频率对应强度信息的干涉图，经过傅里叶变换数学处理，就得到吸收强度或透过率和波数变化的红外吸收光谱图。

与色散型红外吸收光谱仪相比，傅里叶变换红外光谱仪具有如下优点：①测量速度快，可在 1s 内完成全谱扫描，适用于快速反应过程的追踪。②能量大，灵敏度高，可检出

10～100μg 的样品，一些细小样品如直径为 10μm 的一根单丝可直接测定；对于散射很强的样品，采用漫反射附件可获得满意的光谱；如果是进行薄层色谱分离的样品，可不经剥离直接测定反射光谱。③分辨率高。在整个波长范围内具有恒定的分辨率，分辨率一般可达 0.1cm^{-1}，最高可达 0.005cm^{-1}。④波数精确度高，波数精确度可达 0.01cm^{-1}。⑤测定波数范围宽，波数范围可达 10^4～10cm^{-1} 的整个红外区光谱。⑥可以通过联用技术与其他仪

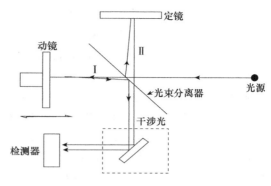

图 8-7 迈克耳孙干涉仪光学示意图

器组成多种联用仪，如气相色谱 - 红外吸收光谱仪、高效液相色谱 - 红外吸收光谱仪、热重 - 红外吸收光谱仪等仪器，极大扩展了仪器的应用范围。

第六节 样品制备方法

要获得一张高质量红外吸收光谱图，除仪器本身因素外，正确的样品制备及处理方法非常重要。对不同的样品要采取不同的制样方法，对同一样品也可采用不同的制样技术。

一、样品基本要求

中红外光谱的样品可以是固体、液体或气体，一般应符合以下要求：①样品应该是单一组分的纯物质，纯度应大于 98% 或符合商业规格，以便于与纯物质的标准光谱进行对照。对于多组分的样品，应尽量预先用分馏、萃取、重结晶或色谱法等分离法进行提纯后再测定，否则各组分的光谱相互重叠，无法进行谱图解析。②样品中不应含有游离水。因为水本身有红外吸收，会严重干扰样品谱，而且会侵蚀吸收池的盐窗。③试样的浓度和测试厚度应适当，以使光谱图中的大多数吸收峰的透光率处于 10%～80%。样品浓度太稀或厚度太薄时，某些弱峰可能不出现；太浓或太厚时，可能使某些强峰超出记录而无法确定峰位置。

二、样品制备方法

1. 固体样品的制备　固体样品的制样方法主要有压片法、糊状法和薄膜法等。

（1）压片法　压片法是分析固体样品应用最广的样品制备方法。通常将 100～200mg 的 KBr 与 1～3mg 固体样品，在玛瑙研钵中充分混合并研成粉末后置于模具中，用 10MPa 压力的油压机压成透明或均匀半透明的薄片，即可用于测定。由于 KBr 在 4000～400cm^{-1} 光谱区不产生吸收，因此可以绘制全波段光谱图。除用 KBr 压片外，也可用 KI、KCl 等压片。压片法所用试样和 KBr 均应经干燥处理，并研磨到粒度小于 2μm，以免散射光的影响。

样品称取的质量应根据样品的性质而定。含有强极性基团的样品，如含羰基化合物（脂肪酸类化合物）、含氧根化合物（碳酸盐、硫酸盐、硝酸盐、磷酸盐等），因这些样品的吸收强度较大，故样品量可适当减少到 0.5mg。对颜色较深的样品，样品量可更少，因这些样品会降低压片的透明度。

分子式中含有 HCl 的化合物，应以 KCl 进行压片。因为 KBr 在压片过程中可与样品分

子中的 HCl 发生阴离子交换而使测得的谱带发生较大变化。

压片法所用的分散剂 KBr 极易吸湿，因而在 3448cm^{-1} 和 1639cm^{-1} 处难以避免地有游离水的吸收峰出现，鉴别羟基时要特别注意。

（2）糊状法　　糊状法是将干燥的样品放入玛瑙研钵中研细，滴入几滴糊剂，继续研磨成糊状，然后用可拆池测定。常用的糊剂是液体石蜡和氟油。该法制样速度快，制样过程中不会吸收空气中的水汽、不发生离子交换，在鉴定羟基峰和胺基峰时特别有效。但当用液体石蜡作为糊剂时，该方法不适于样品中—CH$_3$、—CH$_2$ 基团的鉴定。如果要测定饱和 C—H 链的吸收，可以用四氯化碳或六氯丁二烯等作为糊剂，把几种糊剂配合使用、相互补充，才能得到样品在中红外区完整的红外吸收光谱。糊状法不适合用于定量分析。

（3）薄膜法　　该方法主要用于聚合物的测定。通常将样品直接加热熔融后涂制或压制成膜；也可将试样溶解在低沸点的易挥发溶剂中，然后将溶液滴在盐片、玻璃板、平面塑料板、金属板、水面或水银上，待溶剂挥发成膜后测定。薄膜的厚度为 10～30μm，且厚薄均匀。固体样品制成薄膜进行测定可以避免基质或溶剂对样品光谱的干扰。

2. 液体样品的制备　　分析液体样品要用液体池。常用的液体池有三种，即厚度一定的密封固定池、可自由改变厚度的可拆池和用微调螺丝连续改变厚度的密封可变池，可根据不同情况选用不同的样品池。液体池的透光面通常是用 NaCl 或 KBr 等晶体做成。液体样品的制备方法有溶液法和液膜法等。

（1）溶液法　　将液体（或固体）样品溶在适当的红外吸收光谱用溶剂（CS$_2$、CCl$_4$、CHCl$_3$ 等）中，然后注入固定池中进行测定。该方法特别适于定量分析。此外，它还能用于红外吸收很强、用液膜法不能得到满意谱图的液体样品的定性分析。在使用溶液法时，要求溶剂在较大范围内无吸收，样品的吸收带尽量不被溶剂吸收带所干扰。同时还要考虑溶剂对样品吸收带的影响。

（2）液膜法　　在可拆池两窗之间，滴上 1～2 滴液体样品，使之形成一薄的液膜。液膜厚度可借助于池架上的固紧螺丝作微小调节。该方法操作简便，适用于沸点较高、黏度较低、吸收很强的液体样品的定性分析。

3. 气体样品的制备　　气体样品可在具有 NaCl 或 KBr 端窗的玻璃气槽内进行测定。先将气槽抽真空，再将试样注入。气体分析必需的附属装置和附件有各类气体池（常规气体池、小体积气体池、长光程气体池、加压气体池、高温气体池和低温气体池等）和真空系统等，气体在池内的总压、分压都应在真空系统上完成。光程长度、池内气体分压、总压力、温度都是影响谱带强度和形状的因素。通过调整池内气体样品浓度（如降低分压、注入惰性气体稀释）、气体池长度等可获得满意的谱带吸收。

第七节　衰减全反射红外光谱法简介

FTIR 是以透过样品的干涉光所携带的信息来分析待测物质的化学组成和分子结构特征的，要求样品的红外线通透性好。但有很多物质如纤维、橡胶等都是不透明的，这种情况下就难以用上述红外吸收光谱法来测定。

衰减全反射红外光谱法也称为衰减全内反射红外光谱法（attenuated total internal reflection Fourier transform infrared spectroscopy，ATR-FTIR），简称 ATR 法，是通过样品表面的反射信

号研究物质表层成分与结构信息的一种分析技术。该方法可以克服传统红外吸收光谱法的不足，简化样品的制作和处理过程，获得常规红外光谱技术所不能得到的测试效果。

一、基本原理

1. **全反射和衰减全内反射的概念**　全反射又称全内反射，是指光由折射率较大的光密介质射到折射率较小的光疏介质的界面时，当入射角大于临界角（光不再被折射的入射角）时，全部入射光被反射回原介质内的现象。实际上光线在界面处发生全内反射时，仍会向光疏介质（样品）中投射一段很短的距离，并在其中形成一种纵向的隐失波，该波的强度沿界面法线方向按指数形式迅速衰减，这就是衰减全内反射。

2. **衰减全内反射红外光谱的产生**　从光源发出的红外光经过折射率大的晶体（反射晶体）再投射到折射率小的样品表面，发生全反射时的入射光，要穿透到样品表面内一定深度后再返回表面。在这一过程中，如果样品在入射光的波数范围内有选择地吸收，在反射光中相应波数光的强度就会减弱，那么反射回来的光束就带有了样品的信息，通过测量被反射回来的光束，可获得样品的红外光谱，这就是ATR谱。ATR谱反映出来的是光线经过之处样品分子的化学键振动特征，与透射吸收谱类似，可获得样品表层化学成分的结构信息。采集ATR谱的装置一般为ATR附件，其主要部件为一个折射率较高的晶体。

衰减全内反射分为单次和多次全内反射。前者是单点反射，入射光线只穿过样品一次即被反射进入检测器，反射晶体通常采用金刚石、Ge或者半球形的单晶硅，体积小，使用方便快捷。测样时液体样品只需滴1滴于晶体之上即可进行光谱采集，固体样品需加适当的压力使其与晶体紧密接触以获取信噪比高的红外光谱。单次反射ATR附件适用于固体、纤维、硬的聚合物、漆片、玻璃、金属表面的薄膜、微量液体等样品的测试。多次全内反射是平面反射，入射光线在反射晶体和样品界面上经多次全反射后进入检测器。反射晶体一般为ZnSe、KRS-5等易于制成平面的材料，呈倒梯形水平放置，与样品接触面为长方形，标准配置晶体的入射角为45°（角度可以调节），如图8-8所示。ATR晶体分为槽型和平板型。槽型晶体用于液体样品测试，测样时，只需将液体在晶体之上平铺一层即可（要铺满整个晶体表面），如果是易挥发液体，还需在槽上加盖；对固体或薄膜样品，要求其表面必须平整且与晶体紧密接触，但不必全部覆盖住晶体表面。多次反射ATR附件不仅适合大的或形状不规则样品的测试，也可分析液体、粉末、凝胶体、黏合剂、薄膜、镀膜及涂层等各种状态的样品，甚至可以直接检测人的皮肤。

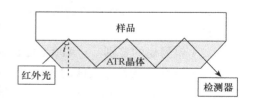

图8-8　多次衰减全内反射光路示意图

3. **衰减全内反射红外光谱法的特点**　与常规FTIR相比，ATR-FTIR具有如下突出特点：①不破坏样品，不需要像常规红外吸收光谱那样要将样品进行分离和制样。对样品的大小、形状没有特殊要求，属于样品表面无损分析。②可测量含水和潮湿的样品。③可以实现原位、实时跟踪测量。④检测灵敏度高，分辨率好，测量区域小，检测点可为数微米。⑤在常规FTIR仪器上配置ATR附件即可实现测量，仪器价格相对低廉。

随着信息技术的发展，现在的ATR-FTIR可以对非均匀、表面凹凸、弯曲样品的微区进行无损测定。

二、应用示例

1. 在疾病诊断方面的应用

（1）良、恶性肿瘤的鉴别　　ATR-FTIR 技术可以利用细胞组织化学成分的结构特征鉴别肿瘤，为肿瘤的早期诊断开辟了一条新途径。构成组织标本的主要成分，如核酸（DNA 和 RNA）、蛋白质、碳水化合物及脂类等在红外光谱中都具有各自特征的振动吸收峰。利用良、恶性组织中上述主要成分的分子结构及其周围环境和含量的差异而导致的红外光谱差异，可以鉴别肿瘤的良、恶性。据文献报道，应用光纤式 ATR 探头红外光谱仪可测定正常组织和良、恶性肿瘤（涉及腮腺、结直肠、胆管、乳腺、甲状腺、淋巴结等）的离体和在体组织。图 8-9 和图 8-10 是乳腺增生症良性病变组织样品和癌变组织（单纯癌）样品在 1700～1580cm^{-1} 和 1500～1000cm^{-1} 区间的 ATR-FTIR 谱图。

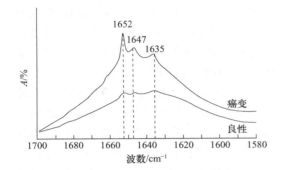 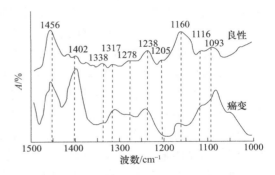

图 8-9　乳腺肿瘤组织在 1700～1580cm^{-1} 区间的　　　　　图 8-10　乳腺肿瘤组织在 1500～1000cm^{-1} 区间
ATR-FTIR 谱图　　　　　　　　　　　　　　　　　　的 ATR-FTIR 谱图

由图 8-9 可见，蛋白质的酰胺 I 谱带有三个肩峰，分别位于 1652cm^{-1}、1647cm^{-1} 和 1635cm^{-1} 处，癌变组织这 3 个峰的强度明显高于良性组织。图 8-10 中，在 1500～1000cm^{-1} 区间良性组织和癌变组织红外吸收峰的数目、位置和强度都存在非常明显的差异，据此可对两者进行鉴别。

（2）银屑病的鉴别　　ATR-FTIR 技术的出现使在体研究人体皮肤角质层的结构成为可能。图 8-11 中 F 为健康皮肤的 ATR-FTIR 谱图，测试部位为受试者手腕的背部。在健康皮肤的红外光谱中，2922cm^{-1} 和 2851cm^{-1} 为角质层脂质侧链的 CH$_2$ 伸缩振动峰，1647cm^{-1} 为酰胺的 C=O 伸缩振动峰（酰胺 I 谱带），1593cm^{-1} 和 1544cm^{-1} 双峰是酰胺 II 谱带，由 N—H 变形振动与 C—N 伸缩振动的耦合引起。图 8-11 中 E 为患银屑病患者皮肤上皮屑的 ATR-FTIR 谱图，酰胺 I 谱带为 1642cm^{-1}，比健康皮肤的 1647cm^{-1} 降低了 5cm^{-1}；酰胺 II 谱带也发生了变化，1593cm^{-1} 处吸收峰消失，在 1500～800cm^{-1} 区间的一些吸收峰也发生了位移。通过健康皮肤和银屑病患者皮肤上皮屑的 ATR-FTIR 谱图比对，可发现两者存在明显差异，据此可以对银屑病进行鉴别。

2. 评价中药贴膏剂生产工艺　　传统贴膏剂一般是直接采用粗药粉，加入大量赋形剂（如填充剂微粉硅胶、钛白、硫酸钙、高岭土等）及黏着性基质（如聚丙烯酸酯、聚乙二醇

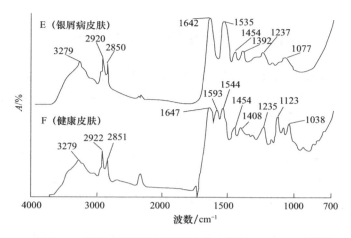

图 8-11 健康皮肤和患银屑病皮肤皮屑的 ATR-FTIR 谱图

等）制成，这样制成的贴膏剂存在药粉粗糙、接触面积小、吸收不佳等缺点。利用超临界流体萃取技术提取中药的有效成分并用特殊工艺将其制成贴膏剂，可提高贴膏剂产品的质量。采用 ATR-FTIR 技术可评价新工艺研制贴膏剂的可行性。将贴膏剂平铺在 ZnSe 晶体的凹槽中，压紧，用 ATR 法测其红外光谱。图 8-12 为新工艺研制的贴膏剂（含中药有效成分10%）的 ATR-FTIR 谱图。

图 8-12 中，A 为空白贴膏剂的 ATR-FTIR 谱图，主要组分为聚丙烯酸酯类型的黏着性基质；B 为含中药有效成分10%贴膏剂（新研制的贴膏剂）的 ATR-FTIR 谱图：C 为 A 和 B 的差谱；D 为纯中药有效成分的 ATR-FTIR 谱图。从 C 和 D 的对比可以看出，差谱与纯中药有效成分的谱图基本一致，表明采用新工艺制作贴膏剂是非常成功的，药物成分没有与黏着性基质或其他助剂发生化学作用。

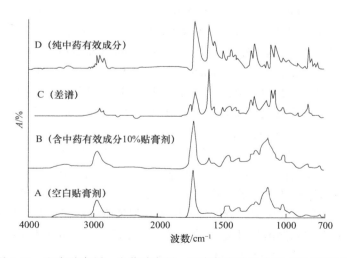

图 8-12 空白贴膏剂、含药贴膏剂、纯中药有效成分的 ATR-FTIR 谱图

第八节　近红外光谱法简介

近红外光（near infrared，NIR）是指波长介于可见光区与中红外区之间的电磁波，其波长为 $0.78\sim2.5\mu m$（$13\,300\sim4000cm^{-1}$）。近红外光谱主要是由含氢基团（如 N—H、O—H、C—H 等）的伸缩振动的倍频及合频吸收产生，适用于水、醇、某些高分子化合物及含氢基团化合物的定量分析。

近红外光谱法是一种间接分析技术，利用该方法进行定量分析的关键，是建立某一化学组分与其近红外区吸收特性之间的定量函数关系（校正模型或定标模型）。具体分析过程主要包括以下步骤：①选择有代表性的样品并测量其近红外光谱；②采用标准或认可的参考方法测定所关心的组分或性质的数据；③将测量的光谱和基础数据用适当的化学计量方法建立校正模型；④未知样品组分和（或）性质的测定；⑤从未知样品光谱中得出样品的成分和含量。

近红外光谱法具有快速、无损、简便等诸多优点，但也有其固有的弱点和技术难点。首先，该方法的测试灵敏度较低，相对误差较大；其次，近红外光谱法只适合测定样品中含氢基团的成分或与这些成分相关的属性，而且所测组分的含量一般应大于千分之一；再次，由于其是一种间接分析技术，需要用参考方法（一般是化学仪器分析方法）获取一定数量的样品数据，因此分析精度无法达到该参考方法的分析精度；最后，由于作为信息源的近红外光谱有效信息率低，对复杂样品进行近红外光谱分析是从复杂、重叠、变动的光谱中提取微弱信息以建立分析模型，难度较大。鉴于近红外光谱的上述特点，在建模过程中须使用有效的化学计量学方法对样品光谱进行预处理、建模及模型评价。

应用化学计量学方法对样品的近红外光谱及通过参考方法所得相应成分含量数据进行关联，建立定标模型。建立定标模型后，只要测出未知样品的近红外光谱，根据模型就可以预测样品中的相应成分含量。

近红外光谱法常用的化学计量学方法有：主成分回归（principal component regression，PCR）、多元线性回归（multivariate linear regression，MLR）、偏最小二乘法（partial least squares，PLS）、判别分析（discriminant analysis，DA）、判别偏最小二乘法（discriminant partial least squares，DPLS）、簇类软独立模式法（soft independent modeling of class analogy，SIMCA）、支持向量机（support vector machine，SVM）、人工神经网络法（artificial neural network，ANN）等。其中，MLR、PCR、PLS 为线性回归分析方法，主要用于处理线性相关问题，而 ANN 和 SVM 则在处理近红外模型的非线性相关关系上具有优势。DA、DPLS 和 SIMCA 等方法则主要应用于近红外模式识别定性分析中。

近红外光谱法已广泛应用于农产品、食品、石油、制药、烟草、纺织、生物医学、矿物等产业的品质分析、在线监控、分级分类、遥感监测和过程分析中。例如，在农产品领域，可以用来直接分析谷物等样品中的蛋白质、水分、脂肪、淀粉及氨基酸等的含量；在食品微生物检测方面，通过食品中致病菌的近红外光谱来获得细胞壁的组成及其生物大分子结构信息，继而分离出食品中致病菌的特征光谱带，通过研究近红外光对其生物细胞的作用机理，为建立一种快速简便的检测方法提供依据。

思考题与习题

1. 试述产生红外吸收光谱的条件。

2. 计算脂肪酮中 C=O 伸缩振动基频吸收峰的峰位（cm^{-1}），已知 C=O 的键力常数 $k=11.72 N/cm$。

3. C_6H_5COCl 分子中只有一个 C=O 基团，但在其红外光谱图中有两个 C=O 的吸收带，分别在 $1773 cm^{-1}$ 和 $1736 cm^{-1}$，请解释形成原因。

4. 反式 2- 丁烯 $CH_3CH=CHCH_3$ 和丙烯 $CH_3CH=CH_2$ 的红外特征吸收谱带有何差异？

5. 下列各分子的碳 - 碳对称伸缩振动在红外光谱中是活性的还是非活性的：① $CH_3—CH_3$；② $CH_3—CCl_3$；③ $HC≡CH$；④

$$
\begin{array}{cc}
Cl & H \\
| & | \\
C & = & C \\
| & | \\
H & Cl
\end{array}
$$

；⑤

$$
\begin{array}{cc}
H & H \\
| & | \\
C & = & C \\
| & | \\
Cl & Cl
\end{array}
$$

。

6. 某一个化合物与苯胺反应，用红外光谱跟踪该反应的进行过程。每隔一定时间，从反应混合物中抽取少量样品，测其红外光谱，见图 8-13。反应 10h 后，$1710 cm^{-1}$ 的强峰消失，在 $1640 cm^{-1}$ 处出现强峰，试解释之。

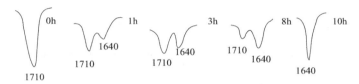

图 8-13 反应产物红外光谱图

7. 芳香化合物 C_7H_8O 的主要红外吸收谱带为 $3040 cm^{-1}$、$1010 cm^{-1}$、$3380 cm^{-1}$、$2940 cm^{-1}$、$1460 cm^{-1}$、$690 cm^{-1}$、$740 cm^{-1}$，试确定各带归属并写出结构式。

典型案例

盐酸普鲁卡因的红外吸收光谱分析

盐酸普鲁卡因是一种局部麻醉药，主要用于浸润局麻、神经传导阻滞等。其学名为 4- 氨基苯甲酸 -2 -（二乙氨基）乙酯盐酸盐，分子式 $C_{13}H_{20}N_2O_2 \cdot HCl$，是一种白色结晶性粉末，易溶于水。

1. 原理　　盐酸普鲁卡因结构中含苯甲酸酯和芳伯氨基，相关基团间形成共轭体系，能够产生紫外和红外特征吸收。

红外吸收光谱具有特征性强、专属性好的特点。国内外药典均把红外吸收光谱法作为一种常规的鉴别方法。该方法特别适用于化学结构比较复杂、化学结构相互之间差别较小的药物的鉴别与区别。这些药物如采用其他理化方法难以进行区别，而用红外吸收光谱法就比较容易区别。

2. 试剂和材料　　盐酸普鲁卡因、氯化钾（分析纯）、无水乙醇、脱脂棉等。

3. 仪器和设备　　FTIR 红外光谱仪、压片机、压片模具、玛瑙研钵、红外灯干燥仪等。

4. 方法步骤

1）用脱脂棉蘸无水乙醇清洗压片模具及玛瑙研钵，并吹干，置于红外灯干燥仪烘干备用。

2）准确称取 0.2000g 分析纯的氯化钾两份分别放在两个研钵中，然后再准确称取 0.001g 的盐酸普鲁卡因于研钵中，把 3 个研钵和压片用品放在红外灯干燥仪下烘干。

3）将 1 份氯化钾研磨均匀，然后压片，作为背景使用。将盐酸普鲁卡因研磨均匀，然后再把另外 1 份氯化钾与其混合，研磨均匀，压片，作为样品。

4）将压好的片放到样品架中，进行测定，记录数据，分析背景谱图，再测样品谱图，通过仪器去背景分析得到待测物质谱图。

5. 结果与分析　　盐酸普鲁卡因红外吸收图谱应与《中国药典》红外光谱集收载的对照图谱（图 8-14）一致；各峰归属见表 8-1。

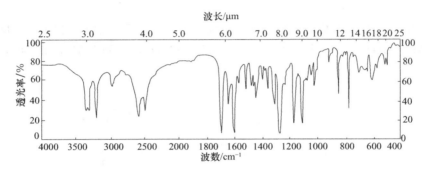

图 8-14　盐酸普鲁卡因红外吸收图谱（氯化钾压片）

表 8-1　盐酸普鲁卡因红外吸收图谱峰归属

峰位 /cm^{-1}	归属	峰位 /cm^{-1}	归属
3315，3200	ν_{NH_2}（伯胺）	1645	ν_{N-H}（胺基）
2585	ν_{N-H}（胺基）	1604，1520	$\nu_{C=C}$（苯环）
1692	$\nu_{C=O}$（酯羰基）	1271，1170，1115	ν_{C-O}（酯基）

第九章
拉曼光谱法

当入射光光子与物质分子发生非弹性碰撞时，在大于和小于入射光波长的两侧会出现一系列散射线，由这些散射线构成的光谱就是拉曼（Raman）光谱。拉曼散射效应是德国物理学家斯梅卡尔（Smekal）在 1923 年首先预言的，1928 年印度物理学家拉曼证实了 Smekal 的预言，并获得了 1930 年的诺贝尔物理学奖。拉曼光谱是分子振动和转动特征的反映，可以用来进行分子结构研究和定性、定量分析。拉曼光谱法具有制样简单和分析速度快等特点，在化学、生物、环境、医学和材料科学等领域得到了广泛应用。

第一节　拉曼光谱的基本原理

一、光的散射和拉曼散射的形成

1. 光的散射　　当光照射到物质上时，部分光被物质吸收，除此之外，绝大部分光沿入射方向穿过样品，还有极少部分光改变了传播方向，即发生了光的散射。散射光的波长可以与入射光波长相同（频率相同），这种散射称为瑞利（Rayleigh）散射。散射光的波长也可以不同于入射光波长（频率不同），这种散射称为拉曼散射。

2. 拉曼散射的形成　　发生拉曼散射的分子能级分布图如图 9-1 所示。处于基态 $E_{v=0}$ 的分子受入射光子 $h\nu_0$ 的激发而跃迁到一个受激虚态（实际上不存在的一些不稳定能级），分子又立即跃迁返回到基态 $E_{v=0}$，释放能量等于 $h\nu_0$ 的光子，此过程对应于光子与分子的弹性碰撞（光子仅改变运动方向而不改变频率），形成瑞利散射线。处于受激虚态的分子也可能跃迁到激发态 $E_{v=1}$，此时光子的部分能量传递给分子，释放出能量等于 $h(\nu_0-\nu)$ 的光子，此过程对应于光子与分子的非弹

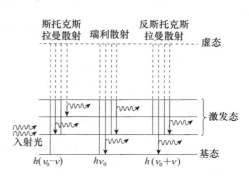

图 9-1　拉曼散射和瑞利散射及能级分布图

性碰撞（光子既改变运动方向又改变频率），形成拉曼散射的斯托克斯（Stokes）线。类似的过程也可能发生在处于激发态 $E_{v=1}$ 的分子受入射光子 $h\nu_0$ 的激发而跃迁到受激虚态，然后又立即跃迁返回到激发态 $E_{v=1}$，发射能量等于 $h\nu_0$ 的光子，形成瑞利散射线。处于受激虚态的分子也可能跃迁到基态 $E_{v=0}$，此时光子从分子的振动得到部分能量，释放出能量等于 $h(\nu_0+\nu)$ 的光子，形成拉曼散射的反斯托克斯线。由此可知，拉曼谱线对称地分布在瑞利线的两侧。

从图 9-1 可以看出，斯托克斯线和反斯托克斯线与瑞利散射线之间的能量差均为 $h\nu$，但符号相反，即拉曼散射光的频率与激发光（入射光）的频率有一个频率差 $+\nu$ 或 $-\nu$，该频率差就称为拉曼位移。拉曼位移的大小取决于分子振动激发态与振动基态的能级差 ΔE，$\nu=\Delta E/h$，而与激发光波长无关。靠近瑞利散射线两侧的谱线称为小拉曼光谱，与分子的转动能级有关；

远离瑞利散射线两侧出现的谱线称为大拉曼光谱，与分子振动 - 转动能级有关。瑞利散射线的强度只有入射光强度的 10^{-3}，而拉曼散射强度大约只有瑞利散射的 10^{-3}，其中斯托克斯散射强度又比反斯托克斯散射强度强得多，因此在拉曼光谱分析中，通常测定斯托克斯散射线。

二、拉曼光谱的特征

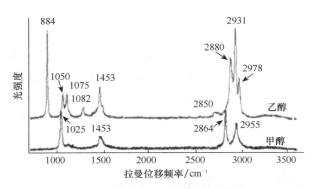

图 9-2　甲醇和乙醇的拉曼光谱图

1. 拉曼光谱图　由仪器记录样品对单色光散射效应所得的谱图即拉曼光谱图。图 9-2 为甲醇和乙醇的拉曼光谱图，图谱中，横坐标为由分子振动产生的拉曼位移频率（或波数）；纵坐标为拉曼散射光强度。

2. 拉曼光谱的特征谱带及强度　拉曼光谱属于分子振动光谱，拉曼位移取决于分子振动能级的变化，不同官能团具有不同的特征谱带频率，即不同的拉曼位移。拉曼谱带强度取决于分子振动时极化率的变化程度（电子云的形变程度），极化率变化越大，谱带强度越大，无极化率变化的振动是非拉曼活性的，不会出现相应的特征谱带。

例如，线性分子 CS_2 的对称伸缩振动，电子云形状在键伸长和缩短时是不同的，即极化率发生了变化，因此这种振动是拉曼活性的；而不对称伸缩振动和变形振动，电子云形状在振动通过其平衡状态前后是相同的，但偶极矩随分子振动不断地变化，因而这两种振动是非拉曼活性而红外活性的（图 9-3）。

图 9-3　CS_2 分子的振动形式与电子云形变示意图

3. 拉曼光谱与红外光谱的异同

拉曼光谱和红外光谱同属分子振动光谱，但形成原理不同：红外光谱是吸收光谱，而拉曼光谱则是散射光谱。两者在化合物分析上各有所长，可以互补。

1）相同点：对于一个给定的化学键，其红外吸收频率与拉曼位移相等，均代表第一振动能级的能量。因此，对某一特定的化合物，某些峰的拉曼位移与红外吸收波数完全相同，红外吸收波数与拉曼位移均在红外光区，两者都反映分子的结构信息。

2）不同点：①红外光谱的入射光及检测光均是红外光，而拉曼光谱的入射光多为可见光，散射光也是可见光。②红外光谱测定的是光的吸收，横坐标用波数或波长表示，而拉曼光谱测定的是光的散射，横坐标是拉曼位移。③两者的产生机理不同。红外吸收是由于化学键振动引起分子偶极矩变化产生的，拉曼散射是成键电子云分布产生瞬间变形引起分子暂时极化，产生诱导偶极矩所致，只有极化率发生改变的振动才能形成拉曼散射。④红外光谱主要反映分子的官能团，而拉曼光谱主要反映分子的骨架。对于具有对称中心的分子，与对称中心有对称关系的振动，红外不可见，拉曼可见；与对称中心无对称关系的振动，红外可见，拉曼不可见。⑤拉曼光谱仪一般用激光作光源，而红外光谱仪用能斯特灯或碳化硅棒等作光源。⑥拉曼光谱分析时制样非常简单，多数情况下样品可直接测定。而用红外光谱分析样品时，样品要经过前处理，如液体样品常用液膜法，固体样品用调糊法或压片法，聚合物常用薄膜法，气体样品的测定要用气体池。

第二节 激光拉曼光谱仪

1. 激光拉曼光谱仪的组成 激光拉曼光谱仪分为色散型和傅里叶变换型两种，主要由激光光源、光学元件、检测器及计算机控制和数据采集系统等几部分组成。傅里叶变换激光拉曼光谱仪的结构如图9-4所示。

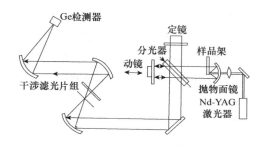

图9-4 傅里叶变换激光拉曼光谱仪结构示意图

1）激光光源：其功能是提供单色性好、功率大并且最好能多波长工作的入射光。目前使用最多的激光器是 Nd-YAG（钇铝石榴石）激光器，其激发波长为 1.064μm。激光光源的波长可以不同，但不会影响拉曼散射的位移。

2）光学元件：包括滤光片组和迈克耳孙干涉仪等部件。傅里叶变换激光拉曼光谱仪的光路设计类似于傅里叶变换红外光谱仪，区别仅在于两者的干涉仪与样品架的排列方式不同。

3）检测器：用来接收和检测拉曼散射信号，分为单道检测器和多道检测器。在紫外 - 可见波段常用的单道检测器是光电倍增管；常用的多道检测器一般是 Ge、CCD 及 InGaAs 阵列探测器。

激光拉曼光谱仪还可以和扫描电镜、红外光谱仪等多种仪器联用，这些联用方式大大拓宽了拉曼光谱的应用范围。

2. 拉曼光谱样品的制备方法 拉曼光谱制样非常简单，样品一般不需要进行特别处理。由于拉曼散射可以全部透过玻璃，用玻璃瓶等容器盛放样品不会对拉曼光谱产生影响。如果样品是液体且易挥发，可先将其倒入无色透明的玻璃瓶，盖好瓶盖，然后放在样品台上进行检测。如果液体样品不易挥发，可将其倒入小的培养皿中，再放在样品台上进行检测。如果样品是固体粉末、高聚物和纤维、单晶等，可将其直接放在测样品台上进行检测或装在玻璃瓶及玻璃毛细管中进行检测。

第三节 拉曼光谱的应用

一、定性分析

拉曼位移的大小、拉曼峰强度及形状是物质分子振动能级变化的反映，可以用来鉴别物质的种类、特殊的结构特征或特征基团。利用拉曼光谱的标准谱图或利用拉曼标准谱库的检索功能，对未知物拉曼光谱图进行比对，可以进行化合物种类鉴定。在结构分析方面，与红外光谱互为补充，能够比较全面地了解分子的结构特征。在对红外吸收很弱而拉曼峰强度较大的基团识别及环状化合物和分子异构体判断等方面，拉曼光谱可以发挥其独特作用。

拉曼光谱的主要特征如下，进行定性分析时可参考。

1）同种原子的非极性键如 S—S、C=C、C≡C 等产生强的拉曼谱带，从单键、双键到三键由于可变形的电子逐渐增加，所以谱带强度顺序增加。

2）C=S、S—H、C≡N 等基团的伸缩振动在拉曼光谱中是强谱带；在红外光谱中前两者是弱谱带，后者是中等强度谱带。

3）非极性或弱极性基团具有强的拉曼谱带，而强极性基团具有强的红外谱带。

4）N＝S＝O 和 C＝C＝O 这类键的对称伸缩振动在拉曼光谱中是强谱带，在红外光谱中是弱谱带，而非对称伸缩振动在拉曼光谱中是弱谱带，在红外光谱中是强谱带。

5）环状化合物中，构成环状骨架的所有键同时伸缩，这种对称的伸缩振动通常是拉曼光谱的最强谱带，其频率取决于环的大小。

6）Si—O—Si 和 C—O—C 等基团具有对称和非对称两种伸缩振动，在拉曼光谱中对称的谱带强于非对称的，而在红外光谱中则相反。

7）脂肪族基团的 C—H 伸缩振动在拉曼光谱中是强谱带，其强度正比于分子中 C—H 键的数目。

8）烯烃和芳环的 C—H 伸缩振动在拉曼光谱中是强或中等强度的谱带，其面外变形振动仅在红外光谱中具有强谱带。

9）炔烃的 C—H 伸缩振动在拉曼光谱中是弱谱带，而在红外光谱中是强谱带。

10）极性基团 O—H 的伸缩振动在拉曼光谱中是弱谱带，而在红外光谱中是强谱带。此外，其变形振动谱带在红外光谱中也比在拉曼光谱中强。

11）芳香族化合物在拉曼和红外光谱中均产生一系列尖锐的强谱带。

12）具有对称中心的分子产生的谱带在拉曼和红外光谱中其波数是不同的。

13）醇和烷烃的拉曼光谱是相似的，这是由于：①C—O 键与 C—C 键的力常数或键的强度差别不大；②羟基与甲基的质量数仅差 2；③O—H 拉曼谱带比 C—H 拉曼谱带弱。

拉曼光谱是研究生物大分子的有力手段，由于水的拉曼光谱很弱，谱图又很简单，故拉曼光谱可以在接近自然状态、活性状态下来研究生物大分子的结构及其变化。拉曼光谱在蛋白质二级结构的研究、蛋白质和酶的构象、DNA 和致癌物分子间的作用、动脉硬化过程中的钙化沉积和红细胞膜等研究中均能提供丰富的结构信息。表面增强拉曼光谱技术对于研究生物分子在界面的性质具有非常重要的意义。

二、定量分析

利用拉曼谱线的强度和样品分子浓度的正比关系，可以进行物质的定量分析。一般是在样品中加入内标物，通过与内标物的拉曼光谱强度的比较进行定量，或者利用溶剂本身的拉曼线作为内标谱线进行定量。

和红外光谱法相比较，采用拉曼光谱进行定量分析的优点是能直接应用于水溶液样品分析且具有较高的准确度。拉曼光谱定量分析也可以用于多组分同时测量，前提是各组分的拉曼谱线互不干扰。例如，用 514nm 的氩离子激光器作激发光源，用四氯化碳和硝酸根离子作为内标物，可以同时测定 $Al(OH)_4^-$、CrO_4^-、NO_3^-、NO_2^-、PO_4^{3-}、SO_2^{2-} 六种离子。

思考题与习题

1. 何谓拉曼散射和拉曼位移？
2. 拉曼光谱与红外光谱有何异同？
3. 指出下列分子的振动方式哪些具有红外活性，哪些具有拉曼活性？或两者均有？①O_2 的对称伸缩振动；②CS_2 的非对称伸缩振动；③H_2O 的变形振动。
4. 为什么拉曼光谱可以研究活性状态生物大分子结构？

◈ 典 型 案 例

脂质体药物微粒的共聚焦显微拉曼光谱鉴别

脂质体是一种具有双分子层结构的封闭囊泡，主要由磷脂和胆固醇组成。脂质体作为药物载体是临床应用较早、发展最为成熟的一类高靶向性制剂，具有高载药量、无毒、无免疫原性和可修饰等特点。脂质体药物满足了药物制剂治疗上的许多要求，具有以下优点：①能有效控制药物的释放；②可通过改变脂质体的大小和电荷控制药物在组织中的分布及在血液中的清除率；③脂质体进入体内后主要被网状内皮系统中的吞噬细胞吞噬，使药物分布在肝、脾、肺和骨髓等组织器官中，从而提高治疗的指数，减少药物的剂量并降低药物的毒性。

雷公藤是一种有毒小灌木，含有多种生物碱，是治疗风湿性关节炎、肾病综合征、末梢神经炎、红斑狼疮等病症的有效药物。雷公藤中含有多种抗癌成分，其中雷公藤红素为从其根皮中提取的抗癌活性成分。将雷公藤红素负载在脂质体上可制成潜在的天然抗肿瘤药物。

1. 原理　　拉曼光谱的特征峰位置、强度和线宽可提供分子振动、转动方面的信息，可用来分析分子结构和物质含量。通过对脂质体包裹的雷公藤红素药物微粒的拉曼光谱分析，可以评价包裹材料对药物质量的影响。

2. 仪器和材料　　高速台式离心机、恒温振荡器、涡旋混合器、激光衍射粒度分析仪等。

测试仪器为法国 HORIBA LabRAM HR Evolution 共聚焦显微拉曼光谱仪，光谱范围为 $9000 \sim 50 cm^{-1}$，激发光波长为 532nm。将样品放在显微镜下，将采集的信号由计算机数据软件进行分析和处理。

用雷公藤红素（质量分数＞99%）和大豆磷脂（质量分数＞90%）等材料制备雷公藤红素脂质体，激光粒度仪测得其平均粒径为 60nm。

3. 结果与讨论　　雷公藤红素（药物）和脂质体包裹的雷公藤红素（包药）的拉曼光谱图见图 9-5。谱图中 $1513 cm^{-1}$ 的峰为雷公藤红素的特征峰；药物样品显示的特征峰位于 $1021 cm^{-1}$、$1513 cm^{-1}$ 和 $2849 cm^{-1}$ 处，其中 $1021 cm^{-1}$ 和 $2849 cm^{-1}$ 分别对应脂质体中苯丙氨酸和脂类等成分的特征峰。从包裹药物（包药）和未包裹药物的空白脂质体（空壳）的拉曼光谱图可以看出，空白脂质体无 $1513 cm^{-1}$ 峰，而包裹药物后出现 $1513 cm^{-1}$ 特征峰，这进一步说明 $1513 cm^{-1}$ 处的峰值为雷公藤红素的特征峰。研究表明，雷公藤红素被脂质体包裹前后，其特征峰值并未发生变化，说明脂质体载药方式不会影响药物的质量，为进一步开展药物动力学研究奠定了基础。

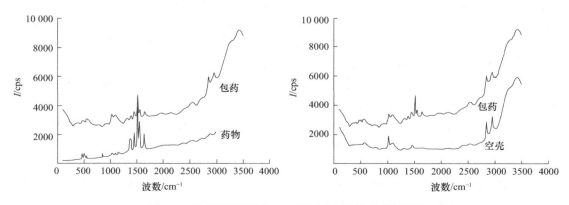

图 9-5　雷公藤红素药物、包药及脂质体的拉曼光谱图

第十章

分子荧光分析法

　　某些物质的分子受到一定波长的光辐射后会发射出波长大于入射光波长的光，而当辐射停止后，发射光也随即消失，这种光致发光的现象称为分子荧光（molecular fluorescence，MF）。根据物质的分子荧光光谱进行定性、定量分析的方法称为分子荧光分析法。

　　早在 1575 年，西班牙医生摩纳德斯（Monardes）就在一种菲律宾紫檀木切片的黄色水溶液中观察到了非常漂亮的天蓝色光。1852 年，英国科学家斯托克斯（Stokes）用分光计观察奎宁和叶绿素溶液时，发现它们所发出的光的波长比入射的波长稍长，由此证明了这种现象不是光的反射、透射等作用引起的，而是由于这些物质吸收了光能后重新发出了不同波长的光形成的。斯托克斯将这种发射光称为荧光。荧光这一名词由能产生荧光的矿物萤石（fluorite）衍生而来。通过对荧光强度和物质浓度关系的研究，斯托克斯于 1864 年提出了荧光可作为分析方法来使用的结论，由此奠定了分子荧光定量分析的理论基础。1867 年，高贝勒斯莱德（Goppelsroder）首次利用铝 - 桑色素配合物发出的荧光分析了溶液中铝的含量。1880 年，莱伯曼（Liebeman）认为物质的化学结构与其发射的荧光密切相关，从而奠定了分子荧光定性分析的理论基础。到 19 世纪末，已经发现了包括荧光素、曙红、多环芳烃在内的 600 余种荧光物质。1928 年，第一台光电荧光计问世；1952 年，出现了首台商品化的荧光分析仪。此后，随着科技的发展，分子荧光分析法和荧光仪得到了快速发展。由于具有灵敏度高、选择性好和信息量丰富等优点，分子荧光分析法在化学、生命科学、食品科学、农业科学、医药卫生、环保和刑侦等诸多领域获得了广泛应用，已成为一种重要且有效的现代分析测试技术。

第一节　分子荧光分析法的基本原理

一、分子的能级和分子荧光的产生

　　1. 分子的能级　　物质分子中的电子根据能量的大小分布在不同的电子能级上，每个电子能级又包含一系列的振动能级和转动能级。室温时，大多数分子通常处在基态的最低振动能级上；当分子吸收一定的能量后，就会发生电子从能量较低的能级向能量较高的能级跃迁，跃迁吸收的能量等于所涉及的 2 个能级间的能量差。

　　分子处于基态时，电子成对地填充在能量最低的各个轨道中。根据泡利不相容原理，占据同一轨道中的 2 个电子自旋方向一定相反，2 个电子的自旋量子数分别为 $s_1=1/2$ 和 $s_2=-1/2$，总自旋量子数 $s=0$。如果两个电子的自旋方向相同，它们不能成对占据同一轨道，其自旋量子数同为 1/2，总自旋量子数 $s=1$。

　　电子能级的多重性通常用 $M=2s+1$ 表示。当总自旋量子数 $s=0$ 时，分子电子能级的多重性 $M=1$，此时分子所处的电子能态称为单重态（singlet state），用符号 S 表示。当总自旋量子数 $s=1$ 时，分子电子能级的多重性 $M=3$，此时分子所处的电子能态称为三重态

（triplet state），用符号 T 表示。

　　当基态的 1 个电子吸收光辐射跃迁至激发态时，其自旋方向通常情况下不会发生改变，2 个电子的自旋方向仍相反，其总自旋量子数 s 仍等于 0，此时分子处于激发单重态。但某些情况下，电子在跃迁过程中有可能伴随着自旋方向的改变。此时，2 个电子的自旋方向相同，总自旋量子数 s 等于 1，分子处于激发三重态。分子的基态、激发单重态和激发三重态的电子分布示意图如图 10-1 所示。激发单重态和与其对应的激发三重态的区别主要有两点：一是两种状态的电子自旋方向不同；二是两者的能量不同，自旋平行状态电子的稳定性比自旋相反的好，所以激发三重态的能量要低于对应的激发单重态。

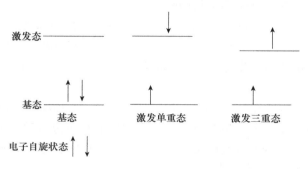

图 10-1　分子的基态、激发单重态和激发三重态的电子分布示意图

　　2. 分子荧光的产生　室温时，分子处于基态的最低振动能级。当基态分子吸收能量后，将从基态能级跃迁至激发单重态的不同能级上。处于激发态能级上的分子不稳定，将以去活化形式释放多余的能量并返回基态。去活化形式有辐射跃迁和非辐射跃迁两种类型。辐射跃迁过程中发射出光子，伴随着荧光或磷光的发射。非辐射跃迁包括振动弛豫、内转换、外转换及体系间窜跃，此过程中电子激发能转化为热能传递给周围的介质。分子荧光、磷光光谱产生过程如图 10-2 所示，图中 S_0、S_1 和 S_2 分别表示基态、第一和第二电子激发单重态；T_1 和 T_2 表示第一和第二电子激发三重态。

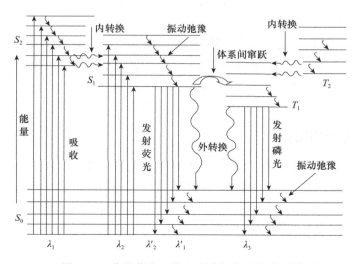

图 10-2　分子荧光、磷光光谱产生过程示意图

（1）振动弛豫　　振动弛豫是在同一电子能级中，分子由较高振动能级向该电子态的最低振动能级的无辐射跃迁。振动弛豫的速率极大，在 $10^{-14} \sim 10^{-12}$ s 即可完成。

（2）内转换　　内转换发生于相同多重态间的不同电子能级之间。当同一多重态的两个非常靠近的电子能级的振动能级有重叠时，激发态分子将可能以无辐射方式从能量较高的电子能级转移到能量较低的电子能级上，如图 10-2 中 S_2 的较低振动能级与 S_1 的较高振动能级间的能量相近，将有可能发生内转换过程（$S_2 \to S_1$）。内转换过程也有可能发生在三重态之间，如 $T_2 \to T_1$。内转换过程发生速度很快，在 $10^{-13} \sim 10^{-11}$ s 即可完成。

无论激发态分子处于哪个电子激发态，都会通过振动弛豫和内转换过程很快回到第一电子激发单重态或激发三重态的最低振动能级上。

（3）体系间窜跃　　体系间窜跃是指不同激发多重态间的无辐射跃迁，如 $S_1 \to T_1$。S_1 的最低振动能级和 T_1 的较高振动能级重叠，所以 $S_1 \to T_1$ 体系间窜跃的发生就有较大的可能性，但该过程涉及电子自旋状态的改变，属于禁阻跃迁，一般可通过自旋轨道耦合进行。体系间窜跃在 $10^{-6} \sim 10^{-2}$ s 即可完成。

（4）荧光发射　　激发态分子从第一激发单重态（S_1）的最低振动能级回到基态的各振动能级时所伴随的光辐射，称为荧光发射。荧光的发射时间为 $10^{-9} \sim 10^{-7}$ s。由于振动弛豫和内转换过程中损失了部分能量使得荧光的光子能量比其分子受激发所吸收的光子能量低，故荧光的发射波长要比激发光波长长。

（5）磷光发射　　激发态分子从第一激发三重态（T_1）的最低振动能级回到基态的各振动能级时所伴随的光辐射，称为磷光发射。磷光的发射时间为 $10^{-4} \sim 10$ s。当没有其他过程与之竞争时（如 T_1 至 S_0 的体系间窜跃），该过程有可能发生。由此可见，荧光和磷光的根本区别在于荧光是由单重态至单重态跃迁产生，而磷光则是由三重态至单重态跃迁产生。

由于激发三重态的最低振动能级要比激发单重态的最低振动能级能量低，发射磷光的能量要比发射荧光的能量小，亦即磷光的发射波长比荧光的发射波长要长。另外，$T_1 \to S_1$ 属于改变电子自旋方向的禁阻跃迁，所以分子在 T_1 的停留时间较长，即磷光的寿命要比荧光的寿命长。由于溶质与溶剂分子间相互碰撞等因素的存在，处于 T_1 的分子一般通过无辐射跃迁过程回到基态而不发射磷光，只有通过冷冻或固定化而减少外转换时才能发射磷光，因而磷光分析法不如荧光分析法普遍。

（6）外转换　　外转换是处于第一激发单重态或激发三重态最低振动能级上的激发态分子通过与溶剂分子或其他溶质分子之间相互碰撞，以热能的形式释放能量的过程。外转换会使荧光或磷光的强度减弱甚至消失，这一现象称为荧光熄灭或荧光猝灭。利用荧光猝灭这一现象可实现对一些本身不发射荧光的物质的间接荧光测定。

二、荧光效率及影响因素

1. 荧光效率　　物质在吸收了紫外 - 可见电磁辐射后，激发态分子是以辐射跃迁还是以非辐射跃迁回到基态，决定了化合物是否具有发射荧光的能力。常以荧光效率（或荧光量子产率）来描述辐射跃迁发生概率的大小。荧光效率 ϕ_f 是指物质吸收光辐射后所发射的光子数与所吸收的激发光的光子总数的比值，即发射荧光的分子数目与激发态分子总数的比值，其表达式如下：

$$荧光效率（\phi_f）= 发射荧光分子数 / 激发态分子总数 \qquad (10\text{-}1)$$

如果用各种跃迁的速率常数来表示荧光效率，则有

$$\phi_f = K_f / (K_f + \sum K_i) \qquad (10\text{-}2)$$

式中，K_f 为辐射跃迁（荧光发射）速率常数；$\sum K_i$ 为无辐射跃迁的速率常数之和。一般而言，K_f 主要取决于化合物的分子结构。而 $\sum K_i$ 则主要取决于化合物所处的外界环境，同时也受到分子结构的影响。K_f 越大，荧光量子产率越高，物质发射的荧光也就越强。若激发态分子在回到基态的过程中没有其他非辐射跃迁过程与发射荧光过程相竞争，那么所有的激发态分子都将以发射荧光的方式回到基态，则这一体系的荧光效率等于 1。

一般物质的荧光效率为 0~1。例如，荧光素钠在水中的 $\phi_f = 0.92$，荧光素在水中的 $\phi_f = 0.65$；蒽在乙醇中的 $\phi_f = 0.30$，在乙醇中的 $\phi_f = 0.10$。

2. 影响荧光效率的因素　　荧光效率与荧光强度成正比关系。影响荧光效率的主要因素为荧光化合物的分子结构及其所处的化学环境。

（1）荧光效率与分子结构的关系

1）共轭双键体系：化合物只有能够吸收紫外 - 可见光，才有可能发射荧光，所以能够发射荧光的化合物的分子中肯定含有强吸收官能团共轭双键，并且共轭体系越大，π 电子的离域能力越强，越易被激发而产生荧光。大部分能发射荧光的物质至少含有一个芳环，随着共轭芳环的增大，荧光效率逐渐升高，荧光波长向长波长方向移动。例如，苯的荧光效率和波长分别为 0.11 和 278nm，萘的分别为 0.29 和 310nm，蒽的分别为 0.46 和 400nm，由苯、萘到蒽，其芳环数目依次增多，共轭体系依次增大，发射的荧光波长依次向长波方向移动，且荧光效率依次增大。

除芳香烃外，含有共轭 π 键结构的脂肪烃也可能有荧光，但为数不多。维生素 A 是能发射荧光的脂肪烃之一。

2）刚性平面结构：化合物分子具有刚性平面结构，有利于荧光的产生。分子的刚性平面越强，荧光效率越大，发射的荧光波长越长。例如，分子结构极其相似的酚酞和荧光黄，酚酞没有氧桥，分子不易保持刚性平面，不易产生荧光，而有氧桥的荧光黄在 0.1mol/L NaOH 溶液中的荧光效率高达 0.92，这是因为刚性平面结构减少了分子间振动碰撞去活的可能性。有些有机化合物本身不具有刚性平面结构，但它与金属离子形成配合物后变成了刚性平面结构，其荧光效率大大加强。例如，8- 羟基喹啉的荧光较弱，而与 Mg^{2+} 形成的配合物则是强荧光化合物。

3）取代基：取代基对化合物的荧光特征和强度也有很大的影响，—OH、—NH_2 和—OR 等给电子取代基能增大 π 电子共轭效应，从而使荧光增强，发射的荧光波长红移；—COOH、—NO 和—NO_2 等吸电子取代基可以减弱分子的 π 电子共轭程度，降低荧光效率，使荧光减弱甚至熄灭。例如，苯胺和苯酚的荧光效率比苯的大，而硝基苯则成了非荧光化合物。在卤素取代基中，随着卤族元素原子序数的增加，化合物的荧光效率会逐渐减弱，而磷光强度则逐渐增强，这种现象即"重原子效应"。这是因为重原子中能级交叉现象严重，容易发生自旋轨道耦合作用，显著增加了 $S_1 \rightarrow T_1$ 的体系间窜跃概率。

（2）荧光效率与化学环境的关系

1）溶剂的极性：同一种荧光化合物在不同极性的溶剂中可能具有不同的荧光性质。一般而言，激发态电子的极性比基态电子的大。增加溶剂的极性，会使激发态电子更加稳定，荧光波长发生红移，荧光效率增大。例如，苯、乙醇和水中奎宁的荧光效率相对大小分别为

1、30 和 1000。

2）溶剂的 pH：pH 仅对含有酸性或碱性取代基芳香族化合物的荧光性质有较大的影响。共轭酸碱两种型体因为具有不同的电子云排布，所以具有不同的荧光性质，分别具有各自特有的荧光效率和荧光波长。例如，苯胺在 pH＝7～12 的溶液中主要以苯胺分子形式存在而发射蓝色荧光，这是由于—NH$_2$ 是给电子取代基，提高了荧光量子产率；但在 pH＜7 时苯胺以苯胺阳离子形式存在，在 pH＞13 时以苯胺阴离子形式存在，两者均不能发射荧光。

3）溶剂的黏度：化合物的荧光强度受溶剂黏度的影响。一般情况下，荧光强度随着介质黏度的升高而增强，这是由于介质黏度增加，减少了分子碰撞，从而减少了能量损失的结果。

4）温度：温度对化合物荧光强度的影响也比较明显。因为辐射跃迁的速率随温度的变化基本保持不变，而无辐射跃迁的速率则随温度的升高而显著增大。所以，升高温度会增加无辐射跃迁的发生概率，从而降低大多数荧光化合物的荧光效率。例如，荧光素钠的乙醇溶液在 0℃以下，温度每降低 10℃，ϕ_f 就增加 3%，在−80℃时，ϕ_f 为 1。因为三重态电子的寿命比激发单重态的长，所以温度对分子磷光的影响比对分子荧光的大。

5）荧光猝灭剂：能引起荧光强度降低的离子、基团和化合物有卤素离子、重金属离子、氧分子及硝基化合物、重氮化合物、羰基和羧基等，这些物质称为荧光猝灭剂。引起荧光猝灭的原因主要包括以下类型：荧光化合物分子和猝灭剂分子碰撞而损失能量；荧光化合物分子与猝灭剂分子作用生成了本身不发光的配位化合物；溶解氧的存在，使荧光化合物氧化，或是由于氧分子的顺磁性，加大了 $S_1 \rightarrow T_1$ 的体系间窜跃速率，使激发单重态的荧光分子转变至三重态。此外，当荧光化合物浓度过高时，激发态的荧光化合物分子会与基态的荧光化合物分子发生碰撞使其失活，从而导致荧光猝灭。这种现象称为自猝灭。无论哪一种猝灭效应都会随着荧光化合物浓度的升高而增大，降低其荧光强度。

6）表面活性剂：溶液中的表面活性剂能提高荧光化合物的荧光效率。这是由于表面活性剂可使荧光物质处于更加有序的胶束微环境中，保护了处于激发单重态的荧光化合物分子，减小了发生无辐射跃迁的概率。

三、荧光光谱及其特征

1. 荧光的激发光谱和发射光谱　任何荧光化合物都有荧光激发光谱（fluorescence excitation spectrum）和荧光发射光谱（fluorescence emission spectrum）2 个特征光谱。

荧光激发光谱是不同激发波长下物质发射荧光效率的表征。以激发波长为横坐标、荧光强度为纵坐标绘图，即可得到荧光激发光谱，激发光谱实质上就是荧光化合物的吸收光谱。

荧光发射光谱是物质发射的各种波长组分荧光相对强度的表征。绘制荧光发射光谱时，固定激发波长不变，测量不同发射波长下的荧光强度。以发射波长为横坐标，以测得的荧光强度为纵坐标绘图，即可得到荧光发射光谱。

荧光的激发光谱和发射光谱是进行荧光测量时选择最佳激发波长和发射波长的依据，也可用于荧光化合物的定性鉴定。

2. 荧光光谱的特征　溶液中物质的荧光光谱通常具有如下几个重要特性。

（1）斯托克斯位移　荧光波长总是大于激发光的波长，这种波长移动的现象称为斯托克斯位移。产生斯托克斯位移的主要原因是激发态分子在发射荧光之前，通过振动弛豫和内转换去活过程损失了部分激发能；此外，溶剂与激发态分子发生碰撞导致能量损失，这些能量损失也将引起斯托克斯位移。

（2）发射光谱的形状与激发光波长无关　激发光波长不同，荧光分子吸收的辐射能不同，可能被激发到不同激发态的振动能级上。但是无论处于哪个激发态，荧光分子都会通过极其快速的振动弛豫和内转换过程下降到 S_1 激发态的最低振动能级，然后才发射荧光。因此发射光谱只有 1 个发射带，其形状只与基态振动能级的分布情况和跃迁回到各振动能级的概率有关，而与激发光波长无关。采用不同波长的激发光照射荧光分子，可获得形状相同的发射光谱，即只有 1 个荧光光谱发射带。

（3）发射光谱与激发光谱呈镜像对称关系　　激发光谱（或吸收光谱）是分子由基态跃迁至第一激发态的各振动能级所致，其光谱形状与第一激发态的振动能级分布有关；而发射光谱是物质由第一激发态的最低振动能级跃迁回基态各振动能级所致，其光谱形状与基态的振动能级分布有关。由于基态各振动能级的能级结构与第一激发态各振动能级的能级结构相似，加之电子跃迁的速率极快，跃迁过程中原子核的位置几乎不变，因此激发光谱与荧光光谱不仅形状十分相似，而且呈镜像对称关系。图 10-3 是蒽的激发光谱和发射光谱。

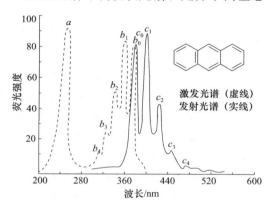

图 10-3　蒽的激发光谱和发射光谱

第二节　分子荧光光谱仪

1. 分子荧光光谱仪的结构　　分子荧光光谱仪也称分子荧光分光光度计，其结构和紫外 - 可见吸收光谱仪类似，都是由光源、单色器、样品池和检测器等组成。与紫外 - 可见吸收光谱仪的不同之处在于：一是为消除透射光的影响，分子荧光光谱仪在与激发光垂直的方向检测荧光；二是分子荧光光谱仪有 2 个单色器。分子荧光光谱仪的结构如图 10-4 所示。

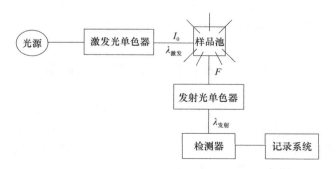

图 10-4　分子荧光光谱仪结构示意图

分子荧光光谱仪一般采用氙灯作为激发光源。氙灯是一种短弧气体放电灯，工作时在相距约 8mm 的钨电极间形成一强电子流，氙原子经电子流撞击后解离为正离子，氙正离子和电子复合而发光，其光谱在 200～1000nm 呈连续光谱，其中在 200～400nm 波段内的光谱强度几乎不变。此外，激光器也可以用作激发光源。由于激光器具有更大的强度和更好的单色性，可以用来提高荧光检测的灵敏度和选择性。

分子荧光光谱仪有 2 个单色器。一个是激发单色器，置于样品池前，用于获得单色性较好的激发光，以进行激发光谱的扫描及选择激发光波长。另一个是发射光单色器，置于样品池和检测器之间，其功能有：一方面用于分出某一特定波长的荧光，以消除激发光所产生的反射光、溶剂的杂散光和溶液的杂质荧光等杂散光的干扰；另一方面用于荧光发射光谱的扫描及发射波长的选择。单色器主要由光栅色散元件组成。

荧光测量用的样品池通常为四面透光的方形石英池。样品池有常量样品池和微量样品池 2 种。荧光的强度很弱，因此要求检测器有较高的灵敏度。一般采用光电倍增管作为检测器，也有用电荷耦合元件检测器的，后者可以获得荧光二维光谱。

2. 分子荧光光谱实验方法　　最简单的荧光分析方法是直接测定法。针对本身发荧光的被分析物质，可以通过激发和发射光谱的确定及检测其荧光强度来确定物质浓度。如果有其他干扰物质存在，则应事先采用掩蔽或分离的办法加以消除。

间接测试的方法通常是针对那些本身不发荧光的物质或者其内源荧光较弱、量子产率低的物质而采取的，可以借助荧光猝灭、荧光衍生或能量转移 3 种方法进行测试。其中，第一种荧光猝灭法是指被测物本身不发光，但能使某发光物的荧光猝灭，根据猝灭程度（荧光强度的降低）与被测物浓度关系进行间接测定。第二种方法是借助某种手段使本身不具备发光性能的物质转化为能发荧光的衍生物，再通过测定该衍生物的荧光光谱进行间接测定待分析物质，这种方法是荧光衍生法。例如，借助金属离子配位作用形成发荧光的配合物，或者将不发光的有机物通过化学反应转化为荧光物质。第三种方法是借助能量转移受体进行检测。这是针对不发荧光的待测物质，可以添加某种可作为能量受体的荧光试剂，通过能量转移使被分析物分子的激发电子经单重态 - 单重态（或三重态 - 单重态）将激发能量传递给受体，进而使受体分子的电子被激发，最后通过测定受体所发射的发射光谱，根据其荧光强度的变化对被分析物进行间接测定。

测试时要综合考虑影响荧光光谱及其强度的各种因素，特别是环境因素，尤其是溶剂介质对分子荧光的影响，以达到提高灵敏度和选择性的目的。

分子荧光分析法对样品的制备要求简单。固体样品充分干燥后研成粉末，填满样品槽压平即可。配成一定浓度的溶液样品直接加入样品池即可测试。

第三节　分子荧光分析法的应用

分子荧光分析法可用于对荧光物质进行定性和定量分析。直接比较法是最简单的一种定性分析方法，将试样与标准物质并列于紫外光下，比较两者所发射荧光的性质、颜色和强度的异同，来判别它们是否含有同一荧光物质；也可根据荧光发射光谱的强度和波长等荧光特性参数进行定性鉴定。但由于能产生荧光的化合物占被分析物的数量相当有限，并且许多化合物几乎在同一波长下产生光致发光，所以分子荧光分析法较少用作定性分析。

分子荧光分析法主要用于对无机和有机化合物进行定量分析。分子荧光定量分析的方法主要有工作曲线法（校正曲线法）和标准对照法。

一、分子荧光定量分析

1. 定量分析原理　　荧光是由物质吸收电磁辐射被激发后产生的，其强度（I_f）与荧光化合物所吸收的强度（I_a）和荧光效率（ϕ_f）有关，吸收的光强度（I_a）等于入射光的强度（I_0）与透射光的强度（I_t）之差。

根据前述荧光效率的定义有

$$I_f = \phi_f\, I_a = \phi_f(I_0 - I_t) \tag{10-3}$$

根据朗伯 - 比尔定律：$I_t/I_0 = 10^{-A}$，$A = \varepsilon lc$，A 为溶液的吸光度。则式（10-3）可转化为

$$I_f = \phi_f\, I_a = \phi_f I_0(1 - 10^{-A}) \tag{10-4}$$

当 $A < 0.05$ 时，式（10-4）展开后可近似成下式：

$$I_f = \phi_f\, I_a = 2.303\phi_f A I_0 = 2.303\phi_f I_0 \varepsilon lc \tag{10-5}$$

式（10-5）即荧光定量关系式。由该式可知，当入射光强度 I_0、摩尔吸光系数 ε 和待测溶液的厚度 l 均保持不变时，化合物的荧光强度与溶液浓度成正比。

上述荧光定量关系式仅在荧光化合物的溶液浓度较低时成立，当溶液浓度较高时，荧光强度和浓度之间的线性关系将发生偏离，甚至会随溶液浓度的增大而降低。此外，荧光猝灭效应的存在也会导致线性关系偏离。

分子荧光分析法是在很弱的背景上测量荧光强度，只要提高检测器的灵敏度，就可以检测到极微弱的荧光信号。因此，分子荧光分析法的灵敏度很高。此外，荧光强度正比于激发光的强度。增大激发的强度也可以增大荧光强度，从而提高分子荧光分析法检测的灵敏度。

2. 定量分析方法

（1）工作曲线法　　依据荧光强度与荧光物质浓度成正比的关系，首先用已知量的标准物质配制一系列不同浓度的标准溶液，在一定条件下测定其荧光强度，绘制荧光强度 - 浓度工作曲线。然后在相同的仪器条件下测量试样溶液的荧光强度，由工作曲线求出试样溶液中荧光物质的浓度。

（2）标准对照法　　如果荧光物质的工作曲线通过零点，就可以在线性范围内用标准对照法测定含量。具体做法是：在相同条件下，测定试样溶液和标准溶液的荧光强度，由二者荧光强度的比值和标准溶液的浓度可求得试样中荧光物质的含量。

3. 定量分析应用　　分子荧光分析法具有取样量小、速度快、灵敏度高和成本低等优点，既可以直接用于测定许多有机荧光分子的荧光性质，也可以间接测定本身不发荧光或因量子产率低而无法进行直接测定的物质的荧光性质。该法已广泛应用于生物化学、食品分析、农药分析、医学、环保和法庭检测等方面的工作。

（1）无机化合物的分析　　多数无机离子和溶剂分子间存在很强的相互作用，其激发态大都以非辐射跃迁方式返回基态，能发出荧光的很少。但是很多无机离子能与某些有机化合物作用，形成可发射荧光的配合物，利用这一性质通过测定配合物的荧光强度来间接检测无机离子。能用荧光分析的元素近 70 种，其中经常使用分子荧光分析法检测的元素有铍、铝、硼、镓、硒、镁、锌、镉和某些稀土元素等。

能和金属离子能形成荧光配合物的有机试剂绝大部分是芳香族化合物。它们通常含有 2 个或 2 个以上的官能团，能与金属离子形成五元环或六元环的螯合物。因为形成的螯合物增

大了有机分子的刚性平面结构，使原来不发荧光或荧光较弱的化合物转变为强荧光化合物。例如，桑色素在碱性溶液中与 Be^{2+} 形成发射黄绿色荧光的配合物；安息香在碱性溶液中和硼酸盐形成发射蓝色荧光的配合物，而与 Zn^{2+} 形成发射绿色荧光的配合物等。

分子荧光分析法中常用的另一类配合物是三元离子缔合物。例如，Au^{3+}、Ga^{3+}、Tl^{3+} 等阳离子和卤族离子先形成二元络合阴离子，再与阳离子荧光染料罗丹明 B 缔合成三元离子荧光化合物；Ag^+ 先与邻菲咯啉形成二元络合阳离子，再与阴离子荧光染料曙红缔合使其产生荧光猝灭，根据荧光强度降低的程度间接分析 Ag^+。另外，F^-、S^{2-}、Fe^{3+}、Co^{2+}、Ni^{2+} 和 Cu^{2+} 等也可以采用荧光猝灭法间接测定。

（2）有机化合物的分析　　饱和脂肪族化合物的分子结构比较简单，本身能发射荧光的很少，一般需要和某些试剂反应后才可以采用分子荧光分析法进行分析。例如，丙三醇和苯胺在浓硫酸存在时反应生成能发射蓝色荧光的喹啉，通过喹啉的检测可以间接测定丙三醇的含量。

芳香族化合物因具有共轭的不饱和体系，多数能发生荧光，可以直接采用荧光分析法进行测定。例如，在弱碱性条件下，可测定 0.001μg/mL 以上对氨基萘磺酸及 0~5μg/mL 蒽。对于具有致癌活性的稠环芳烃，分子荧光分析法已成为最主要的测定方法。为了提高测定的灵敏度，有时也将芳香族化合物与某些试剂反应后再检测。例如，水杨酸与铽形成络合物后，既增强了荧光强度，也提高了检测灵敏度。再如，糖尿病研究中的重要物质阿脲（四氧嘧啶）与苯二胺反应后，荧光强度增强，可用于测定血液中极微量（低至 10^{-20}mol/L）的阿脲。

在生物化学分析、生理医学研究和临床、药物分析领域，许多重要的分析对象，如维生素、氨基酸和蛋白质、胺类和甾族化合物（胆固醇、激素）、药物、毒物、农药、酶和辅酶等，这些有机化合物大多具有荧光，均可采用分子荧光分析法进行测定或研究其结构、生理作用机理。

二、分子荧光分析新技术简介

随着仪器分析技术的发展，出现了同步荧光、三维荧光光谱、时间分辨荧光、空间分辨荧光、激光荧光和胶束增敏荧光等多种先进荧光分析方法，极大地促进了相关学科研究的进展。

1. 同步荧光分析法　　在用分子荧光分析法对一些复杂混合物进行分析时，常会遇到光谱重叠、不易分辨等问题。同步荧光分析法能很好地解决这一问题。与常规荧光分析法相比，该法具有简化光谱、提高选择性分析的灵敏度、减少光散射干扰等特点，非常适合多组分混合物的分析。同步荧光分析法同时扫描激发波长和发射波长，由测得的荧光强度信号与对应的激发波长或发射波长构成同步荧光光谱图。具体做法是：在荧光物质的激发光谱和荧光光谱中选择一适宜的波长差值 $\Delta\lambda$（通常选用最大 $\lambda_{激发}$ 和 $\lambda_{发射}$ 之差），同时扫描激发波长和发射波长，得到同步荧光光谱。若 $\Delta\lambda$ 相当于或大于斯托克斯位移，就能获得尖而窄的同步荧光峰。当实验条件一定时，同步荧光峰的信号强度与荧光物质浓度成正比。例如，酪氨酸和色氨酸具有极其相似的荧光激发光谱，使得发射光谱严重重叠，当 $\Delta\lambda<15$nm 时，同步荧光光谱只能显示出酪氨酸的光谱特征；而 $\Delta\lambda>60$nm 时，则只显示色氨酸的光谱特征，从而可分别检测。

2. 三维荧光光谱分析法　　普通荧光光谱所测得的激发光谱和荧光光谱是二维谱图。而荧光强度实际上是激发波长和发射波长这 2 个变量的函数。三维荧光光谱（又称总发光光谱）就是描述荧光强度随激发波长和发射波长同时变化的谱图。三维荧光光谱有三维曲线光谱图和等高线光谱图 2 种图形表示方式。作为一种指纹鉴定技术，三维荧光光谱提供了非常全面的荧光光谱信息，从光谱图上可以清晰地看到荧光强度随激发波长和发射波长变化的变化趋势。

3. 时间分辨荧光分析法　　时间分辨荧光分析法是利用不同物质的荧光寿命之间的差异，在激发和检测之间延缓的时间不同，实现分别检测的目的。该法采用脉冲激光作为光源，激光照射试样后所发射的荧光是一混合光，它包括待测组分的荧光、其他组分或杂质的荧光和仪器的噪声。如果选择合适的延缓时间，可测定被测组分的荧光而不受其他组分、杂质的荧光及噪声的干扰。时间分辨荧光法已应用于免疫分析，发展成为时间分辨荧光免疫分析法。

4. 空间分辨荧光分析法　　传统荧光分析法缺乏空间的分辨能力，不能反映空间上某一位点的信息。空间分辨荧光分析法包括共聚焦荧光法、多光子荧光法、全内反射荧光法及近场荧光法等。共聚焦荧光法利用"针孔"效应，可对样品进行纵深剖析。多光子荧光法根据非线性光学原理，提高了空间分辨率。全内反射荧光法可有效地排除本体干扰，获取界面层信息。近场荧光法借用扫描隧道显微镜原理，突破传统光学衍射的限制。空间分辨荧光分析法具有独特的空间分辨能力，可实现单分子水平的检测，在材料科学、生命科学和医学等领域显现出巨大的作用。

5. 激光荧光分析法　　该法以激光作为激发光源，因激光光源具有更强的能量和极好的单色性，故激光荧光分析法比常规荧光分析法具有更高的灵敏度和更好的选择性。常规的荧光分析仪一般有激发光和发射光 2 个单色器，而以激光为光源的荧光分析仪只有 1 个发射光单色器。此外，可调谐激光器用于分子荧光具有很突出的优点。目前，激光荧光分析法已成为分析超低浓度物质灵敏而有效的方法之一。

6. 胶束增敏荧光分析法　　胶束溶液即浓度在临界浓度以上的表面活性剂溶液。表面活性剂的化学结构中都包含一个极性的亲水基和一个非极性的疏水基。在极性溶剂（如水）中，几十个表面活性剂分子聚合成团，将非极性的疏水基尾部靠在一起，形成亲水基向外、疏水基向内的胶束。胶束溶液对荧光物质具有增溶、增敏和增稳的作用。例如，室温时芘在水中的溶解度极低，为 $5.2\times10^{-7}\sim8.5\times10^{-7}$ mol/L，而在十二烷基硫酸钠的胶束水溶液中溶解度可达 0.043mol/L。胶束溶液对荧光物质的增敏作用是因非极性的有机物与胶束的非极性尾部有亲和作用，减弱了荧光质点之间的碰撞，减少了分子的无辐射跃迁，增加了荧光效率，从而增加了荧光强度。此外，荧光物质被分散和定域于胶束中，降低了由于荧光熄灭剂的存在而产生的熄灭作用，也降低了荧光物质的自熄灭，从而延长了荧光寿命，对荧光起到增稳作用。胶束溶液的增溶、增稳和增敏的作用，可大大地提高荧光分析法的灵敏度和稳定性。

⬡ 思考题与习题

1. 产生分子荧光的条件是什么？为什么分子的荧光波长比激发光的波长长？

2. 影响分子荧光强度的主要因素有哪些？为何分子荧光分析法的灵敏度比紫外 - 可见吸收光谱法高得多？

3. 何谓荧光量子产率？具有何种分子结构的物质具有较高的荧光量子产率？

4. 荧光发射光谱的基本特征有哪些？

5. 比较苯胺荧光在 pH3 和 pH10 时的强度大小并解释之。

6. 1.00g 谷物制品试样，用酸处理后分离出维生素 B_2 及少量无关杂质，加入少量 $KMnO_4$，将维生素 B_2 氧化，过量的 $KMnO_4$ 用 H_2O_2 除去。将此溶液移入 50mL 容量瓶，稀释至刻度。吸取 25mL 放入样品池中测定荧光强度（维生素 B_2 中常含有发生荧光的杂质叫光化黄）。事先将荧光计用硫酸奎宁调至刻度 100 处。测得氧化液的读数为 60。加入少量连二亚硫酸钠（$Na_2S_2O_4$），使氧化态维生素 B_2（无荧光）重新转化为维生素 B_2，这时荧光计读数为 55。在另一样品池中重新加入 24mL 被氧化的维生素 B_2 溶液，以及 1mL 维生素 B_2 标准溶液（0.5μg/mL），这一溶液的读数为 92，计算试样中维生素 B_2 的质量分数。

 **典型案例**

分子荧光分析法测定猕猴桃中总抗坏血酸含量

抗坏血酸又称为维生素 C，是一种己糖醛酸，具有较强的抗氧化性。它广泛存在于植物组织，尤其是新鲜的果蔬中，是维持人体生理机能的一种重要活性物质，也是果蔬的一项重要营养指标。抗坏血酸包括 L（＋）-抗坏血酸、D（－）-抗坏血酸（异抗坏血酸）和 L（＋）-脱氢抗坏血酸（简称脱氢抗坏血酸）三种类型，其中 L（＋）-抗坏血酸极易被氧化为脱氢抗坏血酸，脱氢抗坏血酸亦可被还原为 L（＋）-抗坏血酸。试样中总抗坏血酸含量是指将样品中脱氢抗坏血酸还原成 L（＋）-抗坏血酸或将样品中 L（＋）-抗坏血酸氧化成脱氢抗坏血酸后测得的 L（＋）-抗坏血酸总量。

测定抗坏血酸的常用方法有靛酚滴定法、分子荧光法和高效液相色谱法等。靛酚滴定法测定的是 L（＋）-抗坏血酸，该法简便，较灵敏，但特异性差，样品中的其他还原性物质（如 Fe^{2+}、Sn^{2+} 等）干扰测定，导致测定结果往往偏高。高效液相色谱法可同时测定 L（＋）-抗坏血酸和脱氢抗坏血酸的含量，具有干扰少、准确度高、重现性好、灵敏、简便、快速等优点，是目前最先进的方法，但是所需的仪器较昂贵。荧光光度法测得的是 L（＋）-抗坏血酸和脱氢抗坏血酸的总量，具有干扰因素影响较小，准确度高的优点，因此被广泛推广。

1. 原理　　L（＋）-抗坏血酸可被活性炭氧化成脱氢抗坏血酸，后者可与邻苯二胺（OPDA）反应生成荧光化合物喹喔啉。此化合物在 338 nm 激发光照射下，产生波长为 420 nm 的发射光，在较低浓度下其荧光强度与脱氢抗坏血酸的浓度成正比，故可用分子荧光分光分析法测定其含量。在稀溶液中，荧光强度 F 与物质的浓度 c 有以下关系：$F = 2.303\phi I_0 \varepsilon bc$。当实验条件一定时，荧光强度与荧光物质的浓度呈线性关系：$F = Kc$。

因此，可通过标准曲线法定量测定抗坏血酸含量。而硼酸可与脱氢抗坏血酸形成复合物，使其不能再与邻苯二胺作用。因此，为准确测定样品中总抗坏血酸含量，需制备两份样品：一份加入硼酸，测定荧光强度，作为荧光空白值；另一份不加硼酸，测定荧光强度，减去空值即为样品中总抗坏血酸含量。

2. 试剂和材料　　偏磷酸（$(HPO_3)_n$），含量（以 HPO_3 计）≥38%；冰乙酸（CH_3COOH），浓度约为 30%；硫酸（H_2SO_4），浓度约为 98%；乙酸钠（CH_3COONa）；硼酸（H_3BO_3）；邻苯二胺（$C_6H_8N_2$）；百里酚蓝（$C_{27}H_{30}O_5S$）；活性炭粉；L（＋）-抗坏血酸标准品（$C_6H_8O_6$），纯度≥99%；猕猴桃。

1）偏磷酸-乙酸溶液：称取 15g 偏磷酸，加入 40mL 冰乙酸及 250mL 水，加热，搅拌，使之逐渐溶解，冷却后加水至500mL。于4℃冰箱可保存7~10d。硫酸溶液（0.15mol/L）：取8.3mL硫酸，小心加入水中，再加水稀释至1000mL。偏磷酸-乙酸-硫酸溶液：称取15g偏磷酸，加入40mL冰乙酸，滴加0.15mol/L硫酸溶液至溶解，并稀释至500mL。乙酸钠溶液（500g/L）：称取500g乙酸钠，加水至1000mL。硼酸-乙酸钠溶液：称取3g硼酸，用500g/L乙酸钠溶液溶解并稀释至100mL。临用时配制。 邻苯二胺溶液（200mg/L）：称取20mg邻苯二胺，用水溶解并稀释至100mL，临用时配制。

2）酸性活性炭：称取约200g活性炭粉（75~177μm），加入1L盐酸（1:9），加热回流1~2h，过滤，用水洗至滤液中无铁离子为止，置于110~120℃烘箱中干燥10h，备用。检验滤液中铁离子方法：利用普鲁士蓝反应。将20g/L亚铁氰化钾与1%盐酸等量混合，将上述洗出滤液滴入，如有铁离子则产生蓝色沉淀。

3）百里酚蓝指示剂溶液（0.4mg/mL）：称取0.1g百里酚蓝，加入0.02mol/L氢氧化钠溶液10.75mL，在玻璃研钵中研磨至溶解，用水稀释至250mL（变色范围：pH等于1.2时呈红色；pH等于2.8时呈黄色；pH大于4时呈蓝色）。

4）L（+）-抗坏血酸标准溶液（1.000mg/mL）：称取L（+）-抗坏血酸0.05g（精确至0.01mg），用偏磷酸-乙酸溶液溶解并稀释至50mL，该贮备液在2℃~8℃避光条件下可保存1周。

5）L（+）-抗坏血酸标准工作液（100.0μg/mL）：准确吸取L（+）-抗坏血酸标准液10mL，用偏磷酸-乙酸溶液稀释至100mL，临用时配制。

3. 仪器和设备　分子荧光光谱仪（荧光分光光度计），具有激发波长338nm及发射波长420nm，配有1cm比色皿；容量瓶、吸管、烧杯、量筒、烧瓶、冷凝管、研钵、冰箱。

4. 分析步骤

（1）样品处理

1）样品预处理：称取新鲜猕猴桃果肉约100g（精确至0.1g），加100g偏磷酸-乙酸溶液，倒入捣碎机内打成匀浆，用百里酚蓝指示剂测试匀浆的酸碱度。如呈红色，即称取适量匀浆用偏磷酸-乙酸溶液稀释；若呈黄色或蓝色，则称取适量匀浆用偏磷酸-乙酸-硫酸溶液稀释，使其pH为1.2。匀浆的取用量根据试样中抗坏血酸的含量而定。当试样液中抗坏血酸含量在40~100μg/mL之间，一般称取20g（精确至0.01g）匀浆，用相应溶液稀释至100mL，过滤，滤液备用。

2）氧化处理：分别准确吸取50mL上述试样滤液及抗坏血酸标准工作液于200mL具塞锥形瓶中，加入2g活性炭，用力振摇1min，过滤，弃去最初数毫升滤液，分别收集其余全部滤液，即为试样氧化液和标准氧化液，待测定。

（2）试样溶液配制

1）分别准确吸取10mL试样氧化液于两个100mL容量瓶中，作为"试样液"和"试样空白液"。

空白溶液制备：取2个100mL容量瓶，分别加入10mL标准氧化液、10mL样品氧化液，并标为"标准空白"和"样品空白"，再分别加入5mL硼酸-乙酸钠溶液，摇动反应15min，用水稀释至100mL，在4℃冰箱中放置2h，取出备用。

2）分别准确吸取10mL标准氧化液于两个100mL容量瓶中，作为"标准液"和"标准空白液"。

3）于"试样空白液"和"标准空白液"中各加 5mL 硼酸 - 乙酸钠溶液，混合摇动 15min，用水稀释至 100mL，在 4℃冰箱中放置 2～3h，取出待测。

4）于"试样液"和"标准液"中各加 5mL 的 500g/L 乙酸钠溶液，用水稀释至 100mL，待测。

（3）标准曲线的绘制　　准确吸取上述"标准液"［L（＋）- 抗坏血酸含量 10μg/mL］0.5mL、1.0mL、1.5mL、2.0mL，分别置于 10mL 具塞刻度试管中，用水补充至 2.0mL。另准确吸取"标准空白液"2mL 于 10mL 带盖刻度试管中。在暗室迅速向各管中加入 5mL 邻苯二胺溶液，振摇混合，在室温下反应 35 min，于激发波长 338nm、发射波长 420nm 处测定荧光强度。以"标准液"系列荧光强度分别减去"标准空白液"荧光强度的差值为纵坐标，对应的 L（＋）- 抗坏血酸含量为横坐标，绘制标准曲线或计算直线回归方程。

样品溶液制备：取 2 个 100mL 容量瓶，分别加入 10mL 标准氧化液、10mL 样品氧化液，并标为"标准"和"样品"，再分别加入 5mL 50% 乙酸钠溶液，用水稀释至 100mL，备用。

（4）试样测定　　分别准确吸取 2mL "试样液"和"试样空白液"于 10mL 具塞刻度试管中，在暗室迅速向各管中加入 5mL 邻苯二胺溶液，振摇混合，在室温下反应 35min，于激发波长 338nm、发射波长 420nm 处测定荧光强度。以"试样液"荧光强度减去"试样空白液"的荧光强度的差值于标准曲线上查得或回归方程计算测定试样溶液中 L（＋）- 抗坏血酸总量。

5. 分析结果的表述

$$X = \frac{100cV}{1000m} N$$

式中，X 为试样中总抗坏血酸含量，mg/100g；c 为由标准曲线查得或回归方程计算的进样液中 L（＋）- 抗坏血酸的质量浓度，μg/mL；m 为试样的质量，g；V 为荧光反应所用试样体积，mL；N 为试样溶液的稀释倍数；100 和 1000 为换算系数。

计算结果以重复性条件下获得的两次独立测定结果的算术平均值表示，结果保留三位有效数字。

精密度：在重复性条件下获得的两次独立测定结果的绝对差值不得超过算术平均值的 10%。

检出限：当样品取样量为 10g 时，L（＋）- 抗坏血酸总量的检出限为 0.044mg/100g，定量限为 0.7 mg/100g。

6. 方法说明与注意事项

1）本法摘自《GB/T5009.86—2016 食品安全国家标准　食品中抗坏血酸的测定》。

2）邻苯二胺溶液易被氧化而颜色加深，为使测定结果准确，需临用前配制。

3）大多数蔬果组织内含有破坏抗坏血酸的酶，因此测定时应注意保护抗坏血酸，且尽可能用鲜样。

4）活性炭可吸附抗坏血酸，因此用量应适当、准确。

5）整个分析过程应在避光条件下进行。

第十一章
核磁共振波谱法

核磁共振（nuclear magnetic resonance，NMR）是指磁性原子核在外加磁场中吸收射频辐射的物理现象。

1924 年，奥地利物理学家泡利（Pauli）发现磁性原子核放入磁场中会发生能级分裂。1946 年，哈佛大学的珀塞尔（Purcell）和斯坦福大学的布洛赫（Bloch）在各自的实验室中均观察到了核磁共振现象，二人因此共同荣获了 1952 年的诺贝尔物理学奖。1948 年核磁弛豫理论的建立及 1950 年化学位移和耦合现象的发现，奠定了 NMR 在化学领域应用的理论基础。这一阶段核磁共振主要用于对核结构的研究及利用核磁共振氢谱解析分子的结构。20 世纪 60 年代后，脉冲傅里叶变换核磁共振法的发明和相应波谱仪的广泛应用，引起了核磁共振研究领域的革命性进步，核磁共振波谱从最初的一维氢谱发展到碳谱、二维谱、三维谱甚至更高维谱。1991 年的诺贝尔化学奖授予恩斯特（Ernst）教授，以表彰他对二维核磁共振理论及傅里叶变换核磁共振的贡献。目前 NMR 方法已经广泛应用于物理学、化学、生命科学、医学、药学和材料科学等各领域。

第一节　核磁共振波谱法的基本原理

一、原子核的自旋和进动

1. 原子核的自旋　　原子核由质子和中子组成，具有相应的质量数和电荷数。某些类型的原子核会围绕自身某个轴（自旋轴）做自旋运动。自旋的原子核沿着自旋轴方向存在角动量 P 和核磁矩 μ，其表达式分别为

$$P=\frac{h}{2\pi}\sqrt{I(I+1)} \tag{11-1}$$

$$\mu=\gamma P \tag{11-2}$$

式中，I 为原子核的自旋量子数，与原子核的类型有关；h 为普朗克常数；γ 为磁旋比，是原子核的特性常数。

不同类型原子核的自旋量子数 I 不同。质量数和质子数均为偶数的原子核（中子数和质子数均为偶数的原子核），$I=0$，无自旋现象，核磁矩为零；质量数为奇数的原子核（中子数与质子数奇偶不同），I 为半整数（$n/2$，$n=1$，3，5，$\cdots$），有自旋现象；质量数为偶数，质子数为奇数的原子核（中子数与质子数均为奇数的原子核），I 为整数（$n/2$，$n=2$，4，6，$\cdots$），有自旋现象。其中，$I=1/2$ 的原子核，电荷均匀分布于核表面，核磁共振现象较为简单，是目前主要的研究对象，其中又以 ^1H 和 ^{13}C 的核磁共振应用最为广泛。表 11-1 列出了一些常见磁核的性质。

表 11-1　一些常见磁核的性质

同位素	天然丰度 /%	质子数	中子数	质量数	自旋量子数	磁旋比 / $(T \cdot s)^{-1}$	磁矩 / 核磁子
^1H	99.98	1	0	1	1/2	26.75×10^7	2.79
^2H	1.15×10^{-2}	1	1	2	1	4.107×10^7	0.86
^{13}C	1.07	6	7	13	1/2	6.728×10^7	0.70
^{14}N	99.64	7	7	14	1	1.934×10^7	0.40
^{15}N	0.36	7	8	15	1/2	-2.713×10^7	-0.28
^{17}O	3.8×10^{-2}	8	9	17	5/2	-3.628×10^7	-1.89
^{19}F	100	9	10	19	1/2	25.16×10^7	2.62
^{31}P	100	15	16	31	1/2	10.84×10^7	1.13

2. 原子核的进动　　将原子核置于一外加磁场中，若原子核磁矩方向与外加磁场方向不同，则原子核在自旋的同时会以外加磁场方向为轴线做旋转运动，这一现象类似陀螺在旋转过程中转动轴的摆动，称为进动（拉莫尔进动），见图 11-1。原子核进动的角速度 ω 可表示为

$$\omega = 2\pi \nu_0 = \gamma H_0 \qquad (11-3)$$

式中，ν_0 为自旋核的进动频率；H_0 为外加磁场强度。

从式（11-3）可知：

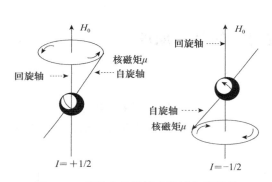

图 11-1　磁场中磁性核（氢核）的进动

$$\nu_0 = \frac{\gamma}{2\pi} H_0 \qquad (11-4)$$

由式（11-4）可知，对于给定的原子核，其磁旋比 γ 为常数，进动频率与外加磁场的强度成正比，外加磁场越强，核进动频率就越高。

二、核能级的裂分

处于磁场中的原子核，其核磁矩有不同的取向。根据量子力学原理，核磁矩相对于磁场的各种取向可用磁量子数 m 来描述，$m = I$，$I-1$，$I-2$，$\cdots$，$-I$，共有 $2I+1$ 个。每一种取向都代表了原子核的某一特定能级。无外磁场时，原子核只有一个简并的能级；有外磁场时，核磁矩的取向由 m 值决定，原先简并的能级会裂分成为 $2I+1$ 个能级。

例如，对于 $I=1/2$ 的 ^1H 原子核，其 m 取值为 $+1/2$ 和 $-1/2$，$m=+1/2$ 的核磁矩取向与外磁场方向相同，能量较低；$m=-1/2$ 的核磁矩取向与外磁场方向相反，能量较高。这样，^1H 原子核的一个简并能级在外磁场作用下裂分为两个。

根据电磁理论，原子核在磁场中的进动能量 E 可表示为

$$E = -\frac{h}{2\pi} m\gamma H_0 \qquad (11-5)$$

据此可知，处于较低能级（$m=+1/2$）的 ^1H 原子核能量为 $E_{+1/2} = -\dfrac{\gamma h}{4\pi} H_0$；处于较高能级（$m=-1/2$）的能量为 $E_{-1/2} = \dfrac{\gamma h}{4\pi} H_0$。$^1H$ 原子核在磁场中的能级分裂示意图见图 11-2。

¹H 原子核在磁场中分裂成的两个高低能级间的能级差 ΔE 为

$$\Delta E = \frac{\gamma h}{2\pi} H_0 \qquad (11\text{-}6)$$

由式（11-6）可知，自旋量子数 $I = 1/2$ 的原子核由低能级向高能级跃迁时需要的能量 ΔE 与外加磁场强度 H_0 成正比（图 11-3）。

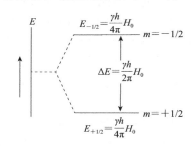

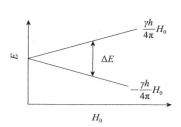

图 11-2 ¹H 原子核在磁场中的能
级分裂示意图

图 11-3 $I = 1/2$ 原子核能级差与
外加磁场强度关系示意图

三、核磁共振

如果用一定频率 ν 的电磁波（射频波）照射处于磁场中的原子核，若电磁波的能量 $\Delta E'$ 正好等于该原子核的两个能级的能极差 ΔE 时，则低能级的原子核就会吸收电磁波，跃迁到高能级（或核自旋由与磁场平行方向转为反平行方向），从而产生核磁共振吸收现象。

例如，对于 $I = 1/2$ 的 ¹H 原子核，发生核磁共振吸收要满足如下条件：

$$\Delta E = \Delta E' = h\nu = \frac{h}{2\pi} \gamma H_0 \qquad (11\text{-}7)$$

式（11-7）可转化为

$$\nu = \frac{\gamma}{2\pi} H_0 \qquad (11\text{-}8)$$

根据式（11-4），可得 $\nu = \nu_0$，这说明当外加电磁波的频率 ν 等于核进动频率 ν_0 时，原子核和外加电磁波间就可能产生共振。式（11-8）就是核磁共振发生的条件方程。

由式（11-8）可知：①对于不同的核磁旋比 γ 不同，若固定外加磁场强度为 H_0，则不同的核发生核磁共振时的频率 ν 不同；若固定 ν，不同的核磁共振磁场强度不同。②对于同一种核，其磁旋比 γ 为一定值，核磁共振频率与外加磁场强度成正比，即每给定一频率 ν 则必有一个对应的磁场强度 H_0。

当满足核磁共振条件时，测量核磁共振吸收的方法一般有 2 种：①扫场法，即固定电磁波的频率 ν，改变磁场强度 H_0；②扫频法，即固定磁场强度 H_0，改变电磁波的频率 ν。扫场法是常用的核磁共振吸收测量方式。

四、弛豫过程

在温度一定且无外加射频辐射条件下，磁场中的原子核在高低两种能级上的分布处于热力学平衡状态。由于高低两能级间的能量差非常小，处于低能级的核数目相比高能级的核数目仅占微弱的优势。例如，在常温下（约 300K），¹H 在磁场强度 H_0 为 1.4092T 的磁场中，处于低能级和高能级上的 ¹H 原子核数目之比为 1.000 009 9，即处于低能级的核的数目仅比高能级核的数目约多 1/100 000。

当低能级的核吸收了射频辐射后，就会被激发至高能级上，同时发射出共振吸收信号。随着核磁共振吸收过程的进行，处于低能级的核数目越来越少，处于高能级的核数目越来越多，经过一定时间后，高低能级的核数目相等，即从低能级到高能级与从高能级到低能级跃迁的核数目相同，体系的净吸收为零，核磁共振吸收停止，不能再观察到核磁共振信号，这种现象称为"饱和"。实际上，此时仍可观测到连续的核磁共振吸收信号，这是因为处于高能级的核可以通过非辐射途径释放能量后，及时返回至低能级，从而使低能级核始终维持多数。这种高能级的核通过非辐射形式放出能量而回到低能级的过程称为弛豫过程。

弛豫过程分为 2 类，一类是自旋 - 晶格弛豫，又称纵向弛豫；另一类是自旋 - 自旋弛豫，也称横向弛豫。

1. 自旋 - 晶格弛豫　　自旋 - 晶格弛豫是指处于高能级的核将能量以热能形式传递给周围环境（固体样品指晶格，液体则为周围的同类分子或溶剂分子等），自己又重新回到低能级的过程。弛豫的结果是高能级的核数目减少，低能级的核数目增加，自旋体系的总能量下降。自旋 - 晶格弛豫反映了体系与环境间的能量交换，弛豫速度服从一级反应速率方程，表征这一过程快慢的时间常数称为自旋 - 晶格弛豫时间，用 T_1 表示。T_1 越小表示弛豫过程效率越高，T_1 越大表示弛豫效率越低，越容易达到饱和。T_1 的大小与核的种类、样品的状态和温度有关。固体或高黏度液体分子热运动困难，T_1 很大，有时可达几小时或更长；气体或液体分子热运动容易，T_1 很小，一般为 $10^{-4} \sim 100s$。T_1 与核磁共振峰的强度成反比，T_1 越小，核磁共振信号越强；T_1 越大，核磁共振信号越弱。

2. 自旋 - 自旋弛豫　　自旋 - 自旋弛豫是指两个相邻的进动频率相同而能级不同的原子核，通过高低能级核之间自旋状态的交换而实现能量转移的过程。这种弛豫过程并未改变高低能级上核的数目及核体系的总能量，但使某些核在高能级停留的时间缩短了。表征这一过程所需的时间称为自旋 - 自旋弛豫时间，用 T_2 表示。固体样品因各核间的相互位置固定，易于交换能量，故 T_2 特别小，为 $10^{-5} \sim 10^{-4}$。一般液体和气体样品的 T_1 和 T_2 差不多，在 1s 左右。T_2 与核磁共振峰的峰宽成反比，固体样品的 T_2 很小，核磁共振峰很宽。

弛豫时间虽有 T_1 和 T_2 之分，但对于一个自旋核来说，它在某较高能级所停留的平均时间取决于 T_1 和 T_2 中较小的一个。

第二节　化学位移

一、化学位移的产生及表示方法

1. 化学位移的产生　　根据核磁共振条件 $\nu = \dfrac{\gamma}{2\pi} H_0$ 可知，某一种原子核的共振频率 ν 只与该核的磁旋比 γ 和外磁场场强 H_0 有关，分子中同一种原子核应该只有一个共振频率，但这种情况仅是对"裸核"而言的。核磁共振实验结果表明，分子中的同种磁核，随其所处的化学环境不同会出现不同的共振信号。例如，乙醇分子中—CH_3、—CH_2 和—OH 3 种基团中的 ^1H 就会产生 3 个不同的共振信号。这种由化学环境不同引起的核磁共振信号的差异可以根据磁场的屏蔽效应来解释。

分子中的原子核被不断运动着的电子所包围，在外磁场的作用下，这些电子会产生环形电流，并感应生成一个与 H_0 成比例的感应磁场（图 11-4），该感应磁场改变了磁核实际感受到的磁场强度，这种现象就是磁场的屏蔽效应。受屏蔽磁核的磁场强度（H_0'）可表示为

$$H_0' = H_0 - \sigma H_0 = (1 - \sigma) H_0 \qquad (11\text{-}9)$$

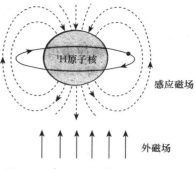

图 11-4　^{1}H 原子核的电子抗磁屏蔽效应示意图

式中，σ 为屏蔽常数，它是原子核受核外电子屏蔽强弱的度量，也是分子中特定磁核所处化学环境的反映。

根据式（11-8）可知，受屏蔽磁核的共振频率应为

$$\nu = \frac{\gamma (1 - \sigma) H_0}{2\pi} \qquad (11\text{-}10)$$

因此，同种原子核只要在分子中所处的化学环境不同，其 σ 值就不同，也就会出现不同的共振频率，这种由化学环境不同导致的原子核共振频率不同的现象就称为"化学位移"。若固定射频辐射的频率，σ 大的原子核共振所需的磁场强度 H_0 就越大，共振信号将出现在高磁场处；反之，σ 小的原子核共振所需的磁场强度 H_0 就小，相应的共振信号将出现在低磁场处。

核外电子屏蔽效应的大小主要受 3 种因素的影响，即抗磁屏蔽效应、顺磁屏蔽效应和远程屏蔽效应，其对应的屏蔽常数分别为 $\sigma_{抗}$、$\sigma_{顺}$ 和 $\sigma_{远}$，总的 σ 可表示为

$$\sigma = \sigma_{抗} + \sigma_{顺} + \sigma_{远} \qquad (11\text{-}11)$$

对于高度对称的核外电子云，如 ^{1}H 的 1s 电子，在外磁场作用下会产生与 H_0 方向相反的感应磁场，从而使得作用在原子核上的外磁场强度被抵消一部分，即磁核实际感受到的磁场强度低于 H_0。这样要使被电子包围的磁核的共振频率与裸核相同，就必须增加外加磁场的强度。这种使共振信号向高场移动的现象称为抗磁屏蔽效应（图 11-4）。

含有 p、d 电子的原子，其核外电子云呈非球形对称分布，在磁场作用下会产生与外磁场方向相同的感应磁场，从而使得磁核实际感受到的磁场强度强于 H_0，这样要使被电子包围的磁核的共振频率与裸核相同，就必须降低外加磁场的强度。这种使共振信号向低场移动的现象称为顺磁屏蔽或去屏蔽效应。

远程屏蔽效应是指分子中其他原子或原子团上的成键电子对特定原子核所产生的屏蔽作用，由于发生这种作用的范围较大，因而屏蔽强度较弱。

2. 化学位移的表示方法　　原子核所受屏蔽作用的大小和核外电子云的分布有关。核所处的化学环境不同，其屏蔽常数不同，相应的共振频率也就不同，但这种由化学环境不同引起的核共振频率变化幅度非常小，一般难以准确测定其绝对变化量。实际工作中，一般采用相对法来表示该共振频率的变化值，即选择某一标准物质中一磁核的共振频率作标准，将其他不同环境中的同类磁核与之比较，它们的共振频率之差 $\Delta \nu$ 就是化学位移：

$$\Delta \nu = \nu_{样} - \nu_{标} = \gamma (\sigma_{标} - \sigma_{样}) H_0 / 2\pi \qquad (11\text{-}12)$$

式中，$\nu_{标}$ 和 $\nu_{样}$ 分别为标准物质和样品中同类磁核共振吸收时的频率。

从式（11-12）可以看出，化学位移 $\Delta \nu$ 与外磁场的强度 H_0 成正比，因此即便同一化合物在不同磁场强度的仪器中测定时，同一磁核的化学位移也不相同，这给共振信号的分析比较带来诸多不便。为克服这一缺点，目前普遍采用无量纲的 δ 值来表示化学位移，其定义为

$$\delta = \frac{\nu_{样} - \nu_{标}}{\nu_{标}} \times 10^6 = \frac{\Delta \nu}{\nu_{标}} \times 10^6 \qquad (11\text{-}13)$$

δ 是一个与磁场无关的数值，因此同一磁核在不同磁场强度的仪器中测得的化学位移结果是一致的。

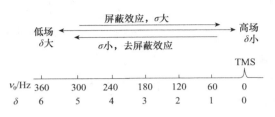

图 11-5　δ 与 σ 和磁场强度的关系示意图

测定化学位移时，通常选择的标准物质是四甲基硅烷（TMS）。因为硅原子的电负性很小，TMS 中的氢受电子的屏蔽作用很强，其共振吸收位置位于多数有机物中的氢不发生吸收的区域内。如果定义 TMS 中氢的 δ 值为 0.00，则绝大部分有机分子中氢的 δ 值均位于共振吸收信号的低场区。化学位移与屏蔽效应和磁场强度的关系见图 11-5。

二、化学位移与分子结构的关系

化学位移是核外电子云密度不同造成的，因此任何影响电子云密度的因素都会对化学位移产生影响。这些因素主要有诱导效应、共轭效应、碳原子的杂化状态、磁各向异性效应、氢键效应和溶剂效应等。

1. **诱导效应**　如果与氢相连的碳原子上有电负性较大的取代基（吸电子基团），如—X、—NO_2、—CN、—OH、—OR、—COOR 等，则氢核周围的电子云密度降低（去屏蔽），氢的共振信号向低场移动，化学位移 δ 增大。若与氢相连的碳原子上为给电子基团，则氢核周围的电子云密度增加，氢受到的屏蔽效应增强，共振信号向高场移动，化学位移 δ 减小。取代基的诱导效应可沿碳链延伸，但随着间隔键数的增加而减弱。表 11-2 列出了卤代甲烷 CH_3X 中取代基 X 对 H 化学位移的影响。

表 11-2　卤代甲烷中 ^1H 化学位移与取代基电负性的关系

指标	CH_3F	CH_3OH	CH_3Cl	CH_3Br	CH_3I	CH_4	TMS
取代基	F	O	Cl	Br	I	H	Si
电负性	4.0	4.0	3.1	2.8	2.5	2.1	1.8
δ_H	4.26	4.26	3.05	2.68	2.16	0.23	0

2. **共轭效应**　分子结构中存在的 p-π、π-π 等共轭化学键会影响氢的化学位移。与诱导效应相似，若共轭效应使氢核周围的电子云密度增加，则 δ_H 减小；反之，δ_H 增大。

3. **碳原子的杂化状态**　处于不同杂化状态下的碳原子的电负性是不同的，杂化轨道中的 s 轨道成分越多，电负性越大，其去屏蔽作用就越大，相应的 δ_H 值也越大。

4. **磁各向异性效应**　当分子中某些基团的电子云呈非球形对称排布时，它对邻近的氢核就会产生一个各向异性的磁场，从而使某些空间位置上的氢核受到屏蔽效应（＋），化学位移向高场移动；另一些空间位置上的氢核受到去屏蔽效应（－），化学位移向低场移动，这种现象即磁各向异性效应。与通过化学键传递的诱导效应不同，磁各向异性效应是通过空间传递的。

（1）苯环　苯在受到与苯环平面相垂直的外磁场作用时，环流的 π 电子所产生的感应磁场使苯分子附近出现屏蔽区（＋）和去屏蔽区（－），苯环上的 6 个氢均位于去屏蔽区，其共振信号出现在低场（δ_H＝7.2），如图 11-6 所示。

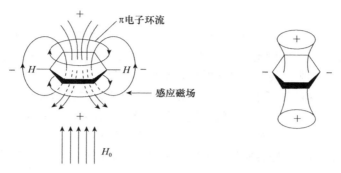

图 11-6 苯环的磁各向异性效应

（2）三键　炔烃 π 电子云绕 C—C 键轴呈圆筒形对称分布，在外磁场作用下，形成与 H_0 方向相反的感应磁场，炔氢位于屏蔽区（＋），理应在高场产生吸收，但由于炔碳原子的电负性较大（s 轨道成分占 50%），C—H 键的电子云更靠近碳原子，导致质子周围的电子云密度降低，共振吸收移向低场。总的结果，其 δ 仍然比饱和碳原子上的质子大（图 11-7）。

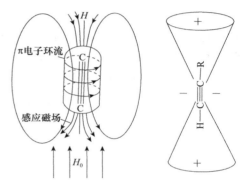

图 11-7 三键的磁各向异性效应

（3）双键　以乙烯分子为例。当乙烯受到与双键平面相垂直的外磁场作用时，双键上的环流 π 电子产生一个与外加磁场相对抗的感应磁场，如图 11-8 所示，该感应磁场在双键平面上下方是屏蔽区（＋），在平面内是去屏蔽区（－）。在双键碳上的氢处在去屏蔽区，其 δ 值较烷烃中—CH_2 的 δ 值大。

羰基（C＝O）中氢核受屏蔽的情况与乙烯分子类似。羰基的碳原子取 sp^2 杂化，3 个 σ 键位于同一平面上，在外磁场作用下，平面两侧形成锥体形屏蔽区，平面内是去屏蔽区。醛基的质子处于去平面区，再加上氧原子高电负性的影响，δ 特别大，如乙醛的 δ 约为 9.7。

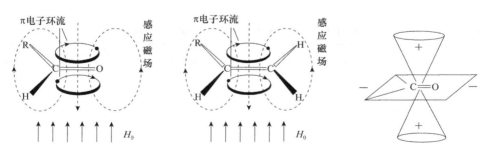

图 11-8 双键的磁各向异性效应

（4）单键　C—C 键的抗磁效应较弱，其去屏蔽区是以 C—C 键为轴的圆锥体，因此当甲烷上的氢原子逐个被烷基取代后，剩下的氢原子将受到越来越强的去屏蔽作用。虽然烷基的诱导效应使它周围的电子云密度增加（屏蔽），但由于去屏蔽作用更强，共振信号仍向低场移动。例如，从 CH_4、RCH_3、RCH_2 至 R_3CH，对应的 δ 值分别为 0.22、0.85~0.95、

1.20～1.48、1.40～1.65。

5. 氢键效应　　当分子中存在—OH、—NH$_2$等官能团时，容易形成分子间或分子内氢键，引起参与氢键的质子周围电子云密度降低，产生去屏蔽作用，核磁共振信号移向低场，化学位移增大。氢键越强，共振信号向低场移动得越明显。

在惰性溶剂的稀溶液中，可以不考虑氢键的影响；但随着溶液浓度的增加，羟基的化学位移随之增加。分子内氢键化学位移的变化只与自身结构有关，与浓度无关。

6. 溶剂效应　　采用不同的溶剂时，质子的化学位移是不同的。溶剂极性越强，作用越明显。这可能是溶剂产生磁各向异性效应，溶剂与溶质间存在氢键或范德瓦耳斯力所致。

三、常见基团中质子的化学位移

化学位移是分子中氢核化学环境的反映，在鉴定有机化合物的结构方面具有重要作用。根据化学位移与分子结构的关系及大量的实验数据，前人已总结出常见结构单元中质子的化学位移。熟悉各种氢核的化学位移，对解析有机化合物的结构至关重要。图11-9和表11-3列出了一些典型基团质子的化学位移。

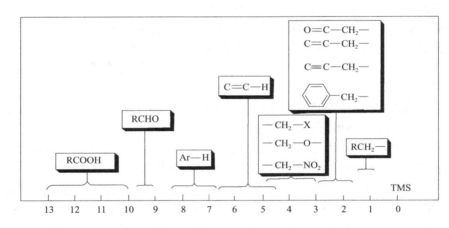

图 11-9　一些典型基团质子化学位移（δ）的大致范围

表 11-3　一些常见化合物中质子的化学位移

常见化合物	化学位移（δ）/ppm[①]
碳上的氢（CH）	
脂肪族CH（C上无杂原子）	0～2.0
β-取代脂肪族CH	1.0～2.0
炔氢	1.6～3.4
烯氢	4.5～7.5
α-取代脂肪族CH（C上有O、N、X或与烯键、炔键相连）	1.5～5.0
苯环、芳杂环上氢	6.0～9.5
醛基氢	9.0～10.5

————————

① ppm.百万分之一

续表

常见化合物	化学位移（δ）/ppm
氧上的氢（OH）	
醇类	0.5～5.5
酚类	4.0～8.0
酸	9.0～13.0
氮上的氢（NH）	
脂肪族	0.6～3.5
芳香胺	3.0～5.0
酰胺	5.0～8.5

第三节　核的自旋耦合作用

一、自旋耦合及自旋裂分

分子内部相邻的原子核自旋之间的相互干扰作用称为自旋耦合。因自旋耦合而引起的谱峰分裂现象称为自旋裂分。自旋耦合和裂分是高分辨率 NMR 中常见的现象。

自旋裂分是由分子中相邻碳上氢核的自旋所产生的微小磁场强度 ΔH 对外加磁场强度 H_0 的影响而引起的。每一个氢核的自旋都有两种取向，与外磁场强度 H_0 方向平行的自旋，邻近原子核感受到的总磁场强度为 $H = H_0 + \Delta H$，与外磁场强度 H_0 方向相反的自旋，邻近原子核感受到的总磁场强度为 $H = H_0 - \Delta H$。这样该邻近原子核的共振频率就由原来的一种变为两种，共振信号就裂分为两个，成为双重峰，这就是自旋裂分。

以 1,1,2- 三氯乙烷（$CHCl_2$—CH_2Cl）为例，分子中存在两组氢核。一组是组成—CH 基团的 H_a，另一组是组成—CH_2 基团的两个同磁性 H_b，即 H_{b1} 和 H_{b2}。对于 H_a 来讲，每一个 H_b 在外磁场中都有两种自旋取向，两个 H_b 共有 4 种自旋取向，分别为：① H_{b1} 和 H_{b2} 都与外磁场平行；② H_{b1} 平行，H_{b2} 逆平行；③ H_{b1} 逆平行，H_{b2} 平行；④ H_{b1} 和 H_{b2} 都逆平行。由于 H_{b1} 和 H_{b2} 是等价的，因此②和③没有区别，结果只产生 3 种局部磁场。H_a 核受到这 3 种磁效应而裂分为 3 重峰。由于 H_b 的上述 4 种自旋取向概率都一样，H_a 3 重峰中各峰的强度为 1 : 2 : 1。同样对于 H_b 来讲，受到邻近 H_a 核的两种自旋取向的影响，裂分为强度比为 1 : 1 的双重峰。

自旋耦合具有如下几个特点：①耦合作用是以价电子为媒介发生的，一般相隔 3 个以上 σ 键的距离，质子间的相互耦合作用就很弱了。②分子中具有多重键的耦合作用比单键要大。③分子中如果存在活泼 H，则活泼 H 不与相邻基团上的 H 产生耦合。例如，甲醇分子中的羟基 H，不会与—CH_3 中的 H 发生耦合，导致—OH 和—CH_3 这两种基团的 H 都只有单峰。

因自旋裂分形成的多重峰中相邻两峰之间的距离称为自旋 - 自旋耦合常数，用 $^nJ_{X\text{-}Y}$ 来表示，单位为 Hz，其中 n 为相隔的化学键的数目，X、Y 为发生耦合的原子，如 $^3J_{\text{H-H}}$ 表示相隔 3 个化学键的两个质子之间的耦合常数。

耦合常数的大小与两个（组）氢核之间的化学键的数目、成键电子的杂化状态、取代基的电负性及分子的立体结构等因素有关，与仪器和测试条件无关。耦合原子间的距离超过 3 个 σ

键的键长时，J 值一般可忽略不计。对于氢核来说，根据相互耦合的核之间相隔的键数，可将耦合分为 3 类：同碳耦合、邻碳耦合和远程耦合（指相隔 3 个化学键以上的核之间的耦合）。

二、核的化学等价和磁等价

1. 化学等价　若分子中的原子核处于相同的化学环境，具有相同的化学位移，这种核称为化学等价的核。例如，CH_3CH_2I 中的—CH_3 的 3 个 H 是化学等价的，同理—CH_2 的 2 个 H 也是化学等价的。

2. 磁等价　若分子中的一组原子核具有相同的化学位移，它们对组外任何一个原子核的耦合常数也相同，这一组核就称为磁等价的核。磁等价的核一定是化学等价的；化学等价的核不一定是磁等价的，而化学不等价必定磁不等价。磁等价的两个氢核之间虽然存在自旋干扰，但并不产生峰的裂分；只有磁不等价的两个核之间发生耦合时，才会产生峰的裂分。

例如，CH_2F_2 中的 2 个 H 的化学位移是相同的，与 2 个 F 核的耦合常数也相同，则这 2 个氢为磁等价核。再如，$H_2C=CF_2$ 中 2 个 H 是化学等价的，但是磁不等价，这是因为 C=C 双键不能自由旋转，H_a 和 F_a 的耦合常数不等于 H_b 和 F_a 的耦合常数；同理，H_a 和 F_b 的耦合常数也不等于 H_b 和 F_b 的耦合常数。

符合下列情况之一者，属于磁不等价氢核：①化学环境不相同的氢核；②处于末端双键上的氢核；③若单键带有双键性质时也会产生磁不等价氢核；④与不对称碳原子相连的—CH_2 上的 2 个氢核；⑤ —CH_2 上的 2 个氢核，如果位于刚性环上或不能自由旋转的单键上时；⑥芳环上取代基的邻位上的氢核也可能是磁不等价的。

三、自旋系统分类

通常按照 $\Delta v/J$ 的大小来给自旋耦合体系进行分类（Δv 为化学位移，J 为耦合常数），$\Delta v/J > 10$ 的体系为弱耦合体系，所得核磁共振图谱为一级图谱，也称为简单谱；$\Delta v/J < 10$ 的体系为强耦合体系，所得图谱为高级图谱，又叫二级图谱或复杂谱。

1. 一级图谱　当核磁共振峰由于耦合作用被分成多重峰时，多重峰的数目由相邻原子中磁等价的核数 n 来确定，峰数的计算式为（$2nI+1$）。对于氢核而言，其自旋量子数为 $I=1/2$，则多重峰数计算式为（$n+1$），称为（$n+1$）规律。如果 1 组磁等价核与相邻碳上的 2 组核（分别为 m 个和 n 个核）耦合，若该 2 组碳上的核的耦合常数相同，则将产生（$m+n+1$）重峰。例如，$CH_3CH_2CH_3$ 中的甲基的峰裂分为 3 重峰，亚甲基的峰裂分为 7 重峰。若该 2 组碳上核的耦合常数不同，则将产生（$m+1$）（$n+1$）重峰。例如，$CH_3CH_2CHCl_2$ 中的—CH_2 的峰裂分为 8 重峰。裂分峰的面积之比为二项式（$a+b$）^{n} 展开式中各项系数之比。裂分峰以化学位移为中心呈左右对称分布，峰间距相等，峰间的距离为耦合常数。磁等价核之间没有自旋裂分现象，其吸收峰为单一峰。

2. 高级图谱　大部分核磁共振图谱为高级图谱，高级图谱比一级图谱要复杂得多。高级图谱裂分峰的数目多，一般超过由（$n+1$）规律所计算的数目；峰组内各峰之间的相对强度关系复杂，不服从二项式（$a+b$）^{n} 展开系数之比；多重峰的中心位置也不等于化学位移值；裂分峰之间的距离也不同，一般峰间距不再是耦合常数，不能从共振波谱图上直接读取 J 值。由于高级图谱的解析比较复杂，一般需要通过增加磁场强度、自旋去耦合同位素取代等实验方法进行图谱简化。

第四节　核磁共振图谱

核磁共振图谱是描述磁核共振吸收强度与射频场频率（或磁场强度）变化的函数图，其横坐标是化学位移，纵坐标是吸收强度。

核磁共振图谱有四要素，即峰位、峰强、峰组数和峰裂分模式，它们是质子（^1H 谱）在分子中结构特征的反映。①峰位，用化学位移 δ 值表示，可提供质子的化学环境信息，即氢归属于何种结构基团，该基团上可能有哪些取代基。②峰强，用积分峰面积或积分线高度表示，可提供各种峰群间的质子数量比，即各类质子的相对数目。③峰组数，可提供分子中处于不同化学环境的质子种类数。④峰裂分模式，即由自旋 - 自旋耦合引起的峰裂分，裂分峰的个数提供质子基团邻近的其他质子的个数；耦合常数提供两质子在分子结构中的相对位置。

图 11-10 是化合物 $CH_3CH_2COCH_3$ 的 ^1H NMR 图谱。图中有三组峰，说明分子中存在三种类型的氢核，分别为 CH_3、与羰基 C 相连的 CH_3 和 CH_2 这 3 种基团中的氢。积分线高度之比为 3∶3∶2，对应于上述 3 种基团中的质子数。$\delta 2.47$ 处的 4 重峰，为 —CH_2 的 2 个 H 产生，$\delta 2.13$ 处的孤峰为与 C=O 相连的 —CH_3 的 3 个 H 产生，$\delta 1.05$ 处的 3 重峰为与 —CH_2 相连的 —CH_3 的 3 个 H 所产生。 —CH_3 与 —CH_2 中的 H 核自旋耦合相应导致了峰产生裂分。

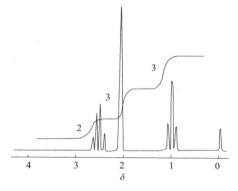

图 11-10　化合物 $CH_3CH_2COCH_3$ 的
^1H NMR 图谱

第五节　核磁共振波谱仪

核磁共振波谱仪是用于检测和记录核磁共振信号的仪器，是化学、物理学、生物学和医学等领域中研究分子结构、分子构象和分子动态特征等信息必不可少的工具。

根据射频的照射方式不同，核磁共振波谱仪分为 2 大类，即连续波核磁共振波谱（CW-NMR）仪和脉冲傅里叶变换核磁共振波谱（PFT-NMR）仪。两类波谱仪相同的组成部件有磁体、探头、射频发射器、射频接收器、场频连锁系统及信号记录和处理系统等（图 11-11）。

一、核磁共振波谱仪的主要组成

1. 磁体　磁体主要用来产生一个强而稳定均匀的外磁场。常用的磁体有永磁铁、电磁铁和超导磁体 3 种类型。现在频率大于 100MHz 仪器均采用超导磁体。

超导磁体主要包括低温杜瓦、铌合金超导线圈及匀场线圈等部件。低温杜瓦为双层杜瓦，内

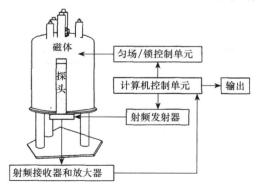

图 11-11　核磁共振波谱仪结构示意图

层装入液氦，外层装入液氮以减少液氦的蒸发。置于液氦中的超导线圈，通电闭合后电阻接近零，电流始终保持原来的大小，产生强磁场。匀场线圈包括磁体匀场线圈和探头匀场线圈。磁体匀场线圈靠近磁体外围，用于调节由磁体外部环境的影响而引起的磁场不均匀；探头匀场线圈位于磁体中央，靠近探头的位置，主要用于调节由样品或样品管等的变化而引起的磁场不均匀。

2. 射频发射器　　用于产生一个与外磁场强度相匹配的电磁辐射，通过发射线圈作用于样品，使磁核从低能级跃迁到高能级。通常用恒温下的石英晶体振荡器产生基频，再经过倍频、调谐和功率放大得到所需的射频频率。

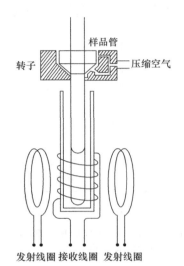

图 11-12　探头结构示意图

3. 探头　　探头固定于磁体的中心，由样品管、发射线圈和接收线圈组成，是核磁共振波谱仪的核心部件（图 11-12）。发射线圈轴线与样品管垂直，将射频波能量作用于样品；接收线圈绕在样品管外的玻璃管上，接收共振信号。样品管处于线圈的中心，其外面还套有转子，转子在压缩空气驱动下可以带动样品管快速旋转，以改善样品磁场的均匀性。探头种类很多，根据被测核的种类可分为专用探头、多核探头及宽带探头。专用探头只用于测定某种特定共振频率的核，如只测 ^1H 原子核；多核探头则可用于测定几种规定的共振频率的核；宽带探头可测定元素周期表中大部分磁核的 NMR 图谱，是目前较常用的探头。

4. 射频接收器　　射频接收器的线圈在样品管周围，共振核产生的射频信号，通过接收线圈被射频接收器检出。

5. 场频连锁系统　　该系统主要用于保证磁场对频率的比值恒定。常用的锁系统为氘锁，其功能有 2 方面：一是以氘的共振频率作为控制点，通过调制技术，自动补偿磁场或频率的漂移，保证磁场对频率的比值恒定；二是将氘信号作为观察对象，以显示磁场的均匀性。在进行液体核磁共振谱测定时，应先将样品溶解在合适的氘代试剂中。

6. 信号记录和处理系统　　用来记录和处理射频接收器检测到的核磁共振信号，并给出核磁共振波谱。

二、连续波核磁共振波谱仪

连续波核磁共振波谱仪的结构示意图见图 11-13。这种波谱仪有扫频式和扫场式两种类型，前者外磁场强度固定，射频频率连续改变；后者射频频率固定，外磁场强度连续改变。扫频或扫场的目的是满足分子中某种化学环境的核发生共振的条件。通过扫描单元，可以控制扫频或扫场的扫描速度、扫描范围等参数。

连续波核磁共振波谱仪是一种单通道仪器，只有依次逐个扫描设定的磁场或频率范围（所有的时

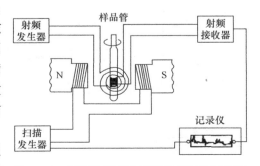

图 11-13　连续波核磁共振波谱仪结构示意图

间单元），才能得到一张完整的谱图。其缺点是扫描时间长，灵敏度低，所需样品量大，无法对低丰度和弱磁性的核进行测量，现已被逐渐淘汰。

三、脉冲傅里叶变换核磁共振波谱仪

脉冲傅里叶变换核磁共振波谱仪的结构示意图见图 11-14。该波谱仪中没有对样品进行扫频或扫场的扫描单元，它使用一个强度大而持续时间短的无线电脉冲波（射频波）照射样品，使样品中不同共振频率的核同时发生共振。周期型脉冲波相当于一个多通道的发射机，射频接收线圈相当于一个多通道接收机，其接收到的是一个随时间衰减的信号即自由感应衰减信号（FID 信号）。自由感应衰减信号是时间的函数，对此函数作傅里叶变换处理，转换为频域谱后，即得到以频率为横坐标的核磁共振波谱图。

PFT-NMR 具有以下优点：①测量速度快，由于脉冲波的作用时间为微秒级，因此测定一张谱图所需的时间很短，可以用来研究核的动态过程、瞬变过程和反应动力学等；②可对少量样品进行累加测试，使对样品量的要求大为降低并明显改善信噪比；③灵敏度高，可以对丰度小、磁旋比也比较小的核进行测定；④除常规 ^1H、^{13}C 谱外，还可用于扩散系数、化学交换、固体高分辨谱、二维谱和弛豫时间测定等。

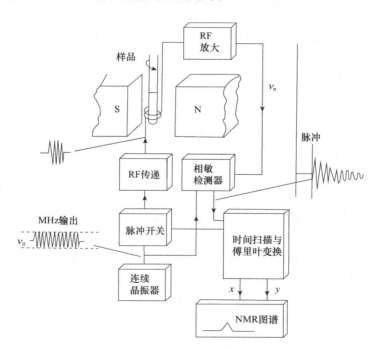

图 11-14　脉冲傅里叶变换核磁共振波谱仪的结构示意图
RF. 射频波；ν_0. 射频波基频；ν_n. 共振频率

四、样品的处理及注意事项

进行核磁共振分析的样品纯度应大于 98%，不能含有含铁物质或其他顺磁性物质；氧气的存在会引起分辨率的下降，测试前要用氮气将样品中的氧气驱除掉。

要根据样品的溶解性选择适当的溶剂，理想的溶剂应不含质子，沸点较低，呈化学惰性且不与样品发生缔合，最好是磁各向同性。对于核磁共振氢谱的测量，应采用氘代溶剂以防止产生干扰信号。氘代溶剂中的氘核还可作核磁共振波谱仪锁场的信号核。对于中低极性的样品，最常采用氘代三氯甲烷作溶剂。极性大的化合物可采用氘代丙酮、重水等。对于核磁共振碳谱的测量，为兼顾氢谱的测量及锁场的需要，一般仍用相应的氘代试剂。由于液体样品的黏度影响弛豫时间，黏度越大则分辨率越差，配制的样品溶液应有较低的黏度。若溶液黏度过大，应减少样品的用量或升高测试样品的温度。当样品需作变温测试时，应根据低温的需要选择凝固点低的溶剂或按高温的需要选择沸点高的溶剂。

测定化学位移时，样品中需加入一定的标准物质。对氢谱或碳谱，最常用的标准物质是四甲基硅烷（TMS）。TMS 溶于大多数有机溶剂中，沸点低，易于挥发除去，只有一个单峰，化学位移 $\delta=0$。在水溶液中，用 3-三甲基硅烷-1-丙磺酸钠（DSS）作标准物质。标准物质加在样品溶液中称为内标。若出于溶解度或化学反应等的考虑，标准物质不能加在样品溶液中，可将液态标准物质（或固态标准物质的溶液）封入毛细管再插到样品管中，这种情况下的标准物质称为外标。

第六节　核磁共振波谱法的应用

核磁共振波谱法主要应用于定性结构分析，如有机和生物分子的结构鉴定；分子热力学、动力学和反应机理的研究；氢键形成、互变异构和分子内旋转研究。核磁共振波谱法也可以用来进行定量分析。

一、定性分析

1. 定性分析的主要步骤　　定性分析就是根据核磁共振图谱四要素与分子结构和构型的关系，进行图谱解析，推出未知物的分子结构或对已知物的分子结构等进行鉴定。定性分析的主要步骤简介如下。

（1）判断谱图的质量　　通过对图谱中内标物的出峰位置、基线、信噪比等进行综合分析，判断获得的图谱是否清晰、正确。同时要注意区分杂质峰、溶剂峰和由样品管旋转产生的旋转边带等非样品峰。

（2）计算不饱和度　　如果已有元素分析或质谱资料，应先确定样品的分子式，计算不饱和度 Ω，然后判断化学键的类型。链状烷烃或其不含双键的衍生物的 Ω 为 0，双键及饱和环状结构的 Ω 为 1，三键的 Ω 为 2，苯环的 Ω 为 4。

（3）图谱级别的识别　　根据化学位移与耦合常数，判断图谱的级别。$\Delta v/J > 10$ 的图谱为一级图谱，$\Delta v/J < 10$ 的图谱为高级图谱。

（4）如果是一级图谱，应确定氢核类型、各类氢核的数目和相邻氢核数

1）利用化学位移 δ 确定各吸收峰所对应的氢核类型。先解析孤立甲基峰，然后确定位于低磁场区的羧基（$\delta=9.7\sim13.2$）、醛基（$\delta=9.0\sim10.0$）、烯醇（$\delta=14.0\sim16.0$）及具有分子内氢键的羟基（$\delta=11.0\sim16.0$）等质子峰。总的原则是：先解析没有耦合的质子，然后再解析有耦合的质子。

2）根据各峰的面积，计算分子中各类氢核的数目。也可用可靠的甲基信号或孤立的亚甲基信号作为标准来计算各组峰代表的质子数。

3）利用（$n+1$）规律，根据多重峰数目推断相邻的氢核数。

4）根据耦合常数及峰形，估计相关官能团或结构单元存在的可能性，确定出可能的结构单元或基团的连接关系。

（5）解析高级图谱（二级图谱）　如果图谱为高级图谱，说明体系中存在复杂的自旋耦合裂分。可以采用高场强的仪器、双照射、位移试剂、重氢交换等辅助手段使图谱简化，以确定化合物中可能存在的自旋系统。

（6）初步确定结构　综合以上结果，推出可能存在的结构单元，并以一定的方式组合起来，然后对推断的可能的结构式做进一步的核对，不同类型的氢核均应在谱图上找到相应的峰组，峰组的峰形、峰面积、δ 值、J 值应该与结构式相符，否则应予否定，重新推断。

在条件允许的情况下，还可以根据各相关谱如氢 - 氢化学位移相关谱（COSY 谱）、异核多量子相干谱（HMQC 谱）、异核多键相关谱（HMBC 谱）等，确定各基团之间的连接顺序，排除不合理的结构式；也可由二维同核空间相关谱如核欧沃豪斯效应谱（NOESY 谱）或旋转坐标系的欧沃豪斯增强谱（ROESY 谱）确定化合物的构象或构型。

（7）综合解析图谱　参考其他图谱（如 IR、UV、MS 等）进行综合解析，充分利用其他分析方法获得的结果，互相印证测定结果的正确性。

2. 图谱解析实例　某化合物的分子式为 $C_9H_{12}O$，其 ^1H NMR 图谱如图 11-15 所示，试推断该化合物的结构。解析步骤及结果如下。

1）已知化合物的分子式为 $C_9H_{12}O$。

2）计算不饱和度：$\Omega = 1 + 9 + (0-12)/2 = 4$，这说明该化合物结构中可能含有一个苯环。

3）根据积分曲线算出各组峰的相对质子数。谱图中 4 组峰的积分曲线高度简比为 5：2：2：3，其数字之和为 12，正好等于分子中 H 核的总数，说明这 4 组峰的 H 核数目分别为 5 个、2 个、2 个和 3 个。

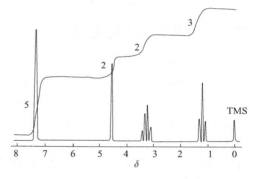

图 11-15　化合物 $C_9H_{12}O$ 的 ^1H NMR 图谱

4）解析特征性较强的峰：①δ 为 7.32 处的单峰，是苯环单取代信号，可能是苯环与烷基碳相连。因为：a. 化学位移在芳氢范围之内，δ 为 7.2～7.5；b. 不饱和度为 4，说明有芳环存在的可能性；c. 有 5 个质子；d. 单峰说明与苯环相连的基团是非吸电子或非推电子的，即与烷基碳相连才显示为一个单峰。②δ 为 4.60 处的单峰，推断为亚甲基信号，很可能是 CH_2-O-。因为：a. 单峰，并有 2 个质子；b. 分子式含氧；c. 高化学位移说明基团与电负性高的氧原子及苯环相连。③δ 为 1.15 处的 3 重峰，有 3 个质子，应为甲基氢的吸收峰。④δ 为 3.41 的 4 重峰，有 2 个质子，应为一个连接氧原子的亚甲基。⑤2 组多重峰的耦合常数相等，且符合"$n+1$"规则，应有 $O-CH_2-CH_3$ 结构单元。

5）解析低场信号：无大于 8 的信号。

6）重水交换无变化，证明氧原子不与氢相连，即不存在—OH。

7）各结构单元的合理组合为 ⟨苯环⟩—$CH_2-O-CH_2-CH_3$。

8）验证：①不同化学环境的质子数或质子组数等于共振峰个数或组数；图上有 4 组

共振峰,结构中也有4个质子组。②各类质子数之比等于相应的积分曲线高度比,均为5:2:2:3。③质子之间耦合裂分服从($n+1$)规律。④由化学位移来考察4类质子均在其常见化学位移范围内。

二、定量分析

核磁共振波谱中,某类氢核共振吸收峰的峰面积与其对应的氢核数成正比,这就是核磁共振定量分析的主要依据。用核磁共振技术进行定量分析的最大优点是不需引入任何校正因子或绘制标准曲线,即可直接根据各共振峰的峰面积的比值,求算该自旋核的数目。常用内标法和标准加入法进行分析。

为了确定仪器的积分面积与质子浓度的关系,必须采用一种标准化合物来进行校准。内标法的原理是准确称取试样和一定量的内标物,以合适的溶剂配成适宜浓度的溶液并测定其谱图,根据内标物特征峰面积与试样中某一特征峰面积的比值,即可直接求算试样氢核的数目,即可得到试样浓度,内标法测定准确度高,操作方便,使用较多。标准加入法则是准确称取一定量试样和试样中某一待测组分的纯品,以合适的溶剂配成适宜浓度的混合液,在相同操作条件下,分别测定混合液和试样的谱图,取谱图中某一特征峰面积进行定量。标准加入法只是在试样成分复杂、难以选择合适内标时使用,使用外标法时要求严格控制操作条件以保证结果的准确性。

三、核磁共振氢谱的应用

1. 核磁共振氢谱在生命科学中的应用

(1)蛋白质三维结构或构象的测定　　蛋白质三维结构的测定是蛋白质组学研究的核心内容之一。只有在确切地知道了蛋白质三维结构的基础上,才能对蛋白质的功能和作用机制有更全面的了解,才能开展基于蛋白质三维结构的药物分子设计。蛋白质中有相当一部分(约20%)由于得不到单晶,无法用X射线衍射法测定。更为重要的是液态蛋白质结构更接近蛋白质在生物体内的状态。多维NMR技术对生物大分子特别是对蛋白质三维结构的测定发挥着日益重要的作用。

(2)蛋白质与配体相互作用的研究　　蛋白质与蛋白质之间、蛋白质与其他生物分子(如DNA、RNA、多糖、药物)之间的相互作用或结合是完成生命活动的主要途径。由于结合态与游离态的配体分子中原子核自旋的核磁共振参数(化学位移、弛豫时间和扩散系数等)存在较大的差异,因此可通过NMR得到蛋白质结构变化的动力学信息,这对于药物的设计和筛选优化是非常有用的。而且NMR所研究的是在接近生理环境下的液态蛋白质的动力学性质,所得结果更具有说服力。例如,当核苷酸结合于叶绿体ATP合成酶时,酶蛋白的两个共振峰2.70ppm(Asp-BH)和2.29ppm(Glu-CH)的横向弛豫时间T_2缩短,表明这两个质子的运动性减少。

^{1}H NMR图谱具有单一性、全面性、定量性、易辨性的特点,与UV和IR相比较而言,样品成分含量不同造成的图谱的差异是不可避免的。加之提取物难免残留少量溶剂,残留剂的吸收峰也会对图谱产生干扰。而在^{1}H NMR图谱中混合物相对成分的变化对相对标准图谱不产生影响,因此在三种光谱中,信息量最多,重现性最好。

2. 核磁共振在药物分析上的应用

1)药物结构研究:核磁共振技术在创新药物研究及药物质量控制方面具有广泛的应用。此外,液体NMR能分析药物的稳定性和药物代谢,测定靶蛋白的溶液空间结构及其动力学,研究靶蛋白与药物分子的相互作用，不仅能定性、定量分析药物及杂质，而且能建立复杂的中药指纹图谱等。《国际药典》《欧洲药典》及《美国药典》均指定 NMR 图谱学技术作为对药物进行分子结构鉴定和药剂定量研究的主要工具。

2）药物质量控制：根据药物样品的核磁共振谱图（^{1}H 谱和 ^{13}C 谱）的 δ_H 和 δ_C，来确定化合物的组成，包括组分定性鉴定、含量分析、杂质鉴定等项目，现已被用于多种药物的质量控制标准。其中《美国药典》（第十九版）（1975 年）、《英国药典》（1975 年版）、《日本药局方》（第十二版）（1991 年），均将核磁共振技术列为药物鉴定的重要方法。我国也于《中国药典》（2010 年版）二部中新加入了核磁共振技术，以适应新的质控要求。随着核磁共振方法的发展和药物质量控制标准的更高要求，在各国药典中越来越多的药物鉴定方法中加入了核磁共振方法。例如，《美国药典》在测定亚硝酸异戊酯在原料药和制剂中的含量时采用的就是核磁共振绝对定量法。2009 年为了确保肝素产品的质量和防止潜在污染，美国药典委员会于 2009 年 10 月决定用具有高度专一性的 ^{1}H 核磁共振法和阴离子高效液相色谱法取代原来的电泳法（CE）对肝素进行鉴定。

另外，对 NMR 特征指纹图谱的解析可以进行中药的鉴定和分类，从而控制中药的质量，实现中药制备的现代化。目前已用 NMR 指纹图谱法鉴定了许多常用中药的真伪。例如，甘草及复方甘草片的乙醇提取物的核磁共振氢谱图谱具有很好的一致性，即二者在特征性化学成分的组成方面是一致的。复方人参注射液的中间体和成品的指纹图谱均有很好的重现性，相似度约 90%，说明从药材到产品的质量未变。黄连的 ^{1}H NMR 图谱显示出原小檗碱类生物碱的特征共振峰，黄连的伪品无此信号。天麻、肉桂、牡丹皮特征总提物的 ^{1}H NMR 指纹图显示了其主要成分的共振信号，可作为相对标准图谱，鉴别其品种。应用 NMR 指纹图谱技术也可对植物药基源进行鉴定和品质评价。例如，黄连的专属性对照物质的 ^{1}H NMR 指纹图谱能反映其主要活性成分的结构和相对组成关系，将不同来源的黄连样品与此对照可鉴定基源和品质。在 NMR 指纹图谱技术的帮助之下，可对中药的脱毒提取工艺进行指导，如建立芫花根的 ^{1}H NMR 指纹图谱，以揭示其次生代谢产物类别的组成，为芫花根有效成分脱毒提取工艺的研制提供检测手段。

NMR 指纹图谱技术也应用于中药品种鉴定之中，如虎杖、何首乌、掌叶大黄、唐古特大黄的 ^{1}H NMR 指纹图均能准确地反映其特征成分，可作为鉴别这些植物中药的相对标准图谱，用于植物的分类鉴别。

核磁共振用于药物鉴定分析具有以下优势：①样品制备方法简单。NMR 样品预处理环节少，便于质控，因而制样成本低、样品污染和丢失的风险小。②鉴定和检测的同步性。在一些常规药物分析检测过程中物质的鉴定和定量检测是两个分立的环节，而 NMR 实验可以同时提供物质结构和含量信息，制备一个样品（甚至一个实验）即能完成对样品中物质的鉴别和含量的测定，因而核磁共振技术是一种高效快速的检测手段。③对有机物的普适性。核磁共振实验（特别是 ^{1}H NMR 实验）是一种无偏向性的测试方法，可以实现混合物中多个组分的同时鉴定分析，为定量分析中基准物的选择提供了较为宽松的空间。④异构体分析能力强。核磁共振对异构体独特的识别能力是许多测试技术如色谱和质谱所不能比拟的。此外，作为一种"无损伤"和低消耗的检测技术，核磁共振测试过程中除了样品制备试剂之外，几乎不需要其他额外耗材，且样品可以无损回收，因而核磁共振属经济型和环境友好型检测技术。在近年来的药物分析鉴定方法学研究过程中，核磁共振多功能的技术特点得到了充分的体现和拓展，形成了检测手法"多元化"的趋势。

3. 核磁共振在食品科学中的应用　　核磁共振技术在食品科学领域中的应用始于20世纪70年代初期，主要用于研究水在食品中的状态。此后，随着超导NMR波谱仪和脉冲傅里叶变换NMR仪的迅速发展，应用深度和广度不断扩大。对大多数食品来说，水分、油脂和碳水化合物等组分可以反映食品在组织结构、分子结合程度，以及在加工、储藏过程中内部变化等方面的重要信息。可通过食品的组分NMR来研究食品的物理、化学状态及其三维结构，以及食品的冷冻、干燥凝胶、再水化等过程。食品组成成分的物理化学状态及其三维结构决定了食品的多汁性、松脆度、质感稳定性等，通常无法用常规分析方法对其进行研究。而非破坏性的NMR技术，可在不侵入和不破坏食品样品的前提下，对样品进行快速、实时、全方位和定量的测定分析，已逐渐成为分析食品中不均匀系列复杂特性的最佳研究手段之一。

1）食品中水分的分析研究：食品中水分含量的高低及结合状态对于食品的品质、加工特性、稳定性等有重要影响。NMR可以测定能反映水分子流动性的氢核的纵向弛豫时间 T_1 和横向弛豫时间 T_2。当水和底物紧密结合时，T_2 会降低，而游离水的流动性好，有较大的 T_2。所以通过 T_1、T_2 的测定可得到被底物部分固定的不同部位的水分子流动和结构特征，进而研究食品中水分的动力学和物理结构。

2）乳状液的研究：对于水包油体系，当油分子在水中扩散时会导致相关的NMR信号的降低，这是由于油的扩散，水分子的转动受到限制，降低了水的流动性。当油的扩散受到液滴大小的影响时，信号随时间降低的趋势将直接受到乳状液滴半径的影响。基于这些观点，可通过NMR信号来研究表面活性剂浓度、pH、离子强度对液滴大小的影响，进一步研究乳状液的性质。

3）在水果加工中的应用：核桃、橄榄中有富含水和油脂的种子，可用NMR辨别果实是否去核，为加工提供便利的条件。科学家已成功地用一维NMR投影检出了传送带上含核种子，检出率达90%～95%。投影图上每个峰有相应的对应，通过两边峰的峰高比值（特征比值）来确定有核种子和无核种子。

4）在其他方面的应用：NMR技术还可用来研究肉中同化剂如激素等的作用、冷冻过程中肉质构的改变、氨基酸的测定、食品污染物的分析和农药残留等方面。

第七节　核磁共振碳谱简介

自然界的碳有 ^{12}C 和 ^{13}C 两种同位素，其中 ^{12}C 无核磁共振信号，而 ^{13}C 是磁性核，同氢核一样具有核磁共振信号。^{13}C 的天然丰度仅为 ^{12}C 的1.1%，其NMR信号强度约是 ^1H 信号的1/6000，用通常测定氢谱的方法难以有效地测定和利用碳谱，直到20世纪60年代后期脉冲傅里叶变换NMR技术发明以后，碳谱的研究和应用才得以快速发展。如今碳谱已成为研究有机化合物分子碳骨架和含碳官能团等各种碳核信息最常用的方法。

碳谱的原理与氢谱基本相同，但其具有以下不同于氢谱的特点：①化学位移范围宽。^{13}C 谱的化学位移 δ 一般为0～300，大约是氢谱的20倍，谱线之间分得很开，容易识别。② ^{13}C-^1H 耦合强，耦合常数大。^{13}C-^1H 的强耦合，造成谱峰严重分裂，导致信号重叠干扰，难以分辨。为克服这一缺点，在碳谱中采用质子噪声去耦技术，可消除全部 ^{13}C-^1H 耦合，得到由单线峰组成的碳谱，这种谱图比氢谱要简单。③由于 ^{13}C 的自然丰度很低，高分子链中出现 ^{13}C 与

^{13}C 直接相连的概率很小，因而 ^{13}C-^{13}C 耦合的信号极微弱，这降低了图谱的复杂性。④弛豫时间长。^{13}C 的纵向和横向弛豫时间 T_1、T_2 均比 ^{1}H 大得多，不同种类的碳原子弛豫时间也相差较大，通过测定弛豫时间可以得到更多的结构信息。⑤共振方法多。核磁共振碳谱测定方法与氢谱相比种类较多，测定时可根据实际需要采用各种不同的共振方法，每一种方法得到的谱图形状和用途有较大的差别。除质子噪声去耦谱外，还有：偏共振去耦谱，可获得 ^{13}C-^{1}H 耦合信息；门控去耦谱，可获得定量信息等。因此，碳谱比氢谱的信息更丰富，有助于结构的研究。⑥常规碳谱都不能定量。

不同结构与化学环境中的碳原子，其化学位移从高场到低场的次序基本上与和它们相连的氢原子的 δ_H 是平行的。例如，饱和碳在较高场，炔碳次之，烯碳和芳碳在较低场，而羰基碳在更低场。图 11-16 给出了各种类型碳原子 δ_C 的大致范围。

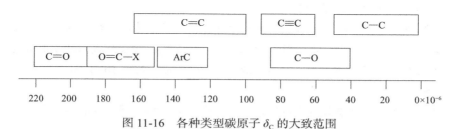

图 11-16　各种类型碳原子 δ_C 的大致范围

与氢谱相似，影响碳谱化学位移 δ 的因素也较多，如杂化效应、空间效应、取代基电负性、共轭效应、氢键和溶剂效应等。在利用 δ_C 进行结构分析时，必须综合考虑各种因素的影响。

利用分子中各类基团所对应的化学位移范围，并根据 DEPT 谱给出的碳原子级数及反转门控定量碳谱给出的各谱线积分值等，结合氢谱给出的结构信息，可以推出未知物的分子结构或对已知物的分子结构进行鉴定。

思考题与习题

1. 发生核磁共振的条件是什么？
2. 影响化学位移的主要因素有哪些？
3. 为什么用三乙胺稀释时，$CHCl_3$ 上 H 原子核的 NMR 峰会向低场移动？
4. ^{1}H NMR 与 ^{13}C NMR 各能提供哪些信息？为什么 ^{13}C NMR 的灵敏度远小于 ^{1}H NMR？
5. 试画出下列化合物的 ^{1}H NMR 图谱：①氯乙烷；②特丁胺；③ 1,3,5- 三甲基苯；④乙酸乙酯；⑤异丁烯酸甲酯；⑥ 1,1,1- 三氟乙烷。
6. 甲苯和苯的混合物的 ^{1}H NMR 图谱出现两个峰，$\delta=7.3$ 的峰的积分面积为 85，$\delta=2.2$ 的峰的积分面积为 15。请估算甲苯与苯的摩尔比。

典型案例

酚氨咖敏药片中各组分的核磁共振波谱法定量测定

酚氨咖敏药片为复方制剂，其主要组分为氨基比林、对乙酰氨基酚及咖啡因，用于治疗感冒、发热、头痛、神经痛及风湿痛等。

1. 原理　　根据化学位移可大致判断 NMR 图谱峰所归属的化学基团。酚氨咖敏中氨基比林、对乙酰氨基酚及咖啡因 3 种组分，其甲基氢对应的化学位移分别为 2.2～3.1、2.1、3.2～3.8。

内标法是 NMR 进行定量测定的常用方法之一。直接在待测试样中加入一定量内标物质后，进行 NMR 图谱扫描，然后将试样中指定基团的质子吸收峰面积与内标物中指定基团的质子吸收峰面积进行比较，即可求得待测试样的含量。

以 3-三甲基硅烷-1-丙磺酸钠为内标物，利用核磁共振波谱法测定酚氨咖敏药片中各组分的含量。

2. 试剂和材料　　氨基比林标准品、对乙酰氨基酚标准品、咖啡因标准品、3-三甲基硅烷-1-丙磺酸钠、重水、酚氨咖敏药片等。

1）标准溶液的配制：利用重水配制氨基比林、对乙酰氨基酚及咖啡因标准溶液。

2）混合标准试样的配制：准确称取氨基比林 100.0mg、对乙酰氨基酚 100.0mg、咖啡因 25.00mg、内标物（3-三甲基硅烷-1-丙磺酸钠）50.00mg，置于 10mL 容量瓶中，用重水定容，摇匀后备用。

3. 仪器和设备　　核磁共振波谱仪、电子天平、离心机、移液枪和容量瓶等。

4. 分析步骤

1）分别测定氨基比林、对乙酰氨基酚及咖啡因标准溶液的 ^1H NMR 图谱。

2）取混合标准试样 0.5mL，预热后进行回收率测定。

3）取酚氨咖敏药片一片，准确称重，研磨成细粉状。称取细粉状药片 40mg，置于 5mL 离心管中，加重水 0.5mL、20mg/mL 的 3-三甲基硅烷-1-丙磺酸钠溶液 0.2mL，振摇，于 40℃水浴中加热 5min，离心分离，取其上清液，测 ^1H NMR 图谱。

5. 分析结果的表述　　根据 ^1H NMR 图谱，标出氨基比林、对乙酰氨基酚及咖啡因的化学位移，并进行结构解析和归属。对内标物、氨基比林、对乙酰氨基酚及咖啡因的共振峰进行积分，求得峰面积，计算酚氨咖敏药片中各组分的含量。

各组分含量计算式如下：

氨基比林（12H）：
$$w_A = \frac{A_{s(2.2\sim3.1)}M_A}{12} \cdot \frac{9}{M_R A_R} m_R$$

乙酰氨基酚（3H）：
$$w_B = \frac{A_{s(2.1)}M_B}{3} \cdot \frac{9}{M_R A_R} m_R$$

咖啡因（9H）：
$$w_C = \frac{A_{s(3.2\sim3.8)}M_C}{9} \cdot \frac{9}{M_R A_R} m_R$$

式中，M_A、M_B、M_C、M_R 分别为氨基比林、对乙酰氨基酚、咖啡因和内标物的分子质量；A_s、A_R 分别为试样峰面积和内标物峰面积；m_R 分别为所取待测药品和内标物的质量。

12 第十二章

质 谱 法

  质谱法（mass spectrometry，MS）是一种将样品电离成气态离子混合物并根据各离子的质荷比（质量 / 电荷，m/z）与其相对丰度的关系，进行物质成分和结构分析的方法。

  质谱法是 1912 年由被誉为"现代质谱之父"的英国学者汤姆逊（Thomson）发明的。早期的质谱法只用于同位素测定和无机元素分析，直至 20 世纪 40 年代末才开始应用于有机化合物的结构研究。此后随着新的电离技术（如快原子轰击电离源、基质辅助激光解吸电离源、电喷雾电离源、大气压化学电离源等）和新的质谱仪（四极杆质谱仪、傅里叶变换质谱仪和串联质谱仪等）的出现和快速发展，有机质谱和生物质谱成为了质谱研究的主要对象。现今质谱及其联用技术已广泛应用于化学化工、生命科学、食品、环境、医药卫生和地球科学等众多科学技术领域。

  与其他进行物质成分结构分析的方法相比，质谱法具有如下主要特点：①灵敏度高，样品用量少，一般微克级或更少的样品量便可满足分析的需要。绝对灵敏度为 $10^{-13} \sim 10^{-10}$g，相对灵敏度为 $10^{-4} \sim 10^{-3}$，检出限可达 10^{-14}g。②响应时间短，分析速度快。色谱 - 质谱联用可实现多组分同时在线分析测定。③提供的信息丰富。能提供准确的分子质量、分子和官能团的元素组成、分子式及分子结构等大量数据。④适合同位素分析。⑤气体、液体或固体样品均可分析，分析过程中样品被破坏。

第一节　质谱法的基本原理

  质谱法是利用电磁学原理，对样品离子按质荷比（m/z）大小进行分离和分析的方法。该法主要包括 2 个过程：一是将样品电离以形成离子（分子离子、原子离子）；二是用电磁场将电离的离子按 m/z 大小进行分离。根据分离离子方式的不同，形成了各种不同类型的质谱仪。

  下面以质量分离过程中电磁场保持稳定不变的静态质谱仪，说明质谱法的一般工作原理（图 12-1）。

  样品的气态分子被高速运动的电子流撞击发生电离，形成不同质荷比的带正电荷的离子，这些离子进入电场中被加速，获得的动能为

$$zU = \frac{1}{2}mv^2 \qquad (12\text{-}1)$$

式中，z 为离子电荷数；U 为加速电压；m 为离子质量；v 为离子被加速后的运动速度。

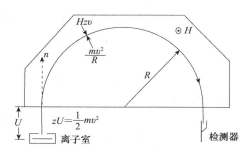

图 12-1　质谱仪一般工作原理示意图

  具有速度 v 的离子进入质谱仪的电磁场中，由于受到磁场的作用，离子做圆周运动，此时离子受到的离心力 mv^2/R 和向心力 Hzv 相等，即

$$\frac{mv^2}{R} = Hzv \tag{12-2}$$

式中，R 为离子运动的曲线半径；H 为磁场强度。由式（12-1）和式（12-2）可得离子质荷比与离子的运动曲线半径 R 的关系为

$$\frac{m}{z} = \frac{H^2R^2}{2U} \tag{12-3}$$

离子运动的曲线半径 R 可表示为

$$R = \left(\frac{2Um}{H^2z}\right)^{\frac{1}{2}} \tag{12-4}$$

式（12-3）和式（12-4）是质谱法的基本方程，也是质谱仪设计的主要依据。

由式（12-4）可以看出，离子的质荷比 m/z 与离子在磁场中运动的曲线半径的平方 R^2 成正比。若加速电压 U 和磁场强度 H 一定时，不同 m/z 离子由于其运动曲线半径不同而在质量分析器中会彼此分开，按 m/z 的大小顺序收集和记录各离子的相对强度，即得到质谱图。根据质谱图峰的位置，可进行定性和结构分析；根据质谱图峰的强度，可进行定量分析。

第二节 质 谱 仪

一、质谱仪的基本组成

质谱仪一般包括真空系统、进样系统、离子源、质量分析器、离子检测器和数据处理系统六大部分（图 12-2）。

图 12-2 质谱仪组成示意图

1. **真空系统** 质谱分析中，离子源、质量分析器及离子检测器必须处于高真空状态，且真空度要保持非常稳定，以降低背景和减少不必要的离子间或离子与分子间的碰撞。质谱仪的高真空系统通常由机械泵和涡轮分子泵串联而成，以机械泵为前级泵进行预抽真空，然后用涡轮分子泵抽至高真空。离子源的真空度一般应达到 $10^{-5} \sim 10^{-4}$Pa，质量分析器的真空度应 $\geqslant 10^{-6}$Pa。

2. **进样系统** 进样系统的作用是按电离方式的需要，将样品导入离子源。样品的导入方式有直接进样和色谱进样两种。

（1）**直接进样** 直接进样主要用于纯化合物的分析。对于气体及沸点不高、易于挥发的液体样品采用此种进样方式。样品进入贮样器，调节温度使试样立即气化，依靠压差使样品蒸气经漏孔渗透扩散进入离子源。

对于高沸点液体或固体样品可采用探针杆直接进样。将微量样品置于进样杆顶部的小坩

埚中送入电离室，调节加热温度，使试样快速气化为蒸气。

（2）色谱进样　　色谱进样主要用于多组分混合物的分析。色谱 - 质谱联用仪中，经色谱分离后流出的混合物各组分，通过喷雾和快原子轰击等接口技术直接导入离子源中。

3. 离子源　　离子源的作用是使被分析物电离成离子，它是质谱仪的核心部件之一，其结构和性能与质谱仪的灵敏度和分辨率有很大关系。对离子源的要求是：产生的离子强度要大、稳定性要好和质量歧视效应小。质谱仪的离子源种类很多，其原理和用途各不相同，应根据样品的性质和分析目的选择适当的离子源。常见的离子源有电子离子源、化学电离源、场电离源和场解吸源、电喷雾电离源、大气压化学电离源、快原子轰击离子源、基质辅助激光解吸电离源与电感耦合等离子体电离源等。

（1）电子电离源　　电子电离源（electron ionization source）又称电子轰击电离源，简称 EI 源，是最早使用且应用最为广泛的离子源，主要用于易挥发有机样品的电离。在电子电离源内，铼或钨灯丝被电加热到 2000℃ 时会产生动能为 20～70eV 的电子。进入 EI 源内的气态化合物分子受到灯丝发射的电子束轰击后，失去较低电离电位的价电子形成分子离子 M^+。离子化后的分子具有较高的热力学能，可能会进一步发生化学键的断裂，继而裂解为小分子碎片和各种离子碎片。

每一个化合物分子离子化的最后结果是形成质荷比不同的正负离子。负离子在排斥极被中和并被真空泵抽出；正离子则被排斥极推出离子源，聚焦为离子束后经出口狭缝进入质量分析器。

电子电离源一般采用能量为 70eV 的电子束轰击样品，这也是获得所有标准质谱图时所采用的电子束能量。70eV 的电子能量远大于大多数有机分子的电离电压值（7～15eV），它既可以使分子离子化，又可以使部分离子进一步碎裂为不同的碎片离子，由此可获得分子结构中的重要官能团信息。

电子电离源有如下优点：结构简单，操作方便；电离效率高，稳定可靠；结构信息丰富，有标准质谱图可以检索。因此，其是气相色谱 - 质谱联用仪（GC-MS）中常用的离子源。其缺点是只适用于易气化的有机物样品分析，而且有些化合物得不到分子离子峰。

（2）化学电离源　　化学电离源（chemical ionization source），简称 CI 源，是一种通过离子 - 分子反应来对化合物分子进行电离的软离子化技术。CI 源和 EI 源在结构上并无明显区别，其主要差别是 CI 源工作过程中要引进一种反应气（如甲烷、异丁烷和氨等），且反应气的量要比样品气大得多。电热灯丝发射的电子不直接轰击样品分子，而首先与反应气分子发生作用形成反应离子，这些反应离子再与样品分子发生离子 - 分子反应，使样品分子实现电离。现以甲烷作为反应气，氢化物（XH）为试样，说明化学电离源的工作过程。

在 50～500eV 的电子轰击下甲烷分子发生如下电离反应：
$$CH_4 + e \longrightarrow CH_4^+ + CH_3^+ + CH_2^+ + CH^+ + C^+ + H^+$$

实验证明，CH_4^+ 和 CH_3^+ 占全部电离形成离子的 90% 左右，这些甲烷离子进一步与 CH_4 发生反应，生成加合离子：
$$CH_4^+ + CH_4 \longrightarrow CH_5^+ + \cdot CH_3$$
$$CH_3^+ + CH_4 \longrightarrow C_2H_5^+ + H_2$$

加合离子与试样 XH 分子发生如下反应：
$$CH_5^+ + XH \longrightarrow XH_2^+ + CH_4$$

$$C_2H_5^+ + XH \longrightarrow X^+ + C_2H_6$$

通过上述反应，试样 XH 分子电离为 X^+ 和 XH_2^+。

在化学电离源中，反应气离子与样品分子发生的离子 - 分子反应主要是质子转移，形成准分子离子 $[M+1]^+$；也可能发生亲电加成反应形成 $[M+15]^+$、$[M+29]^+$ 和 $[M+43]^+$ 等离子；少数情况下发生电荷转移，产生 M^+；有时由于发生其他反应而产生 $[M-1]^+$。

化学电离源的优点是：①图谱简单，容易解析。因为电离样品分子的不是高能电子流，而是能量较低的二次电子，键断裂的可能性减小，谱图中峰的数目随之减少。②准分子离子峰即 $[M+1]^+$ 峰很强，据此可以获得相对分子质量的信息。③对分子结构不太稳定的化合物，CI 源与 EI 源可形成较好的互补关系。其缺点是得到的质谱图不是标准谱图，不能进行库检索。EI 源同 CI 源一样，主要用于气相色谱 - 质谱联用仪，适用于易气化的有机物样品分析。

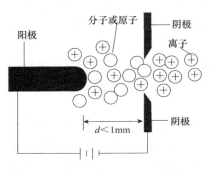

图 12-3　FI 源工作原理示意图

（3）场电离源和场解吸源　　场电离源（field ionization source），简称 FI 源，其工作原理见图 12-3。FI 源由距离很近（间距 $d<1mm$）的阳极和阴极组成，两极间加上高电压后，阳极尖端附近可产生高达 $10^7 \sim 10^8 V/cm^2$ 的强电场。该电场能将阳极尖端附近的气态样品分子中的电子拉出来形成正分子离子，这些离子再通过一系列静电透镜的聚集成束和加速作用后，进入质量分析器。场解吸源（field desorption source），简称 FD 源，是在 FI 源基础上发展起来的用于对液体样品（固体样品须先溶于溶剂）进行离子化的方法。将金属丝浸入样品溶液中，待溶剂挥发后把金属丝作为发射体送入离子源，通过弱电流提供样品解吸所需的能量，样品分子即向高场强的发射区扩散并实现离子化，其电离原理与场电离源相同。FD 源适用于难气化、热稳定性差的化合物的电离。FI 源和 FD 源均易得到分子离子峰。

（4）电喷雾电离源　　电喷雾电离源（electron spray ionization source），简称 ESI 源，其功能是使带电液滴电离形成离子，主要用作液相色谱 - 质谱联用仪（LC-MS）的接口和电离装置。图 12-4 是电喷雾电离源示意图。

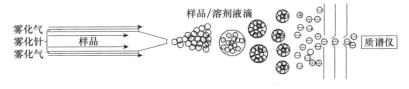

图 12-4　ESI 源示意图

电喷雾电离源的主要部件是一个由两层套管组成的电喷雾喷嘴，喷嘴内层是液相色谱流出物，外层是雾化气（大流量氮气），雾化气的作用是使喷出的液体分散成微滴。另外，在喷嘴的斜前方还有一个辅助气喷嘴，辅助气的作用是使微滴的溶剂快速蒸发。在微滴蒸发过程中其表面电荷密度逐渐增大，当电荷间的排斥力足以克服表面张力时，微滴就会发生分裂；经过这样不断的溶剂挥发 - 微滴分裂过程，最后离子就从微滴表面蒸发出来形成单电荷或多电荷离子，经聚焦后进入质量分析器。

电喷雾电离源是最软的一种电离方式，其最大的优点是一些分子质量大、稳定性差的化合物不会在电离过程中发生分解。该电离源具有多电荷能力，使得高分子物质的质荷比落入大多数四极杆或磁质量分析器的分析范围（$m/z<4000$），其可分析离子的分子质量范围很大，既可用于小分子分析，又可用于多肽、蛋白质、多糖和寡聚核苷酸等大分子的分析。

电喷雾电离源不适用于分析非极性或弱极性物质，也很少能产生化合物碎片离子，不利于化合物结构的推导。为了克服此不足，ESI 源常与串联质谱（MS-MS）联用。

（5）大气压化学电离源　大气压化学电离源（atmospheric pressure chemical ionization source），简称 APCI 源，是一种在大气压下利用电晕放电来使样品电离的技术。其工作原理见图 12-5。APCI 源的结构与 ESI 源大致相同，不同之处在于在 APCI 源喷嘴下放置着一个针状放电电极（电晕放电针）。样品溶液经加热雾化成气，背景气体及溶液中的溶剂分子通过电极的高压放电首先被电离，产生由 H_3O^+、N_2^+、O_2^+ 和 O^+ 组成的反应气，这些离子与被分析物分子发生离子-分子反应，使分析物分子离子化，形成 $[M+1]^+$ 或 $[M-1]^+$ 离子。这些反应过程涉及产生正离子的质子转移和电荷交换作用，以及产生负离子的质子脱离和电子捕获作用等。

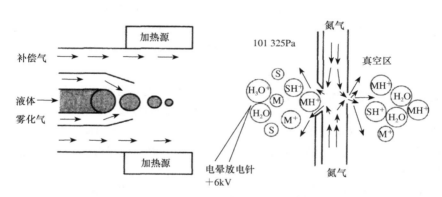

图 12-5　APCI 源工作原理示意图

S. 溶剂；M. 样品

大气压化学电离源主要用来分析中等极性的化合物，不适合于热不稳定性的样品分析。另外，APCI 源只能产生单电荷离子，这不利于对大分子的检测。APCI 源的优点是：它与 ESI 源同是一种较温和的软电离法，但碎片离子峰比 ESI 源丰富，而且对溶剂的选择、流速和添加物也不太敏感。

（6）快原子轰击离子源　快原子轰击离子源（fast atom bombardment ion source），简称 FAB 源，是一种应用较广的软电离技术。其基本原理是用快速运动的原子轰击分散在甘油等高沸点溶剂中的待测化合物，使样品分子离子化。其工作原理见图 12-6。快原子的产生过程是：首先将惰性气体如氩（Ar）电离产生 Ar^+，Ar^+ 在电场内加速获得较大动能，然后在碰撞室内 Ar^+ 与 Ar 原子发生电荷交换作用，形成高能量的 Ar 原子束，此即快原子。一般将样品分

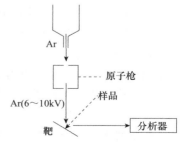

图 12-6　FAB 源工作原理示意图

散在甘油基质中涂布于金属靶面上，当快原子束轰击靶时，其大部分动能以各种方式被消耗，其中一部分能量使样品挥发和解离形成各种离子，这些离子包括 $[M+1]^+$（质子转移）、$[M+Na]^+$（若有金属钠盐存在）和加合离子 $[M+G+1]^+$（G 为基质分子）等。

FAB 源的优点是：①离子化能力强，适合于热不稳定、难挥发、强极性和大分子有机化合物的分析；②容易得到较强的分子离子峰或准分子离子峰，同时可获得较多的碎片离子峰信息，有助于结构解析。其缺点是对非极性样品的灵敏度下降，而且基质在低质量数区会产生较多的基质离子干扰峰，使得到的谱图复杂化。这些干扰峰在低质荷比一端干扰较大，有时甚至可能会淹没一些重要的碎片离子峰。

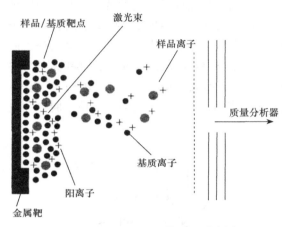

图 12-7　MALDI 源工作原理示意图

（7）基质辅助激光解吸电离源　基质辅助激光解吸电离源（matrix-assisted laser desorption ionization source），简称 MALDI 源，是一种软电离技术。其基本原理是将溶于适当基质中的样品涂布于金属靶上形成基质和样品共结晶薄膜，用高强度的紫外或红外脉冲激光照射靶，基质分子就从激光中吸收能量并传递给样品分子，使样品分子瞬间气化并电离。其工作原理见图 12-7。MALDI 源主要通过质子转移作用得到单电荷离子 M^+ 和 $[M+1]^+$，也会与基质作用产生加合离子，有时也会得到多电荷离子，由于这些离子的过剩能量很少，较少产生碎片离子。

MALDI 源能使一些难电离的化合物如生物大分子化合物（蛋白质、核酸和肽类化合物）电离，特别适合与飞行时间质谱（TOF-MS）相配，也可以与傅里叶变换质谱联用。MALDI源的缺点是由于使用基质，会产生背景干扰。

（8）电感耦合等离子体电离源　电感耦合等离子体电离源（inductively coupled plasma ionization source），简称 ICP 源。等离子体是由自由电子、离子和中性原子或分子组成的总体呈电中性的气体，其内部温度高达几千至 10000K。当载气携带着样品从等离子体焰炬中央穿过时，样品被迅速蒸发电离，形成的离子通过引出接口被导入质量分析器中进行分析。ICP 源的高温可使样品完全得到蒸发和解离，电离的百分比较高，因此以 ICP 源为电离源的质谱仪，几乎对所有元素均有较高的检测灵敏度。由于 ICP 源条件下化合物的分子结构已经完全被破坏，该法仅适合于进行元素分析。

4. 质量分析器　　质量分析器是质谱仪的核心组成部分，其功能是将离子源产生的离子按 m/z 顺序分开并排列成谱。质量分析器的种类决定了质谱仪的类型。常用的质量分析器有聚焦质量分析器、四极杆质量分析器、离子阱质量分析器、飞行时间质量分析器和傅里叶变换离子回旋共振质量分析器等。

（1）聚焦质量分析器　　聚焦质量分析器又称扇形磁场分析器，包括单聚焦质量分析器和双聚焦质量分析器。

在单聚焦质量分析器中，从离子源射入分析器中的离子束，在磁场的作用下，由直线运动变成弧形运动，不同 m/z 的离子因其运动曲线半径不同而被质量分析器分离。质量分析器中离子的出射狭缝和检测器的位置是固定的，即离子弧形运动的曲线半径 R 是固定的，故一般采用连续改变加速电压或磁场强度的方法，使不同 m/z 的离子依次到达离子检测器。由一点出发的、具有相同 m/z 的离子束，以相同速度但不同角度进入磁场偏转后又重新聚焦，这种只有磁场起方向聚焦作用的质量分析器，称为单聚焦质量分析器。

单聚焦质量分析器的结构简单，操作方便，但分辨率低（一般为 500 以下），不能满足有机物分析的要求，主要用于同位素质谱仪和气体质谱仪。

双聚焦质量分析器（图 12-8）是在单聚焦质量分析器的扇形磁场前加了一个扇形电场（静电分析器），该电场是一个能量分析器，不起质量分析作用。一束具有能量分布的离子束，首先通过扇形电场将质量相同而能量（速度）不同的离子分离聚焦，即实现离子的速度分离聚焦；然后，离子束经过狭缝进入扇形磁场（磁分析器）中，再进行方向聚焦。由于同时实现了速度和方向的聚焦而称为双聚焦质量分析器。双聚焦质量

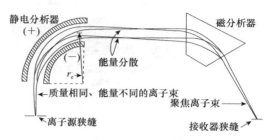

图 12-8 双聚焦质量分析器示意图
r_e 为离子运动的曲率半径

分析器的最大优点是大大提高了仪器的分辨率；缺点是扫描速度慢，操作、调整比较困难。

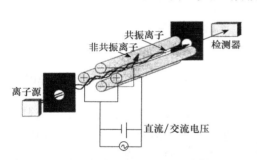

图 12-9 四极杆质量分析器示意图

（2）四极杆质量分析器　　四极杆质量分析器又称四极滤质器，因其由两对 4 根高度平行的金属电极杆组成而得名（图 12-9）。这 4 根电极相对的 1 对电极是等电位的，2 对电极之间的电位则是相反的。在电极上分别加有直流电压和射频交流电压，由此形成 1 个双曲线形的四极场。从离子源入射的加速离子，穿过四极场时受到电场的作用，只有特定 m/z 的离子（共振离子）在电极杆的轴向能稳定运动并到达检测器，其他 m/z 的离子（非共振离子）则与电极碰撞湮灭而被"过滤"。通过调节电极的直流电压与射频电压比率，就可以实现质量扫描，使不同质荷比的离子依次到达检测器。

四极杆质量分析器和扇形磁场质量分析器在原理上完全不同，后者靠离子动量的差别把不同质荷比的离子分开，而四极杆质量分析器则是完全靠质荷比把不同的离子分开，是一种无磁分析器。四极杆质量分析器的体积小，质量轻，操作方便，扫描速度快，因没有分离狭缝的限制而具有较高的灵敏度，特别适合于与色谱联用；也可以自身串联或与其他质量分析器构成串联质谱仪。它的缺点是分辨率不高，较高质量的离子有质量歧视效应，可检测的离子 $m/z < 5000$。

（3）离子阱质量分析器　　离子阱质量分析器实际上是一个三维的四极杆质量分析器，由 1 对环形电极和 2 个呈双曲面形的端盖电极组成（图 12-10）。端盖电极施加直流电压，环形电极施加射频电压，通过调节施加的电极电压，在质量分析器的腔内可形成一个三维的四极电场即离子阱。离子阱依据环形电极上射频电压的大小捕获某一质量范围内的离子，待阱中离子积累到一定数量后，再升高该射频电压，离子就按 m/z 从高到低的次序依次离开离子阱进入检测器。

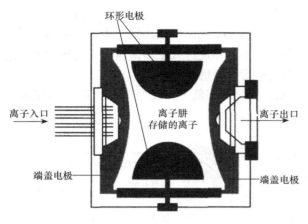

图 12-10　离子阱质量分析器示意图

电子负脉冲法将离子源中的正离子瞬间引出，引出的离子被同频率的脉冲加速电场加速以获得基本一致的动能，然后凭惯性进入既无电场又无磁场的离子漂移管中飞行，最后到达离子检测器。对于能量相同的离子，m/z 越大其飞行速度越慢，即到达接收器所用的时间越长，m/z 越小的离子，到达接收器所用时间越短，从而把不同 m/z 的离子分离。

飞行时间质量分析器的主要优点是：①扫描速度快，可用于极快过程的研究；②灵敏度高，而且不同质荷比的离子同时检测，适合作串联质谱的第二级；③质量检测没有上限限制，特别适合于药物筛选、代谢产物鉴定及多糖、多肽、核苷酸、蛋白质等生物大分子的分析；④体积小，质量轻，结构简单，操作方便。其缺点是分辨率随质荷比的增加而降低。目前，飞行时间质量分析器已广泛应用于气相色谱-质谱联用仪、液相色谱-质谱联用仪和基质辅助激光解吸飞行时间质谱仪中。

（5）傅里叶变换离子回旋共振质量分析器　该质量分析器的核心部件是离子回旋共振离子阱。离子源产生的离子束被引入阱中，随后施加涵盖所有离子回旋频率的宽频域射频信号，在此信号的激发下所有离子开始进行回旋运动，当进行回旋运动的离子束接近一对捕集板时，捕集板上就会检测到相应的影像电流信号。这种信号是一种自由感应衰减（FDI）的时域信号，经过傅里叶时-频转换后就可以获得完整的频率域谱。由于离子的 m/z 与其回旋运动频率具有一一对应关系，故可通过测定离子回旋运动的频率计算出该离子的质荷比。

傅里叶变换离子回旋共振质量分析器具有很高的分辨率，在 $m/z = 1000$ 时，仪器的分辨率可达 1×10^6，远超其他质谱仪，在一定的频率范围内，只要采样的时间足够长，就能获得高分辨率的结果；其灵敏度相对稳定，不受分辨率和质荷比变动的影响而改变；可以与各种离子源配合使用，也便于与色谱联用；另外，这种质量分析器的质量范围与磁场强度成正比，可分析相对分子质量非常大的化合物。

5. 离子检测器　　离子检测器是记录不同 m/z 离子产生的电信号的装置。常用的离子检测器有法拉第杯、照相板和电子倍增器等。其中，电子倍增器由于具有检测灵敏度高和速

离子阱质量分析器结构简单，检出限很低，灵敏度比四极杆质量分析器高 10～1000 倍，测量质量范围大。单一的离子阱即可实现多级串联质谱，对于物质结构的鉴定非常有用。离子阱是液相色谱-质谱联用仪中最常用的质量分析器之一。离子阱质量分析器的缺点是所得质谱图与标准谱图有一定的差别，不宜用作定量分析。

（4）飞行时间质量分析器　　飞行时间质量分析器的主要部件是离子漂移管，如图 12-11 所示。该分析器用栅极

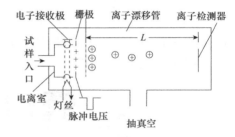

图 12-11　飞行时间质量分析器示意图

度快的特点而获得广泛应用。

6. 数据处理系统 离子检测器收集的电信号经放大并转换成数字信号，计算机工作站进行处理后得到质谱图或质谱表。还可以对标准图库进行搜索和化合物定性、定量分析。

二、质谱仪的主要性能指标

1. 质量范围 质量范围表示质谱仪能够测量的样品相对原子质量（或相对分子质量）范围，通常采用以 ^{12}C 来定义的原子质量单位（atomic mass unit，amu）进行度量。测定气体用的质谱仪，一般相对原子或分子质量为 2～100，而有机质谱仪一般可达几千，现代生物质谱仪可以测量相对分子质量达几十万的生物大分子样品。

2. 分辨率 分辨率是指质谱仪分开相邻质量数离子的能力，用符号 R 表示。

$$R = M/\Delta M \tag{12-5}$$

式中，M 为分开的两峰中任何一峰的质量数；ΔM 为分开两峰的质量差。

当强度相接近的 2 个相邻的离子峰间形成的峰谷的高度 h 为 2 个峰平均峰高 H 的 10% 以下时，可认为两峰已经分开，如图 12-12 所示。对于低、中、高分辨率的质谱仪，分别是指其分辨率在 100～2000、>2000～10 000 和 10 000 以上。在实际工作中，有时很难找到相邻的且峰高相等同时峰谷又为峰高的 10% 的两个峰。在这种情况下，可任选一单峰，测其峰高 5% 处的峰宽 $W_{0.05}$，即可当作式（12-5）中的 ΔM，此时的分辨率定义为

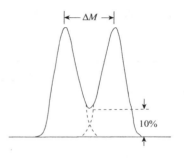

图 12-12 质谱仪 10% 峰谷分辨率示意图

$$R = M/W_{0.05} \tag{12-6}$$

3. 质量稳定性和质量精度 质量稳定性主要是指仪器在工作时质量稳定的情况，常用一定时间内质量漂移的质量单位来表示。例如，某仪器的质量稳定性为 0.1amu/12h，表明该仪器在 12h 之内，质量漂移不超过 0.1amu。质量精度是指质量测定的精确程度，常用相对百分比表示。例如，某化合物的质量为 1 520 473amu，用某质谱仪多次测定该化合物，测得的质量与该化合物理论质量之差在 0.003amu 之内，则该仪器的质量精度为 20/100 0000。质量精度是高分辨率质谱仪的一项重要指标，对低分辨率质谱仪没有太大意义。

4. 灵敏度 质谱仪的灵敏度有绝对灵敏度、相对灵敏度和分析灵敏度等几种表示方法。绝对灵敏度是指仪器可以检测到的最小样品量；相对灵敏度是指仪器可以同时检测的大组分与小组分含量之比；分析灵敏度则是指输入仪器的样品量与仪器输出的信号之比。

第三节 质谱主要离子峰类型

一、质谱数据的表示方法

质谱数据的表示方法主要有质谱图（条图）和质谱表两种形式。图 12-13 为环己烷的质谱图，其横坐标是质荷比 m/z，纵坐标是相对强度（相对丰度）。相对强度是把原始质谱图上最强的离子峰定为基峰，并规定其相对强度为 100%，其他离子峰以此基峰的相对百分值表

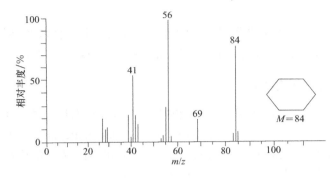

图 12-13　环己烷的质谱图

示。质谱表是用表格形式表示的质谱数据，表 12-1 为甲苯的质谱表。质谱表中有两项，一项是 m/z，另一项是相对强度。从质谱图上可以很直观地观察到整个分子的质谱信息，而质谱表则可以准确地给出精确的 m/z 值及相对强度值，有助于进一步分析。

表 12-1　甲苯的质谱表

m/z	相对强度 /%	m/z	相对强度 /%	m/z	相对强度 /%
38	4	51	9.1	91	100（基峰）
39	16	62	4.1	92	68（M）
45	3.9	63	8.6	93	5.3（$M+1$）
50	6.3	65	11	94	0.21（$M+2$）

注：M、$M+1$、$M+2$ 分别为不同的分子离子峰类型。M 代表相应分子离子质量。

二、质谱中的主要离子峰

分子在离子源中发生电离或碎裂后生成各种离子，在质谱图中可出现多种离子峰，主要有分子离子峰、碎片离子峰、同位素离子峰、亚稳离子峰、多电荷离子峰及重排离子峰等。

1. 分子离子峰　　分子在一定能量电子束的轰击下失去 1 个价电子，生成带有 1 个正电荷的离子，称为分子离子或母离子，相应的质谱峰称为分子离子峰或母离子峰。通常用 $M^{+\cdot}$ 表示分子离子。M 右上角的"+"表示分子离子带一个电子电量的正电荷；"."表示它有 1 个未配对电子，是自由基。可见分子离子既是正离子，又是自由基，这样的离子称为奇电子离子。

分子离子峰是质谱中最重要和最有价值的离子峰，其 m/z 数值相当于该化合物的相对分子质量。分子离子是质谱中所有碎片离子的先驱，它的质量和元素组成限定了其能形成的所有碎片离子的类型。值得注意的是，并非每一个有机化合物的电子轰击质谱（EI-MS）中都会出现分子离子峰。因为某些类型的有机化合物的分子离子稳定性很差，分子离子几乎全部断裂成碎片离子。在已发表的 EI 质谱图上约 80% 存在分子离子峰。

分子离子峰的强度和化合物的结构有关，如共轭烯和有 π 键的环状化合物，其结构比较稳定，不易碎裂，形成的分子离子峰较强；而支链烷烃和醇类化合物较易碎裂，其分子离子峰很弱或不存在。在有机化合物中，分子离子峰强弱的大致顺序是：芳香烃>共轭多烯烃>烯烃>环状化合物>酮>直链烷烃>醚>酯>胺>酸>醇>高分支烃。

化学电离源电离过程中一般不形成分子离子 $M^{+\cdot}$，而产生 $[M+1]^+$ 或 $[M-1]^+$，它们称为准分子离子。在质谱图上出现相应的峰，称为准分子离子峰。

2. 碎片离子峰　　在 EI 源中，当轰击电子的能量超过分子离子电离所需要的能量（50～70eV）时，可能使分子离子的一些化学键发生进一步断裂，形成质量数较低的碎片，即碎片离子。碎片离子在质谱图上出现相应的峰，称为碎片离子峰。碎片离子峰在质谱图上位于分子离子峰的左侧。例如，甲烷的分子离子 CH_4^+（$m/z=16$）失去 1 个 H 后生成碎片离子峰 CH_3^+（$m/z=15$）。

碎片离子的形成与分子结构有着密切的关系。分子离子碎裂形成碎片离子是多途径、多级碎裂的复杂过程。有的碎片离子是通过单键断裂生成的，另外一些碎片离子则是通过多键断裂或同时伴随有原子或原子团的重排生成的，还有一些碎片离子是经过二级或多级碎裂形成的。因此，碎片离子可以提供化合物的分子结构信息。碎片离子峰为有机结构鉴定提供指纹信息，是核对标准质谱图并进行图谱解析的基础。

3. 同位素离子峰　　在组成有机化合物的常见元素中，有些元素具有天然同位素，如 C、H、N、O、S、Cl、Br 等。某元素的同位素占该元素的原子质量的分数称为同位素丰度。在质谱图中除了由最轻同位素（丰度最大同位素）组成的分子离子所形成的 M^+ 峰外，还会出现 1 个或多个由重同位素组成的分子离子所形成的离子峰，如 $(M+1)^+$、$(M+2)^+$、$(M+3)^+$、…，这种离子峰称为同位素离子峰。同位素峰的强度与同位素的丰度是相对应的。在质谱图中，同位素离子峰都出现在分子离子或碎片离子峰的高质量一侧，比较容易辨认。

表 12-2 列出了有机化合物中几种常见元素天然同位素的丰度及峰类型。从表 12-2 可知，S、Cl、Br 等元素的天然同位素的丰度高，因此，含 S、Cl、Br 的化合物的 $M+2$ 峰强度较大。例如，氯有两个同位素 ^{35}Cl 和 ^{37}Cl，两者丰度之比为 100:32.5，或近似为 3:1。当化合物分子中含有一个氯时，如果由 ^{35}Cl 形成的化合物质量为 M，那么由 ^{37}Cl 形成的化合物质量为 $M+2$。生成分子离子后，分子离子质量分别为 M 和 $M+2$，离子强度之比近似为 3:1。一般根据 M 和 $M+2$ 两个峰的强度之比就可以判断化合物中是否含有这些元素。

表 12-2　有机化合物中几种常见元素天然同位素的丰度和峰类型

同位素	丰度 /%	峰类型	同位素	丰度 /%	峰类型
^1H	99.985	M	^{18}O	0.204	$M+2$
^2H	0.015	$M+1$	^{32}S	95.00	M
^{12}C	98.893	M	^{33}S	0.76	$M+1$
^{13}C	1.107	$M+1$	^{34}S	4.22	$M+2$
^{14}N	99.634	M	^{35}Cl	75.77	M
^{15}N	0.366	$M+1$	^{37}Cl	24.23	$M+2$
^{16}O	99.759	M	^{79}Br	50.537	M
^{17}O	0.037	$M+1$	^{81}Br	49.463	$M+2$

4. 亚稳离子峰　　亚稳离子是相对于稳定离子和不稳定离子而言的。离子源中形成的离子，在到达检测器过程中稳定存在而不发生进一步碎裂的离子称为稳定离子；反之，在到达检测器的运动过程中发生了裂解的离子称为亚稳离子。亚稳离子（母离子）通常裂解生成

另一个离子（子离子）和一个中性碎片。例如，样品分子在离子源中生成离子质量 m_1 的离子后，一部分离子被电场加速经质量分析器到达检测器，另一部分在到达检测器前的飞行途中进一步裂解为低质量（m_2）离子。由于 m_2 离子是在飞行途中裂解产生的，所以失去了一部分动能，因此其质谱峰不在正常的 m_2 位置上，而是在比 m_2 较低质量的位置上，这种质谱峰称为亚稳离子峰，此峰所对应的质量称为表观质量 m^*，它与 m_1、m_2 的关系为

$$m^* = \frac{m_2^2}{m_1} \tag{12-7}$$

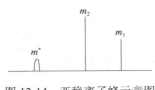

图 12-14   亚稳离子峰示意图

m^* 一般不为整数，亚稳离子峰峰形宽而矮小，质谱图中容易识别（图 12-14）。通过 m^* 峰的观察和测量，可找到相关母离子的质量 m_1 与子离子质量 m_2，帮助确定各碎片离子的亲缘关系，从而确定裂解途径。例如，在十六烷质谱中发现的几个亚稳离子峰的 m/z 分别为 32.8、29.5、28.8、25.7 和 21.7，其中 m^* 的 $m/z=$ 29.5，因 $29.5 \approx 41^2 \div 57$，所以 29.5 的 m^* 表示存在以下分裂：

$$C_4H_9 \longrightarrow C_3H_5 + CH_4$$
$$m/z\,57 \qquad m/z\,41$$

5. 多电荷离子峰   对大多数电离方式，在离子源中生成的离子绝大部分是带 1 个单位正电荷的单电荷离子，但有些有机化合物分子会失去 2 个或 2 个以上的电子生成多电荷离子。多电荷离子峰出现在谱图的 m/nz（n 为失去的电子数）位置上，且强度很弱。m/nz 可能为整数或分数。当有多电荷离子峰出现时，表明样品分子很稳定，其分子离子峰很强。在质谱中二价离子峰（M^{2+} 峰）的出现一般是杂环、芳香环和高度不饱和的化合物的特征，可供结构分析参考。在 EI 源中生成的一般为单电荷离子，很少情况会形成双电荷离子，且相对丰度较低。对某些电离方式，如电喷雾电离，容易生成多电荷离子，其所带电荷可高达几百，使离子的质荷比降低，显著扩大了相对分子质量的检测范围。

6. 重排离子峰   分子离子裂解成碎片时，有些碎片离子不是仅仅通过键的简单断裂形成的，有时还会通过分子内某些原子或基团的重新排列或转移而形成，这种特殊的碎片离子称为重排离子。质谱图上相应的峰称为重排离子峰。重排远比简单断裂要复杂，其中麦氏（McLafferly）重排是重排反应最常见的方式。

可以发生麦氏重排的化合物有酮、醛、酸、酯等。这些化合物含有 C=X（X 为 O、S、N、C）基团，当与此基团相连的键上具有 γ 氢原子时，此氢原子可以转移到缺电子的 X 原子上，然后引起一系列的电子转移，并脱离 1 个中性分子，同时 β 键断裂。例如，正丁醛的质谱图中出现很强的 $m/z=44$ 峰，就是麦氏重排所形成的。发生重排后的离子都是奇电子离子，如果质谱图上出现了不是分子离子的奇电子离子峰，说明分子在裂解中发生了重排或消去反应，这对结构分析很有意义。

第四节   质谱图解析

质谱分析所得结果的主要表达方式为质谱图，通过解析质谱图，既可定性分析化合物的官能团和化学结构等方面的信息，确定化合物的相对分子质量；也可用于定量分析有机组分的含量等。

一、定性分析

1. 相对分子质量的测定　　根据化合物的分子离子峰可以准确地测定其相对分子质量，约 75% 的有机化合物可以由 EI 质谱图上直接读出其相对分子质量，这是质谱分析的独特优点，它比经典的相对分子质量测定方法（如沸点上升法、冰点下降法、渗透压力测定法等）快而准确，且所需试样量少（一般 0.1mg）。

有机化合物的 EI 质谱图中，还存在许多非分子离子峰，因此准确识别出分子离子峰是确定化合物相对分子质量的关键步骤。分子离子是分子电离但未碎裂的奇电子离子，在不考虑同位素峰和没有离子 - 分子反应生成离子的前提下，分子离子峰是 EI 质谱图中质量数最高的离子峰，这是判断分子离子峰的必要条件但不是充分条件。由于有些化合物的分子离子非常不稳定，分子离子峰很弱甚至不出现，因此质谱图中最高质量数的峰不一定是分子离子峰，有时还会有 $[M+1]^+$ 或 $[M-1]^+$ 准分子离子峰同时存在，这些现象对分子离子峰的判别造成了干扰。因此，在判断分子离子峰时应注意以下一些问题。

1）分子离子峰若能出现，应位于质谱图右端 m/z 最大的位置（如伴有同位素峰，同位素峰应在其右端）。

2）分子离子峰应符合"氮规则"，即不含有或含有偶数个氮原子的有机物，其分子离子峰的 m/z 一定为偶数，含奇数个氮原子的有机物，其分子离子峰的 m/z 只能为奇数。不符合氮规则的峰不属于分子离子峰。

3）当化合物中含有氯或溴时，可以利用 M 与 $M+2$ 峰的比例来确认相应的分子离子峰。通常，若分子中含有 1 个氯原子时，M 和 $M+2$ 峰强度比为 3∶1，若分子中含有 1 个溴原子时，M 和 $M+2$ 峰强度比为 1∶1。

4）在分子离子峰左边 3～14 个原子质量单位范围内一般不可能出现峰，因为分子离子不可能裂解出 2 个以上的氢原子和少于 1 个甲基的基团。在分子离子峰左边出现质量差 15 或 18 的峰是合理的，这是由于分子裂解出中性碎片 CH_3 或 1 分子水所致。

5）设法提高分子离子峰的强度，增加分子离子峰与邻近峰的质量差，有助于识别分子离子峰。降低电子轰击源的能量，碎片峰逐渐减小甚至消失，而分子离子峰和同位素离子峰的强度增加。

6）对那些非挥发或热不稳定的化合物应尽量采用软电离源离解方法，以加大分子离子峰的强度。

2. 化学式的确定　　在确认了分子离子峰并知道了化合物的相对分子质量后，即可确定化合物的部分或全部化学式。一般有 2 种方法，即用高分辨率质谱仪确定分子式和由同位素比求分子式。

（1）用高分辨率质谱仪确定分子式　　使用高分辨率质谱仪测定时，能给出精确到小数点后几位的相对分子质量值，而低分辨率质谱仪则不可能。拜诺（Beynon）等将 C、H、O、N 元素组合而成的分子的精密相对分子质量列成表，当测得了某种化合物的精密质量后，查表核对就可以推测出该化合物的分子式，若再配合其他信息，即可以从少数可能的分子式中得到最合理的分子式。

（2）由同位素比求分子式　　各元素具有一定天然丰度的同位素，从质谱图上测得分子离子峰 M、同位素峰 $M+1$ 和 $M+2$ 的强度，并计算其 $(M+1)/M$、$(M+2)/M$ 强度百分比，根据拜诺质谱数据表查出可能的化学式，再结合其他规律，确定化合物的化学式。例如，某化合物在质谱图中有 $M = 102$ 的分子离子峰，$(M+1)/M = 7.81\%$，$(M+2)/M = 0.35\%$。根据表 12-3 列出的数据，可以得到该化合物的可能分子式有如下 3 种：$C_6H_2N_2$、C_7H_2O、C_7H_4N。因为其相对分子质量为偶数，依据氮规则，可以排除 C_7H_4N 的可能。然后再根据碎裂图形，以及红外光谱和核磁共振谱数据等其他信息，即可确定该化合物的分子式。

表 12-3　拜诺表中 $M = 102$ 部分数据

分子式	$M+1$	$M+2$	分子式	$M+1$	$M+2$
$C_5H_{10}O_2$	5.64	0.53	$C_6H_2N_2$	7.28	0.23
$C_6H_{14}O$	6.75	0.39	C_7H_2O	7.64	0.45
$C_5H_{12}NO$	6.02	0.35	C_7H_4N	8.01	0.28
$C_5H_{14}N_2$	6.39	0.17	C_8H_6	8.74	0.34

3. 结构式的确定　　在确定了未知化合物的相对分子质量和化学式以后，首先根据化学式计算该化合物的不饱和度，确定化合物化学式中双键和环的数目。然后，应该着重分析碎片离子峰、重排离子峰和亚稳离子峰，根据碎片峰的特点，推测分子的断裂类型，按各种可能方式，连接已知的结构碎片及剩余的结构碎片，提出可能的结构式。最后再用全部质谱数据复核结果。必要时应考虑试样来源、物理化学性质及红外、紫外、核磁共振和 X 射线单晶衍射等分析方法的综合数据，确定未知化合物的结构式。

在解析有机化合物结构时，常将质谱图或数据与质谱标准图谱进行对照，以核对化合物的结构。现代质谱仪都配有谱图库检索系统，按一定的程序对比试样谱和标准谱，计算出相似性指数，给出若干较相似的有机化合物名称、相对分子质量、分子式或结构式等供参考。

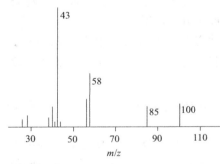

图 12-15　化合物 $C_6H_{12}O$ 质谱图

【例 1】某化合物的质谱图如图 12-15 所示，分子离子峰 $m/z = 100$，分子式为 $C_6H_{12}O$，求该化合物的分子结构式。

【解】根据分子的不饱和度计算式，求得 $\Omega = 1$，说明分子式中有 1 个双键。$m/z\ 85$ 峰是分子失去甲基的碎片离子峰，该化合物可能为醛或酮类。但是醛经常失去 1 个 H，出现 $m/z\ 99$ 峰，而该质谱中并无此峰，说明此化合物是酮类，结合 $m/z\ 43$ 可进一步判断该化合物为酮。$m/z\ 58$ 为酮类化合物经麦氏重排后产生的重排离子峰。

故该化合物可能的结构有如下 2 种：

$$\underset{\substack{\\ \\ CH_3}}{CH_3-\overset{\displaystyle O}{\overset{\|}{C}}-CH_2-CH}\ ,\quad CH_3-\overset{\displaystyle O}{\overset{\|}{C}}-CH_2-CH_2-CH_2-CH_3\ 。$$

从质谱图上出现 $m/z\ 85$ 的离子峰（$M-15$），该酮含支链甲基的可能性较大，故第一种结构式更为合理。

【例2】某化合物的质谱图如图 12-16 所示，分子离子峰的精确相对分子质量为 136.0886，求该化合物可能的分子结构。

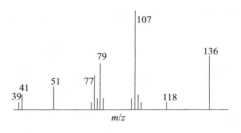

图 12-16 某化合物的质谱图

【解】根据相对分子质量，查拜诺分子质量表得其分子式为 $C_9H_{12}O$。计算其不饱和度，$\Omega = 4$，结构中可能含有苯环。碎片峰归属：碎片离子峰 $m/z = 118$（$M - 18$），表明为醇类；$m/z = 107$（$M - 29$），表明可能有 C_2H_5；$m/z = 39$、51、77 等表明有苯环。结构单元有 OH、C_2H_5、C_6H_5 等，其余部分 $m/z = 136 - 17 - 29 - 77 = 13$，应为 CH。

故该化合物可能的结构式为 ⟨苯环⟩—C—OCH_3 。

二、定量分析

质谱法可以定量测定有机分子、生物分子及无机试样中元素的含量。

质谱定量分析最早用于同位素丰度的研究。稳定同位素可以用来"标记"各种化合物，如确定氘苯 C_6D_6 的纯度，通常可用 $C_6D_6^+$、$C_6D_5H^+$ 及 $C_6D_4H_2^+$ 等分子离子峰的相对强度进行定量分析。在考古学和矿物学研究中，可应用同位素比测量法来确定岩石、化石和矿物的年代。

直接用质谱法定量测定一种或多种混合物组分的含量比较费时费力。对混合物组分一般采用色谱法分离后，再用质谱法进行定量分析；对某些试样直接采用色谱和质谱联用〔如气相色谱 - 质谱联用（GC-MS）〕技术，将质谱仪设在合适的 m/z 处，进行"选择性离子监测"，记录离子流强度对时间的函数关系即可进行定量。

当采用质谱法直接测定待测物的浓度时，一般用质谱峰的峰高作为定量参数。对于混合物中各组分能够产生对应质谱峰的试样来说，可通过绘制峰高相对于浓度的校正曲线，即外标法进行测定。为了获得较准确的结果，也可选用内标法。

一般来说，质谱法进行定量分析时，其相对标准偏差为 2%～10%。分析的准确度主要取决于被分析混合的复杂程度及性质。

第五节　质谱法的应用

质谱法在石油化工、环境分析、药物分析、生物及食品分析等诸多领域中已获得了广泛的应用，特别是色谱 - 质谱和质谱 - 质谱等联用技术的快速进步，极大地促进了环境科学、药物化学和生命科学等相关学科的发展。

一、物质鉴定和结构分析

质谱法最重要的应用就是鉴定和确认合成产物，以及从天然产物或样品中分离出的组分。质谱法对有机合成产物的结构确认和解析起关键的作用。和 NMR 相比，MS 最明显的优点是试样用量极小，纳克级即可，而 NMR 则需毫克级。但 MS 的不足之处是它是有损分析，用过的样品不能回收再进一步分析或化学处理。

天然有机产物的主要研究内容包括目标化合物的提取、分离、鉴定和结构测定，而质谱是对化合物鉴定和结构测定的重要手段之一。对化合物的鉴定或确认可以通过检索质谱信息库和解析质谱图来完成，其中 EI 质谱图的检索是阐明结构的有效手段。

MS 的重要性还在于借助高分辨双聚焦质谱仪，通过精确测定相对分子质量来确定有机合成产物的化学组成，这一过程中首选的离子化方法通常是 EI。

质谱法在测定同位素结合的领域中起着重要的作用，是研究稳定同位素标记部位的重要方法。例如，应用 ^2H、^{13}C、^{15}N 和 ^{18}O 等同位素结合物测定其结合的程度和位置，研究有关化合物在动植物体内的代谢历程或阐明其在体内的生物合成路径。一般测定同位素结合的方法包括在低分辨率的仪器上以多重慢扫描方式测得标记的和未标记的化合物的两种质谱图。从未标记的化合物质谱上查出天然同位素的丰度，和从标记的化合物质谱图上查到的同位素丰度作比较，计算出结合的程度。当除去 $[M+1]^+$ 和 $[M-1]^+$ 后，同位素结合的准确度一般可达到 1%。

进入 21 世纪以来，质谱在生物活性物质分析中的应用日益广泛，生物质谱已经成为质谱领域最活跃的研究方向。分析生物大分子（如蛋白质、酶、核酸和多糖等）一般使用软电离质谱技术，如电喷雾法、基质辅助激光解吸离子化法和快原子轰击法等，这些方法是蛋白质相对分子质量测量，多糖结构测定，DNA 测序，研究酶 - 基质复合体、抗体 - 抗原结合、药物 - 受体互相作用及药物代谢的重要手段。使用上述离子化技术的质谱仪有四极杆质谱仪、离子阱质谱仪、飞行时间质谱仪、傅里叶变换离子回旋共振质谱仪。

二、联用技术分析混合物

将两种或多种仪器分析方法结合起来的技术称为联用技术。联用技术能最大程度地发挥每种分析方法的优点，是对复杂混合物进行高效定性、定量分析的重要手段。常见的联用技术有气相色谱 - 质谱联用（GC-MS）、液相色谱 - 质谱联用（LC-MS）、毛细管电泳 - 质谱联用（CE-MS）及串联质谱（MS-MS）等。联用技术主要解决的是 2 种分析仪器相连的接口及相关信息的高速获取与贮存等问题。

1. 气相色谱 - 质谱联用　质谱法具有灵敏度高、定性能力强等特点，但进样要纯，才能发挥其特长。另外，进行定量分析时要经过一系列分离纯化操作，操作程序较复杂；气相色谱法则具有分离效率高、定量分析简便的特点，但定性能力较差，因此气相色谱与质谱联用技术既发挥了色谱法的高分离能力，又发挥了质谱法的高鉴别能力，是分析复杂有机化合物和生物化学混合物最有力的工具之一，已广泛应用于环境、农业、食品、生物、医药、法庭、石油和工业等诸多科学领域。

混合物样品进入色谱仪后，在合适的色谱条件下，被分离成单一组分并逐一进入质谱仪，经离子源电离得到含有样品信息的离子，再经质量分析器和检测器即获得每个化合物的质谱。由于 GC 是在常压下工作，而质谱仪需要高真空，两者之间的工作压力相差若干个数量级。如果色谱仪使用填充色谱柱，必须通过接口装置——分子分离器，将色谱流出物中的载气去除，使样品气进入质谱仪。如果色谱仪使用毛细管色谱柱，则可以将毛细管直接插入质谱仪离子源，因为毛细管载气流量比填充柱小得多，不会破坏质谱仪真空。与气相色谱联用的质谱仪以四极杆质谱仪最多，离子源主要是 EI 源和 CI 源。一般来说，凡能用气相色谱法进行分析的试样，大部分都能用 GC-MS 进行定性鉴定和定量测定。

图 12-17 为 GC-MS 系统的基本结构示意图，其中接口装置是将色谱仪和质谱仪连接起来的桥梁和纽带。图 12-18 为 GC-MS 全扫描模式三维数据结构图。

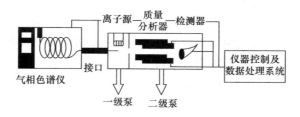

图 12-17　GC-MS 系统的基本结构示意图

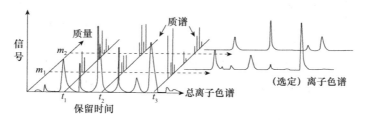

图 12-18　GC-MS 全扫描模式三维数据结构图

2. 液相色谱 - 质谱联用　　液相色谱与质谱联用，有机结合了液相色谱能有效分离热不稳定性及高极性、高沸点化合物的分离能力与质谱很强的组分鉴定能力，是一种分离分析复杂有机混合物的有效手段，已成为生命科学、医药和临床医学、化学化工和农药领域中最重要的工具之一。

LC-MS 联用的关键是 LC 和 MS 之间的接口装置，其主要功能是去除色谱流出物中的过量溶剂并使样品组分离子化。接口装置同时也是质谱仪的离子源。电喷雾电离和大气压化学电离是 LC-MS 最常用的 2 种离子源。最常用的质量分析器有四极杆质量分析器、离子阱质量分析器和飞行时间质量分析器等。混合样品注入色谱仪后，经色谱柱分离，从色谱仪流出的被分离组分依次通过接口时被离子化，然后离子在加速电压作用下进入质量分析器进行质量分离。分离后的离子按 m/z 大小由收集器收集，并记录质谱图。根据质谱峰的位置和强度可对样品的成分和其结构进行分析。

一套完整的色谱 - 质谱联用分析图谱包括色谱图、总离子流色谱图（TIC）、质谱图、质量碎片图、质量色谱图等。另外，在进行色谱分离的同时，质谱仪的质量分析器可进行重复的质谱扫描，即以一定的时间间隔，重复地让某一质量范围的离子次序通过，同时检测系统进行快速检测。扫描方式有全量程扫描、选择离子扫描、高分辨扫描、选择反应检测、自动控制子离子扫描、串联质谱子离子扫描等。化合物的定性、定量分析就是根据这些图谱和扫描结果来进行的。

3. 毛细管电泳 - 质谱联用　　CE-MS 可以把 CE 对样品（尤其是生物大分子）的高度分离能力与 MS 的强鉴定能力结合在一起。CE 可以和电喷雾接口连接，也可以和四极杆质谱相连接。CE 适用于分离分析极微量（nL）样品和特定用途（如手性对映体分离等）的样品，由于其进样量小，如果以 mg/mL 级的蛋白质样品浓度计算，进入质谱仪的样品组分仅为 fmol 级。所以，对配套质谱仪的灵敏度和信噪比有较高的要求。CE 流出物可直接导入质谱仪，或加入辅助流动相以和质谱仪相匹配。

4. 质谱-质谱联用   将2个或更多的质谱串联连接在一起，称为串联质谱或多级质谱。串联质谱与色谱-质谱联用的工作原理完全不同，前者以第一台质谱仪（MS1）作为混合物试样的分离器，从中选出感兴趣的离子作为"母离子"引入碰撞室，诱导碰撞活化使之进一步碎裂，产生的"子离子"由第二台质谱仪（MS2）进行分离检测，得到结构信息。后者是用色谱将混合组分分离，然后由质谱进行分析。质谱-质谱的串联方式很多，如以Q表示四极杆质量分析器，TOF表示飞行时间质量分析器，常见的MS-MS联用有单一型串联如三重四极杆串联质谱，简写为Q-Q-Q；混合型串联如四极杆-飞行时间串联质谱，简写为Q-TOF。无论是哪种方式的串联，都必须有碰撞活化室，从第一级MS分离出来的特定离子，经过碰撞活化后产生碎片离子，再经过第二级MS进行扫描及定性分析。

图12-19为质谱-质谱联用原理示意图，由ABC、DEF等组分组成的混合物，经进样系统导入第一级质谱离子源离子化后，生成ABC^+、DEF^+等分子离子。如果将第一级质谱设置在相应于ABC^+的m/z位置上，则仅有ABC^+可以进入第二级质谱的离子源。ABC^+在离子源进一步活化碎裂，生成AB^+、BC^+等碎片离子，再用第二级质谱测定记录，进行鉴定。

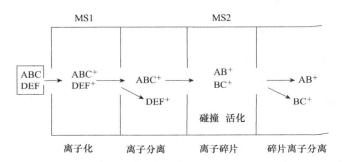

图12-19   质谱-质谱联用原理示意图

MS-MS能阐明MS1中的母离子和MS2中的子离子间的联系。根据MS1和MS2的扫描模式，如子离子扫描、母离子扫描和中性碎片丢失扫描，可以查明不同质量数离子间的关系。母离子的碎裂可以通过碰撞诱导解离、表面诱导解离和激光诱导解离等方式实现。图12-20为三重四极杆串联质谱仪的4种MS-MS工作模式示意图。

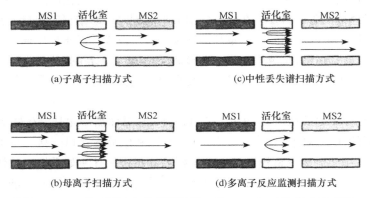

图12-20   三重四极杆串联质谱仪的4种MS-MS工作模式示意图

三重四极杆串联质谱仪中有 3 组四极杆，第一组四极杆用于质量分离（MS1），第二组四极杆用于碰撞活化，第三组四极杆用于质量分离（MS2）。图 12-20 中（a）为子离子扫描方式，这种工作方式由 MS1 选定 1 个质荷比离子，碰撞活化分解之后，由 MS2 扫描得子离子谱；（b）为母离子扫描方式，由 MS2 选定 1 个子离子，由 MS1 扫描，检测器得到的是能产生选定子离子的那些离子，即母离子谱；（c）是中性丢失谱扫描方式，这种方式是 MS1 和 MS2 同时扫描，只是二者始终保持固定的质量差（中性丢失质量），只有满足相差固定质量的离子才得到检测；（d）是多离子反应监测扫描方式，由 MS1 选择 1 个或几个特定离子（图中只选了 1 个），经碰撞碎裂之后，由其子离子中选出一特定离子，只有同时满足 MS1 和 MS2 选定的 1 对离子时，才有信号产生。用这种扫描方式的好处是增加了选择性，即便是两个质量相同的离子同时通过了 MS1，但仍可以依靠其子离子的不同将其分开。这种方式非常适合于从很多复杂的体系中选择某特定质量，经常用于微小成分的定量分析。

MS-MS 联用在混合物分析中有很多优势。在质谱与气相色谱或液相色谱联用时，即使色谱未能将物质完全分离，MS-MS 也可从样品中选择母离子分析，而不受其他物质的干扰。MS-MS 联用在药物研究领域有很多应用，如利用子离子扫描可获得药物主要成分，根据母离子的定性信息，有助于未知物的鉴别，也可用于肽和蛋白质氨基酸序列的鉴别。

在药物代谢动力学研究中，对生物复杂基质中低浓度样品进行定量分析，可用多反应监测模式（MRM）消除干扰。例如，分析药物中某特定离子，来自基质中其他化合物的信号可能会掩盖检测信号，用 MS1-MS2 对特定离子的碎片进行选择监测可以消除干扰。MRM 也可同时定量分析多个化合物。在药物代谢研究中，为发现与代谢前物质具有相同结构特征的分子，使用中性丢失谱扫描能找到所有丢失同种功能团的离子，如羧酸丢失中性二氧化碳。如果丢失的碎片是离子形式，则母离子扫描能找到所有丢失这种碎片的离子。

MS-MS 联用技术在分析生物大分子方面，具有灵敏度和准确度高、易操作、分析速度快等优点；且易与色谱联用，适于生命复杂体系中的微量或痕量小分子生物活性物质的定性或定量分析。此外，MS-MS 联用技术在天然产物鉴定、环保分析及法医鉴定、亚稳离子变迁研究、混合物气体中的痕量成分分析等方面具有独特的优势。

思考题与习题

1. 简述质谱中主要的离子源类型及其特点。

2. 质谱图中的主要离子峰类型有哪几种？它们是怎样形成的？

3. 用质谱法如何测定相对分子质量和分子式？

4. 某化合物可能是 3- 氨基辛烷或 4- 氨基辛烷，在其质谱图中，较强峰出现在 m/z 58（100%）和 m/z 100（40%）处，试确定其名称。

5. 解释丁酸甲酯质谱图中的 m/z 43、m/z 59、m/z 71 离子峰的形成途径。

6. 某一含有卤素的碳氢化合物 $M=142$，$M+1$ 峰强度为 M 峰强度的 1.1%。请分析此化合物可能的化学式。

7. 某化合物只含 C、H 和 O 3 种元素，其质谱峰组成为：$M^{+ \cdot}$ 峰 m/z 184（10%），基峰 m/z 91，在 m/z 77 和 65 处各有一小峰。亚稳离子峰出现在 m/z 45.0 和 46.5 处，试推测其结构。

⬡ 典型案例

气相色谱 - 质谱联用检测食品中丙烯酰胺

丙烯酰胺为无色无臭有毒透明片状晶体，溶于水、乙醇，微溶于苯、甲苯。丙烯酰胺的聚合物或共聚物在工业上有广泛用途。研究表明，丙烯酰胺具有显著的神经毒性和潜在致癌性。食物中丙烯酰胺的主要来源包括焙烤食品、油炸食品、煎烤食品和膨化食品等。日常生活中应尽量减少丙烯酰胺含量高的食品的摄入，以免对健康产生负面影响。

1. 原理　　用水提取试样（油炸和焙烤食品）中的丙烯酰胺，提取液经石墨化碳黑色谱柱净化，净化液中的丙烯酰胺经溴水衍生化后，用同位素标记的内标法，以气相色谱 - 质谱联用仪检测。

2. 仪器和试剂

（1）仪器　　气相色谱 - 质谱仪，带 EI 源；旋转蒸发仪；振荡器；冷冻离心机；氮吹仪；固相提取装置；天平（精确到 0.001g）。

（2）试剂

1）正己烷，重蒸馏；乙酸乙酯，重蒸馏；溴水，含溴≥3%；氢溴酸，含量≥40.0%。

2）丙烯酰胺标准品，纯度≥99%。

3）^{13}C 标记的丙烯酰胺标准品，1000mg/L。

4）丙烯酰胺标准溶液：准确称取适量的丙烯酰胺标准品（精确至 0.1mg），用水溶解，配制成浓度为 10mg/L 的标准贮备溶液。根据需要用水稀释成适用浓度的标准工作溶液。

5）^{13}C 标记的丙烯酰胺标准溶液：移取 ^{13}C 标记的丙烯酰胺标准品 1mL，用水配制成浓度为 10mg/L 的标准贮备溶液。根据需要用水稀释成适用浓度的标准工作溶液。

6）无水硫酸钠，650℃灼烧 4h，置于干燥器内保存。

7）石墨化碳黑固相萃取柱：内填石墨化碳黑 500mg，分别用 5mL 甲醇和 5mL 水活化。

8）硫代硫酸钠水溶液，0.2mol/L。

3. 实验步骤

（1）提取　　准确称取已粉碎的样品 20g（精确至 1mg）于 250mL 锥形瓶中，加水 100mL，加 1mL 500ng/mL 的 ^{13}C 同位素标记的丙烯酰胺内标，振荡 30min，取上清液 25mL 于 50mL 离心管中，加正己烷 20mL，振荡 10min，3000r/min 离心 5min，弃去正己烷层。

（2）净化　　将离心管在 12 000r/min 下，于 4℃高速冷冻离心 30min，上清液用玻璃棉过滤，将滤液加入石墨化碳黑固相萃取柱中，收集流出液，再用 20mL 纯净水淋洗，合并流出液和淋洗液用于衍生化。

（3）衍生化　　在净化液中加入 7.5g 溴化钾，用氢溴酸调节净化液 pH 至 1～3，再加 8mL 溴水，在 4℃条件下衍生过夜。滴加硫代硫酸钠溶液至黄色消失以除去残余的溴。将溶液转移到分液漏斗中，加 20mL 乙酸乙酯，振荡 10min，静置分层，再分别用 10mL 乙酸乙酯提取两次，合并乙酸乙酯提取液。乙酸乙酯过无水硫酸钠后，旋转浓缩并定容至 1.0mL，供气相色谱 - 质谱仪测定。

（4）测定

1）色谱条件：色谱柱，HP-5 30m×0.25mm（内径）×0.25μm（膜厚），HP-5（或相当者）；

色谱柱温度，65℃（1min）→15℃/min→280℃（15min）；进样口温度，280℃；离子源温度，230℃；传输线温度，280℃；离子源，EI源；测定方式，选择离子监测方式；监测离子（m/z）106、150、152、110、153、155；载气，氦气，纯度99.999%，流速1.0mL/min；进样方式，无分流进样；进样量，1.0μL；电子能量，70eV。

2）色谱-质谱确证和测定：在上述仪器条件下经衍生化的丙烯酰胺保留时间约为8.26min。符合下列条件即可确定样品中含有丙烯酰胺：在保留时间8.26min附近有峰出现，选定的质谱碎片离子在样品的选择离子质谱图中都能出现，样品峰的质谱图中各碎片离子的相对丰度为153：155=1、150：152=1、106：150=0.6、110：153=0.6，以上离子相对丰度的偏差比不超过20%。以150和153定量。

3）空白实验：除不加试样外，按上述测定步骤进行。

4. 结果计算

1）丙烯酰胺和其同位素内标的相对校正因子按下式计算：

$$R=\frac{A_n c_1}{A_1 c_n}$$ （12-8）

式中，R为丙烯酰胺和其同位素内标的相对校正因子；A_n为丙烯酰胺标样的峰面积（峰高）；A_1为同位素内标的峰面积（峰高）；c_n为丙烯酰胺标样的浓度，ng/mL；c_1为同位素内标的浓度，ng/mL。

2）试样中丙烯酰胺的含量按下式计算：

$$X=\frac{A_{sn} m_{s1}}{A_{s1} R m}$$ （12-9）

式中，X为试样中丙烯酰胺的含量，ng/g；R为丙烯酰胺和其同位素内标的相对校正因子；A_{sn}为实际样品丙烯酰胺衍生物的峰面积（峰高）；A_{s1}为实际测定时同位素内标的峰面积（峰高）；m_{s1}为实际测定时同位素内标的量，ng；m为样品的质量，g。

5. 注意事项

1）本方法的最低检出限为5ng/g。丙烯酰胺添加浓度为5~1000ng/g，回收率为5%~106%。

2）本方法适用于油炸和焙烤食品中丙烯酰胺的检测。

第十三章

X 射线衍射分析法

1895 年，德国物理学家伦琴（Röntgen）在研究阴极射线时发现了一种肉眼看不见、穿透力很强且可以使荧光屏感光的射线，并将这种射线命名为 X 射线，伦琴因此于 1901 年获得了首届诺贝尔物理学奖。X 射线发现不久后即被应用于医学 X 射线透视（诊断放射学和治疗放射学）和工业 X 射线探伤。1912 年，德国物理学家劳厄（Laue）发现了 X 射线通过晶体时产生的衍射现象，证实了 X 射线是一种电磁波，劳厄因此获得了 1914 年的诺贝尔物理学奖；同年，英国物理学家布拉格（Bragg）提出了著名的布拉格方程，证明了能够用 X 射线衍射来获取关于晶体结构的信息，标志着 X 射线晶体学的诞生。1915 年的诺贝尔物理学奖授予了布拉格，以表彰他在创立 X 射线晶体结构分析法方面的奠基性贡献。1953 年，沃森（Watson）、克里克（Crick）、威尔金斯（Wilkins）和富兰克林（Franklin）根据 DNA 晶体的 X 射线衍射结果，提出了 DNA 分子的双螺旋结构模型，其中的前 3 名科学家获得了 1962 年的诺贝尔生理学或医学奖。此后，血红蛋白和肌红蛋白、维生素 B_{12} 及人工牛胰岛素等晶体的结构解析，都是 X 射线晶体学研究的部分标志性成果。

X 射线的应用非常广泛，几乎遍及物理学、化学、分子生物学、医药学、金属学、材料学、高分子科学、矿物学、工程技术学和考古学等各个学科领域。各学科领域的科学工作者都把 X 射线作为探针，用作获得物质微观结构和晶体结构等有关信息的手段。

第一节　X 射线物理学基础

X 射线是波长介于 γ 射线和紫外线之间（0.01～10nm）的电磁波，其中用于衍射结构分析的 X 射线波长一般为 0.05～0.1nm。X 射线的强度以单位时间内通过垂直于传播方向单位截面上的能量表示，其大小与电磁波电场分量振幅的平方成正比。

1. X 射线的产生　　在真空玻璃或陶瓷管中，用高速运动的电子轰击金属靶（靶即阳极，材料为 Cr、Fe、Co、Ni、Cu 和 Mo 等单质金属），电子骤然停止运动，其动能可部分转变成 X 光能，形成 X 射线。用于产生 X 射线的真空管称为 X 光管。

X 光管中产生的 X 射线谱由连续 X 射线谱和特征 X 射线谱组成。

连续 X 射线谱也称白色 X 射线，是由一系列波长不同的 X 射线组成，其最短波长限仅与 X 光管的管电压大小有关，而与靶的种类无关。连续 X 射线谱在结构分析中通常会产生不希望的背景。

特征 X 射线谱是指波长特定的电磁波谱，其形成过程是：高速运动的电子将靶原子的内层轨道上的电子打到外层轨道或打到原子外面，形成轨道空位，然后具有较高能量的外层轨道上的电子跃迁到空位上，放出多余的能量形成 X 射线。特征 X 射线波长仅与阳极靶的元素组成有关。

特征 X 射线谱主要由原子 L 轨道和 M 轨道电子跃迁到 K 轨道形成的射线构成（图 13-1），其中电子由 L 轨道跃迁到 K 轨道形成 K_α X 射线，由 M 轨道跃迁至 K 轨道形成

K_β X射线。电子从能级略有差异的两个L亚轨道上跃迁到K轨道形成 $K_{\alpha1}$ 和 $K_{\alpha2}$ X射线。例如，铜靶激发产生的K系列X射线的组成及其波长分别为： $\lambda_{K_\alpha}=1.541\,84$Å， $\lambda_{K_\beta}=1.392\,22$Å， $\lambda_{K_{\alpha1}}=1.540\,56$Å， $\lambda_{K_{\alpha2}}=1.544\,39$Å（1Å$=10^{-10}$nm）。

2. X射线的散射和吸收　　X射线与物质相互作用，主要产生散射和吸收现象。

散射是X射线通过物质时部分X光子改变前进方向所出现的现象。根据X光子的能量是否变化，物质对X射线散射分为不相干散射和相干散射。发生不相干散射［康普顿散射（Compton scattering）］时，各散射线的波长彼此不相等，散射线间不会发生干涉作用；发生相干散射［汤姆森散射（Thomson scattering）］时，散射线的波长等于入射线波长，散射线间会发生干涉作用，形成晶体的衍射现象。

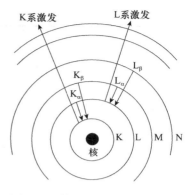

图13-1　特征X射线产生示意图

吸收是入射X射线光子与物质原子的内层电子相碰撞，并将其全部能量传递给电子，产生次级特征X射线（荧光辐射）的现象。X射线被物质吸收会导致其强度的衰减，被吸收程度主要与物质的吸收系数有关。

第二节　晶体X射线衍射

X射线与晶体作用会发生X射线衍射（X-ray diffraction，XRD）现象。根据X衍射线的方向和强度，结合晶体学理论就可以推导出晶体中原子的排列情况，这就是X射线晶体结构分析。X射线晶体结构分析法包括单晶衍射法和多晶（粉末）衍射法两大分支，广泛应用于物理学、化学、材料科学、分子生物学和药学等学科，成为当前认识固体物质微观结构的最强有力的手段之一。

一、晶体几何学

1. 晶胞、晶系和空间点阵　　晶体是物质内部质点（原子、离子或分子）成周期性排列的固体。将晶体中的质点按照一定方法抽象为一个个几何点（结点），这些几何点就构成一个空间点阵。如果组成物质的晶体被一个空间点阵所贯穿，则称该物质为单晶体。

构成晶体的最小重复单元称为晶胞。晶胞的几何特征用晶胞参数 a、b、c 及 α、β、γ 表示，其中 a、b、c 分别代表3个晶轴的单位长度，α、β、γ 分别代表晶轴 b 和 c、a 和 c、a 和 b 间的夹角。根据晶胞参数晶轴和轴角的特点，将晶体分为7种晶系。考虑7种晶系的对称限制和空间点阵中阵点的分布方式，晶体中只有14种空间点阵（布拉维点阵）类型，见表13-1。

空间点阵中的点、线和面均可在选定坐标系后用数学符号表示。点的符号（结点符号）就是结点的分数坐标，以（h, k, l）表示；线的符号（晶向符号）是通过原点的最近结点的坐标，以［hkl］表示；面的符号（晶面符号）是面网或晶面在晶轴上的分数截距的倒数之比，以（hkl）或（$hkil$）表示。例如，立方晶系体心立方空间点阵中，位于角顶的8个结点符号分别为（0, 0, 0），（1, 0, 0），（0, 1, 0），（0, 0, 1），（1, 1, 0），（1, 0, 1），（0, 1, 1），（1,

表 13-1　晶系及空间点阵

晶系	晶胞参数	空间点阵（布拉维点阵）类型			
		简单晶胞（P）	底心晶胞（C）	体心晶胞（I）	面心晶胞（F）
立方晶系（等轴）	$a=b=c$ $\alpha=\beta=\gamma=90°$	简单立方（P）		体心立方（I）	面心立方（F）
正方晶系（四方）	$a=b\neq c$ $\alpha=\beta=\gamma=90°$	简单正方（P）		体心正方（I）	
斜方晶系（正交）	$a\neq b\neq c$ $\alpha=\beta=\gamma=90°$	简单斜方（P）	底心斜方（C）	体心斜方（I）	面心斜方（F）
菱方晶系（三方）	$a=b=c$ $\alpha=\beta=\gamma\neq90°$	菱方（P）			
六方晶系	$a=b\neq c$ $\alpha=\beta=90°$ $\gamma\neq120°$	六方（P）			
单斜晶系	$a\neq b\neq c$ $\alpha=\gamma=90°\neq\beta$	简单单斜（P）	底心单斜（C）		
三斜晶系	$a\neq b\neq c$ $\alpha\neq\beta\neq\gamma\neq90°$	三斜（P）			

1，1），位于体心的结点符号为（1/2，1/2，1/2）；从原点出发的体对角线晶向符号为［111］；其中几种典型晶面的晶面符号如图13-2所示。

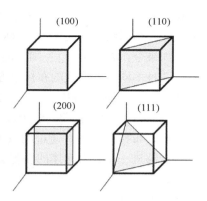

图13-2 立方晶系中几种典型晶面的示意图

2. **晶体的对称性** 晶体的对称性是其内部结构单元周期性排列的必然结果。晶体的对称性可用对称要素的组合表示。用国际符号表示的晶体宏观对称要素，分别为对称轴（1，2，3，4，6）、对称面（m）、对称中心（−1）和旋转反伸轴（−1，−4）。晶体内部的对称要素除包括宏观对称要素外，还有螺旋轴（2_1；3_1，3_2；4_1，4_2，4_3；6_1，6_2，6_3，6_4，6_5）、滑移面（a，b，c，n，d）和平移轴3类内部结构特有的对称要素。晶体宏观对称要素的组合称点群，共有32种，如2mm、−43m。晶体内部对称要素和空间点阵符号的组合称空间群，共有230种，如P1、C2/c和Pnma等。空间群符号中，第一个斜体大写字母表示空间点阵的类型，其后最多3个位置，分别表示相应结晶学方向上的对称要素类型。例如，青蒿素分子晶体（$C_{15}H_{22}O_5$）属正交晶系，其空间群为$P2_12_12_1$，说明该晶体的空间点阵类型为P型，a、b、c三个晶轴方向上的对称要素均为2_1螺旋轴。

3. **晶体结构** 所谓晶体结构就是组成晶体的基元（原子、离子和分子等）在三维空间的具体排列方式，即晶体结构＝结构基元＋空间格子。解析晶体结构就是在获得晶体晶胞参数和空间群的基础上，进一步确定晶体各组成结构单元在三维空间的坐标。已知的绝大多数晶体的结构均是根据X射线衍射法得到的。

二、X射线衍射原理

X射线是电磁波，射入晶体的X射线（原始X射线），其电场分量能够引起晶体中原子的电子振动，振动的电子由于相干散射会发出X射线，这样每个原子实际上就成为一个向四周发射X射线的新X射线源。由于晶体中的原子是周期性排列的，各原子发射的次生X射线间会发生相互干涉作用。干涉的结果可以使次生X射线因互相叠加而增强，或者因互相抵消而减弱或消失，这种次生X射线干涉的总结果即X射线衍射现象。

晶体中各原子发射的次生X射线在不同的方向上具有不同的行程差，只有行程差等于X射线波长的整数倍时，才可形成X衍射线。晶体X衍射线的方向取决于晶胞的大小和形状，其强度取决于晶胞中原子的种类及其排列方式。

1. **X衍射线的方向** 晶体的X射线衍射方向可用布拉格方程确定。

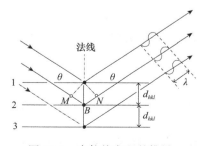

图13-3 布拉格方程的推导

从晶体的空间点阵中，可划分出以不同晶面符号（hkl）表示的一系列平面点阵族。这些平面点阵族分别是由一组相互平行、间距（d_{hkl}）相等的点阵平面构成。当一束X射线照射到某（hkl）平面点阵族2个相邻的平面产生衍射线（或反射线）时（图13-3），X射线行进的光程差为：$\Delta = MB + NB = d\sin\theta + d\sin\theta = 2d_{hkl}\sin\theta$。

只有当光程差等于入射X射线波长λ的整数倍时，即$2d_{hkl}\sin\theta = n\lambda$时，才能形成衍射，该式就是著名的布拉格方程。布拉格方程中，入射线（或反射线）与晶面间的夹角 θ 称为掠射角或布拉格角；入射线和衍射线之间的夹角 2θ 称为衍射角；n 称为反射级数。

如果令：$d_{hkl}/n=d_{HKL}$，则上述布拉格方程可转化为另一种形式，即 $2\,d_{HKL}\sin\theta=\lambda$。

两种不同表达形式的布拉格方程间的关系为：(hkl) 面族的 n 级衍射可以处理为 (HKL) 面族的一级衍射。(HKL) 称为干涉面指数（也称衍射符号），$H=nh$，$K=nk$，$L=nl$；当 $n=1$ 时，干涉面指数即晶面指数。在 X 射线结构分析中，一般使用干涉面的面间距。

根据布拉格方程，通过测量 X 衍射线方向 θ，即可计算出干涉面的面间距 d，在此基础上，能够进一步获得晶体的晶胞参数。

2. X 衍射线的强度　　某一衍射方向上 X 射线的总量，称为该方向相应晶面族 (HKL) 的 X 衍射线强度。

X 衍射线的强度取决于晶体结构中原子的种类及其排列方式、干涉面指数（衍射符号）和实验条件等因素，其中结构因子是影响 X 射线强度的主要因素。

X 衍射线强度 I 的一般数学表达式如下：

$$I=\frac{I_0}{32\pi R}\left(\frac{e^2}{mc^2}\right)^2\lambda^3\frac{1}{V_0^2}V_j F_{HKL}^2 P\frac{1+\cos^2 2\theta}{\sin^2\theta\cos\theta}e^{-2M}\frac{1}{2\mu}\tag{13-1}$$

式中，I_0、λ、V_0 和 V_j 分别为入射 X 射线的强度、波长、样品被照射的体积和样品中 j 相被照射的体积；R 为样品与衍射环的距离；m 为电子的质量；e 为电子所带负电荷量；θ 为布拉格角；P 为多重性因子；μ 为样品的线性吸收系数；F_{HKL} 为结构振幅；e^{-2M} 为温度因子，其中 M 为与原子质量、热力学温度、布拉格角和 X 射线波长有关的物理量。

结构振幅 F_{HKL} 是一个矢量，其物理意义是晶胞中所有原子沿某衍射方向 (HKL) 散射的 X 射线的合成波：

$$F_{HKL}=\sum_{j=1}^{n}f_j e^{2\pi i(HX_j+KY_j+LZ_j)}\tag{13-2}$$

式中，f_j 为原子 j 的散射因子；X_j、Y_j、Z_j 为晶胞中 j 原子的分数坐标；H、K、L 为干涉面指数；$e^{2\pi i}$ 中 $2\pi i$ 是一个虚数，i 为虚数单位。

将式（13-2）中的指数部分展开，得如下表达式：

$$F_{HKL}=\sum_{j=1}^{n}f_j[\cos 2\pi(HX_j+KY_j+LZ_j)+\text{i}\sin 2\pi(HX_j+KY_j+LZ_j)]\tag{13-3}$$

结构振幅的平方 $|F_{HKL}|^2$ 称为结构因子。$|F_{HKL}|^2$ 由结构振幅 F_{HKL} 乘以其共轭复数 F_{HKL}^* 得到：

$$|F_{HKL}|^2=F_{HKL}F_{HKL}^*$$

$$=\left[\sum_{j=1}^{n}f_j\cos 2\pi(HX_j+KY_j+LZ_j)\right]^2+\left[\sum_{j=1}^{n}f_j\sin 2\pi(HX_j+KY_j+LZ_j)\right]^2\tag{13-4}$$

当结构中有对称中心时，$|F_{HKL}|^2$ 简化为

$$|F_{HKL}|^2=\left[\sum_{j=1}^{n}f_j\cos 2\pi(HX_j+KY_j+LZ_j)\right]^2\tag{13-5}$$

从式（13-1）可知，结构因子 $|F_{HKL}|^2$ 与衍射强度 I 成正比，是影响 X 衍射线强度的主要因素。其他影响衍射强度的因素还包括吸收因子、温度因子、角度因子（偏振 - 劳仑兹因

子）、实验条件和晶粒数目等。

举例：NaCl结构因子 $|F_{HKL}|^2$ 的计算。

NaCl为离子晶体，面心立方格子，晶胞中 Na^+ 和 Cl^- 的坐标分别为：Na^+，（0，0，0），（0，1/2，1/2），（1/2，0，1/2），（1/2，1/2，0，）；Cl^-，（1/2，0，0），（0，1/2，0），（0，0，1/2），（1/2，1/2，1/2）。代入式（13-5），计算 $|F_{HKL}|^2$。

$$|F_{HKL}|^2 = \{f_{Na^+}[\cos 2\pi(0) + \cos 2\pi(k+l)/2 + \cos 2\pi(h+l)/2 + \cos 2\pi(h+k)/2]$$
$$+ f_{Cl^-}[\cos 2\pi(h/2) + \cos 2\pi(k/2) + \cos 2\pi(l/2) + \cos 2\pi(h+k+l)/2]\}^2$$

当 HKL 全为偶数时，$|F_{HKL}|^2 = 16(f_{Na^+} + f_{Cl^-})^2$；

当 HKL 全为奇数时，$|F_{HKL}|^2 = 16(f_{Na^+} - f_{Cl^-})^2$；

当 HKL 为奇偶混杂时，$|F_{HKL}|^2 = 0$。

上述计算结果表明，结构因子与干涉面指数密切相关，对某些干涉面指数的衍射，结构因子为零，即衍射强度等于零，这些干涉面指数对应的衍射不会出现，呈系统性消失，这种现象称为系统消光。系统消光与带心空间格子类型、内部结构对称要素滑移面和螺旋轴的存在有关。

第三节　晶体 X 射线衍射方法

X射线与晶体发生衍射作用时，参与衍射的晶体可以是单晶体，也可以是多晶体，相应的衍射作用分别称为单晶 X 射线衍射和多晶 X 射线衍射。这两种衍射方法的实验途径和应用领域均有明显区别。

一、单晶 X 射线衍射

1. 单晶 X 射线衍射原理简介　　单晶 X 射线衍射主要用于测定晶体的晶胞参数和空间群及结构的解析等。

图 13-4 为单晶 X 射线电荷耦合（CCD）面探测器获得的一幅衍射图像，图中的白色亮点的大小和分布特征实际上就是晶体衍射线强度和方向的反映。根据一系列衍射图，应用结构解析的方法如帕特森法（Patterson method）、重原子法、直接法等可以计算出电子密度等高线图，在电子密度等高线图中可识别出原子的种类和确定原子坐标。图 13-5 为一含 Cu 金属配合物的分子片段的电子密度等高线图，从该图中可以看出，位于电子密度图中的下方，电子密度比较集中的位置（表现为等高线密集）代表 Cu 原子，而碳原子连接成的六方环也清晰可见。

图 13-4　单晶 X 射线电荷耦合（CCD）面探测器获得的一幅衍射图像

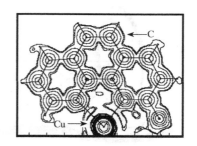

图 13-5　单晶 X 射线衍射电子密度等高线图

单晶 X 射线衍射结构分析的理论和技术，尤其是小分子晶体的结构分析方法已相当成熟。生物大分子晶体与小分子晶体结构分析的基本原理大体一致，但由于两者在相对分子质量、晶胞体积、衍射能力和稳定性等方面存在巨大差别，因此研究方法和技术手段有明显不同。

目前生物大分子晶体结构研究存在的主要问题有两方面：一方面，如何培养适合进行结构分析的单晶体存在困难。大分子由于分子质量大，结晶非常困难，培养大分子晶体仍然是探索性和经验性的，在某种程度上还是靠机遇。许多重大的结构生物学课题由于得不到适合于进行分析的晶体而很难开展。晶体培养已成为当前阻碍提高生物大分子晶体结构分析速度的关键性问题。另一方面，由于生物大分子的结构多由散射能力低的 C、H、O、N 等轻元素组成，晶胞体积很大，晶胞中所含的原子数目较多，获得的电子密度图的分辨率较低，确定原子坐标和解析结构存在很大的困难。

为了延长晶体的寿命、减小 X 射线对晶体的损害，常采用液氮冷却低温 X 射线晶体衍射法。低温 X 射线晶体衍射法已成为生物大分子结构测定中必不可少的一个组成部分并且被应用于确定生物反应中间体。

在生物大分子晶体的 X 射线衍射数据收集中，采用同步加速器射线源可以提高晶体的衍射强度，有助于结构的解析。

2. 单晶 X 射线衍射仪   进行单晶 X 射线衍射实验，并记录 X 射线衍射方向和强度信号的设备称为单晶 X 射线衍射仪。单晶 X 射线衍射仪主要由 X 射线发生器、测角器、辐射探测器和自动控制单元等几部分组成。X 射线发生器用以产生一定波长和强度的特征 X 射线，常用的 X 射线管阳极为 Mo 靶，波长 $\lambda_{K_\alpha}=0.710\ 730$Å。辐射探测器用以记录 X 射线衍射的强度信号，常用的是 CCD 面探测器，具有高量子探测效率、高空间分辨率、高密度分辨率和高动态范围的优点。测角器为单晶 X 射线衍射仪的核心部件，其作用是安置晶体并通过一定的运动方式使晶体发生 X 射线衍射。

由于进行单晶 X 射线衍射所用的晶体是由一个空间点阵结构所贯穿的单晶体，单晶体与单色 X 射线作用时，如果晶体静止不动，则能够满足衍射条件的晶面数量很少，这样只能产生为数不多的衍射线。为形成足够多的衍射线，以满足结构分析的需要，常采用晶体相对于入射 X 射线以不同角度和方向旋转的方法，让更多的晶面参与衍射。实现这种目的的装置为四圆测角器，具有这种测角器的仪器就是四圆单晶 X 射线衍射仪。

根据测角器工作的几何学原理，四圆测角器分为欧拉（Eulerian）和卡帕（Kappa）两种类型，见图 13-6。

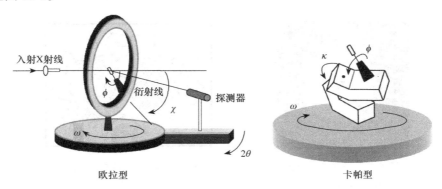

图 13-6   四圆测角器

欧拉型测角器中的 4 个圆分别为 ω 圆、χ 圆、ϕ 圆和 θ 圆，其中第一个圆 ω 圆上处于水平面上，有一个垂直旋转轴。不论 ω 取何值，这个 ω 圆总是与第二个圆 χ 圆互相垂直，后者的转轴在水平方向上。载晶台则直接安放于 χ 圆里面的第三个圆 ϕ 圆上。第四个圆 θ 圆与 ω 圆共圆心，其上带有 X 射线探测器。

卡帕型测角器中，θ 圆及 ω 圆与欧拉型测角器上相应的圆具有同样的功能，但其中的 χ 圆被 κ 圆代替了。κ 圆的轴向水平面方向倾斜 50° 角，其上连接有一个安放载晶台的臂。ϕ 圆和 κ 圆两者的轴角也为 50°。利用 ϕ 和 κ 的不同组合，通过 κ 轴旋转，晶体可以到达欧拉型测角器中晶体能到达的大部分位置。与欧拉型测角器相比，卡帕型测角器在安装冷却晶体的低温装置时比较方便，由于在 ω 圆上不存在空间限制，安装低温装置不会造成探测死角。

3. 单晶 X 射线衍射工作流程　　单晶 X 射线衍射主要用于测定晶体的晶胞参数和空间群及进行结构解析等，其工作内容和步骤为：晶体的培养、选择及在测角器上的安置；晶胞参数、取向矩阵的获得；衍射强度数据收集；衍射强度数据的还原和吸收校正；结构解析；结构精修；晶体结构的表达与解释。

二、多晶 X 射线衍射

多晶 X 射线衍射使用的样品一般是粉末，因此又称为粉末 X 射线衍射。

1. 多晶 X 射线衍射原理简介　　多晶 X 射线衍射中，样品中各晶粒的取向是随机分布的，满足衍射条件的不同晶面产生的衍射线，构成一系列顶点相同而张角不同的衍射圆锥。衍射圆锥与垂直于入射线的面探测器（如感光底片、CCD）相遇，就得到同心的圆形衍射环，称德拜（Debye）环。若用围绕试样的条带形底片记录衍射线，就得到一系列衍射弧段，称德拜弧；若用绕试样扫描的计数管接收衍射信号，则得到衍射谱线（衍射图谱）。多晶 X 射线衍射的形成原理见图 13-7。

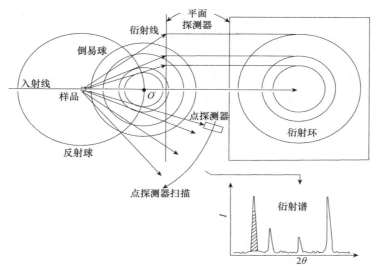

图 13-7　多晶 X 射线衍射形成示意图
O' 为倒易球球心

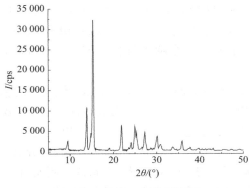

图 13-8 多晶 X 射线衍射图

2. 多晶 X 射线衍射图谱及应用   图 13-8 为某多晶体样品的 X 射线衍射图谱，图中横坐标为衍射角 2θ，单位为度（°），衍射峰所对应的 2θ 角称为峰位；纵坐标为 X 衍射线的绝对强度 I，其单位为 cps，即探测器每秒接收到的 X 射线光量子数目。峰强也可以用相对强度表示，将图谱中绝对强度最大的衍射峰的强度视为 100%，其他衍射峰强度与其之比所得的百分比就是相对强度。衍射峰的形态（如对称性、明锐和弥散等）称为峰型。峰位、峰强和峰型称为多晶 X 射线衍射图谱的衍射峰三要素。

根据多晶 X 射线衍射图谱的衍射峰峰位、峰强和峰型，可以进行定性物相分析（晶相识别）、定量物相分析、结晶度分析、晶粒度计算、晶胞参数精测、里特沃尔德（Rietveld）图谱精修与从头晶体结构测定等。

（1）定性物相分析   物相是影响物质性能的基本因素之一。正确鉴定和识别样品中存在的晶相，对于反应物的选择、反应过程的控制、工艺参数的确定和产品品质的评价非常重要。

每一种结晶物质都有其独特的化学组成和晶体结构。没有任何两种结晶物质的晶胞大小、质点的种类和质点在晶胞中的排列方式是完全一致的。当 X 射线通过晶体时，每一种结晶物质都会产生一套特有的由晶面间距 d 和衍射强度 I 组成的衍射数据。在用衍射仪获得样品的一系列衍射数据（晶面间距 d 和衍射强度 I）后，通过与标准物质的衍射数据进行比对，就可以鉴定出样品中所含的各种晶质物相，这一过程就是定性物相分析。

进行定性物相分析所依据的标准物质的衍射数据，来源于由国际衍射数据中心（ICDD）出版发行的粉末衍射卡片（powder diffraction file），简称 PDF。PDF 的主要内容包括：①物质的化学式和英文名称；②获得衍射数据的实验条件；③物质的晶体学数据；④样品来源、制备和化学分析等数据；⑤物质的晶面间距、衍射强度及对应的晶面指数；⑥卡片号和质量标记。

将实验衍射数据 d 和 I 与 PDF 标准数据进行检索和匹配，结合样品的来源和元素组成等信息，就可以确定样品的物相组成。如图 13-8 所示的衍射图谱，物相定性分析的结果为对氨基苯甲酸（p-aminobenzoic acid），其 PDF 卡片号为 00-022-1519。

（2）定量物相分析   由若干个相组成的混合物样品，其中某相的 X 射线衍射强度随其在样品中含量的增加而增加。但由于存在吸收效应等影响因素的作用，其含量与衍射强度不是简单的正比关系，需要进行修正。n 相混合物中，j 相的某条衍射线的强度与参与衍射的该相的体积 V_j 的关系可表示为

$$I_j = I_0 \frac{\lambda^3}{32\pi R}\left(\frac{e^2}{mc^2}\right)^2 \frac{1}{2\mu_l} V_j F_{HKL}^2 P \frac{1+\cos^2 2\theta}{\sin^2\theta\cos\theta} e^{-2M} \tag{13-6}$$

上式中各符号的意义同式（13-1）。

设样品由 n 相组成，其总的线性吸收系数为 μ_l。不同的相 I_j 各异，当 j 相含量改变时，强度 I_j 将随之改变。

若样品中 j 相的体积分数为 f_j，设试样被照射的体积 V 为单位体积，则 j 相被照射的体

积 V_j 可表示为

$$V_j = Vf_j = f_j \tag{13-7}$$

式（13-6）中，除 V_j、μ_l 和 I_j 随 j 相的含量变化外，其余均为常数，这些常数的乘积可用 C_j 表示，则样品中 j 相某条衍射线的强度 I_j 可表示为

$$I_j = C_j f_j / \mu_l \tag{13-8}$$

由处理衍射强度 I_j 与总的线性吸收系数 μ_l 的不同引申出多种定量分析方法，如直接对比法、内标法、外标法、K 值法（基体冲洗法）和绝热法等，其中较普遍使用的是 K 值法。

利用 Rietveld 全谱拟合精修多晶 X 射线衍射数据来进行物相定量分析，已成为目前定量物相分析的重要方法。

（3）结晶度分析　　结构中原子的排列只存在短程有序而无长程有序的物质是非晶态。很多结晶物质的结构中原子排列并非完全有序，而是无序的非晶态部分和有序的结晶态部分共存，这种现象在生物质材料（如淀粉和纤维素等）中普遍存在。

结晶度是描述物质中结晶态与非晶态质量分数或体积分数大小的数值。晶体结晶度变化会引起衍射峰强度和峰型发生变化。一般通过峰型拟合，从衍射谱图中剥离非晶峰，计算晶态峰与总散射强度之比，即可求得结晶度。

（4）晶粒度计算　　多晶 X 射线衍射中，随样品中晶粒尺寸减小，图谱中衍射峰的半高宽增大。平均晶粒大小 L 可用经验公式即谢乐（Scherrer）方程计算：

$$L = \frac{K\lambda}{\beta \cos\theta} \tag{13-9}$$

式中，β 为衍射峰的半高宽，单位为弧度；K 为形态常数，一般取值为 0.89；θ 为布拉格衍射角；λ 为 X 射线波长。

多晶样品中晶粒尺寸的大小与其活性有密切关系。晶粒度计算在一些药物质量的控制和评价中有重要意义。

（5）Rietveld 图谱精修与从头晶体结构测定　　在难以获得可供单晶法测定晶体结构的晶体时，也可用多晶 X 射线衍射进行晶体结构分析。但多晶 X 射线衍射图谱失去了单晶衍射三维的特性，退化为一维衍射图。需要用 Rietveld 图谱精修，把一维衍射图还原成三维的信息，再用从头单晶解结构方法获得晶体结构。

Rietveld 图谱精修的原理为：将样品的理论计算图谱与实验衍射图谱进行比较，通过逐步调整结构和非结构参数，拟合这两种图谱并使图谱之差达到最小。理论计算图谱是指样品中所有相的理论衍射线按衍射角度叠加其强度获得的图谱。理论计算图谱中任何一点 i 处的强度 Y_{ci} 可表示为

$$Y_{ci} = sS_R A \sum F_k^2 \phi(2\theta_i - 2\theta_k) L_k P_k + Y_{bi} \tag{13-10}$$

式中，s 为标度因子（定量分析与此有关）；S_R 为考虑样品粗糙度效应的函数；A 为吸收因子；F_k 为 k 反射的结构因子；ϕ 为 k 反射的线性函数（涉及仪器线形和物理线形）；L_k 为洛仑兹、偏振及多重因子；P_k 为择优取向函数；Y_{bi} 为衍射谱背景强度；$2\theta_k$ 为 k 反射的衍射角；$2\theta_i$ 为衍射扫描过程中一任意衍射角。

利用最小二乘法拟合优化使下列函数达到最小：

$$M = \sum W_i (Y_{oi} - Y_{ci})^2 \tag{13-11}$$

式中，Y_{oi}、Y_{ci} 分别为衍射角 $2\theta_i$ 点处的实验强度和计算强度数据；M 为强度数据拟合值；W_i

为权重因子。求和是对整个衍射谱所有 $2\theta_i$ 衍射角的。

用最小二乘法拟合的参数分 2 类：一类是结构参数，包括温度因子、原子坐标和晶格参数等；另一类是非晶格参数，如探测器零点位置、样品表面粗糙度、背景强度等。拟合最优时获得的结构参数即可用来解析晶体结构。

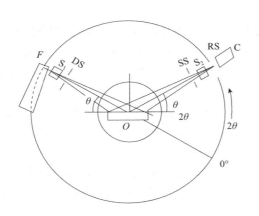

图 13-9　多晶 X 射线衍射仪测角器结构示意图
F. X 射线焦点；O. 测角仪圆的圆心；C. 探测器；S_1、S_2. 索拉狭缝；DS. 发散狭缝；SS. 防散射狭缝；RS. 接收狭缝

3. 多晶 X 射线衍射仪　　进行多晶 X 射线衍射实验，并记录 X 射线衍射方向和强度信号的设备称为多晶（粉末）X 射线衍射仪。多晶 X 射线衍射仪由 X 射线发生器、测角器、辐射探测器和自动控制单元等部分组成。X 射线发生器用以产生一定波长和强度的特征 X 射线，常用的 X 射线管阳极为 Cu 靶，波长 $\lambda_{K_\alpha}=1.541\,84\text{Å}$。辐射探测器用以记录 X 射线衍射的强度信号，常用的有闪烁探测器、能量色散探测器、阵列式探测器和 CCD 面探测器等。测角器为多晶 X 射线衍射仪的核心部件，其作用是安置晶体并通过一定的运动方式使晶体发生 X 射线衍射。图 13-9 为测角器的结构示意图。

上述测角器是按照布拉格 - 布伦塔诺（Bragg-Brentano）聚焦原理设计的，光源焦点中心 F 至试样表面中心 O 的距离等于试样表面中心 O 至接收狭缝 RS 中心的距离，且等于测角仪圆的半径；入射 X 射线与试样表面形成的角度 θ 等于衍射线与试样表面形成的角度 θ，即等于衍射角 2θ 的一半。为满足后一条件，在 θ-2θ 型测角器中，试样转过的角度 θ 等于探测器转过角度 2θ 的一半；而在 θ-θ 型测角器中，试样固定不动，光源和探测器必须同时反方向转动 θ 角，以满足这个要求。

测角器的光学布置如图 13-10 所示。从光源发出的入射线，以及其与样品 S 作用后形成的衍射线，均要通过一系列狭缝光阑。其中，发散狭缝 DS 用来限制入射线束水平方向的发散度，防散射狭缝 SS 和接收狭缝 RS 用以限制衍射线束在水平方向的发散度。SS 狭缝还可以排除来自其他方面（不是来自试样）的辐射，使峰背比得到改善。索拉狭缝 S_1、S_2 由一组相互平行的金属薄片组成，它可以限制入射线及衍射线束在垂直方向的发散度。衍射线在通过狭缝 S_1、S_2 及 RS 后便进入探测器中。

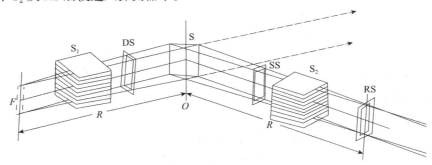

图 13-10　多晶 X 射线衍射仪测角器光路示意图

4. 多晶 X 射线衍射工作流程　　多晶 X 射线衍射一般要求样品为粒度均匀且粒径小于 200 目的粉体。进行物相分析时，将装填好样品的样品架置于测角器试样台上，合理设置 X 射线管电流、管电压、扫描方式、扫描速度、扫描角度范围和狭缝等工作参数，获取 X 射线图谱。根据分析目的，用相关软件进行衍射图谱和数据的解析。

工作参数中扫描方式和狭缝的设置对实验结果的影响较大。扫描方式有连续扫描法和步进扫描法。连续扫描法中探测器以选定的角速度运动，常用于物相定性分析。步进扫描（阶梯扫描）法中探测器从起始 2θ 角按预先设定的步进宽度（如 0.01°）、步进时间（如 2s）逐点测量各 2θ 角对应的衍射强度（每点的总脉冲数除以计数时间），该法常用于精确测定衍射峰的积分强度、位置，或提供线形分析所需的数据。狭缝宽度增大可使衍射线强度增强，但会导致分辨率下降。接收狭缝 RS 对峰强度、峰背比，特别是分辨率有明显影响。在一般情况下，只要衍射强度足够，应尽可能地用较小的接收狭缝。

思考题与习题

1. 结合图形推导布拉格方程，说明布拉格方程的物理意义及其中各参数的含义。

2. 当波长为 λ 的 X 射线照射到晶体并出现衍射线时，相邻两个（hkl）反射线的波程差是多少？相邻两个（HKL）反射线的波程差又是多少？

3. 影响 X 射线强度的最主要因素是什么？

4. 何谓单晶和多晶体？用二维探测器记录的两者 X 射线衍射特征有何区别？

5. 生物大分子晶体 X 射线衍射的主要特点是什么？

6. 晶体结构分析能得到哪些结构参数信息？

典型案例

一种含 7.5H₂O 结晶水的 β- 环糊精晶体结构分析

环糊精（cyclodextrin，CD）是由直链淀粉在环糊精葡萄糖基转移酶作用下生成的含有 6～12 个 D- 吡喃葡萄糖单元的环状低聚糖，其中最为重要的是含有 6、7、8 个葡萄糖单元分子构成的环糊精，分别为 α- 环糊精（α-CD）、β- 环糊精（β-CD）和 γ- 环糊精（γ-CD）。β-CD 的分子式是 $C_{42}H_{70}O_{35}$，其在水中的溶解度较小，易从水中析出晶体形成稳定的水合物。β-CD 呈腔状结构，腔内为疏水性，腔外为亲水性，借助氢键和范德瓦耳斯力，可将大小和形状合适的物质组装于腔内，形成超微囊状包合物，广泛用于医药辅料和食品添加剂。

已知 β-CD 有 3 种多晶型，分别为 β-CD·7.5H₂O、β-CD·11H₂O 和 β-CD·12H₂O。这 3 种水合物的结构骨架相同，区别仅在于 H₂O 分子在结构中的分布位置和数量有所不同。其中 β-CD·7.5H₂O 是 β-CD 在矿泉水中经重结晶形成的［矿泉水成分（mg/L）：Na^+，11.0；K^+，1.5；HCO_3^-，175；Li^+，1.32；Sr^{2+}，2.69；Zn^{2+}，0.41；Br，1.6；I，0.33；$HSiO_3^-$，28.6；Se，0.027；As，0.018；F，1.60；NO_3^-，39.0］。

将大小约 0.2mm×0.2mm×0.15mm 单晶体密封在玻璃毛细管中，用 Mo Kα（$\lambda = 0.710\,73$Å）X 射线进行单晶衍射。根据衍射强度数据求得晶胞参数为：$a = 15.1667(5)$Å，$b = 10.1850(3)$Å，

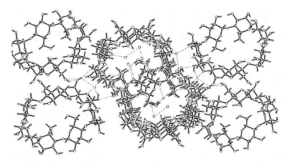

图 13-11　β-CD · 7.5H$_2$O 结构在 ac 面的投影图

$c=20.9694$（7）Å，$\beta=110.993$（2）°；空间群为 $P2_1$；用直接法解析结构，用最小二乘法精修结构，获得原子的坐标、键长和键角等结构数据。图 13-11 为 β-CD · 7.5H$_2$O 结构在 ac 面的投影图，图中清晰显示出七元环状结构单元，这些七元环堆叠形成圆筒状的腔；结构中 7.5 个水分子，其中只有 1 个水分子分布在环内，其余 6.5 个水分子作为填充物分布在环分子间。水分子和环通过氢键连接起来。

稻草制备纳米纤维素多晶 X 射线衍射表征

稻草是水稻生产稻米的副产物，体积约占水稻总量的 45%。稻草中含有纤维素（约 38.3%）、半纤维素（约 31.6%）、木质素（约 11.8%）和一些无机物。纤维素的基本结构单元是由 D- 吡喃葡萄糖彼此以 β-1,4- 糖苷键以 C1 式构象连接而成的线形高分子，这些链状分子以分子内氢键及分子间的氢键紧密连接在一起，形成结构中结晶区和无定形区。

从稻草中制备纳米纤维素是秸秆高值化利用的一个重要途径，其主要过程是应用化学和生物化学等方法将稻草中的半纤维素和木质素等去除，并使纤维素的直径降低到纳米级别。纳米纤维素具有许多优良的性能，如较大的化学反应活性、高纯度、高聚合度、高结晶度、高亲水性、高杨氏模量、高强度和高透明性，在生物医学材料、药物、生物传感器、液晶材料和复合材料等高技术领域日益受到关注。

制备工艺流程：稻草经清洗晾干、研磨过筛；用甲苯 / 乙醇溶液脱蜡；与 NaClO$_2$ 溶液，在 70℃反应 5h 以去除木质素；与 5% KOH 在室温反应 24h，然后在 90℃反应 2h，去除半纤维素；产物离心冷冻干燥得白色纤维素粉末；与 64%～65% H$_2$SO$_4$，在 45℃反应 30min 或 45min，用冰水终止反应；所得凝胶用再生纤维素膜透析至中性，离心冷冻干燥得纳米纤维素。

所得产物多晶 X 射线衍射结果见图 13-12。根据三个特征衍射峰 $2\theta=14.7°$、16.4° 和 22.6°，确定最终产物为 I 型纤维素。根据衍射数据，计算纳米纤维素的结晶度和晶粒度。与 H$_2$SO$_4$ 反应 30min，产物的结晶度和晶粒度分别为 86.0% 和 7.36nm；与 H$_2$SO$_4$ 反应 45min，产物的结晶度和晶粒度分别为 91.2% 和 8.33nm。

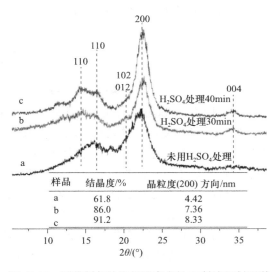

样品	结晶度/%	晶粒度(200) 方向/nm
a	61.8	4.42
b	86.0	7.36
c	91.2	8.33

图 13-12　稻草制备纳米纤维素多晶 X 射线衍射图谱

第四篇

分离分析法

14

第十四章

气相色谱法

色谱法是对流体多组分混合试样进行分离和分析效率最高的一种方法，广泛应用于食品安全、医药卫生、生理生化、生命科学、环境监测和石油化工等许多领域。

早在 1903 年，俄国植物生理学家 Tswett 就发明了色谱法。他将植物色素的提取液加于细颗粒碳酸钙填充的玻璃管顶端，然后以石油醚淋洗，经过一段时间洗脱之后，植物色素在玻璃管中就分散为数条不同颜色的色带，故称之为色谱（chromatography）。后来人们发现这种方法与被分离物质是否具有颜色并无关系，"色谱"一词却沿袭使用下来。20 世纪 30 年代，俄国科学家 Izmailov 和 Shraiher 发明了薄层色谱和纸色谱。1941 年，英国科学家 Martin 和 Synge 提出了著名的塔板理论，并发明了液 - 液分配色谱，这两位科学家于 1952 年荣获了诺贝尔化学奖。1956 年，荷兰学者 van Deemter 提出了色谱速率理论。20 世纪 60 年代，高效液相色谱问世。此后随着科技的进步，疏水作用色谱、反相色谱、手性分离色谱、多维色谱和毛细管电泳等先进色谱技术不断发展，将分离分析科学带入了一个全新的领域。

气相色谱是色谱法早期发展阶段最为成熟的一种方法。1955 年就出现了首台商用气相色谱仪，1958 年毛细管色谱柱问世，直到 20 世纪 60 年代末高效液相色谱大规模使用前，气相色谱一直是色谱分析领域的主角。

第一节　色谱法分类

色谱法的种类很多，但其共同特点是均有两相，其中有一相不动，称为固定相；另一相携带样品按规定的方向移动，称为流动相。当流动相中的样品混合物流经固定相时，由于样品中各组分与固定相的作用力有差异，各组分在固定相中的滞留时间不同，从固定相中流出的先后次序就不同，这样就实现了混合物各组分的分离。

根据分类方法的不同，色谱法有如下类型。

1）按两相状态分类：流动相为气体的色谱法称为气相色谱法（gas chromatography，GC），其中固定相是固体吸附剂的称为气固色谱法（gas-solid chromatography，GSC），固定相为液体的称为气液色谱法（gas-liquid chromatography，GLC）。流动相为液体的色谱法称为液相色谱法（liquid chromatography，LC），同上，液相色谱法也可分为液固色谱法（liquid-solid chromatography，LSC）和液液色谱法（liquid-liquid chromatography，LLC）两种。

2）按分离机理分类：根据组分在流动相和固定相之间的分离原理的不同将色谱分为吸附色谱法（adsorption chromatography）、分配色谱法（partition chromatography）、离子交换色谱法（ion exchange chromatography）、凝胶色谱法（gel chromatography）、亲和色谱法（affinity chromatography）和超临界流体色谱法（supercritical fluid chromatography）等。

3）按固定相外形分类：可分为柱色谱法（如填充柱色谱法、开管柱色谱法）、平面色谱法（如纸色谱法、薄层色谱法）等。

4）按色谱技术分类：根据改善和提高色谱分离效能和选择性而采取的技术，将色谱分为程序升温气相色谱法、反应气相色谱法、裂解气相色谱法、顶空气相色谱法、毛细管气相色谱法和多维气相色谱法等。

5）按色谱动力学分类：根据流动相洗脱动力学的过程不同可分为冲洗色谱法、顶替（置换）色谱法和迎头色谱法等。

6）按应用目的分类：分为制备性色谱和分析性色谱两大类。制备性色谱的目的是分离混合物，获得一定数量的纯净组分，包括对有机合成产物的纯化、天然产物的分离纯化等。分析性色谱的目的是定量或者定性测定混合物中各组分的性质和含量。

第二节　色谱流出曲线及色谱主要参数

一、色谱流出曲线

待测样品进入色谱仪，不同组分先后流出色谱柱再进入检测器，检测器产生响应电信号。记录组分流出时间与相应信号强弱关系的曲线就称为色谱流出曲线或色谱图，如图 14-1 所示。色谱图的横坐标为流出时间 t，纵坐标为信号强度。

1. 基线　在实验条件下，纯流动相（没有样品组分）经过检测器产生的信号随时间而变化的曲线即基线。稳定的基线应该是一条水平直线。操作条件不稳定或检测器及其附件的工作状态变化，会使基线朝一定方向缓慢变化，这种现象称为基线漂移。由各种因素引起的基线起伏，称为基线噪声。实验过程中只有基线平稳，才能保证分析结果准确。

2. 色谱峰　色谱峰是由组分流经检测器时产生的连续信号形成的曲线，对应于色谱流出曲线上的突起部分。正常色谱峰近似于对称性正态分布曲线。不对称色谱峰有 2 种：前延峰和拖尾峰，前者少见。色谱峰有峰高、峰面积和峰宽三要素，见图 14-1。

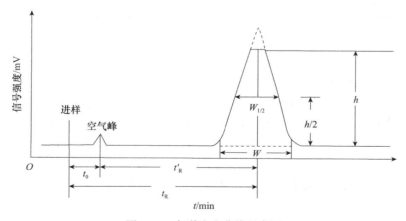

图 14-1　色谱流出曲线示意图

（1）峰高（h）　从色谱峰顶点到基线之间的垂直距离，单位可用 mm、mV、μV 或 mA 表示。

（2）峰面积（A）　色谱曲线与基线间所包围的面积。

（3）峰宽　峰宽一般有如下 3 种表示方法。

1）标准偏差峰宽 σ，即 0.607 倍峰高处色谱峰宽度的一半。

2）半峰宽 $W_{1/2}$，即峰高一半处对应的峰宽，它与标准偏差 σ 的关系是 $W_{1/2}=2.354\sigma$。

3）峰底宽 W，又称为基线宽度，是色谱峰两侧拐点上的切线在基线上的截距，它与标准偏差峰宽的关系是 $Y=4\sigma$。

峰宽是样品组分在色谱柱中谱带扩张的函数，可用来衡量色谱柱效率及评价影响分离过程的动力学因素。

二、色谱主要参数

1．保留值   混合物中各组分在色谱柱中滞留时间的数值称为保留值，通常用时间（t）或将组分带出色谱柱所消耗流动相的体积（V）来表示。保留值主要取决于样品中各组分在流动相和固定相中的分配过程，这一过程由热力学因素所控制。在固定相和操作条件一定时，任何物质都有一确定的保留值，故保留值是色谱定性分析的重要参数。

（1）保留时间（t_R）   某组分从进入色谱柱开始到出现色谱峰极大值时的时间间隔，或组分质点通过色谱柱所需要的时间（在柱内运行的时间）称为保留时间。

（2）死时间（t_0）   不被固定相保留的组分从进入色谱柱开始到出现色谱峰极大值时所需的时间，或流动相流经色谱柱所需要的时间，或组分在流动相中所消耗的时间称为死时间。

利用死时间可以测定流动相的平均线速度（u）：

$$u=L/t_0 \tag{14-1}$$

式中，L 为色谱柱柱长。

（3）调整保留时间（t_R'）   某组分的保留时间扣除死时间后称为该组分的调整保留时间。

$$t_R'=t_R-t_0 \tag{14-2}$$

此参数可理解为，与固定相发生作用（如溶解或吸附）的组分比不发生作用的组分在色谱柱中多滞留的时间。同一组分的保留时间常受到流动相流速的影响。

t_0、t_R 和 t_R' 三种保留时间在色谱流出曲线上的分布见图 14-1。

（4）保留体积（V_R）   某组分从进样开始到色谱柱出现浓度极大值时所消耗的流动相体积称为保留体积。

$$V_R=t_R F_C \tag{14-3}$$

式中，F_C 为流动相的体积流速，mL/min。

（5）死体积（V_0）   死体积是指不被固定相滞留的组分从进样到出现浓度极大值时所消耗流动相的体积；也可理解为由进样器至检测器的流路中未被固定相占据的空间体积。当柱外死体积很小可以忽略不计时，死体积等于 t_0 和流动相的体积流速 F_C 的乘积。

$$V_0=t_0 F_C \tag{14-4}$$

V_0 与 t_0 无关，死时间 t_0 是指流动相充满这段体积的时间。

（6）调整保留体积（V_R'）   某组分的保留体积扣除死体积后称为该组分的调整保留体积，即由于待测组分被吸附或溶解在固定相内所多消耗的流动相的体积。V_R' 与流速无关。

$$V_R'=V_R-V_0=t_R' F_C \tag{14-5}$$

V_0 与 t_0 反映了仪器系统和色谱柱的几何特性，与被测组分的性质无关，所以保留值中扣除 V_0 与 t_0 后更能反映被测组分的保留特性。

（7）相对保留值（$\gamma_{2,1}$）   相对保留值表示组分 2 的调整保留值与组分 1 的调整保留值之比：

$$\gamma_{2,1}=\frac{t'_{R_2}}{t'_{R_1}}=\frac{V'_{R_2}}{V'_{R_1}} \tag{14-6}$$

式中，2 为较晚流出的组分；1 为较早流出的组分。$\gamma_{2,1}$ 是一无量纲量，其大小只与柱温及固定相的性质有关，而与色谱柱柱径、柱长、填充情况及流动相流速无关，因此它是色谱法中特别是气相色谱法中广泛使用的定性分析参数。

另外，$\gamma_{2,1}$ 也可表示固定相（色谱柱）对这两种组分的选择性。$\gamma_{2,1}$ 越大，色谱柱的选择性越好。

以一个色谱峰为标准峰（S），再求其他组分峰 i 对 S 的相对保留值 $\gamma_{i,S}$，此时的 $\gamma_{i,S}$ 又称选择因子或分离因子，用 α 表示。

$$\alpha=\frac{t'_{R_i}}{t'_{R_S}} \tag{14-7}$$

2. 分配系数和分配比

（1）分配系数（K）　　分配系数又称平衡常数，是指在一定的温度和压力下，组分在两相间达到分配平衡时，组分在固定相中的浓度 c_s 与在流动相中的浓度 c_m 之比，即

$$K=c_s/c_m \tag{14-8}$$

分配系数是每一个组分的特征值，它与固定相和温度有关。各组分在固定相中的作用力不同，分配在固定相和流动相中的浓度不同，因此分配系数也不同，分配系数小的组分每次分配后在流动相中的浓度较大，较早流出色谱柱，反之，则后流出色谱柱。不同组分的分配系数的差异是实现色谱分离的先决条件，分配系数相差越大，越容易实现分离。

（2）分配比（k）　　分配比又称容量因子或容量比，是指在一定温度和压力下，组分在固定相和流动相之间达到分配平衡时，组分在两相间的质量之比。分配比是衡量色谱柱对被分离组分保留能力的重要参数，其表达式为

$$k=m_s/m_m=(c_sV_s)/(c_mV_m) \tag{14-9}$$

式中，m_s、m_m 分别为组分在固定相和流动相中的质量；V_m 为柱中流动相的体积；V_s 为柱中固定相的体积。k 值越大，说明组分在固定相中的量越多，相当于色谱柱的容量越大。

（3）分配系数与分配比的关系　　根据式（14-8）和式（14-9），可得出分配系数（K）与分配比（k）的关系如下。

$$K=c_s/c_m=(m_s/V_s)/(m_m/V_m)=k(V_m/V_s)=k\beta \tag{14-10}$$

$$\beta=V_m/V_s \tag{14-11}$$

β 称为相比率，是色谱柱中流动相体积和固定相体积之比，是反映色谱柱柱型及结构特点的一个参数。例如，填充柱的 β 值一般为 6～35；毛细管柱的 β 值为 60～600。

分配系数是组分在两相中的浓度之比，分配比则是组分在两相中分配总量之比。它们都与组分及固定相的热力学性质有关，并随柱温、柱压的变化而变化。分配系数只取决于组分和两相的性质，与两相体积无关；分配比不仅取决于组分和两相的性质，且与相比有关，即组分的分配比随固定相的量而改变。

对于一给定色谱体系（分配体系），分配系数或分配比越大，组分在固定相中的保留时间越长；不同的组分分配系数或分配比相差越大时，越容易分离。组分能否最终实现分离取决于组分在每相中的相对量，而不是相对浓度，因此分配比是衡量色谱柱对组分保留能力的参数。

第三节　色谱基本理论

　　要实现将样品中各组分完全分离的目的，必须考虑各组分在色谱柱中的移动速率和在移动过程中引起谱峰区域扩宽的各种因素。这些因素包括：①试样中各组分在两相间（流动相和固定相）的分配情况，这与各组分在两相间的分配系数及各组分的理化性质有关，属于色谱体系的热力学过程；②各组分在色谱柱中的运动情况，这与各组分在两相间的传质阻力有关，属于动力学过程。这些影响因素都可由色谱基本理论来说明。

　　色谱基本理论主要包括塔板理论和速率理论，均以色谱过程中分配系数恒定为前提，故又称为线性色谱理论。塔板理论主要用于评价色谱柱柱效，而速率理论对色谱分离条件的选择具有实际指导意义。

一、塔板理论

　　塔板理论（plate theory）是由荣获 1952 年诺贝尔化学奖的英国科学家马丁（Martin）和辛格（Synge）首次提出的半经验理论。该理论将色谱分离过程视为分馏过程，把色谱柱比作精馏塔，即把一根色谱柱设想成是由一系列连续、相等的小段组成。这样的一个小段称为一块理论塔板，一块理论塔板的长度称为理论塔板高度，用 H 表示。每个塔板内的空间，由流动相和固定相两部分占据，流动相占据的空间称为板体积。当待分离组分进入色谱柱后，就在两相间进行分配并达到平衡，经过多次分配平衡后，分配系数小的组分，先离开色谱柱，分配系数大的后离开色谱柱。由于色谱柱内的塔板数相当多，即使组分间的分配系数只有微小的差别，经过多次反复分配平衡后，仍可获得较好的分离效果。

　　对于长为 L 的色谱柱，样品中各组分分配平衡的次数应为

$$n = L/H \qquad\qquad (14\text{-}12)$$

式中，n 为理论塔板数。

　　色谱柱的柱效随理论塔板数 n 的增加而增加，随板高 H 的增大而减小。n 值越大，表明组分在色谱柱中达到分配平衡经过的次数越多，固定相的作用越显著，对分离越有利。但是不能用 n 来判断样品中各组分可否实现分离，因为分离的可能性取决于样品中各组分在固定相中的分配系数的差别。n 仅是一定条件下柱分离能力发挥程度的标志。

　　由塔板理论可导出理论塔板数 n 的计算公式：

$$n = 5.54\left(\frac{t_R}{W_{1/2}}\right)^2 = 16\left(\frac{t_R}{W}\right)^2 \qquad\qquad (14\text{-}13)$$

　　通常填充色谱柱的 n 在 10^3 以上，H 在 1mm 左右；对于毛细管色谱柱，$n = 10^5 \sim 10^6$，H 在 0.5mm 左右。由于保留时间 t_R 中包含死时间 t_0，而死时间实际上并不参与柱内的分配，因此按式（14-13）计算出来的 n 值有时并不能充分地反映色谱柱的分离效能，而是常用将死时间 t_0 扣除的有效塔板数 $n_{有效}$ 和有效塔板高度 $H_{有效}$ 作为柱效指标：

$$n_{有效} = 5.54\left(\frac{t'_R}{W_{1/2}}\right)^2 = 16\left(\frac{t'_R}{W}\right)^2 \qquad\qquad (14\text{-}14)$$

$$H_{有效} = L/n_{有效} \qquad\qquad (14\text{-}15)$$

同一色谱柱对不同物质的柱效是不同的，因此在说明柱效时，除应注明色谱条件外，还

须说明是针对何种物质而言的。

塔板理论用热力学观点描述了组分在色谱柱中的分配平衡和分离过程，导出了色谱流出曲线的数学模型，能够解释流出曲线的形状（正态分布）及浓度极大值的位置，还提出了计算和评价柱效的参数。但是该理论的某些假设条件（如组分在塔板内要达到分配平衡及纵向扩散可以忽略等），与实际色谱过程并不相符。事实上，流动相携带组分通过色谱柱时，由于分子的运动速度较快，组分在固定相和流动相间是无法真正达到分配平衡的；组分在色谱柱中的纵向扩散也是不能忽略的。此外，塔板理论也没有考虑与分子扩散有关的各种动力学因素对色谱柱内传质过程的影响。因此，塔板理论无法解释柱效与流动相流速的关系，也不能说明影响柱效的主要因素有哪些，因而限制了其应用。

二、速率理论

1956 年，荷兰学者范第姆特（van Deemter）等在研究气液色谱时，提出了色谱过程的动力学理论——速率理论。该理论吸收了塔板理论中板高的概念，并充分考虑了组分在两相间的扩散和传质过程中，受涡流扩散、分子扩散、传质阻力和流动相的流速等动力学因素的影响，从而较好地解释了影响板高的各种因素。虽然速率理论是在研究气液色谱的基础上提出的，但经适当修改，也适用于液相色谱等其他色谱方法。

速率方程（也称范氏方程）的数学简化式为

$$H = A + B/u + Cu \tag{14-16}$$

式中，H 为理论塔板高度；u 为流动相的线速率，cm/s，可由柱长和死时间求得；A、B、C 为 3 个常数，其中，A 为涡流扩散项，B/u 为分子扩散项，Cu 为传质阻力项。

由式（14-16）可知，当 u 一定时，只有 A、B、C 较小时，H 才较小，柱效较高；反之柱效较低，色谱峰将展宽。

1. **涡流扩散项（A）**　在填充色谱柱中，流动相由于受到固定相颗粒的阻挡，其流向不断发生改变，导致组分在流动相中形成紊乱的涡流，故称为涡流扩散。由于固定相颗粒大小的不同及排列的不均匀性，颗粒间形成大小不同的空隙，使同一组分的分子经过多个不同长度的途径流出色谱柱，一些分子沿较短的路径运行，较快地通过色谱柱，另一些分子沿较长的路径运行，发生滞后，结果使色谱峰展宽。

涡流扩散项 A 的表达式为

$$A = 2\mu d_p \tag{14-17}$$

式中，d_p 为固定相的平均颗粒直径；μ 为固定相的填充不均匀因子。

式（14-17）表明，A 仅与 d_p 和 μ 有关，而与流动相的性质、线速度和组分性质无关。要减小 A 来提高柱效，应采用细而均匀的颗粒填充物，且颗粒填充松紧程度要一致。对于空心毛细管，不存在涡流扩散，因此 $A = 0$。

2. **分子扩散（纵向扩散）项（B/u）**　当样品组分被流动相以"塞子"的形式带入色谱柱内一段很小的空间后，由于在"塞子"前后（纵向）存在浓度梯度，运动的分子会产生纵向扩散，使色谱峰展宽。

分子扩散项中系数 B 的表达式为

$$B = 2\gamma D_g \tag{14-18}$$

式中，γ 为填充柱内流动相扩散路径的弯曲因素，称为弯曲因子，一般小于 1；D_g 为组分分子在流动相中的扩散系数，cm^3/s。γ 与固定相颗粒的不均匀性及柱子的装填质量有关，在毛细管空心柱中，由于分子的自由扩散不受阻碍，因此 $\gamma=1$。D_g 与流动相及组分性质有关，其大小与组分和流动相的分子质量成反比，与柱温、柱压成正比。采用分子质量较大的流动相（如 N_2）和较高的载气流速，控制较低的柱温，可使分子扩散项降低。

液相色谱中，液体的黏度要比气体大得多，其 D_g 是气相色谱的 $1/10^5$，因此在液相色谱中组分的纵向扩散较小，一般可以忽略不计。

3. 传质阻力项（Cu）　组分分子在固定相和流动相间的交换和扩散等质量传递过程，简称传质。传质阻力项中系数 C 反映试样分子滞留于某相内的一种倾向，其表达式为

$$C=C_m+C_s \tag{14-19}$$

式中，C_m 为反映流动相传质阻力的系数；C_s 为反映固定相传质阻力的系数。其中 C_m 又由流动的流动相传质阻力系数和滞留的流动相传质阻力系数组成。

对于气液色谱而言，C 包括气相传质阻力系数 C_g 和液相传质阻力系数 C_l，其表达式为

$$C=C_g+C_l \tag{14-20}$$

气相传质过程是指试样组分从气相转移到固定相（固定液）表面的过程，在这一过程中试样组分将在两相间进行质量交换，即进行浓度分配。由于传质阻力的存在，试样在两相界面上不能瞬时达到分配平衡，有的组分分子还来不及进入两相界面，就被气相带走，出现超前现象；有的组分分子在进入两相界面后还来不及返回到气相，这就引起滞后现象。这些因素都将导致色谱峰展宽。

对于填充柱，气相传质阻力系数 C_g 的表达式为

$$C_g=\frac{0.01k^2d_p^2}{(1+k)^2D_g} \tag{14-21}$$

式中，k 为分配比（容量因子）。

由式（14-21）可知，C_g 与填充物粒度 d_p 的平方成正比，与组分在载气流中的扩散系数 D_g 成反比。因此，采用粒度小的填充物和分子质量小的载气，可使 C_g 减小，提高柱效。

气液色谱中的液相传质过程是指试样组分从固定相（固定液）的气液界面移动到液相内部，发生质量交换并达到分配平衡，然后又返回到气液界面的传质过程。此过程也会受到一定的阻力，造成色谱峰展宽。液相传质阻力系数 C_l 为

$$C_l=\frac{2kd_f^2}{3(1+k)^2D_l} \tag{14-22}$$

由式（14-22）可知，固定相的液膜厚度 d_f 小，组分在液相中的扩散系数 D_l 大，则液相传质阻力就小。降低液膜厚度 d_f，但同时也会减小 k，又会使 C_l 增大。可采用增大载体比表面积的方法（减小粒度）来减小 C_l。但比表面积如果太大，又会造成拖尾峰。一般可通过控制适宜的柱温来减小 C_l。

4. 范氏方程曲线　以理论塔板高度 H 对流动相的线速率 u 作图所得的双曲线，即范氏方程曲线或称 H-u 图，如图 14-2 所示。从图 14-2 可以看出，涡流扩散项 A 与 u 无关，低流速时，分子扩散项起主要作用；高流速时，传质阻力项起主要作用。曲线有一

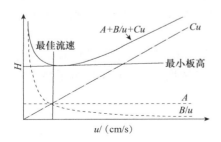

图 14-2　范氏方程曲线

最低点，此时 H 最小，柱效最高，对应的流速为最佳流速。

5. 速率理论的意义　　速率理论科学地解释了影响柱效的主要因素，为选择色谱分离的操作条件提供了理论指导，其价值体现在如下几个方面：①组分分子在色谱柱内运行过程中的涡流扩散、分子纵向扩散及传质阻力等因素，使组分无法在气液两相间瞬间达到分配平衡，这是造成色谱峰扩展和柱效下降的主要原因。②通过合理地选择固定相粒度、载气种类、液膜厚度及载气流速等条件可提高柱效。③阐明了流动相流速和柱温对柱效及分离的影响，如载气流速增大，分子扩散的影响将减小，使柱效提高，但同时传质阻力的影响增大，又使柱效下降；柱温升高，有利于传质，但又加剧了分子扩散的影响。只有选择最佳条件，才能使柱效达到最高。

三、分离度

由色谱分析基本理论可知，理论塔板数 n（或 $n_{有效}$）是衡量柱效的指标，反映的是色谱分离过程的热力学性质，但不能将其作为判断样品中各组分能否实现分离的指标。

在色谱分析中，常用色谱图上两峰间的距离来衡量色谱柱的选择性，峰间距大说明色谱柱的选择性好。一般用选择因子 α 表示两组分在给定色谱柱上的选择性。但是，选择因子没有考虑各组分色谱峰峰底宽度因素，故也不能直接反映组分间能否完全分离。

分离度（分辨率）R 是一个既能反映柱效又能反映选择性的总分离效能指标，定义为相邻两组分色谱峰保留值之差与两组分色谱峰底宽总和一半的比值，即

$$R = \frac{2(t_{R_2} - t_{R_1})}{W_1 + W_2}$$ （14-23）

两峰保留时间相差越大，峰越窄，R 值就越大，说明色谱柱的分离效能越高。

一般认为，如果两色谱峰峰高相近，峰形满足正态分布，$R < 1$ 时，两峰总有部分重叠；$R = 1$ 时，分离度可达98%；$R = 1.5$ 时，分离度可达99.7%。R 值越大，分离效果越好，但这会延长分析时间。常用 $R = 1.5$ 作为相邻两峰完全分开的标志，如图 14-3 所示。

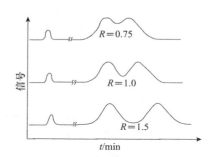

图 14-3　不同分离度下两组分分离程度示意图

式（14-23）虽然能很好地计算出分离度，但是没有体现出影响分离度的诸因素。如果将柱效率、选择性及分离度三者联系起来，可得出如下色谱分离基本方程（分离度方程）：

$$R = \frac{1}{4} \sqrt{n_{有效}} \; \frac{\alpha - 1}{\alpha}$$ （14-24）

$$n_{有效} = \frac{n}{\left(\frac{1+k}{k}\right)^2}$$ （14-25）

式中，$n_{有效}$ 和 n 分别为有效塔板数和理论塔板数；α 和 k 分别为选择性因子和容量因子（分配比）。

为了获得理想的分离度，应考虑选择合适的 n、α 和 k。

1）选择因子 α 的大小与两组分性质有关。当 $\alpha>2$ 时，组分能在很短时间内完全分离；α 接近1时，需要增加色谱柱长度，延长分析时间才能得到完全分离；$\alpha=1$ 时，无论如何提高柱效，加大容量因子，R 均为0，在此情况下，两组分实现分离是不可能的。通过调节流动相的极性和pH、改变柱温及色谱柱固定相组成等方法来改变 α 值。

2）增加塔板数可增加分离度。但是如果通过增加柱长来增加塔板数，就会延长分析时间。因此，通过改变流动相的流速、黏度及吸附在固定相载体上液膜的厚度等来减小理论塔板高度 H，是增大分离度的最优方法。

3）容量因子 k 取决于组分和色谱柱两者的性质。加大容量因子可以增加分离度，但是这样会延长分析时间。一般当 $k>10$ 时，分离度的提高并不明显；$k<2$ 时，组分洗脱时间会出现极小值。因此，色谱分离中，常常通过改变柱温或流动相的组成将 k 控制在1～5。

第四节　气相色谱仪

气相色谱仪是实现气相色谱分离过程的仪器，其基本工作流程是：载气（流动相）携带着气化的样品通过色谱柱进行分离，各分离组分先后进入检测器，检测器将其浓度或质量信号转变成电信号，再经放大器放大后显示出来，即得到色谱流出曲线。利用色谱流出曲线上色谱峰的保留时间或峰面积就可以对目标物进行定性和定量分析。

气相色谱仪一般由载气系统、进样系统、分离系统（色谱柱）、检测系统、温度控制系统和数据处理系统等6部分构成（图14-4）。

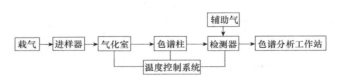

图14-4　气相色谱仪结构示意图

1. 载气系统　　载气系统主要包括气源和气路控制系统。

气源是为气相色谱仪提供载气和（或）辅助气体的装置，通常由高压钢瓶或气体发生器提供。常用的载气有 H_2、He、N_2 和 Ar 等。载气的选择主要根据检测器的特性来决定，同时要考虑色谱柱的分离效能和分析时间。载气的纯度及流速对柱效和检测器的灵敏度均有很大影响。一般要求载气的纯度≥99.999%。

气路控制系统的作用是对载气及辅助气进行稳压、稳流及净化，以提高分析结果的重现性。现代色谱仪多配备有电子流量控制器。

2. 进样系统　　进样系统主要由进样器和气化室组成。

进样器的作用是将液体样品注入气化室，常用的进样器主要有微量注射器和六通阀等，其中六通阀进样具有较好的重现性。进样速度要求尽可能快，一般要控制在1s内，否则会降低分离性能。

气化室的作用是把进入室中的液体样品瞬间加热变成蒸气，然后由载气带入色谱柱。通过程序控温功能，可设定气化室气化温度（一般为350～420℃），在保证试样不分解的情况下，适当提高气化温度有利于试样的分离和定量分析。一般选择气化温度比柱温高

30～70℃。

3. **分离系统**　　分离系统是色谱仪的心脏，主要由色谱柱和柱温箱组成，其功能是使试样在柱内运行的同时得到分离。色谱柱基本有 2 类：填充柱和开管柱（或称毛细管柱）。

（1）填充柱　　填充柱一般是内径 2～4mm、长 1～3m 的 U 形或螺旋形的金属或玻璃管，管内充填有固定相。由于其分离效率较低，现在的气相色谱仪已基本上不使用填充柱。

（2）毛细管柱　　毛细管柱是用熔融 SiO_2 拉制的空心管，也叫弹性石英毛细管。柱内径通常为 0.1～0.5mm，柱长 30～50m，盘绕成直径 20cm 左右的环状。毛细管柱可分为开管毛细管柱、填充毛细管柱等。填充毛细管柱是在毛细管中填充固定相而成，也可先在较粗的厚壁玻璃管中装入松散的载体或吸附剂，然后拉制成毛细管。如果装入的是载体，使用前在载体上涂渍固定液就成为填充毛细管柱气液色谱；如果装入的是吸附剂，就是填充毛细管柱气固色谱。开管毛细管柱又分以下 4 种：①涂壁毛细管柱。在内径为 0.1～0.3mm 的中空石英毛细管的内壁涂渍固定液，这是目前使用最多的毛细管柱。②载体涂层毛细管柱。先在毛细管内壁附着一层硅藻土载体，然后再在载体上涂渍固定液。③小内径毛细管柱。内径小于 0.1mm 的毛细管柱，主要用于快速分析。④大内径毛细管柱。内径在 0.3～0.5mm 的毛细管，常在其内壁涂渍 5～8μm 的厚液膜。

4. **检测系统**　　检测系统的功能是将已分离组分的浓度或质量信息转变为电信号，然后对各组分的组成和含量进行鉴定与测量。检测器的类型较多，要依据分析对象和目的来进行合理选择。

（1）检测器的性能指标　　衡量检测器性能的主要技术指标包括灵敏度、噪声、检出限、最小检出量、线性范围和响应时间等。

1）灵敏度：单位物质的量通过检测器时产生的信号大小称为检测器对该物质的灵敏度，用 S 表示。以组分进样量 Q 对响应信号 R 作图，得一条通过原点的直线，该直线的斜率就是检测器的灵敏度（图 14-5）。灵敏度的表达式为

$$S = \Delta R / \Delta Q \tag{14-26}$$

由此可知，灵敏度是响应信号对进入检测器的被测物质量的变化率。

对于质量型检测器，灵敏度的表达式为

$$S = \Delta R / \Delta m \tag{14-27}$$

2）检出限：检出限也称敏感度。由检测器本身及其操作条件的波动引起色谱基线在短时间内产生的信号起伏，称为噪声。2 倍噪声水平的灵敏度即检测器的检出限 D（图 14-6），检出限可表示为

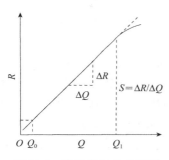

图 14-5　检测器 R-Q 关系图

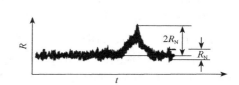

图 14-6　检测器的噪声和检出限

$$D=2R_N/S \qquad (14\text{-}28)$$

式中，R_N 为噪声信号，mV。

检出限是衡量检测器性能好坏的综合指标，D 值越小的检测器，噪声越低，灵敏度越高，性能越好。

3）最小检出量：最小检出量是指检测器恰能产生和噪声相鉴别的信号，即 2 倍噪声水平的信号时所需的进样量。检出限只用来衡量检测器的性能，而最小检出量不仅与检测器性能有关，还与色谱柱效及操作条件有关。

4）线性范围：线性范围是指组分的量与检测器信号呈线性关系的范围，即最大允许进样量与最小检出量之比。线性范围随检测器的类型和组分的不同而不同，如氢焰检测器的线性范围可达 10^7，而热导检测器则在 10^5 左右。检测器的线性范围越大，越有利于准确定量。

5）响应时间：响应时间是指进入检测器的某一组分的输出信号达到其真值的 63% 时所需要的时间。响应时间越短，检测器的性能越高。检测器的死体积和电路系统的滞后现象越小，则响应速度越快。检测器的响应时间一般都小于 1s。

（2）检测器的类型 根据检测器对组分的浓度或质量信号的响应原理，可分为浓度型检测器和质量型检测器。浓度型检测器检测的是载气中组分浓度的瞬间变化，即响应值与浓度成正比，如热导检测器和电子捕获检测器等。质量型检测器检测的是载气中组分进入检测器中速度的变化，即响应值与单位时间进入检测器的量成正比，如火焰离子化检测器和火焰光度检测器等。

1）热导检测器：热导检测器（thermal conductivity detector，TCD）属于浓度型检测器，其工作原理是不同物质的热导系数不同，会产生不同的信号响应值。热导检测器对绝大多数物质都有响应，是目前应用最广的通用型检测器。由于其在检测过程中不破坏样品，可用于制备色谱及与其他仪器联用。热导检测器的主要缺点是灵敏度较低。

2）火焰离子化检测器：火焰离子化检测器（flame ionization detector，FID）又称为氢火焰离子化检测器，属于质量型检测器，主要用于可在氢气 - 空气火焰中燃烧的有机化合物（如烃类物质）的检测。该检测器的灵敏度高，检出限低，适用于痕量有机化合物（除在氢火焰中不易电离的化合物，如永久性气体、水、一氧化碳、二氧化碳、氮氧化合物和硫化氢等）的分析，是目前应用最广泛的气相色谱检测器之一。

3）电子捕获检测器：电子捕获检测器（electron capture detector，ECD）是一种高灵敏度、高选择性的浓度型检测器。它只对含强电负性元素（如卤素、硫、磷、氮、氧）的化合物有响应，电负性越强的组分，检测灵敏度越高，能测出最低检出限为 10^{-14}g/mL 的电负性物质。其广泛应用于具有特殊官能团的痕量组分的分析，如食品、农副产品中农药残留量的分析，大气、水中痕量污染物的分析等。电子捕获检测器的缺点是线性范围较小，只有 10^3 左右，因此进样量不可太大。

4）火焰光度检测器：火焰光度检测器（flame photometric detector，FPD）是对含 S、P 化合物具有高选择性和高灵敏度的一种分子发射检测器，也称为硫磷检测器，最低检出限可达 10^{-14}g/mL，可用于 SO_2、H_2S、石油精馏物的含硫量、有机硫、有机磷农药等残留物的分析。

5）氮磷检测器：氮磷检测器（nitrogen phosphorus detector，NPD）也称为热离子检测器（thermionic ionization detector，TID），是分析含 N、P 化合物的高灵敏度、高选择性和宽线性范围的质量型检测器。

6）质谱检测器：质谱检测器（mass spectrometric detector，MSD）是一种通用的质量型检测器，可提供化合物结构的信息，常与气相色谱联用组成气相色谱-质谱联用（GC-MS）系统。该系统以气相色谱作为进样装置，将待测样品进行分离后直接导入质谱仪进行检测，对混合物的分离、定性和定量分析效率非常高。

5. 温度控制系统　　在气相色谱测定中，温度是非常重要的指标，它直接影响色谱柱的选择分离、检测器的灵敏度和稳定性。控温主要指对色谱柱箱、气化室和检测器三处的温度进行控制。色谱柱的控温方式有恒温和程序控温两种。对于沸点范围很宽的混合物，常采用程序升温法进行分析。程序升温是指在一个分析周期内柱温随时间由低温向高温作线性或非线性变化，以达到用最短时间获得最佳分离的目的。

6. 数据处理系统　　数据处理系统是气相色谱仪中对样品组分经检测器转化并输出的电信号进行记录和数据处理的装置。目前应用最多的是色谱分析工作站。

第五节　气相色谱样品预处理技术

气相色谱主要分析易气化且热稳定的样品，若要对一些基体复杂、难挥发和热不稳定等特殊的样品进行分析，就必须对待分析物进行提取、衍生化和裂解化等预处理。

1. 分析物的提取　　如果待分析物存在于复杂的基质中，就要根据两者性质的不同，尽可能将其进行分离提取。进行分离的基本方法包括蒸馏、萃取（包括固相萃取）和顶空取样等。

顶空取样又称顶空气相色谱法（headspace gas chromatography，HS-GC）或顶空分析法，该方法将待测液体或固体试样置于密闭容器中，然后通过一定的方式将该容器气相空间中的挥发性成分定量转移到色谱仪中进行分析，以测定试样中挥发性物质的组成和含量。

顶空分析法可以减少复杂试样的前处理过程，避免由此引起的样品损失和沾污，提高分析数据的可靠性及节省分析时间。另外，由于只有挥发的组分被注入气相色谱仪，该法选择性好，基体干扰小，同时避免了不气化的基体物质对气化物和色谱柱的污染。

根据操作方式的不同，顶空分析法可分为静态顶空分析与动态顶空分析两类。

（1）静态顶空分析　　静态顶空分析是将试样置于密闭的恒温系统中，当气液（或气固）两相达到热力学平衡后，移取顶部空间的气体，用色谱法测定气相组成。该法适合于被测组分浓度较高的样品分析，如测定药品中的溶剂残留量及血样中的乙醇含量等。

（2）动态顶空分析　　动态顶空分析（又称为吹扫-捕集法），分析过程中向容器内的液体试样通入载气，将其中的挥发性成分连续不断地吹赶出来，并利用吸附剂吸附，再将吸附管连接到色谱仪的进样阀上，加热解吸，组分被载气携带进入色谱柱进行分析。该法适合于复杂基质样品中挥发性较高的组分、较难挥发组分及浓度较低组分的分析。

2. 分析物的衍生化　　通过化学反应将被测组分转化为另一种化合物的过程即分析物的衍生化。衍生化的目的主要有以下3点：①提高被测组分的挥发性和热稳定性，使之能在气相色谱条件下进行分析。例如，由于氨基酸分子间形成氢键，氨基酸的挥发性及热稳定性很差，通过衍生化将其转化成五氟丙酰化异丙酯后，就可以直接用气相色谱法进行分析。②改善色谱峰型和提高分离度。有些试样制成衍生物后，由于极性的变化，色谱峰对称性和分离度都有所改善。例如，表甾酮和甾酮用 SE-30 填充柱不能分离，但其三甲基硅烷衍生物可以被完全分离。③提高检测灵敏度。例如，将某些低含量组分制备成含有卤素基团的衍生物，就可以用电子俘获检测器进行检测，大大降低了被测组分的检出限。

气相色谱中常用的衍生化方法有硅烷化反应法、酰化反应法、酯化反应法。其中硅烷化反应法是目前应用最广的气相色谱衍生化方法，可用于醇、胺、酚、酸等物质的衍生化。

3. 分析物的裂解化　　该方法是在一定条件下，将未知的固体大分子化合物加热分解，生成相对分子质量较小的易挥发组分，然后再进行气相色谱分析，是热裂解技术和气相色谱法结合产生的一种分析方法，又称为裂解气相色谱法（pyrolysis gas chromatography，Py-GC）。将未知试样裂解得到的色谱图与大分子标准样品的裂解图进行比较；或者将裂解气相色谱与质谱联用，得到裂解产物的组成和含量信息，即可推测未知大分子的种类与性质。

第六节　气相色谱分析条件的选择

要使气相色谱达到最佳的分离分析效果，色谱分析条件的选择非常重要。色谱分析条件主要包括：色谱柱（固定相）、柱温、载气及其流速、进样量和检测器等。色谱条件选择的主要依据是范氏方程和分离度方程。

一、色谱柱的选择

多组分混合物中各组分能否实现完全分离，首先取决于色谱柱的柱效和选择性。选择色谱柱要综合考虑固定相、柱长和柱径等因素，其中选择合适的固定相是最关键的问题。

气相色谱可分为气固色谱和气液色谱，相应的常用固定相有固体固定相、液体固定相和聚合物固定相三大类。

1. 气固色谱固定相　　气固色谱法中作为固定相的吸附剂，主要有非极性的活性炭和石墨化碳黑、弱极性的氧化铝、硅铝分子筛和强极性的硅胶（氢键型）等。非活性固定相可分离非极性或弱极性的有机化合物（如低沸点烃类和低沸点极性化合物等），不适于极性化合物的分离；氧化铝固定相可分离烃类及有机异构物，低温下可分离氢同位素；硅铝分子筛和硅胶可分离永久性气体及低级烃。

上述多数吸附剂的吸附性能易受吸附剂预处理条件、色谱操作条件、工作温度和进样量等因素的影响，故应用有限。

2. 气液色谱固定相　　气液色谱中的液体固定相，由固定液和载体（担体）构成。由于其具有种类多、选择范围广和分离性能重复性好等优点，成为气相色谱法中使用的主要固定相。

（1）载体　　载体用于支持固定液，使固定液以薄膜状态分布于其表面上。理想的载体应满足以下要求：多孔且孔径分布均匀，比表面积大，有利于组分在两相间的传质；表面化学惰性高，在色谱操作条件下无吸附性和催化性，与被分离组分不起反应；具有较好的热稳定性和机械强度，不易破碎；粒度要均匀细小，颗粒最好呈球形，这样既有利于提高柱效，又有利于提高色谱柱的渗透性。

载体一般分为硅藻土载体和非硅藻土型载体两类。

1）硅藻土载体：该类载体是气相色谱中常用的一种载体，分为红色载体和白色载体两种。红色载体是硅藻土在900℃左右煅烧的产物，其红色为硅藻土中所含氧化铁所致。如果在硅藻土原料中加入少量碳酸钠等助熔剂，并于 1100℃ 左右煅烧，则得白色载体。这两种载体的化学组成基本相似，但其孔结构和表面特性有所不同。

红色载体具有孔隙密集、孔径小、比表面积大和机械强度好等特点，能负载较多的固定液，适合直接与非极性固定液配合使用。白色载体孔径大，比表面积小，机械强度低，能负荷的固定液较少，但表面吸附作用和催化作用较红色硅藻土载体小，一般可用于极性物质的分析。

硅藻土载体表面均存在大量的极性中心，若要在其表面涂覆极性固定液来分析极性或化学活泼样品，必须先用一定的物理化学方法对其进行钝化处理，这样才能提高柱效。

2）非硅藻土型载体：组成这类载体的材料主要有玻璃微球、氟聚合物、多孔高分子微球和碳分子筛等。玻璃微球载体的比表面积较小，能在较低柱温下分析高沸点物质，使一些热稳定性差但选择性好的固定液得到应用，其缺点是柱负荷量较小，只能用于涂渍低配比的固定液，且柱寿命较短。常见的氟聚合物有聚四氟乙烯和聚三氟氯乙烯等，这类载体简称氟载体。其特点是：比表面积小，吸附性能小，机械强度低，耐腐蚀性强，对极性固定液的浸润性差，固定液负荷量小，柱效比较低，适合分析腐蚀性气体或强极性化合物。

载体对色谱的分离性能有较大影响，一般应按以下原则进行选择：分析非极性组分用红色硅藻土载体，分析极性组分用白色硅藻土载体；要求进样量大、色谱柱负荷固定液多时，选用红色载体；分析具有酸性、碱性、极性及活泼性的组分，应选择经钝化处理过的红色或白色载体；对于高沸点、强极性组分，可选用玻璃微球载体；对于强腐蚀性组分，可选用氟载体。

（2）固定液　　固定液需具备以下条件：①挥发性小；②热稳定性好，在色谱工作温度下不发生分解；③熔点不能太高，在使用温度下为液体；④具有较高的选择性，对被分离试样中的各组分具有不同的溶解能力；⑤较高的化学稳定性，不与被分离组分发生化学反应；⑥润湿性好，能均匀地涂敷在载体表面。

满足以上条件的固定液一般都是一些低熔点、高沸点和难挥发的有机化合物。固定液种类繁多，可按化学结构、极性和应用等特点进行分类。例如，按固定液化合物结构分为脂肪烃、芳烃、醇、酯、聚酯、胺、聚硅氧烷及特殊固定液等。按极性大小分为：①非极性固定液，主要有饱和烷烃和甲基硅油，如角鲨烷和阿皮松等；②中极性固定液，结构中含少量极性基团，如邻苯二甲烷二壬酯、聚酯等；③强极性固定液，结构中含较强的极性基团，如氧二丙腈等；④氢键型固定液，属于特殊的一类极性固定液，作用力以氢键力为主，如聚乙二醇、三乙醇胺等。

根据待分析样品的具体情况，选择的固定液是否恰当是影响分析结果的关键因素。一般遵循"相似相溶"的原则来初步选择固定液，即根据试样的极性来选择与其相近或相似的固定液。分离非极性物质，一般选用非极性固定液，这时试样中各组分按沸点次序流出，沸点低的先流出色谱柱，沸点高的后流出色谱柱。分离极性物质，选用极性固定液，试样中各组分按极性次序分离，极性小的先出峰，极性大的后出峰。分离非极性和极性混合物，一般选用极性固定液，这时非极性组分先流出色谱柱，极性组分后流出色谱柱。分离能形成氢键的试样，一般选用极性或氢键型固定液，试样中各组分按与固定液分子间形成氢键能力的大小先后流出，不易形成氢键的先流出，最易形成氢键的最后流出。对于复杂的难分离物质，可选用 2 种或 2 种以上混合固定液。对于样品极性情况未知的，一般用最常用的几种固定液进行试验后确定。

3. 聚合物固定相   聚合物固定相以高分子多孔微球为代表，其既可以作为固定相直接使用，也可以作为载体使用。例如，以苯乙烯和二乙烯基苯为单体经悬浮共聚得到的交联多孔聚合物，随聚合单体和条件的不同，可以获得不同极性和孔结构的小球，形成品种多样的固定相。

聚合物固定相具有以下优点：比表面积较大，表面孔径均匀；无有害的吸附活性，色谱峰拖尾不明显，极性组分也能出对称峰；热稳定性好，不易分解；机械强度和耐腐蚀性好；由于是均匀球体，有助于减少涡流扩散，色谱的均匀性和重现性较好。

聚合物固定相特别适于定量分析试样中的痕量水，也可用于多元醇、脂肪酸、腈类等强极性物质和腐蚀性气体如 HCl、Cl_2、SO_2 的分析。

二、其他条件的选择

1. 载气及其流速的选择   载气的种类及流速主要影响柱效、分析时间和检测器的灵敏度。

选择载气时首先应考虑检测器的要求，如使用热导检测器时，应该选择相对分子质量较小的载气（如 H_2、He），以获得高的灵敏度；用氢火焰离子化检测器时，应选择 N_2 作载气。

从范氏方程可知，当载气流速较低时，纵向扩散占主导地位，宜采用相对分子质量较大的载气（如 N_2、Ar）以提高柱效；当流速较高时，传质阻力项占主导地位，宜采用相对分子质量较低的载气（如 H_2、He）来提高柱效。对一定的色谱柱和试样，有一个最佳的载气流速，此时柱效最高，但所需分析时间较长。实际工作中，为了缩短分析时间，通常设定的载气流速稍高于最佳流速。

2. 柱温的选择   当固定相和色谱柱确定后，柱温会直接影响分离效能和分析速度。

选择柱温的原则，一般是在使难分离物质达到要求的分离度条件下，尽可能采用低温，以降低组分在流动相中的纵向扩散，提高柱效，减少固定相的流失，延长柱寿命和降低检测器的本底。对于宽沸程样品，需采用程序升温法进行分析，即在分析过程中按一定速度提高柱温。在程序开始时，柱温较低，低沸点的组分先得到分离，中等沸点的组分移动很慢，高沸点的组分还停留于柱口附近；随着温度上升，组分由低沸点到高沸点被依次分离出来。采用程序升温不仅可以改善分离，而且可以缩短分析时间，得到的峰形也很理想。

3. 进样条件的选择   进样条件包括进样时间和进样量。

进样时间尽可能要短，以减小纵向扩散，一般应在 1s 之内。如果进样时间过长，会增大峰宽，引起色谱峰变形，分离度下降。

进样量与色谱柱固定相的容量有关。进样量如果超过了色谱柱的容量，将导致色谱峰展宽、变形，柱效和分离度均下降。但进样量太少，又会使含量低的组分无法被检测器检出。在实际分析中，最大允许的进样量应控制在使半峰宽基本不变，且峰面积或峰高与进样量呈线性关系的范围内。气相色谱的进样量比较少，液体试样一般为 $0.1 \sim 5\mu L$，气体试样一般为 $0.1 \sim 10mL$。

4. 检测器的选择   根据样品性质选择合适的检测器。在条件允许的前提下，应使用选择性高、灵敏度高的检测器。同时也要注意检测器与载气的匹配。

第七节 气相色谱的应用

气相色谱分析作为一种选择性好、灵敏度高、操作简单和应用广泛的分离分析方法，适合于对气体、易挥发或可转化为易挥发性的有机物及部分无机物进行定性、定量分析。15%～20%的有机物可用该法分析。难挥发和热不稳定的物质不适合用气相色谱法分析。

一、定性分析

色谱定性分析就是确定色谱图中各峰所代表的物质的种类。在色谱条件一定时，任何物质都有确定的保留值，因此保留值可作为定性指标。但是相同色谱条件下不同物质可能具有相似或相同的保留值，仅根据保留值难以对完全未知的样品进行定性分析。实际工作中，应首先根据样品的来源、性质和分析目的等信息，对样品组成做出初步的判断，再结合下列方法来确定色谱峰所代表的化合物。

1. 利用保留值定性 利用保留值定性有2种实现方法：一种是采用纯物质对照定性；另一种是在没有纯物质的情况下，利用文献上发表的保留值进行对照定性。

（1）利用纯物质对照定性 在完全相同的色谱条件下，分别对试样和纯物质进行分析，如果在试样中发现与纯物质有相同保留值（保留时间、保留体积或相对保留值等）的色谱峰且峰形相同，则可认为试样中含有该物质；也可以将纯物质加入试样中，依据加入纯物质前后各组分色谱峰的峰高是否变化，来判别与纯物质相同组分的出峰位置。该方法仅适合于组成较为简单的混合物。

由于不同化合物在相同的色谱条件下可能具有近似甚至完全相同的保留值，利用纯物质对照进行定性的结果并不十分可靠。利用保留值定性结果的可靠性与色谱柱的分离效率密切相关，使用高效柱可以提高分析结果的可信度；另外，采用双柱或多柱法进行定性分析，即将试样用2根或多根性质（极性）不同的色谱柱进行分离鉴定，如果在2根或多根色谱柱上均鉴定出该组分，则定性结果的可靠性大为提高。以受到操作条件影响较少的相对保留值作为定性指标也有利于提高定性结果的可靠性。

（2）利用文献保留值对照定性 当缺乏纯物质时，可以利用文献中的保留值数据（相对保留值或保留指数）进行定性分析。

2. 利用检测器的选择性定性 例如，电子捕获检测器只对含卤素、氧、氮等电负性强的组分有高的灵敏度；火焰光度检测器只对含硫、磷的物质有信号等。不同类型的检测器对各种组分的选择性和灵敏度有所不同，可对未知物大致分类定性。

3. 利用柱前化学反应定性 在进样前将被分离化合物用某些特殊试剂处理生成新的衍生物，其在色谱图上的谱峰将会消失或改变出峰位置，比较处理前后色谱图的差异，可了解试样所含官能团信息。

4. 结合其他分析方法定性 对于较复杂的未知混合物样品，经色谱分离为单个组分后，再利用质谱、红外光谱或核磁共振等仪器进行离线或在线定性鉴定。其中，在线分析需要通过联用仪来完成，如气相色谱-质谱联用仪（GC-MS）、气相色谱-傅里叶变换红外光谱联用仪（GC-FTIR），是目前解决复杂未知物定性问题最有效的工具之一。

二、定量分析

在一定的色谱工作条件下，待分析组分 i 的质量（m_i）或浓度与检测器的响应信号（色谱图上的峰面积 A_i 或峰高 h_i）成正比，其表达式为

$$m_i = f_{iA} A_i \qquad (14\text{-}29)$$

$$m_i = f_{ih} h_i \qquad (14\text{-}30)$$

以上两式是色谱定量分析的理论依据。式中，f_{iA} 和 f_{ih} 是绝对校正因子。进行色谱定量分析时，必须准确地测量响应信号（峰面积或峰高）和求出定量校正因子。

1. **峰面积的测量** 色谱峰面积的大小受柱温、流动相的流速、进样速度等操作条件的影响较小，因此更适合作定量分析的参数。峰面积测量的准确与否直接影响定量结果。对于不同峰形的色谱峰宜采用不同的测量方法。

（1）对称形峰面积的测量 对称形峰面积等于峰高乘以半峰宽，其计算公式如下。

$$A = 1.065 h W_{1/2} \qquad (14\text{-}31)$$

（2）不对称形峰面积的测量 不对称峰面积等于峰高乘以平均峰宽，其计算公式如下。

$$A = \frac{1}{2} h (Y_{0.15} + Y_{0.85}) \qquad (14\text{-}32)$$

式中，$Y_{0.15}$ 和 $Y_{0.85}$ 分别为峰高 0.15 倍和 0.85 倍处的峰宽。

（3）自动积分法 现代色谱仪均配备色谱工作站，能自动测量不同形状的色谱峰面积。

2. **定量校正因子**

（1）绝对校正因子 绝对校正因子（f_i）是指单位峰面积或峰高对应的组分 i 的质量或浓度，其表达式为

$$f_i = m_i / A_i \qquad (14\text{-}33)$$

f_i 与检测器性能、组分和流动相性质及操作条件有关，一般难以准确测量。

（2）相对校正因子 组分 i 与标准物质 s 的绝对校正因子之比即该组分的相对校正因子（f'_i），其表达式为

$$f'_i = f_i / f_s = (m_i / A_i) / (m_s / A_s) = (m_i / m_s)(A_s / A_i) \qquad (14\text{-}34)$$

可见，当组分 i 的质量与标准物质 s 相等时，标准物质的峰面积是组分 i 峰面积的倍数。相对校正因子只与检测器类型有关，而与色谱条件无关。定量分析中常用相对校正因子，一般文献上提到的校正因子就是指相对校正因子。

3. **定量方法** 色谱法常采用归一化法、外标法和内标法进行定量分析。

（1）归一化法 试样中所有组分的含量之和按 100% 计算的定量方法，称为归一化法。前提条件是样品中所有组分均能流出色谱柱，且在检测器上都能产生信号并出现色谱峰。其计算公式如下。

$$P_i\% = (m_i / m) \times 100\% = A_i f'_i / (A_1 f'_1 + A_2 f'_2 + \cdots + A_n f'_n) \times 100\% \qquad (14\text{-}35)$$

式中，$P_i\%$ 为被测组分 i 的百分含量；A_1、$A_2 \cdots A_n$ 为组分 $1 \sim n$ 的峰面积；f'_1、f'_2、$\cdots$、f'_n 为组分 $1 \sim n$ 的相对校正因子。

归一化法定量分析不需标样，与进样量无关，受操作条件的变化影响较小，简单易行，尤其适用于多组分的同时测定。

（2）外标法

1）直接比较法：将未知样品中某一物质的峰面积与该物质标准品的峰面积直接比较，进行定量分析。要求标准品的浓度与被测组分的浓度尽可能接近，以减小定量误差。

2）标准曲线法：取待测试样的纯物质配成一系列不同浓度的标准溶液，分别取一定体积，进样分析。从色谱图上测出峰面积，以峰面积对含量作图即得标准曲线。然后在相同的色谱操作条件下，分析待测试样，从色谱图上测出试样的峰面积（或峰高），由上述标准曲线查出待测组分的含量。

外标法是最常用的定量方法。其优点是操作简便，不需要测定校正因子，适合于大批量试样的快速分析。但测量结果的准确度主要取决于进样的重现性和色谱操作条件的稳定性。为了保证结果的准确性，需定时观察标准曲线有无变化。

（3）内标法　　内标法是在未知样品中加入已知浓度的标准物质（内标物），然后比较内标物和被测组分的峰面积，从而确定被测组分的浓度。由于内标物和被测组分处在同一基体中，可以消除基体带来的干扰。而且当仪器参数等工作条件发生非人为的变化时，内标物和样品组分都会受到同样的影响，这样就消除了系统误差。当对样品的情况不了解，样品的基体很复杂或不需要测定样品中所有组分时，采用这种方法比较合适。

内标法的具体做法是：准确称取一定量的纯物质作为内标物加入准确称量的试样中，根据试样和内标物的质量及被测组分和内标物的峰面积即可求出被测组分的含量。由于被测组分与内标物质量之比等于峰面积之比，其关系式如下。

$$m_i/m_s = A_i f'_i/A_s f'_s \qquad (14\text{-}36)$$
$$m_i = m_s A_i f'_i/A_s f'_s \qquad (14\text{-}37)$$

内标物必须满足如下的条件：①内标物与被测组分的物理化学性质（如沸点、极性、化学结构等）要相似；②内标物应能完全溶解于被测样品（或溶剂）中，且不与被测样品起化学反应；③内标物的出峰位置应该与被分析物质的出峰位置相近，且又能完全分离，目的是避免 GC 的不稳定性所造成的灵敏度的差异；④选择合适的内标物加入量，使得内标物和被分析物质二者峰面积的匹配性大于 75%，以免它们处在不同响应值区域而导致灵敏度偏差。

内标法的优点是定量准确度较高，进样量和操作条件的微小变化对结果影响不大。该方法也不需要试样中的所有组分都能出峰，避免了归一化法的局限。内标法的主要缺点是每次分析都要准确称取试样和内标物的质量，比较烦琐，因此不宜于进行快速控制分析。

思考题与习题

1. GC 保留值有哪些？哪种保留值的稳定性和重现性最好？
2. 什么是分配系数？它与哪些因素有关？分配比与分配系数有什么关系？
3. 什么是分离度？为什么可用它作为柱分离性能的综合指标？
4. GC 固体固定相有几种类型？它们各有什么主要特点？
5. 衡量柱效高低的指标是什么？柱效高是否表明分离好？
6. 塔板理论的基本假设和主要内容是什么？
7. 试述速率方程式中 A、B、C 三项的物理意义。$H\text{-}u$ 曲线有何用途？什么是最佳载气流速？

8. 用气相色谱分离正戊烷和丙酮，测得空气峰为 45s，正戊烷为 2.35min，丙酮为 2.45min，求相对保留值 $\gamma_{2.1}$。

9. A、B 两组分色谱峰的保留时间分别为 3.65min 和 4.10min，相应峰宽为 0.22min 和 0.34min，计算两组分的分离度。

10. 用色谱分离甲醇和乙醇，测得 $t_0 = 1.0$min，$t_{甲醇} = 10.5$min，$t_{乙醇} = 17.5$min。已知固定相的体积为 5mL，流动相体积为 55mL，计算甲醇和乙醇的分配比、分配系数和该色谱柱的相比。

11. 采用 3m 色谱柱对 A、B 两组分进行分离，此时测得空气峰的 t_0 值为 1min，A 组分保留时间 $t_{R(A)}$ 为 14min，B 组分保留时间 $t_{R(B)}$ 为 17min，求：①调整保留时间 $t'_{R(A)}$ 及 $t'_{R(B)}$；②设 B 组分的峰宽为 1min，用组分 B 计算色谱柱的理论塔板数和有效塔板数；③要使两组分达到基线分离（$R = 1.5$），最短柱长应选择多少米？

12. 某一气相色谱柱，速率方程式中 A、B、C 的值分别为 0.15cm、0.36cm^2/s 和 4.3×10^{-2}s，计算最佳流速和最小塔板高度。

13. 用外标法对某样品进行测定，进样量为 2μL，测得的标准溶液和样品溶液的色谱峰面积如表 14-1 所示，请计算样品组分的浓度（mg/mL）。

表 14-1　标准溶液和样品溶液的色谱峰面积

溶液浓度/（mg/mL）	峰面积	溶液浓度/（mg/mL）	峰面积
0.200	1.43	0.800	5.73
0.400	2.86	1.000	7.16
0.600	4.29	样品	4.10

14. 采用气相色谱内标法分析乙二醇中丙二醇含量，称取样品为 1.0250g，加入内标物 0.3500g，丙二醇的校正因子为 1.0，内标物的校正因子为 0.83，丙二醇的峰面积为 2.5cm^2，内标物的峰面积为 20.0cm^2，求样品中丙二醇的百分含量。

15. 丙烯、丁烯混合样品的 GC 数据如表 14-2 所示，计算：①丁烯在 GC 柱上的分配比；②丙烯和丁烯的分离度。

表 14-2　丙烯、丁烯混合样品的 GC 数据

组分	保留时间/min	峰底宽/min
空气	0.11	0.09
丙烯	1.05	0.17
丁烯	1.37	0.23

◈ 典型案例

气相色谱法分析水产品中硝基苯的含量

硝基苯，又名密斑油、苦杏仁油，分子式为 $C_6H_5NO_2$，是无色或微黄色具苦杏仁味的油状液体，难溶于水而密度比水大；易溶于乙醇、乙醚、苯和油。该化合物是生产苯胺染料的重要原料，其结构稳定，种类多且复杂，难以降解。硝基苯是广泛存在的有机污染物，具有可疑致突变性和可疑致癌性，对人体的危害主要表现在形成高铁血红蛋白、溶血和肝脏损害等。水体受硝基苯类化合物污染后，不仅能影响其中鱼类等水生生物的洄游繁殖，而且会导致这些水生生物死亡。长期食用被硝基苯污染的水产品，对身体健康的危害性是不言而喻的。气相色谱法是测定水产品中硝基苯含量常用的分析方法。

1. 原理　　样品被预处理后，采取萃取分离法分离出硝基苯，根据标准样品的气相色谱保留时间定性，用外标法定量。

2. 试剂和材料　　丙酮，分析纯；甲苯，色谱纯；无水硫酸钠，分析纯（600℃灼烧4h，冷却后贮于密闭容器中备用）；氯化钠，分析纯；去离子水；2%氯化钠溶液（20g氯化钠溶于1000mL水中）等。

硝基苯标准溶液：1000μg/mL甲醇中硝基苯标准溶液；硝基苯标准工作液：准确取适量的硝基苯标准溶液，用甲苯稀释，配成浓度为500ng/mL的标准贮备溶液，置于4℃冰箱中保存。用时取此贮备液，用甲苯逐级稀释成适当浓度的标准工作液。

鱼、虾、蟹、中华鳖等。

3. 仪器和设备　　气相色谱仪：配 ^{63}Ni 电子捕获检测器；匀质机；涡旋混合器；离心机，4000r/min；分液漏斗，500mL；具塞离心管，50mL；电加热套；全玻璃水蒸气蒸馏装置，500mL等。

4. 分析步骤

（1）样品预处理　　鱼去鳞、去皮，沿背脊取肌肉；虾去头、去壳、去附肢，取可食肌肉部分；蟹、中华鳖等取可食肌肉部分；样品切为不大于 0.5cm×0.5cm×0.5cm 的小块后混匀，放置于冰箱中 −18℃冷冻贮存备用。

（2）硝基苯提取　　将样品解冻后称取样品10g（精确到0.01g），置于50mL具塞离心管中，加入25mL丙酮，匀质1min，分散均匀，提取硝基苯，4000r/min离心5min，收集上清液。再向离心管中加丙酮20mL，用匀质机再匀浆1min，4000r/min离心5min，合并丙酮提取液于500mL蒸馏瓶中，水蒸气蒸馏出250mL；馏出液置于500mL分液漏斗中，加入氯化钠20g，加入苯10mL，剧烈振荡萃取3～5min，静置30min分层，弃去下层水相，加入2%氯化钠溶液20mL，洗涤苯萃取液，静置分层，弃去下层水相，取苯层2～3mL置于预先装有少许无水硫酸钠的5mL具塞离心管中，脱水，以供色谱分析用。

（3）测定

1）仪器条件：色谱柱，石英毛细管柱，30m×0.32mm×0.25μm；载气，高纯氮气（流量为0.8mL/min）；进样口温度，240℃；柱箱温度，初始温度50℃，维持1min，8℃/min程序升温至120℃，维持2min或直到硝基苯已经流出，然后设定35℃/min程序升温至250℃，维持8min；检测器，^{63}Ni电子捕获检测器（温度300℃）；进样方式及进样量，无分流方式进样，1μL。

2）样品测定：根据样品液中硝基苯含量情况，选定峰高相近的标准工作液，分别注入1μL硝基苯标准液及样品液于气相色谱中，按上述色谱条件进行色谱分析；响应值均应在仪器检测线性范围之内。根据标准样品的保留时间定性，用外标法定量。

3）空白实验：除不加试样外，均按上述测定步骤进行。

5. 结果计算

$$X = \frac{10AC_s}{A_s m}$$

式中，10 为样品中提取物溶液体积，mL；X 为样品中硝基苯含量，μg/kg；C_S 为标准溶液中硝基苯含量，ng/mL；A 为试样液中硝基苯的峰面积或峰高；A_S 为硝基苯标准溶液的峰面积或峰高；m 为样品质量，g。

　　注：计算结果需扣除空白值。

第十五章

高效液相色谱法

液相色谱法（liquid chromatography，LC）是发明最早（1903 年）的色谱技术。早期的液相色谱（经典液相色谱）由于存在柱效差和分离时间长的缺点，发展一直比较缓慢。到了 20 世纪 60 年代末，液相色谱引入了气相色谱的理论与技术，特别是高压输液泵、高效固定相和高灵敏检测器的应用，实现了液相色谱分析的高效化和高速化，从此这种高效高速的液相色谱技术就被称为高效液相色谱法（high performance liquid chromatography，HPLC）。

HPLC 具有以下特点：①高压，为使流动相迅速通过色谱柱，必须对其施加高压。一般供液压力和进样压力可高达 $150 \times 10^5 \sim 350 \times 10^5 Pa$。②高速，由于流动相在色谱柱中的快速流动，最快仅需几分钟即可完成一个样品的分析。③高效，HPLC 的理论柱效可达 4×10^4 塔板 /m，远高于 GC 填充柱的柱效（约为 1×10^3 塔板 /m）。通过选择合适的固定相和流动相可以达到最佳的分离效果。④高灵敏度，分析所需试样量少，灵敏度最低可达 $10^{-12} g/mL$。⑤应用范围广，约 80% 的有机化合物可用 HPLC 进行分离分析，特别适合于分析高沸点、大分子、强极性、热稳定性差和具有生物活性的化合物，如氨基酸、蛋白质、维生素、糖类、毒素和农药等。因此，HPLC 在生物工程、制药工业、食品工业、环境监测和石油化工等领域获得了广泛的应用。

第一节　高效液相色谱法的基本理论

HPLC 是经典液相色谱和气相色谱理论与技术相结合的产物。GC 的基本概念、保留值与分配系数的关系、塔板理论及速率理论都可应用于 HPLC。但由于液相色谱法的流动相为液体，其黏度和相对分子质量等性质与气体流动相有显著差异，导致 HPLC 在某些公式的表达形式或参数的含义上与 GC 有所不同。

1. **速率方程**　HPLC 的速率方程（范氏方程）表达式为

$$H = A + Cu \tag{15-1}$$

式中，H 为理论塔板高度；A 为涡流扩散项；Cu 为传质阻力项；u 为流动相的平均线速率，cm/s。

与 GC 的速率方程相比，式（15-1）中没有了分子扩散项 B/u。这是由于液体流动相的黏度比气体大得多，被测组分在流动相中的扩散系数一般为气相色谱的 $1/10^5$，因此在液相色谱中组分的纵向扩散很小，分子扩散项可以忽略不计。

根据速率方程可知，影响 HPLC 塔板高度的主要因素为涡流扩散项 A 和传质阻力项 Cu。

（1）涡流扩散项（A）　HPLC 和 GC 的涡流扩散项 A 的表达式同为下式：

$$A = 2\mu d_p \tag{15-2}$$

式中，d_p 为固定相的平均颗粒直径；μ 为固定相的填充不均匀因子。A 与流动相的线速率无关。

对于填充色谱柱，使用粒径细小均匀的颗粒固定相，并尽量使其填充均匀，是减小涡流扩散项 A、降低理论塔板高度 H、提高柱效的有效途径。

（2）传质阻力项（Cu）　传质阻力系数 C 的表达式为

$$C = C_m + C_s = C_{m1} + C_{m2} + C_s \qquad (15\text{-}3)$$

式中，C_m 和 C_s 分别为流动相传质阻力系数和固定相传质阻力系数，而 C_m 又由流动的流动相传质阻力系数 C_{m1} 和滞留的流动相传质阻力系数 C_{m2} 组成。

当流动相流经固定相之间的缝隙时，其流速并不是均匀的，靠近固定相颗粒的流动相比流路中央的流动相流速要慢，因此流路中央的试样分子随流动相运动的速度比旁边的会快一些。由该因素引起的传质阻力称为流动的流动相传质阻力。流动的流动相传质阻力系数 C_{m1} 与线速率 u 及固定相粒径的平方成正比，与试样分子在流动相中的扩散系数成反比。

滞留的流动相传质阻力与固定相的多孔性有关。流动相进入固定相的微孔后，几乎滞留不动。流动相中的试样分子要与固定相进行质量交换，必须先从流动相扩散到滞留区。如果固定相的微孔既小又深，传质速率就慢，C_{m2} 对色谱峰的扩展影响就大。固定相的粒径越小，孔径越大，组分的扩散系数越大，C_{m2} 越小，传质效率就越高。

在 HPLC 中，只有以深孔且厚涂层的离子交换树脂为固定相的离子交换色谱法中，固定相传质阻力才起作用。由于大多数 HPLC 通常都采用化学键合相为固定相，固定相上的固定液键合在载体颗粒表面并呈单分子层分布，这种固定液的传质阻力可以忽略，即 $C_s = 0$，因此，$C = C_{m1} + C_{m2}$。此时，速率方程变为

$$H = A + (C_{m1} + C_{m2}) u \qquad (15\text{-}4)$$

根据式（15-4），可以合理地选择 HPLC 的分离操作条件。

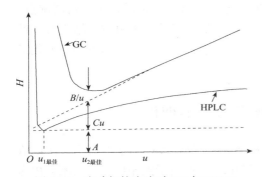

图 15-1　流动相的流速对 GC 与 HPLC 柱效影响对比示意图

$u_{1最佳}$ 和 $u_{2最佳}$ 分别表示 HPLC 与 GC 的最佳流速

2. 范氏方程曲线　以理论塔板高度 H 对流动相线速率 u 作图得范氏方程曲线，如图 15-1 所示。HPLC 与 GC 两者的 H-u 曲线形状明显不同，表现在 H 最小（柱效最高）对应的最佳流速 u 存在明显差异。

第二节　高效液相色谱法的主要类型与原理

根据分离机理的不同，一般将液相色谱法分成吸附色谱法、分配色谱法、离子色谱法、空间排阻色谱法和亲和色谱法五大类。

一、吸附色谱法

以液体为流动相，固体吸附剂为固定相的液相色谱法称为液 - 固吸附色谱法（liquid - solid adsorption chromatography），简称吸附色谱法。

吸附色谱的实质是试样中各组分分子（X）和流动相溶剂分子（S）对吸附剂（固定相）活性表面的竞争性吸附，可用下式表示：

$$X_m + nS_a \rightleftharpoons X_a + nS_m \qquad (15\text{-}5)$$

式中，X_m 和 X_a 分别为流动相中和被吸附的溶质分子；S_a 为被吸附在吸附剂表面上的溶剂分子；S_m 为流动相中的溶剂分子；n 为被吸附的溶剂分子数。

当流动相通过吸附剂时，吸附剂表面的活性中心就要吸附流动相分子。同样，当试样分子被流动相带入柱内时，只要它们在固定相有一定程度的保留就要取代数目相当的已被吸附的流动相溶剂分子，当这种吸附与解吸竞争达到平衡时，吸附平衡系数可用下式表示：

$$K=\frac{[X_a][S_m]^n}{[X_m][S_a]^n} \tag{15-6}$$

式中，K 为吸附平衡系数，也称分配系数。K 值与组分的极性和固定相的吸附力成正比。K 值大，组分保留值也大，表示组分难以被洗脱，后流出色谱柱；K 值小，则保留值也小，易于被洗脱，先流出色谱柱，试样中各组分据此得以分离。K 值一般可通过吸附等温线数据求出。

吸附色谱法常用于分离极性不同的化合物、含有不同类型或数量官能团的有机化合物，以及有机化合物的不同异构体。

吸附色谱使用最多的固定相是硅胶，其他固定相还有氧化铝、分子筛（极性）、活性炭（非极性）、聚乙烯、聚酰胺等。流动相一般使用一种或多种有机溶剂的混合溶剂，如正构烷烃（己烷、戊烷、庚烷等）、二氯甲烷/甲醇、乙酸乙酯/乙腈等。液-固吸附色谱法选择流动相的原则是：极性大的样品需用极性强的洗脱剂，极性弱的样品宜用极性较弱的洗脱剂。

二、分配色谱法

液-液分配色谱法（liquid-liquid partition chromatography）简称为分配色谱法，其流动相和固定相是互不相溶的液体。试样溶于流动相后，在色谱柱内经两相分界面进入固定液中，由于试样中各组分在流动相和固定相中的相对溶解度存在差异，因而溶质在两相间进行分配，当达到分配平衡时，各组分的分配服从下式：

$$K=\frac{c_s}{c_m}=k\frac{V_m}{V_s} \tag{15-7}$$

式中，K 为分配系数；k 为容量因子；c_s 和 c_m 分别为溶质在固定相和流动相中的浓度；V_m 和 V_s 分别为流动相和固定相的体积。

上述分配平衡过程在色谱柱中可反复多次进行，各组分因 K 值的差异性造成差速迁移最终实现分离。分配色谱法适用于极性和非极性、水溶性和脂溶性、离子型和非离子型等各类化合物的分离与分析。

分配色谱的固定相可分为两类，一类是将固定液机械涂渍在多孔型载体表面形成的固定相；另一类是通过化学反应将各种不同有机基团键合到载体表面形成的化学键合固定相（简称为化学键合相）。由于第一类固定相中的固定液在使用过程中容易流失，目前已经很少使用。

化学键合相具有以下特点：①固定相不易流失，柱的稳定性好，寿命较长；②能耐受各种溶剂，可用于梯度洗脱；③表面较为均一，没有液坑，传质快，柱效高；④能键合不同基团以改变其选择性。化学键合相是高效液相色谱法中最常用的固定相。

分配色谱法中所用流动相的极性必须与固定相有显著不同，以避免固定相溶解于流动相而流失。一般原则是：若用极性较强的或亲水性物质为固定相，则应以极性较弱的或亲脂性溶剂为流动相；若用非极性或亲脂性物质为固定相，则应以极性较大的或亲水性溶剂为流动相。按照固定相和流动相的极性不同，分配色谱法可分为正相分配色谱法（正相色谱法）和反相分配色谱法（反相色谱法）两类。

正相色谱法，其固定相的极性大于流动相。固定相一般是极性键合相；流动相由非极性溶剂组成。试样分离时，极性小的组分由于 K 值较小而先流出，极性大的组分后流出。正相色谱法适用于分离极性及中等极性的化合物。

反相色谱法，其固定相的极性小于流动相。固定相一般为非极性键合相（如十八烷基硅烷键合硅胶、辛烷基硅烷键合硅胶等）；流动相常为水与甲醇、乙腈等组成的混合溶剂。试样分离时，极性大的组分因 K 值较小而先流出，极性小的组分后流出。反相色谱法适用于非极性化合物的分离，是目前应用最广的高效液相色谱法。

三、离子色谱法

离子色谱法（ion chromatography）是离子交换原理和液相色谱技术相结合形成的一种液相色谱法，其固定相为离子交换树脂，流动相为电解质溶液，当流动相带着组分离子通过固定相时，各组分离子因与固定相的亲和力不同而被分离。

根据分离机理的不同，离子色谱法可分为 3 种类型，分别为离子交换色谱法、离子对色谱法和离子排阻色谱法。

1. **离子交换色谱法**　离子交换色谱法（ion-exchange chromatography）的固定相是具有固定离子基团及可交换离子的离子交换树脂。根据树脂基质上固定离子基团的电荷属性，离子交换树脂分为阴离子交换树脂和阳离子交换树脂。前者的固定离子基团带正电荷，如烷基胺、—NH_2 等；后者的固定离子基团带负电荷，如磺酸基（—SO_3H）和羧基（—$COOH$）等。流动相一般为无机酸或无机碱的水溶液。被分析物解离后产生的离子与树脂上带相同电荷的离子进行交换达到平衡，离子交换过程如下：

$$阴离子交换：X^-+R^+Y^- \rightleftharpoons Y^-+R^+X^- \tag{15-8}$$
$$阳离子交换：X^++R^-Y^+ \rightleftharpoons Y^++R^-X^+ \tag{15-9}$$

式中，X^+、X^- 分别为待分离的组分离子；Y^+、Y^- 分别为离子交换树脂上的可交换离子，与流动相的离子相同；R^+、R^- 分别为离子交换树脂上的固定离子基团。

不同物质在溶剂中解离后产生的离子与流动相离子争夺离子交换树脂上离子的能力不同，组分离子对树脂的交换能力越强，越易交换到树脂上，保留时间就越长；反之，保留时间就越短。凡在溶液中能够电离的物质一般均可采用离子交换色谱法进行分离。它既可适用于无机离子混合物的分离，也可用于有机物（核酸、氨基酸、蛋白质、糖类、有机胺和有机酸等）的分离。

2. **离子对色谱法**　离子对色谱法（ion pair chromatography）是将一种或数种与溶质离子电荷相反的离子（称为对离子或反离子）加到流动相或固定相中，使其与溶质离子结合成疏水型离子对化合物，从而控制溶质离子保留行为的一种色谱法。该法是离子对萃取技术与色谱法相结合的产物，特别适合于分析强极性的有机酸和有机碱。通常用于阴离子分离的对离子化合物是烷基铵盐类，如氢氧化四丁基铵、氢氧化十六烷基三甲铵等；用于阳离子分离的对离子化合物是烷基磺酸盐类，如己烷磺酸钠等。

离子对色谱法是基于固定相对不同组分离子对的疏水性不同而进行分离的。假如某一离子对色谱体系中，固定相为非极性的疏水键合相（如聚苯乙烯 - 二乙烯苯树脂、十八烷基硅烷键合硅胶等），流动相为水溶液，在水溶液中加入一种电荷与组分离子 A^- 相反的离子 B^+，B^+ 离子由于静电引力与带负电的 A^- 组分离子生成疏水性离子对化合物 A^-B^+，并被非极性固定相提取。通过改变流动相的 pH、反离子的浓度和种类，可改变组分离子形成离子对的能力及离子对的疏水性，导致各组分离子在固定相中滞留时间不同，从而达到分离的目的。

3. 离子排阻色谱法　　离子排阻色谱法（ion exclusion chromatography）是基于溶质和固定相之间的吸附、唐南（Donnan）排斥和空间排斥等作用的离子色谱法。固定相通常为磺化聚乙烯/二乙烯基苯共聚阳离子交换树脂。离子排阻色谱主要用于有机酸、无机弱酸和醇类等物质的分离。

四、空间排阻色谱法

空间排阻色谱法（steric exclusion chromatography）又称凝胶渗透色谱法（gel permeation chromatography），是基于试样分子的体积大小和形状不同来实现分离的一种色谱法，分离过程中组分与固定相间一般不存在吸附、分配和离子交换等作用。

空间排阻色谱的固定相为多孔性凝胶类物质，流动相为水溶液或有机溶剂。当组分被流动相带入色谱柱时，体积大的分子不能进入固定相的孔穴中而被排阻，随流动相直接通过色谱柱，保留时间最短；体积小的分子可以完全渗透进入凝胶孔穴中，在色谱柱中的保留时间较长；分子的尺寸越小，可进入的凝胶空穴越多，保留时间也越长。因此，在一定范围内，体积不同的分子保留时间不同。空间排阻色谱主要用来分离大分子化合物，如多糖、蛋白质等。由于分子的尺寸和形状与分子质量相关，该法还可用于测定大分子化合物的分子质量。

空间排阻色谱法具有以下特点：①保留时间是分子尺寸的函数，有可能提供分子结构的某些信息；②保留时间短、谱峰窄、灵敏度较高；③固定相与分子间的作用力极弱甚至趋于零，色谱柱寿命长；④不能分辨分子质量大小相近的化合物，只能分离分子质量差大于 10% 的混合物。

五、亲和色谱法

亲和色谱法（affinity chromatography）是利用生物分子之间的专一性作用，从生物样品中分离和分析一些特殊物质的色谱方法。生物分子之间的专一性作用包括抗原与抗体、酶与抑制剂、激素和药物与细胞受体、维生素与结合蛋白之间的特异亲和作用等。亲和色谱的固定相是将配基连接于适宜的载体上而制成的，利用样品中各种物质与配基亲和力的不同而达到分离。当试样通过色谱柱时，待分离物质 X 与配基 L 形成 X-L 复合物，而被结合在固定相上，其他物质由于与配基无亲和力而直接流出色谱柱，再用适宜的流动相将结合的待分离物质洗脱。例如，采用一定浓度的乙酸或氨溶液作为流动相，减少试样中待分离物质与配基的亲和力，使复合物离解，从而将被纯化的物质洗脱下来。亲和色谱法可用于生物活性物质的分离、纯化和测定，也可用来研究生物体内分子间的相互作用及其分子机制等。

第三节　液相色谱分析条件的选择

影响液相色谱分离分析的主要因素有固定相、流动相、柱温、检测器和分离模式等，如何根据待分析试样的性质，选择最佳的工作条件，是能否实现准确、快速、灵敏、经济分离的关键。

一、固定相的选择

选择固定相就是选择色谱柱。固定相的选择对试样中各组分的分离起决定性作用。液相色谱所用固定相大多为化学键合固定相，一般是通过化学反应将有机官能团共价键合到硅胶基质表面的游离羟基上制成的。这类固定相的突出特点是强度高，耐溶剂冲洗，并且可以通过改变键合相有机官能团的类型来改变分离的选择性。

按键合官能团的极性将化学键合相分为极性和非极性键合相两种。常用的极性键合相主要有氰基（—CN）、氨基（—NH$_2$）和二醇基（DIOL）键合相。极性键合相常用于正相色谱，混合物在极性键合相上的分离主要是基于极性键合基团与溶质分子间的氢键作用。对于中等极性和极性较强的化合物可选择极性键合相，极性强的组分保留值较大。氰基键合相对双键异构体或含双键数不等的环状化合物的分离有较好的选择性。氨基键合相具有较强的氢键结合能力，对某些多官能团化合物如甾体、强心苷、糖类分子等有较好的分离能力，但它不能用于分离羰基化合物，如甾酮、还原糖等，因为它们之间会发生反应生成席夫碱（Schiff base）。二醇基键合相适用于分离有机酸、甾体和蛋白质。极性键合相有时也可作反相色谱的固定相。

常用的非极性键合相主要有各种烷基（C$_1$~C$_{18}$）、苯基和苯甲基等键合相，其中以十八烷基硅烷键合硅胶（又称ODS，简称C$_{18}$）应用最广，它对各种类型的化合物都有很强的适应能力。非极性键合相的烷基链长对样品容量、溶质的保留值和分离选择性都有影响，一般来说，样品容量随键合相烷基链长的增加而增大，且长链烷基可使溶质的保留值增大，并可改善分离的选择性；短链烷基键合相具有较高的覆盖度，分离极性化合物时可得到对称性较好的色谱峰。苯基键合相与短链烷基键合相的性质相似，适用于分离芳香化合物。

除上述以硅胶为基质材料的化学键合固定相外，还有有机聚合物固定相。有机聚合物固定相的基质材料主要为苯乙烯-二乙烯苯共聚物和聚甲基丙烯酸酯等，其疏水性强，在较宽的pH范围内稳定，制成空间排阻和离子交换柱用于分析大分子质量的物质。

二、流动相的选择

液相色谱的流动相对组分有亲和力，参与实际的色谱分配过程，是影响分离效果的关键因素之一。调节流动相以改变色谱的分离选择性，是液相色谱分析过程中非常重要的工作内容。

1. **流动相的基本要求**　液相色谱所用的流动相通常为各种低沸点有机溶剂与水或缓冲溶液的混合物。对流动相的一般要求包括：化学稳定性好，不与固定相和样品组分发生化学反应；必须与所用检测器相匹配，不能影响检测器的正常工作；高纯度，以避免产生"伪峰"，并可延长色谱柱的寿命；对待分析样品要有足够的溶解能力，以利于提高检测的灵敏度；黏度小，以保证合适的柱压降；沸点低，以有利于制备分离时样品的回收。

2. **化学键合相色谱的流动相**　在化学键合相色谱法中，溶剂的洗脱能力直接与它的极性相关。在正相色谱中，溶剂的洗脱强度随极性的增强而增加；在反相色谱中，溶剂的洗脱强度随极性的增强而减弱。正相色谱的流动相通常采用饱和烷烃（如正己烷）加适量极性调整剂（如异丙醇）；反相色谱的流动相通常以水作基础溶剂，再加入一定量的能与水互溶的极性调整剂（如甲醇、乙腈、四氢呋喃等）配成混合流动相。极性调整剂的类型和浓度决定流动相的强度，对溶质的保留值和分离选择性有显著影响。一般情况下，甲醇-水系统已能满足多数样品的分离要求，且流动相黏度小、价格低，是反相色谱最常用的流动相。如果进行选择流动相的初始实验，一般推荐采用乙腈-水流动相，因为与甲醇相比，乙腈的溶剂强度较高而黏度较小，并可满足在紫外 185～205nm 处检测的要求。

在分离极性差别较大的多组分样品时，为了使各组分均有合适的 k 值并分离良好，应采用梯度洗脱技术。

3. **离子交换色谱的流动相** 离子交换色谱常用水缓冲溶液作为流动相。被分离组分在离子交换柱中的保留既与样品离子和树脂上的离子交换基团作用的强弱有关，也受流动相的 pH、离子强度等的影响。pH 可改变化合物的解离程度；流动相的离子强度越高，越不利于样品的解离。

改变流动相的 pH 可以改变离子交换基团上可解离的 H^+ 或 OH^- 的数目，进而影响固定相的离子交换容量。对阳离子交换剂而言，pH 降低，交换剂的离子化受到抑制，交换容量降低，组分的保留值减小；对于阴离子交换剂而言，则恰好相反。

流动相 pH 的变化，也会影响弱电离的酸性或碱性溶质的形态分布，进而改变其保留值。pH 增大，在阴离子交换色谱中组分的保留值增大，在阳离子交换色谱中组分的保留值将减小。流动相 pH 的变化也能改变分离的选择性。使用阳离子交换剂时，常选用含磷酸根离子、甲酸根离子、乙酸根离子或柠檬酸根离子的缓冲液；使用阴离子交换剂时，则常选用含氨、吡啶等的缓冲液。

在离子交换色谱中，流动相的离子强度主要取决于其中盐的总浓度（离子强度），增加流动相中盐的浓度，样品离子与所加盐离子争夺离子交换基团上反电荷位点的能力降低，保留值降低。由于不同种类的离子与离子交换剂作用的强度不同，流动相中所加盐的类型对样品离子的保留值有很大的影响，常用 $NaNO_3$ 来控制离子交换色谱中流动相的离子强度。

4. **空间排阻色谱的流动相** 空间排阻色谱法依据凝胶的孔容及孔径分布、样品相对分子质量大小和分布及相互匹配情况实现样品的分离。由于分离效果与组分和流动相之间的相互作用无关，改变流动相的组成一般不会改善分离度。流动相要能够浸润凝胶，凝胶渗透色谱一般使用四氢呋喃为溶剂；凝胶过滤色谱主要用于生物大分子的分离，通常使用不同 pH 的缓冲溶液作为流动相。当使用亲水性有机凝胶（葡聚糖、琼脂糖、聚丙烯酰胺等）、硅胶或改性硅胶作固定相时，为消除吸附作用及样品与基体的疏水作用，通常在流动相中添加少量无机盐，如 NaCl、KCl、NH_4Cl 等，维持流动相的离子强度为 0.1～0.5。

三、其他色谱条件的选择

1. **检测器的选择** 应根据被分析物的物理化学性质选择相应的检测器。一般在波长 200～700nm 有吸收的化合物，首选紫外-可见检测器；荧光检测器适合于对有荧光特性的化合物进行痕量分析；对于无紫外吸收、无荧光特性的化合物，蒸发光散射检测器比示差折光检测器有更低的检出限；无机离子分析常选用电化学检测器；质谱检测器更多地应用于定性分析，但是其选择离子分析模式在农药、兽药残留物的定量分析中发挥着越来越重要的作用。多检测器串联使用，可同时分析性质完全不同的分析物，也可获得同一色谱峰的更多信息。

2. 柱温的选择　　维持恒定的柱温，是保留时间重现性好的前提。色谱柱温度的改变对色谱分离效果的影响不大，但是会明显影响到色谱柱的操作压力，并使柱温升高、柱压下降、色谱峰保留时间缩短。对高聚物进行凝胶渗透色谱分析时，升高柱温有利于增加样品的溶解度。

3. 流动相洗脱方式的选择　　在高效液相色谱中流动相有 2 种洗脱方式。一种是等强度洗脱（流动相组成不随分析时间变化），另一种是梯度洗脱。前者适合于较简单的样品分析，后者宜于复杂样品的分析。梯度洗脱的方式可以是线性的或非线性的，也可以是二元或多元的，应根据待分析的样品而定。

4. 分离模式的选择　　高效液相色谱的分离模式很多，应根据待分析物的理化性质（如相对分子质量、分子的结构、极性和溶解性等），参考图 15-2 选择一种相对合理的色谱分离模式。

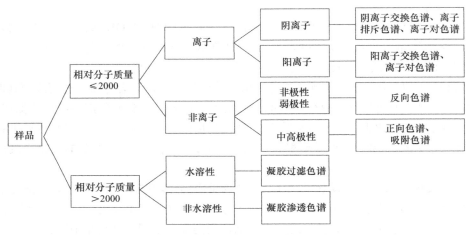

图 15-2　HPLC 分离模式选择方法示意图

第四节　高效液相色谱仪

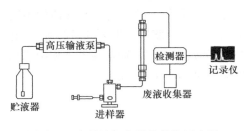

图 15-3　高效液相色谱仪结构示意图

高效液相色谱仪由高压输液系统、进样系统、分离系统、检测器和数据处理系统等 5 部分组成（图 15-3）。此外，还配有辅助装置，如流动相在线脱气装置、梯度洗脱装置、自动进样系统和柱后反应系统等。

1. 高压输液系统　　高压输液系统由贮液器、高压输液泵、过滤器、梯度洗脱装置、压力脉动阻尼器等组成，其中高压输液泵是核心部件。

（1）贮液器　　贮液器是用于存放溶剂（流动相）的装置，一般采用容量为 1～2L 的玻璃、不锈钢或氟塑料容器。贮液器中的溶剂必须很纯。

（2）高压输液泵　　高压输液泵的功能是将贮液器中的流动相以高压形式连续不断地送入液路系统，使样品在色谱柱中完成分离过程。由于高效液相色谱仪所用色谱柱中的固定相粒度较小（一般为 5～10μm），对流动相的阻力较大，为使流动相能较快地流过色谱柱，就需要高压输液泵提供较高的柱前压力。要求高压输液泵输出流量稳定且有一定的可调节范围，便于组成梯度洗脱；输出压力应恒定且无脉冲；泵体材料要耐腐蚀。如果泵的输出量不稳定，既影响柱效，又直接影响峰面积的重现性和定量分析的精度，以及引起保留值和分辨能力的变化。泵压的波动还会增大检测器的噪声，使仪器的信噪比变差。

高压输液泵按其性质分为恒流泵和恒压泵两种。恒流泵输出的液体流量恒定，且与色谱柱引起的阻力变化无关；恒压泵输出的液体压力恒定，但其流量随色谱系统阻力而变化。应用最多的恒流泵是往复式柱塞泵，这种泵易清洗和更换流动相，适合于梯度洗脱，其主要缺点是输出的液体压力随柱塞的往复运动而有明显的压力脉冲，必须外加压力脉动阻尼器来使压力达到平衡。气动放大泵属于恒压泵，输出的压力恒定无脉冲，其主要缺点是不便于调节输出流量，不易于梯度洗脱，多用于填装色谱柱。目前恒流泵已逐渐取代恒压泵。

（3）梯度洗脱装置　　梯度洗脱是采用 2 种或 2 种以上不同极性的流动相（溶剂），在分离过程中按一定程序连续改变流动相的浓度和极性的一种洗脱模式。梯度洗脱技术能够有效提高复杂组成混合物样品的分离度，缩短分析时间，改善峰型，降低最小检出量，并提高分析精度。梯度洗脱装置实际上就是程序控制的溶剂混合室，类似于气相色谱仪中的程序升温单元。

梯度洗脱分为低压梯度洗脱和高压梯度洗脱 2 种。低压梯度洗脱又称为外梯度洗脱，是在流动相进入高压输液泵前，通过程序控制器将不同极性的流动相先进行低压混合，再由一台高压输液泵输送到色谱柱。高压梯度洗脱，又称为内梯度洗脱，是用两台或多台高压输液泵将不同的溶剂增压后分别输送到同一个梯度混合器中进行充分混合，然后再输入色谱柱。流动相中需要改变几种组分即需要几台高压输液泵，通过设定的程序，不同高压输液泵在特定时间将几种组分按照特定比例进行混合，形成流动相组成的变化曲线，即梯度洗脱曲线。经过梯度洗脱后，流动相的组成不是单一的，而是混合溶剂，不适用于示差折光检测器。

2.　**进样系统**　　进样系统的作用是将待测样品组分带入流动相，进而引入色谱分离系统。与气相色谱相比，高效液相色谱的色谱柱较短，柱外展宽效应较突出。柱外展宽效应是指色谱柱外的因素引起的色谱峰展宽，主要包括进样系统、连接管道及检测器中存在的死体积。柱外展宽分为柱前展宽和柱后展宽，进样系统是引起柱前展宽的主要原因，所以高效液相色谱中对进样技术要求较严。

高效液相色谱仪的进样系统分为手动进样系统和自动进样系统，前者主要包括微量注射进样器和高压定量进样阀。高压定量进样阀最常用的是带定量管的六通进样阀，具有进样量准确、重复性好（RSD＜0.5%）、操作方便等优点。

3.　**分离系统**　　色谱柱是分离系统的核心部件，要求其性能稳定、容量大、柱效高、分析速度快和适应溶剂范围广。

色谱柱的柱体通常由不锈钢、玻璃、熔融石英和钛合金等材料制成，柱长为 10～50cm，柱内径为 2～5mm。柱内填料（固定相）由机械强度高的硅胶或树脂构成，其中硅胶填料有键合固定相填料和薄壳型填料，树脂填料分为微孔型和大孔型。填料粒径一般在 3～10μm。

为了防止来自进样器的杂质污染色谱柱（分析柱），延长其使用寿命，常在分析柱前连接一支保护柱。保护柱长 3～5cm，内径与分析柱一致，柱内填充粒径稍大的与分析柱相同的填料，可认为是一缩短的分析柱。选择保护柱的原则是在满足分离要求的前提下，尽可能选择短保护柱。

4. 检测器　　检测器是把色谱柱洗脱液中的组分浓度（或质量）变化信号转换成电信号的装置。对检测器的要求是：灵敏度高、重现性好、线性范围宽、死体积小及噪声较低（对温度和流量等条件的变化不敏感）等。

液相色谱检测器可分为通用型和选择型检测器两大类。通用型检测器（总体检测器）对溶质和流动相的性质都有响应，如示差折光检测器、电导检测器等。这类检测器应用范围广，但受外界环境如温度和流速的影响较大，灵敏度较低，不能用于梯度洗脱。选择型检测器（溶质性检测器），仅对被分离组分（溶质）的物理或化学特性有响应，而对流动相没有响应，如紫外检测器、荧光检测器等。这类检测器对外界环境的波动不敏感，具有很高的灵敏度，但只对某些特定的物质有响应，因而应用范围窄，可通过采用柱前或柱后衍生化反应的方式，扩大其应用范围。

（1）紫外检测器　　紫外检测器是高效液相色谱中应用最广泛的检测器，用于有紫外吸收（含发色基团）物质的检测，其原理是基于组分浓度与吸光度关系的朗伯 - 比尔定律。紫外检测器的灵敏度、精度和线性范围均较好，最小检测浓度可达 10^{-9}g/mL，这种检测器对温度和流速不敏感，可用于梯度洗脱。

紫外检测器分为固定波长检测器、可变波长检测器和光电二极管阵列检测器。固定波长检测器测定波长固定（一般为 254nm 或 280nm），适用于芳烃化合物的检测。常见的芳香族环链化合物和含有 C—C、C—O、N=O、N=N 官能团的化合物，如生物中的蛋白质、酶、芳香族氨基酸、核酸等，及一些其他有机化合物都在 254nm 附近有强烈的吸收，这些物质均可用 254nm 固定波长检测器进行检测。可变波长检测器可根据试样性质选择测定波长，适用面广。光电二极管阵列检测器是一种更先进的紫外检测器，它采用光电二极管阵列作为多通道并行工作检测元件，能够同时检测入射到阵列管上的全波长光信号，可及时观察每一组分的色谱图相应的光谱数据，从而迅速决定具有最佳选择性和灵敏度的波长，并能获得吸光度、波长、时间的三维立体谱图。

（2）荧光检测器　　凡是经紫外光激发后能辐射出荧光的化合物，如多环芳烃、氨基酸、酶、维生素、黄曲霉毒素和卟啉类化合物等都可以用荧光检测器检测。某些不发荧光的物质可通过化学法衍生成荧光物，也可进行荧光检测。荧光检测器的选择性好，灵敏度比紫外检测器约高 2 个数量级，但其线性范围不如紫外检测器宽，最小检测浓度可达 0.1ng/mL，适合于痕量和超痕量分析。荧光检测器可用于梯度洗脱。

（3）示差折光检测器　　示差折光检测器是一种通过测定色谱柱流出液折光指数的变化来测量分析物浓度的通用型检测器，其灵敏度低于其他检测方法，不适合于进行痕量组分分析，主要用于碳水化合物和脂类等不含紫外吸收发色基团物质的检测。这种检测器受环境温度、流动相组成等波动的影响较大，不能采用梯度洗脱。

（4）电化学检测器　　电化学检测是根据电化学原理，通过测定被测物质的各种电化学性质，如电极电位、电流、电量、电导或电阻等，进而确定样品组成及含量的分析检测方法。电化学检测器属于选择性检测器，按照用途可分为伏安检测器（如极谱、库仑、安培检测器等）和电导检测器，其中伏安检测器主要用于具有氧化还原性质的化合物检测，电导检测器主要用于离子检测。电化学检测器已在各种无机和有机离子、生物组织和体液的代谢物、食品添加剂、环境污染物、生化制品、农药及医药等的测定中得到广泛应用。

（5）蒸发光散射检测器　　蒸发光散射检测器是一种通用型检测器，其响应值与样品的质量成正比，能检测挥发性小于流动相的任何不含发色团的化合物，广泛应用于糖类、脂类、氨基酸、表面活性剂和药物等样品的分析。另外，该检测器消除了溶剂的干扰和温度变化引起的基线漂移，特别适合于梯度洗脱。

（6）化学发光检测器　　化学发光是指某些物质发生化学反应，生成处于激发态势的中间体或产物，当它们从激发态跃迁返回到基态时的发光现象。当分离组分从色谱柱中洗脱出来后，立即与适当的化学发光试剂混合，发生化学反应生成具有发光特性的物质，发光物质产生的光强度与该物质的浓度成正比。化学发光检测无须外部光源，不存在散射光引起的背景，具有灵敏度高、线性范围宽等优点，用于荧光物质检测时，灵敏度比荧光检测器更高。

（7）质谱检测器　　质谱检测器属于通用型检测器，有四极杆式质谱（Q-MS）、离子阱质谱（IT-MS）、飞行时间质谱（TOF-MS）和傅里叶变换离子回旋共振质谱（FTICR-MS）检测器等不同类型。其主要用于液相色谱 - 质谱联用仪，可以给出化合物相对分子质量和结构信息，检出限可达 $1 \times 10^{-14}\text{g/L}$，已成为小分子和生物大分子分析最主要的手段。

5. 数据处理系统　　数据处理系统即色谱工作站，用来采集、处理和储存分析数据。

第五节　高效液相色谱法的应用

高效液相色谱法经过近半个世纪的发展，在色谱理论研究、仪器智能化和分析实践应用等方面都取得了长足的进步。

对试样组分进行定性和定量分析是高效液相色谱法的应用基础。高效液相色谱法与气相色谱法的定性、定量分析方法（包括测定方式和计算方法）基本相同。定性分析方法有保留值定性、检测器定性、收集馏分法与柱前、柱后衍生化学反应法及结合其他分析方法进行定性等多种方法。因液相色谱过程中影响溶质迁移的因素较复杂，与气相色谱相比，液相色谱定性的难度更大。在定量分析中，归一化法、内标法和外标法是常采用的定量分析方法。由于高效液相色谱法缺少定量校正因子，多用外标法进行定量分析。

高效液相色谱法适于分析沸点高、相对分子质量大、热稳定性差的物质和生物活性物质，在生物化学和生物工程研究、制药工业研究和生产、食品工业分析、环境监测、石油化工产品分析中获得了广泛的应用。

1. 在生物化学和生物工程中的应用　　生物化学、生化制药、生物工程中涉及蛋白质、氨基酸、核酸、酶、维生素、类固醇、糖类和多肽等多种生物分子的分离、纯化和分析问题，高效液相色谱法中的反相色谱法、凝胶色谱法和离子色谱法等是解决这些问题的主要手段。

2. 在医药研究中的应用　　高效液相色谱法由于具有高选择性、高灵敏度等特点，已成为医药研究的有力工具。人工合成药物的纯化及成分的定性、定量测定，中草药有效成分的分离、制备及纯度测定，临床医药研究中人体血液和体液中药物浓度监测、药物代谢物的测定，新型高效手性药物中对映体含量的测定等，都需用高效液相色谱的不同测定方法予以解决。

3. 在食品分析中的应用　　食品的主要营养成分包含糖、有机酸、维生素、蛋白质、氨基酸和脂肪等，不同种类食品的营养成分各有不同。在食品加工生产过程中，为了延长食品的保质期、增加风味和口感，经常添加防腐剂、抗氧化剂、人工合成色素、甜味剂、保鲜剂等化学物质，它们的含量过高就会危害人体健康。此外，环境污染也会使食品沾染有害的微量元素、农药、黄曲霉毒素等。目前高效液相色谱仪已成为食品分析中必不可少的简便、快速的分析工具。

4. 在环境污染分析中的应用　　高效液相色谱方法适用于环境中存在的高沸点有机污染物的分析，如大气、水、土壤等中存在的多环芳烃、多氯联苯、有机氯农药、有机磷农药、氨基甲酸酯农药、含氮除草剂、苯氧基酸除草剂、酚类、胺类、黄曲霉毒素、亚硝胺等。

5. 在精细化工分析中的应用　　在精细化工生产中使用的具有较高相对分子质量和较高沸点的有机化合物，如高碳数脂肪族或芳香族的醇、醛、酮、醚、酸、酯等化工原料，以及各种表面活性剂、药物、农药、染料、炸药等工业产品，都可使用高效液相色谱法进行分析。

◇ 思考题与习题

1. 与经典柱色谱法相比，高效液相色谱法是如何实现高速、高效分离的？

2. 试比较 HPLC 与 GC 在分离原理、仪器结构及应用方法等方面的异同。

3. 液相色谱速率方程中的分子扩散项对柱效的影响可否忽略不计？为什么？

4. 液相色谱有哪些主要类型？其分离原理是什么？各适宜分离什么物质？

5. 什么是化学键合固定相？它的优点是什么？

6. 什么是正相分配色谱？什么是反相分配色谱？

7. 什么叫梯度洗脱？其与气相色谱中的程序升温有何差别？

8. 指出下列物质在正相分配色谱中的出峰顺序。①苯、乙醚、正己烷；②乙醚、乙酸乙酯、硝基丁烷。

9. 利用 HPLC 内标法测定生物碱样品中黄连碱和小檗碱的含量，称取内标物、黄连碱和小檗碱对照品各 0.2500g 配制成混合溶液，测得峰面积分别为 450.0mV/min、430.0mV/min 和 512.5mV/min。称取 0.3000g 内标物和 0.5120g 样品，同时制成混合溶液后，在相同的色谱条件下，测得内标物、黄连碱和小檗碱的峰面积分别为 520.0mV/min、462.5mV/min 和 567.5mV/min，计算样品中黄连碱和小檗碱的质量分数。

◇ 典 型 案 例

蔬菜中维生素 K 的高效液相色谱法测定

维生素 K 又称凝血维生素，具有防止新生婴儿出血性疾病、预防内出血、促进血液正常凝固等作用。维生素 K 具有多种衍生物，自然界中有叶绿醌系维生素 K_1、甲萘醌系维生素 K_2，还有人工合成的维生素 K_3 和维生素 K_4 等。维生素 K_1 主要存在于天然绿叶蔬菜和动物内脏以及牛乳和乳制品中，是维生素 K 检测的主要目标物。维生素 K_2 主要由肠道中的大肠杆菌、乳酸菌等合成，被肠壁吸收。

1. 原理　　蔬菜中的维生素 K_1 用异丙醇和正己烷提取后，经中性氧化铝柱净化，去除叶绿素等干扰物质。用 C_{18} 液相色谱柱将维生素 K_1 与其他杂质分离，锌柱柱后还原，荧光检测器检测，外标法定量。

2. 试剂和材料　除非另有说明，本方法所用试剂均为分析纯，水为 GB/T6682 规定的一级水。

无水乙醇；碳酸钾；无水硫酸钠；异丙醇；正己烷；甲醇，色谱纯；四氢呋喃，色谱纯；乙酸乙酯；冰乙酸，色谱纯；氯化锌，色谱纯；无水乙酸钠；氢氧化钾；锌粉，粒径 50～70μm；维生素 K_1 标准品，纯度≥99%，或经国家认证并授予标准物质证书的标准物质。

（1）试剂的配制

1）40% 氢氧化钾溶液：称取 20g 氢氧化钾于 100mL 烧杯中，用 20mL 水溶解，冷却后加水至 50mL，储存于聚乙烯瓶中。

2）磷酸盐缓冲液（pH8.0）：溶解 54.0g 磷酸二氢钾于 300mL 水中，用 40% 氢氧化钾溶液调节 pH 至 8.0，加水至 500mL。

3）正己烷-乙酸乙酯混合液（9∶1）：量取 90mL 正己烷，加入 10mL 乙酸乙酯，混匀。

4）流动相：量取甲醇 900mL，四氢呋喃 100mL，冰乙酸 0.3mL，混匀后，加入氯化锌 1.5g，无水乙酸钠 0.5g，超声溶解后，用 0.22μm 有机系滤膜过滤。

（2）标准溶液的配制

1）维生素 K_1 标准储备液（1mg/mL）：准确称取 50.0mg（精确至 0.1mg）维生素 K_1 标准品于 50mL 容量瓶中，用甲醇溶解并定容至刻度。将溶液转移至棕色玻璃容器中，在 −20℃ 下避光保存，保存期 2 个月。标准储备液在使用前需要进行浓度校正。

2）维生素 K_1 标准中间液（100μg/mL）：准确吸取标准储备液 10.00mL 于 100mL 容量瓶中，加甲醇至刻度，摇匀。将溶液转移至棕色玻璃容器中，在 −20℃ 下避光保存，保存期 2 个月。

3）维生素 K_1 标准使用液（1.00μg/mL）：准确吸取标准中间液 1.00mL 于 100mL 容量瓶中，加甲醇至刻度，摇匀。

4）标准系列工作溶液：分别准确吸取维生素 K_1 标准使用液 0.10mL、0.20mL、0.50mL、1.00mL、2.00mL、4.00mL 于 10mL 容量瓶中，加甲醇定容至刻度，维生素 K_1 标准系列工作溶液浓度分别为 10ng/mL、20ng/mL、50ng/mL、100ng/mL、200ng/mL、400ng/mL。

（3）材料　中性氧化铝，粒径 50～150μm；中性氧化铝柱，2g/6mL，填料中含 10% 水，可直接购买商品柱，也可自行装填；锌柱，柱长 50mm，内径 4.6mm，锌柱可直接购买商品柱，也可自行装填；微孔滤头，带 0.22μm 有机系微孔滤膜。

3. 仪器和设备　高效液相色谱仪，带荧光检测器；匀浆机；高速粉碎机；组织捣碎机；涡旋振荡器；恒温水浴振荡器；pH 计，精度 0.01；天平，感量为 1mg 和 0.1mg；离心机，转速≥6000r/min；旋转蒸发仪；氮吹仪；超声波振荡器。

4. 分析步骤

（1）样品制备　取蔬菜的可食部分，水洗干净，用纱布擦去表面水分，经匀浆器匀浆，储存于样品瓶中备用。制样后，需尽快测定。处理过程应避免紫外光直接照射，尽可能避光操作。

1）提取。称取 1～5g（精确到 0.01g，维生素 K_1 含量不低于 0.05μg）经均质匀浆的样品于 50mL 离心管中，加入 5mL 异丙醇，涡旋 1min，超声 5min，再加入 10mL 正己烷，涡旋振荡提取 3min，6000r/min 离心 5min，移取上清液于 25mL 棕色容量瓶中，向下层溶液中加入 10mL 正己烷，重复提取 1 次，合并上清液于上述容量瓶中，正己烷定容至刻度，用移液管分取上清液 1～5mL（视样品中维生素 K_1 含量而定）至 10mL 试管中，氮气轻吹至干，加入 1mL 正己烷溶解，待净化。

2）净化、浓缩。将上述 1mL 提取液用少量正己烷转移至预先用 5mL 正己烷活化的中性氧化铝柱中，待提取液流至近干时，5mL 正己烷淋洗，6mL 正己烷-乙酸乙酯混合液洗脱至10mL 试管中，氮气吹干后，用甲醇定容至 5mL，过 0.22μm 滤膜，滤液供分析测定。不加试样，按同一操作方法做空白实验。

（2）试样测定

1）色谱参考条件。色谱柱，C18 柱，柱长 250mm，内径 4.6mm，粒径 5μm，或具同等性能的色谱柱。锌还原柱，柱长 50mm，内径 4.6mm。流动相，按试剂的配制中所述方法配制。流动相流速 1mL/min。检测波长，激发波长为 243nm，发射波长为 430nm。进样量 10μL。

2）标准曲线的绘制。采用外标准曲线法进行定量。将维生素 K_1 标准系列工作液分别注入高效液相色谱仪中，测定相应的峰面积，以峰面积为纵坐标，以标准系列工作液浓度为横坐标绘制标准曲线，计算线性回归方程。

3）试样溶液的测定。在相同色谱条件下，将制备的空白溶液和试样溶液分别进样，进行高效液相色谱分析。以保留时间定性，峰面积外标法定量，根据线性回归方程计算出试样溶液中维生素 K_1 的浓度。

5. 结果计算

$$X = \frac{100cV_1V_3}{1000mV_2} \tag{15-10}$$

式中，X 为试样中维生素 K_1 的含量，μg/100g；c 为由标准曲线得到的试样溶液中维生素 K_1 的浓度，ng/mL；V_1 为提取液总体积，mL；V_2 为分取的提取液体积，mL；V_3 为定容液的体积，mL；m 为试样的称样量，g。

6. 方法说明与注意事项

1）本法摘自 GB/T 5009.158—2016，适用于蔬菜和水果中维生素 K_1 的测定。

2）由于维生素 K_1 遇光易分解，所有操作均需避光进行。

16 第十六章
毛细管电泳法

毛细管电泳（capillary electrophoresis，CE）又称高效毛细管电泳（high performance capillary electrophoresis，HPCE），是一类以毛细管为分离通道、以高压直流电场为驱动力，依据样品中各组分之间迁移速率和分配行为的差异而实现分离的液相分离分析技术，是经典电泳技术和现代微柱分离相结合的产物。

早在 1809 年，俄国物理学家 Pence 就发现了电泳现象。1937 年，瑞典科学家 Tiselius 首次采用电泳技术从人血清蛋白提取物中分离出白蛋白及 α_1、α_2、β 和 γ 球蛋白，并由此获得了 1948 年的诺贝尔化学奖。1967 年，瑞典科学家 Hjerten 最先提出在内径为 3mm 的石英毛细管中进行电泳分离，但是这种方法并不能解决传统电泳技术中由焦耳热引起的低分离效率的问题。1981 年，美国科学家 Jorgenson 和 Lukacs 使用内径为 75μm 的熔融石英毛细管进行高电压电泳分离，极大地提高了分离效率，由此创立了现代毛细管电泳技术。1984 年，Terabe 等建立了胶束毛细管电动色谱法，使许多电中性化合物的分离成为可能。1987 年，Hjerten 等把传统的等电聚焦过程转移到毛细管内进行，建立了毛细管等电聚焦。同年，Cohen 和 Karger 提出了毛细管凝胶电泳。1988～1989 年，第一批商品毛细管电泳仪上市。1989 年，第一届国际毛细管电泳会议召开，标志着毛细管电泳学科的形成。此后，随着各种分离模式的建立和各种检测器的应用，毛细管电泳技术的研究与应用获得了快速发展，在生命科学、生物工程、临床医学、药物学、环境学、化学、农学、生产过程监控、商品质检及法庭与侦破鉴定等诸多领域得到了广泛应用。

作为一种新型高效分离分析技术，毛细管电泳法具有以下特点：①高分离效率，分析最快可在 60s 内完成，一般不超过 30min，理论塔板数可高达几百万至千万；②高灵敏度，常用的紫外检测器检出限可达 $10^{-15} \sim 10^{-13}$mol，激光诱导荧光检测器则达 $10^{-21} \sim 10^{-19}$mol；③多分离模式，仅通过更换毛细管内填充溶液的种类、浓度、酸度或添加剂等，就可以在同一台仪器上建立多种分离分析模式；④样品用量少，只需纳升级的进样量（HPLC 所需样品为微升级）；⑤成本低，完成一次实验所需的消耗品仅涉及数毫升无机盐缓冲液流动相和价格低廉的毛细管；⑥适用范围广，除挥发性物质和不溶物外，能配成溶液或悬浮溶液的样品都能用 CE 进行分离和分析，小到无机离子，大到生物大分子和超分子，甚至整个细胞都可进行分离检测，特别适合于扩散系数小的生物大分子如多肽、蛋白质（包括酶、抗体）、核苷酸乃至脱氧核糖核酸（DNA）的分离分析。

第一节　毛细管电泳法的基本理论

一、毛细管电泳的基本概念

1. 电泳　　在电场作用下，荷电粒子（离子或胶粒）在电解质溶液中向电极迁移的现象，称为电泳。阳离子向负极方向迁移，阴离子向正极方向迁移，中性化合物不带电荷，无电泳迁移。荷电粒子在电场中的迁移速率与电场强度，介质特性，粒子的有效电荷、大小及形状有关。

（1）电泳速率　　单位时间内荷电粒子定向迁移的距离称为电泳速率。

电泳速率为 v 的荷电粒子在电场中迁移时，会受到大小相等、方向相反的电场推动力和平动摩擦阻力的作用，可用下式表示：

$$qE=fv \tag{16-1}$$

式中，左侧表示电场力；右侧表示摩擦力；q 为粒子所带的有效电荷；E 为电场强度；f 为平动摩擦系数。

对于球形粒子，f 可表示为

$$f=6\pi\eta r \tag{16-2}$$

式中，η 为介质的黏度；r 为粒子的表观液态动力学半径。

根据式（16-1）和式（16-2），电泳速率可用式（16-3）表示：

$$v=\frac{qE}{f}=\frac{q}{6\pi\eta r}E \tag{16-3}$$

由此可见，电泳速率除与电场强度和介质特性有关外，还与粒子所带电荷的大小和粒子形状有关。通常，粒子所带电荷越多，离解度越大，体积越小，电泳速率越快。

（2）电泳淌度　　单位电场强度下的平均电泳速率称为电泳淌度，用 μ_e 表示：

$$\mu_e=\frac{v}{E}=\frac{q}{6\pi\eta r} \tag{16-4}$$

电泳淌度与粒子所带电荷成正比，与体积大小即粒子半径和介质黏度成反比，与外加电场强度无关。因此，粒子的大小与形状及其所带电荷的差异，就是电泳分离的基础。

2. 电渗与电渗流　　在电场作用下液体相对于和它接触的固定的固体相做相对运动的现象，称为电渗。电渗现象中液体的整体流动称为电渗流（electroosmotic flow，EOF）。

电渗是由定域电荷引起的，定域电荷是指牢固结合在毛细管壁上，在电场作用下不能迁移的离子或带电基团。根据电中性要求，定域电荷将吸引溶液中的反电荷离子，使其聚集在周围，形成双电层。固液界面形成双电层的结果是，在靠近毛细管壁的溶液层中形成高出溶液本体浓度的"自由"离子，它们在电泳过程中通过碰撞等作用给溶剂分子施加单向推力，使之同向运动，形成电渗流。

毛细管电泳分离的一个重要特性是毛细管内存在电渗流。在液固两相的界面上，固体分子发生解离产生离子，被吸附在固体表面上。为了达到电荷平衡，固体表面离子通过静电力吸附溶液中的带相反电荷的离子，形成双电层。例如，当石英毛细管表面的 pH>3 时，毛细管内壁的硅羟基（$\equiv$Si—OH）电离为硅氧基阴离子（$\equiv$Si—O$^-$）与 H$^+$，H$^+$ 与 H$_2$O 形成 H$_3$O$^+$，使溶液带正电荷，而毛细管内壁表面带负电荷，为了保持电荷平衡，溶液中水合离子被吸附到毛细管内壁表面附近，形成双电层（图 16-1）。当管壁内表面与溶液接触时，会形成紧贴内表面的和游离的两部分离子层，其中第一部分称为施特恩（Stern）层，第二部分为扩散层。扩散层中游离离子的电荷密度随着和表面距离的增大而急剧减小。在 Stem 层和扩散层起点的边界层之间的电势称为管壁的 Zeta 电势，也称 ζ 电位。当在毛细管两端加高电压时，在电场的作用下，双电层中扩散层的阳离子向阴极移动，由于离子是溶剂化的，带动了毛细管中溶液整体向阴极移动，形成电渗流，如图 16-2 所示。

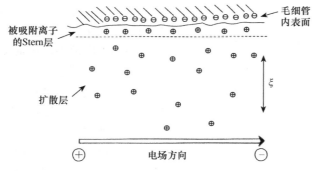

图 16-1　双电层中的 Zeta 电势示意图

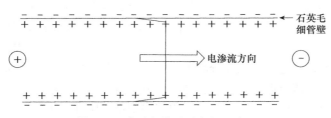

图 16-2　由毛细管壁引起的电渗流

（1）电渗流的大小和方向　　单位电位梯度的电渗速率为电渗淌度 μ_{eo}，可表示为

$$\mu_{eo}=\varepsilon_0\varepsilon\zeta/\eta \tag{16-5}$$

式中，ε_0 为真空介电常数；ε 为电泳介质的介电常数；η 为电泳介质的黏度；ζ 为毛细管壁的 Zeta 电势，其大小近似等于扩散层与吸附层界面上的电位。

电渗流的大小用电渗流速率 v_{eo} 表示，v_{eo} 取决于电渗淌度 μ_{eo} 和电场强度 E，其表达式为

$$v_{eo}=\mu_{eo}E \tag{16-6}$$

电渗流速率与电场强度 E、Zeta 电势和介电常数成正比，与溶液黏度成反比，而 Zeta 电势又与毛细管的材料、表面特性、介质的组成及性质有关。

在实际电泳分析中，电渗流速率 v_{eo} 可通过式（16-7）用实验方法测定。

$$v_{eo}=L/t_{eo} \tag{16-7}$$

式中，L 为毛细管的有效长度；t_{eo} 为电渗流标记物（中性物质）从进样端迁移至检测器的时间。

电渗流的方向取决于毛细管内壁表面电荷的性质。当电泳介质（缓冲液）的 pH>3 时，石英管壁上的≡Si—OH 电离生成阴离子≡Si—O⁻，使管壁表面带负电荷，负电荷会吸引溶液中的阳离子形成双电层，从而在管内形成一个个紧挨的“液环”。在强电场作用下“液环”向阴极移动，形成了电渗流。电渗流速率的大小与缓冲液 pH 的高低及离子强度有密切关系。缓冲液 pH 越高，溶液电渗流速率越大；缓冲液离子强度越高，溶液电渗流速率反而越小。在 pH 为 9 的 20mmol/L 的硼酸盐缓冲液中，电渗流速率的典型值约为 2mm/s。若在毛细管内壁涂上合适的物质或进行化学改性，就可以改变电渗流速率。例如，蛋白质带有许多正电荷取代基，会被紧紧地束缚于带负电荷的石英管壁上，为消除这种情况，可将一定浓度的二氨基丙烷加入电解质溶液中，此时以离子状态存在的 $H_3NCH_2CHZCH_2NH_3^+$ 起到中和管壁电荷的作用。也可通过硅羟基与不同取代基发生反应，改变壁表面硅羟基的数目，使毛细管壁电性改变，进而改变电渗流的方向。

（2）电渗流的流型　　由于毛细管内壁表面扩散层的过剩阳离子均匀分布，因此在外电场力驱动下产生的电渗流为平流，即塞式流动。在毛细管电泳中液体流动的速率除在管壁附近因摩擦力迅速减小到零以外，其余部分几乎各处相等，这一点和 HPLC 中靠高压输液泵驱动的流动相的流动形态完全不同。在 HPLC 中流动相在管壁处的流速为零，管中心的速率通常为平均速率的 2 倍，使得色谱峰形变宽。电渗流呈平流是毛细管电泳能获得高分离效率的重要原因之一。图 16-3 是 HPCE 中电渗流与 HPLC 中流动相的流型及它们对区带展宽影响的对比图。

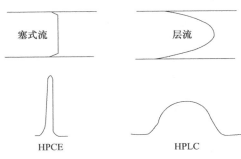

图 16-3　电渗流和高效液相色谱的流型（上图）及相应的溶质区带（下图）示意图

（3）电渗流的作用　　电渗流是伴随电泳而产生的一种电动现象，在毛细管电泳分离中起着非常重要的作用。在外加强电场之后，阳离子向阴极迁移，与电渗流方向一致，但移动得比电渗流更快；阴离子应向阳极迁移，但由于电渗流速率大于阴离子的电泳速率，阴离子也移向阴极；中性分子则随电渗流迁移。一般情况下，电渗流速率约等于一般离子电泳速率的 5~7 倍，组分按阳离子、中性分子、阴离子的次序先后到达检测器。实验证明，不电离的中性溶剂也能在管内流动，利用中性分子的出峰时间可以测定电渗流速率的大小。因此，电渗流在 HPCE 中起类似泵的作用，在一次 CE 操作中可同时完成阴阳离子的分离分析，而电渗流的微小变化会影响 CE 分离测定结果的重现性，改变电渗流的大小或方向即可改变分离效率和选择性。

（4）影响电渗流的因素　　影响电渗流的直接因素有电场强度、Zeta 电势、介电常数和溶液黏度等，间接因素有温度、缓冲液的组成和 pH、毛细管壁的性质及外加电磁场等。其中温度、缓冲液的组成是通过影响黏度、介电常数和 Zeta 电势等来影响电渗的，外加电磁场则通过改变管壁表面的电荷数量及其分布来改变电渗。一般来说，所有能改变 ζ、ε 和 η 的直接或间接的因素都可能用来控制电渗。

1）pH 对电渗流速率的影响：电泳介质溶液的 pH 对电渗流速率的影响很大。对于同种毛细管材料，内充液的 pH 不同，其电渗流速率差别很大。例如，在石英毛细管中，当内充液的 pH 升高时，管壁表面的≡Si—O⁻数量增多，电荷密度增大，管壁 Zeta 电势增大，电渗增大；当溶液的 pH 达到 7 时，壁表面的硅羟基完全电离，电渗流速率达到最大；pH<3 时，壁表面带负电荷的≡Si—O⁻完全被氢离子中和，壁表面呈电中性，Zeta 电势趋于零，电渗流也趋于零。所以，毛细管内充溶液的 pH 对 CE 分离分析具有极大的重要性，这就是 CE 操作必须在适当的缓冲液中进行的主要原因。

2）介质成分和浓度对电渗流的影响：电泳介质的成分和浓度对电渗流也有影响。缓冲液的浓度直接影响电泳介质的离子强度，进而影响 Zeta 电势，而 Zeta 电势的变化又会影响到电渗流。缓冲液浓度升高，离子强度增加，双电层厚度减小，Zeta 电势降低，电渗流减小。此外，介质中离子还可以通过与管壁作用，以及影响溶液的黏度、介电常数等来影响电渗流，电泳介质离子强度过高或过低都对提高分离效率不利。

由于各种阴离子的形状、大小和所带电荷的多少不同，其电导率存在很大差异。不同阴离子构成的相同浓度的缓冲液，在相同的工作电压下，毛细管中的电流会有很大差别。在

CE 中常用的缓冲试剂有磷酸盐、硼砂、硼酸和乙酸盐等。

3）离子强度对电渗流的影响：电泳介质的离子强度影响毛细管壁表面的双电层厚度、溶液黏度和工作电流，因而明显影响电渗流的大小。一般随着电泳介质离子强度的增加，溶液电渗流呈下降趋势。

4）温度对电渗流的影响：毛细管温度的升高，使溶液黏度下降，电渗流增加。

二、毛细管电泳分离的基本原理

毛细管电泳是以高压电场为驱动力，以毛细管为分离通道，依据液相样品中各组成成分之间淌度和分配行为上的差异，进行分离的技术。在毛细管电泳分离中带电粒子的运动受电泳力和电渗力两种力的共同作用。在不考虑粒子间相互作用的前提下，粒子在毛细管内电介质中的迁移速率是电泳和电渗 2 种速率的矢量和，可表示为

$$v = v_{ep} + v_{eo} = (\mu_{ep} + \mu_{eo})E = \mu_{ap}E \qquad (16-8)$$

式中，μ_{ap} 为表观淌度或净淌度，v_{ep} 为电泳速率，v_{eo} 为电渗速率。

从毛细管电泳测量中得到的淌度 μ_{ap} 为粒子自身的电泳淌度 μ_{ep} 和由电渗引起的电渗淌度 μ_{eo} 的矢量和。与电渗流同方向迁移的离子，其表观淌度大于电渗淌度；与电渗流反方向迁移的离子，其表现淌度小于电渗淌度。在实际实验中用式（16-9）求得 μ_{ap}：

$$\mu_{ap} = \frac{v}{E} = \frac{L_{ef}/t}{V/L_t} \qquad (16-9)$$

式中，v 为离子的迁移速率，cm/s；V 为毛细管两端所加电压，V；L_t 为毛细管的总长度，cm；L_{ef} 为毛细管的有效长度（进样端至检测器的距离），cm；t 为迁移时间，s。

当待测样品位于两端加上高压电场的毛细管的正极端时，各种离子将按表 16-1 的速率向负极迁移，即阳离子的电泳方向与电渗流方向一致，故其迁移速率为两者之和，最先到达毛细管的负极端；中性粒子的电泳速度为零，故其速度相当于电渗流速率；阴离子的电泳方向与电渗流方向相反，但电渗流的速率绝对值一般大于粒子的电泳速度，故阴离子将在中性粒子之后到达毛细管的负极端，即分离后出峰顺序为：阳离子＞中性分子＞阴离子，溶质依次通过检测器，得到与色谱图极为相似的电泳分离图谱。

表 16-1　样品各组分在电渗中的迁移速率

组分	表观淌度 / [cm²/（V·s）]	表观迁移速率 /（cm/s）
阳离子	$\mu_{ep} + \mu_{eo}$	$v_{ep} + v_{eo}$
中性分子	μ_{eo}	v_{eo}
阴离子	$\mu_{ep} - \mu_{eo}$	$v_{ep} - v_{eo}$

由于毛细管电泳兼具有电化学特性和色谱分析的特性，有关的色谱理论同样适用于它，其分离效率可用如下公式表示。

$$n = \frac{L_{ef}^2}{\sigma^2} \qquad (16-10)$$

式中，n 为理论塔板数；L_{ef} 为毛细管的有效长度；σ 为以标准偏差表示的谱峰区带展宽，即 0.607 倍峰高处峰宽的一半。

在理想的毛细管电泳中，毛细管中的流型为塞式流动，溶质在柱中的径向扩散（横向

扩散）几乎可完全忽略。另外，毛细管本身具有抗对流性，由对流引起的峰加宽不明显；同时电泳分离没有或很少有溶质与管壁间的相互吸附作用，一般忽略吸附引起的峰加宽作用。因此，可认为溶质的纵向扩散是高效毛细管电泳中引起溶质峰加宽的唯一因素，这相当于色谱速率理论中的第二项即分子扩散项对理论塔板高度的影响，峰的区带展宽 σ 可表示为

$$\sigma^2 = 2Dt \tag{16-11}$$

式中，D 为溶质的扩散系数；t 为从组分注入到迁移至检测器所需的时间。

t 的计算式为

$$t = \frac{L_{ef}}{v_{ap}} = \frac{L_{ef}}{\mu_{ap} E} \tag{16-12}$$

将 σ 和 t 的表达式代入式（16-10），得

$$n = \frac{\mu_{ap} E L_{ef}}{2D} \tag{16-13}$$

由式（16-13）可知，增大表观电渗淌度，提高工作电压，降低扩散系数，可使 n 增大，提高分离效率。此外，n 与溶质的扩散系数 D 成反比。一般来说，样品的相对分子质量越大，扩散系数越小，所以大分子的柱效高。

虽然增加电泳电压和提高电场强度，可以在实现快速分离的同时提高分离柱效。但较高的电场强度会使电泳过程的焦耳热增大，同时电泳电流也会随电场强度的增加而迅速增大，柱内温度升高，扩散加快，从而使分离效率下降。

毛细管电泳同色谱一样，其反映分离效率的理论塔板数 n 可以利用峰参数直接根据如下两式进行测定。

$$n = 5.54 \left(t_R / W_{1/2} \right)^2 \tag{16-14}$$

$$n = 16 \left(t_R / W \right)^2 \tag{16-15}$$

式中，t_R 为保留时间；$W_{1/2}$ 为半峰宽；W 为峰底宽。

在 CE 中，有时 n 很大但分离并不理想，此时可用分离度 R 来衡量分离效果。

$$R = \frac{2(t_2 - t_1)}{W_2 + W_1} \tag{16-16}$$

式中，t_1 和 t_2 为色谱图中两相邻峰对应的保留时间；W_1 和 W_2 为两相邻峰对应的峰底宽。

两种组分的分离度也可以用组分速度差与分离效率的关系来表示，如下式：

$$R = \frac{1}{2} \sqrt{n} \, \frac{u_2 - u_1}{u_2 + u_1} \tag{16-17}$$

式中，u_1 和 u_2 为组分 1 和组分 2 在色谱柱中的迁移速度。

三、毛细管电泳分离的影响因素

在 CE 中，用实际电泳图计算的理论塔板数远低于理论值，这是区带展宽效应所致。影响区带展宽的因素包括纵向分子扩散、进样量、焦耳热和吸附作用等。

1. 纵向分子扩散　在 HPCE 中，纵向分子扩散引起的峰区带展宽 σ 由扩散系数和迁移时间决定，扩散系数小的大分子可获得更高的分离效率。正确选择分离操作条件如工作电压、毛细管长度、缓冲液种类及 pH 等，有助于减小由纵向扩散引起的峰加宽。

2. 进样量　　较大的进样体积会在毛细管内形成较长的样品区带，若进样长度大于扩散控制的区带宽度，就会显著降低分离效率。因此，CE 的进样量一般为纳升级，实际操作时进样塞长度应小于或等于毛细管总长度的 1%～2%。

3. 焦耳热与温度梯度　　在高电场下，毛细管中的电解质会产生自热现象，称为焦耳热。焦耳热可产生不均匀的温度梯度（中心温度高）和电解质局部黏度的变化，严重时会造成层流或湍流，从而导致区带展宽。另外，电泳过程中电场强度的升高程度最终要受到焦耳热的限制。焦耳热的产生与毛细管的管径和缓冲液的浓度有关，减小毛细管内径和控制散热有助于降低区带展宽效应。

4. 溶质与管壁间的相互作用　　细内径的毛细管柱，一方面有利于散热，另一方面比表面积大，又增加了溶质吸附的机会。造成毛细管吸附的主要原因是阳离子与毛细管表面负电荷的静电相互作用和疏水相互作用。吸附作用的存在对分析不利，轻则会造成色谱峰拖尾，重则引起不可逆吸附。减小吸附的方法和途径主要有：在毛细管内壁涂敷抗吸附层物质，如聚乙二醇等；采用极低的 pH 条件抑制管壁硅羟基的解离；在分离介质中加入两性离子添加剂等。

5. 其他影响因素

（1）电分散作用　　由样品溶液的电导与分离介质的电导不匹配造成的区带展宽称电分散作用。如果样品溶液的电导比缓冲液的低，样品区带的电场强度就大，离子在样品区带的迁移速率就高。当离子进入分离介质时，速率就会变慢，因而在样品溶液与分离介质之间的界面上会形成样品堆积，结果可能形成前伸峰；反之，会造成拖尾峰。因此，应当尽量选择与试样淌度相匹配的背景电解质溶液。但电分散所造成的样品堆积常是提高检测灵敏度的有效方法。

（2）层流作用　　一般情况下，HPCE 中不存在层流，但当毛细管两端存在压力差时，就会出现抛物线形的层流。另外，毛细管内径越大，层流引起的区带展宽越严重。因此，实际操作时，应注意保持毛细管两端缓冲液的液面高度相同和使用较细的毛细管。此外，对于柱后检测，还要考虑检测器的死体积对峰展宽的影响。

第二节　毛细管电泳分离模式

根据分离机理的不同，毛细管电泳可分为如下 6 种常见的分离模式，即毛细管区带电泳、胶束电动毛细管色谱法、毛细管凝胶电泳、毛细管电色谱法、毛细管等速电泳和毛细管等电聚焦。多数情况下，可以通过改变缓冲液的组成来实现不同分离模式之间的转换。

一、毛细管区带电泳

毛细管区带电泳（capillary zone electrophoresis，CZE）也称自由溶液毛细管电泳，是毛细管电泳中最基本和应用最广泛的一种分离模式，是其他分离模式的母体。CZE 是基于溶质中不同质荷比的带电粒子在电渗流的作用下电泳淌度的差异而实现分离的。

CZE 分离原理示意图见图 16-4。带电粒子的迁移速率为电泳和电渗流速率的矢量和。电泳和电渗两种效应对阳离子作用力的方向一致，阳离子最先从阴极流出；中性粒子无电泳现象，只受电渗流的影响，在阳离子后流出；阴离子受两种效应作用的运动方向相反，当电渗流速率大于电泳速度时，最后从阴极流出。CZE 分离无须固体支持介质，不存在基质效应，

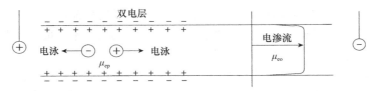

图 16-4　毛细管区带电泳分离原理示意图

不仅可以分离种类不同的离子，而且能分离淌度差别很小的同类组分。中性物质间的淌度差为零，在电泳过程中中性物质只是随电渗流一起流出毛细管，不能被分离开。

毛细管区带电泳的操作条件包括分析电压、毛细管尺寸、分离介质（缓冲液）和温度等。其中缓冲液的选择决定区带电泳的柱效、选择性及分离度和分离时间，直接影响粒子的迁移分离。缓冲液是一种具有 pH 缓冲能力的均匀自由溶液，由缓冲试剂、pH 调节剂、溶剂和添加剂组成。选择缓冲液应遵循以下要求：①在所选的 pH 范围内有合适的缓冲容量；②本底的响应值低；③自身的淌度低，离子大而带电荷少。磷酸盐缓冲液因其缓冲容量大，背景干扰小，是最常用的缓冲体系之一，但其缺点是电导较大。缓冲液的 pH 决定了弱电离试样的有效淌度，同时控制着电渗流的大小和方向，一般通过实验来优化最佳 pH，在分离过程中 pH 要保持恒定。

毛细管区带电泳操作简单、快速、分离效率高、应用范围广。其特别适合用来分离带电化合物，包括无机阴离子、无机阳离子、有机酸、胺类化合物、氨基酸和蛋白质等，可分析分子质量范围从十几的小分子离子到几十万的生物大分子，但不能分离中性化合物。

二、胶束电动毛细管色谱法

胶束电动毛细管色谱法（micellar electrokinetic capillary chromatography，MECC）的实验操作与 CZE 基本相同，两者的唯一差别是 MECC 在缓冲液中加入了超过临界胶束浓度的表面活性剂，导致其既能分离离子型化合物又能分离中性化合物。

MECC 的工作原理如图 16-5 所示。将一种离子表面活性剂，如十二烷基硫酸钠（SDS）加入毛细管电泳的缓冲液中，当表面活性剂分子的浓度超过临界胶束浓度（形成胶束的最低浓度）时，它们就会聚集形成具有三维结构的胶束。该胶束具有疏水尾基指向中心，带电荷首基指向表面的特点。由 SDS 形成的胶束是一种阴离子胶束，它必然向阳极迁移。MECC 和毛细管区带电泳一样，缓冲液在管壁上形成正电荷，使其显示强烈的向阴极迁移的电渗流。由于电渗流速率高于以相反方向迁移的胶束迁移率，从而形成了快速移动的缓冲液水相和慢速移动的胶束相，后者相对前者来说，移动极慢或可视作"不移动"，因此把胶束相称为"准固定相"。当被分析的中性化合物从毛细管一端注入后，就在水相与胶束相两相之间迅速建立分配平衡，一部分分子与胶束结合，随胶束相慢慢迁移，而另一部分则随电渗流迅速迁移。由于不同的中性分子在水相与胶束相之间的分配系数有差异，经过一定距离的差速移行后便得到分离。出峰的次序一般取决于被分析物的疏水性。疏水性越大的物质，与胶束中心的尾基作用越强，迁移时间越长；反之，亲水性越大的物质，迁移时间越短。若不同的离子与胶束的带电荷首基之间的作用强弱不同，会使不同离子的分离选择性提高。

胶束电动毛细管色谱拓宽了 CE 的应用范围，主要用于小分子、中性化合物、手性对映体和药物等的分析。

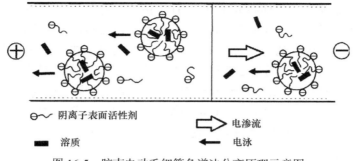

图 16-5 胶束电动毛细管色谱法分离原理示意图

三、毛细管凝胶电泳

毛细管凝胶电泳（capillary gel electrophoresis，CGE）是以各种电泳凝胶或聚合物网络为载体充入毛细管内进行的电泳分离，其分离是靠电泳与凝胶色谱 2 种行为，电泳行为起主导作用，凝胶起增加选择性的作用。在 CGE 中，被测组分主要靠质荷比和分子体积的差别而分离，常用的凝胶有葡聚糖、聚丙烯酰胺和琼脂糖等，其中以后两者应用较多。

凝胶具有多孔性，起类似分子筛的作用，使溶质按分子大小逐一分离，而且凝胶的黏度大，具有抗对流、减少溶质的扩散、阻挡毛细管壁对溶质的吸附作用等，可减少电渗流的影响，提高分离效率，所得被分离组分的色谱峰峰型尖锐。CGE 主要用于蛋白质、寡聚核苷酸、RNA 及 DNA 片段的分离和测定，是 DNA 测序的重要手段。

CGE 的关键是毛细管凝胶柱的制备。常用的聚丙烯酰胺毛细管凝胶柱可分离分析 DNA 的相对分子质量或碱基数，但柱制备困难，管内常有气泡，柱的寿命短；若采用低黏度的线性聚合物如纤维素羟基取代物制备凝胶柱，柱的寿命长，但分离效能较凝胶柱略差。

四、毛细管电色谱法

毛细管电色谱法（capillary electrochromatography，CEC）是高效液相色谱和毛细管电泳技术的有效结合，兼具毛细管电泳及高效液相色谱的双重分离机理。CEC 是通过在毛细管中填充或在毛细管壁涂布、键合色谱固定相，依靠电渗流及液压推动流动相，使中性的和带电荷的样品分子根据它们在色谱固定相和流动相间分配系数的不同而实现分离的一种电分离模式。CEC 中的流动相前沿呈塞状，具有较高的分离效率和较快的分离速度，被认为是最有应用前景的分离分析方法之一。

五、毛细管等速电泳

毛细管等速电泳（capillary isotachophoresis，CITP）同 CZE 一样，是基于有效离子淌度的差异进行的带电离子分离，但 CITP 属于非连续介质电泳，需要 2 种缓冲液，即前导电解质液和尾随电解质液。前者含有与溶质离子电荷相同且淌度为体系中最高的离子，其迁移速率比所有被分离离子都大；后者含有体系中淌度最低的离子，样品离子的淌度介于两者之间。样品夹在前导电解质和尾随电解质之间，在高压电场作用下移动。各组分由于淌度不同而被分离。

CITP 是一种"移动界面"电泳技术。当在毛细管两端加上电压后，电位梯度的扩展使所有离子最终以同一速率泳动，样品带在给定 pH 下按其淌度和电离度大小依次连接迁移，得到互相连接而又不重叠的台阶或梯形区带。在保持恒定电流条件下，溶质所在的区带界面会自动调整以维持等速移动直到流出毛细管。若某一区带内离子进入前一区带，电场强度变小而减速；若进入后一区带，电场强度变大而加速，都退回到原区带，最终使各区带界面鲜明。

CITP 任意区带内组分浓度与前导离子浓度和离子淌度有关。对特定分析，各区带浓度为一定值，并和前导离子浓度有关，与样品原始浓度无关，区带长度反映进样量的大小，并作为定量依据。CITP 的缺点是需要采用不连续缓冲体系，空间分辨率较差。

六、毛细管等电聚焦

毛细管等电聚焦（capillary isoelectric focusing，CIEF）是指在毛细管中进行等电聚焦过程，根据等电点的差别来分离生物大分子的高分辨率电泳技术。CIEF 分离模式与其他模式不同，该模式将具有特定 pH 分布范围的载体两性电解质充入毛细管内，在毛细管两端加上高压电场时，毛细管各区段内两性电解质的 pH 将逐渐变化，在管内形成一定范围的 pH 梯度。氨基酸、蛋白质、多肽等两性化合物组分所带电荷与溶液的 pH 有关，在酸性溶液中带正电荷，反之带负电荷。各组分依据其所带电性向阴极或阳极泳动，当管内 pH 与该组分等电点（pI）相同时，溶质分子的静电荷为零，停止移动而形成一条非常窄的溶质带，达到使复杂样品分离的目的。

CIEF 有极高的分辨率，pI 相差 0.01 的两性化合物即可实现分离。另外，CIEF 对被分离样品具有高度浓缩效果，其浓缩倍数可达 3 个数量级以上。CIEF 不但具有传统等电聚焦的优点，而且同时具有毛细管电泳的高效、快速和微量等特点，使 CIEF 在蛋白质、多肽的分离分析上有很好的应用前景。

第三节　毛细管电泳仪

毛细管电泳仪由电流回路系统、进样系统、分离系统和检测系统等组成（图 16-6）。

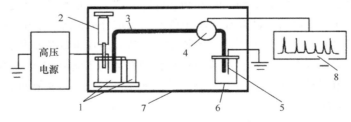

图 16-6　毛细管电泳仪结构示意图
1. 高压电极槽与进样系统；2. 填灌清洗系统；3. 毛细管；4. 检测器；
5. 铂丝电极；6. 低压电极槽；7. 恒温装置；8. 记录 / 数据处理系统

1. **电流回路系统**　　电流回路系统包括高压电源、电极、电极槽、导线和电解质缓冲液等。毛细管电泳仪常采用 0～+30kV 连续可调的高压直流电源。电极通常由直径 0.5～1mm 的铂丝制成。电极槽即缓冲液瓶，一般是可密封的带螺口小塑料瓶或玻璃瓶（1～5mL）。缓冲液内含电解质，充于电极槽和毛细管中，通过电极、导线与电源连通，构成整个电流回路系统。

2. **进样系统**　　毛细管电泳中的毛细分离通道十分细小，整个管体积一般仅有 4～5μL，故进样长度必须控制在毛细管总长度的 1%～2%，否则将会引入显著的区带扩张，影响分离效率。进样量必须小于100nL，否则会引起过载。要求进样的准确度要高和重现性要好。通常的进样方式是将毛细管的一端从缓冲液中移出，放入试样瓶中，使毛细管直接与样品接触，然后在重力、电场力或其他动力作用下驱动样品流入毛细管中，进样量可以通过控制驱动力的大小或时间长短来控制。一般主要有3种进样方法，即电动法、压力法和扩散法。

电动进样是在电场作用下，依靠样品离子的电迁移和（或）电渗流将样品注入管内。进样的控制参数是电场强度和进样时间。这种进样方法对毛细管内的填充介质无特别限制，属于普适性方法，但会产生电歧视现象（进样偏向），即迁移速率大的离子组分进样量稍多或多进，而迁移速率小的少进或不进，结果会降低分析的准确性和可靠性。电动进样特别适用于黏度大的缓冲液和毛细管凝胶电泳。

压力进样（流体进样）要求毛细管中的填充介质具有流动性。当将毛细管的两端置于不同的压力环境中时，管中溶液即能流动，将样品带入，不同压力环境可通过重力（虹吸）、正压（在进样端加压）或负压（管尾抽吸）等方法来实现。压力进样没有进样偏向问题，但选择性差，样品及其背景物质同时被引入毛细管，对后续分离可能产生影响。

扩散进样是利用浓度差扩散原理将样品分子引入毛细管的方法。此技术对管内介质没有任何限制，属于普适性进样方法。扩散进样具有双向性，在样品进入毛细管的同时，区带中的背景物质也向管外扩散，可以得到畸变程度较小的初始区带，能抑制背景干扰，提高分离效率，且扩散与电迁移速率和方向无关，可抑制进样偏向，提高分析的可靠性。但使用这种进样法时为保证毛细管中没有任何液体流动，需要较长的间歇时间，加上较长的进样时间，使得这一进样方法的分析速度大大降低。

3. 分离系统　　分离系统主要由毛细管组成，是毛细管电泳仪的核心部件。理想的毛细管必须电绝缘、紫外-可见光透明且富有弹性。毛细管的材质有玻璃、熔融石英或聚四氟乙烯塑料等，其中以弹性熔融石英毛细管使用较多。商品化的熔融石英毛细管外壁由一层保护性的聚酰亚胺薄膜包盖，使其富有弹性。

毛细管的材料及内径大小可根据被分离溶质及检测系统的需要而确定。降低毛细管内径有利于抑制焦耳热，但是内径过小将对检测、进样和清洗造成困难。此外，气温的变化还会导致分离重现性变差，故需将毛细管置于温度可调的恒温环境中，使柱温在±0.1℃范围内变化。

对石英毛细管内壁进行改性或修饰可有效控制电渗流和抑制吸附，有利于提高分离效率。这对有些组分特别是蛋白质等生物大分子的分离特别重要。

4. 检测系统　　检测系统的功能是将毛细管分离组分的浓度或质量信号转化成可检测的光电信号。由于毛细管电泳的进样量极少，故需要高灵敏度的检测器才能满足检测要求。目前，商品化的毛细管电泳仪多配置紫外检测器，检测光窗通常就在靠近末端的毛细管柱上，毛细管内径的限制致使光程较小，使检测器的灵敏度相对较低，检测浓度一般为 $10^{-6}\sim10^{-5}$ mol/L。此外，荧光检测器、二极管阵列检测器、激光诱导荧光检测器、化学发光检测器、电化学检测器及质谱检测器等也被应用于毛细管电泳仪。检测系统除检测器外还包括数据采集及数据处理系统。

第四节　毛细管电泳法的应用

毛细管电泳技术有机结合了电泳和色谱的优点，能在一台仪器上兼容多种分离模式，具有分离效率高、速度快和样品用量少的特点，分离分析的对象涵盖无机离子、生物大分子和中性分子等，已在生命科学、食品化学、药物化学、环境化学、毒物学、医学和法医学及农学等领域得到了广泛应用，具有巨大的发展潜力。

CE 最主要的应用领域是生命科学，对氨基酸、多肽、蛋白质、核酸等生物分子的分析检测方面具有独特的优点。对蛋白质结构分析具有重要意义的"肽图（peptide map）"的测定，和对人体基因工程有决定性作用的 DNA 测序等许多当代生命科学中的分离分析问题，CE 均发挥着日益重要的作用。

1. 在无机金属离子分析中的应用　　与离子色谱相比，CE 在无机金属离子分离分析上具有许多优势，它能在数分钟内分离出几十个离子组分，而且操作程序简单。利用 CE 分离无机离子最关键的问题是检测，基本检测方式有 2 种，即直接检测和间接检测。少数无机离子在合适价态下有紫外吸收，可直接检出；绝大多数无机离子不能直接利用紫外吸收检测，但可以进行间接检测，即在具有紫外吸收离子的介质（称此介质为背景试剂）中进行电泳，可以测得无紫外吸收同符号离子的倒峰或负峰。背景试剂可选择淌度较大的芳胺或胺等。芳胺的有效淌度随 pH 下降而增加，因此通过改变 pH 可以改善峰形和分离度。采用胺类背景时，多选择酸性分离条件。杂环化合物如咪唑、吡啶及其衍生物等也是一类很好的背景试剂。

2. 在蛋白质分析中的应用　　CE 广泛应用于蛋白质分离及其相关研究领域，是蛋白质分离最有效的检测手段，涉及的研究内容包括蛋白质结合或降解反应、酶动力学、抗体 - 抗原结合动力学、受体 - 配体反应动力学等。

蛋白质在毛细管中具有强烈的吸附作用，导致分离效率下降、峰高降低甚至不出峰，所以用毛细管电泳分离蛋白质时，抑制和消除管壁对蛋白质（特别是碱性蛋白质）的吸附是分离的关键。有 3 种抑制蛋白质分子吸附的途径可供选择，即样品处理、管壁惰性化处理和缓冲液改性。

利用样品蛋白质与变性剂如 SDS、甘油或其他表面活性剂形成复合物，消除或掩盖不同蛋白质之间自然电荷的差异，可使其在凝胶中按分子大小进行分离。利用化学方法将甲基纤维素、聚丙烯酰胺、聚乙二醇及聚醚等在毛细管内壁形成亲水性涂层，消除或覆盖管壁上的硅羟基，也可使蛋白质得到很好的分离。

在缓冲液中加入聚乙烯醇、聚氧乙烯等非离子表面活性剂，进行电泳操作时，毛细管表面将形成一亲水表层，对生物大分子具有排斥作用。图 16-7 是聚乙烯醇添加到缓冲体系中蛋白质的 CE 分离谱图。

3. 在药物分析和临床检测中的应用　　用 CE（尤其是 CZE 和 MECC）分离分析药物中的主成分、药物中的微量杂质、复方制剂中的有效成分及各种违禁药物等，具有非常广泛的应用前景。CE 对有些药物的分析还优于 HPLC。

CE 在临床化学中除进行分子生物学测定外，也广泛用于疾病的临床诊断、临床蛋白质分析、临床药物检测和药物代谢研究。

4. 在单糖分析中的应用　　糖没有光吸收基团，检测非常困难；而且因其多不带电荷和强亲水性质，使其分离也很困难。利用 CE 分离糖首先要使糖带电荷，才能实现在电场中的迁移。理论上，可以采用络合、解离、衍生等方法使糖带电荷。单糖的检测主要依赖于衍生，如用 8- 氨基芘 -1,3,6- 三磺酸三钠（APTS）与糖发生衍生反应。衍生产物用激光诱导荧光检测器检测。图 16-8 是标准单糖 APTS 衍生物的 CZE 分离结果。

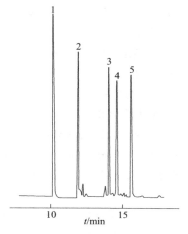

图 16-7 聚乙烯醇添加到缓冲体系中蛋白质的 CE 分离谱图

毛细管：57/75cm×75μm；缓冲液：20mmol/L 磷酸盐＋30mmol/L NaCl（pH3.0）＋0.05% 聚乙烯醇（PVA）1500；工作电压：5kV；电动进样：5s；峰：1. 细胞色素；2. 溶菌酶；3. 胰蛋白酶；4. 胰蛋白酶原；5. α-糜蛋白酶原 A

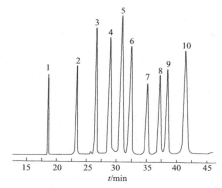

图 16-8 标准单糖 APTS 衍生物的 CZE 分离结果

毛细管：35/60cm×50μm；缓冲液：100mmol/L 硼酸；pH：10.6；电场强度：400V/cm；激发光波长：448nm；峰：1.N-乙酰基半乳糖；2.N-乙酰基葡萄糖；3. 鼠李糖；4. 甘露糖；5. 葡萄糖；6. 果糖；7. 木糖；8. 岩藻糖；9. 阿拉伯糖；10. 半乳糖

思考题与习题

1. 毛细管电泳和普通色谱法相比较有哪些优点？

2. 简述毛细管电泳分离的基本原理。

3. 何谓电渗流？影响电渗流的主要因素有哪些？

4. 某离子的电渗淌度为 $4×10^{-5}cm^2/(V·s)$，电位梯度为 0.8V/cm，在电场中电泳 5h，忽略其扩散影响，该离子移动的距离是多少？

5. 毛细管区带电泳能否分离中性化合物？为什么？

典型案例

高效毛细管电泳法测定牛奶中的三聚氰胺

众所周知，牛奶具有很高的营养价值，常喝牛奶对身体健康非常有益。研究显示，每 100g 牛奶中营养成分约为蛋白质 2.9g、脂肪 3.1g、乳糖 4.5g、矿物质 0.7g、水分 88g。同时，牛奶还包括人体生长代谢所需的全部氨基酸，其消化率可高达 98%，为完全蛋白质，是其他食物无法比拟的。

三聚氰胺是一种三嗪类含氮杂环有机化合物，化学式为 $C_3H_6N_6$，含氮量为 66% 左右，有毒，属于非食用化工原料。牛奶中蛋白质平均含氮量在 16% 左右。通用的"凯氏定氮法"是通过检测牛奶中的含氮量来估算蛋白质含量的，所以向品质不达标的牛奶中添加三聚氰胺，会使牛奶蛋白质测定值升高。婴幼儿如果食用了添加三聚氰胺的乳品后会出现恶心、呕吐，严重的有排尿障碍、尿潴留、遗血尿及反复尿急和发热等症状，甚至死亡。为了杜绝牛奶和牛奶制品中添加三聚氰胺，国家制定了相关产品中三聚氰胺的检测标准。常用的检测方法有高效液相色谱法、高效毛细管电泳法、液相色谱 - 质谱联用、气相色谱法和气相色谱 - 质谱联用等。下面介绍高效毛细管电泳法测定牛奶中的三聚氰胺。

1. 原理　　高效毛细管电泳法以高压电场为驱动力，以毛细管为分离通道，依据样品中各组分之间迁移率不同而达到区带分离〔毛细管区带电泳（CZE）〕。电泳图与色谱图完全一样，每一个峰代表至少一种组分。根据分离时间的不同即可识别不同组分。

2. 试剂和材料　　牛奶、三聚氰胺标准品、乙腈、磷酸盐缓冲液等。

1）标准溶液的制备：准确称取 100.0mg（精确到 0.1mg）的三聚氰胺标准品，用热水溶解并定容于 100mL 容量瓶中，摇匀，于 4℃ 冰箱内贮存，作为 1mg/mL 的标准储备液。精密吸取三聚氰胺标准储备液 5.0mL 于 50mL 容量瓶中，用水定容至刻度，该溶液为质量浓度 100μg/mL 的标准中间液。

2）样品的处理及供试溶液的配制：准确称取液态奶 20.00g（精确至 0.01g），置于 50mL 已校正的具塞刻度试管中，加入 30mL 乙腈，剧烈振荡 6min，加水定容至满刻度，充分混匀后静置 3min，取上清液经 0.45μm 滤膜过滤，待测。

3. 仪器和设备　　高效毛细管电泳仪（配有紫外检测器及色谱工作站）、电子天平、酸度计、超声波清洗器等。

4. 测定

1）仪器条件：石英毛细管柱，75μm×78cm（有效长度70cm，未涂层）；电泳介质，30mmol/mL，pH5.0 的磷酸盐缓冲液（使用前脱气）；采用重力进样，进样高度100mm，进样时间20s；分离电压，10kV；检测波长，240nm；操作温度，20℃。每次进样前依次用 0.1mol/L NaOH 溶液冲洗柱 1min，用超纯水冲洗 3min，再用缓冲液冲洗 3min。

2）分别测定三聚氰胺对照品、空白样品和加标样品电泳图。

5. 分析结果的表述　　三聚氰胺对照品、空白样品和加标样品电泳图分别如图 16-9 至图 16-11 所示。

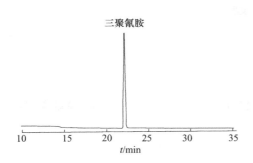

图 16-9　三聚氰胺对照品的 HPCE 图谱

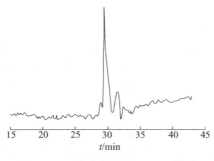

图 16-10　空白样品的 HPCE 图谱

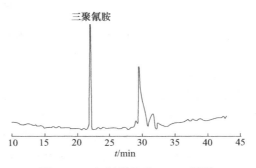

图 16-11　加标样品的 HPCE 图谱

第五篇

热 分 析 法

17 第十七章

热分析常用方法

热分析（thermal analysis，TA）是在程序控制温度下测量物质的物理性质（如质量、温度和热量等）与温度关系的一类技术，包括热重法、差热分析法、差示扫描量热法和热机械分析等一系列方法。物质受热或冷却过程中发生的脱水、分解、氧化、还原、吸附脱附和晶型、晶相变化等各种物理转变与化学反应均可通过热分析法来研究。热分析法是现代结构分析法中应用面非常宽的方法之一，广泛应用于化学、物理学、材料科学、地球科学、石油石化、高分子、医药学和食品科学等各学科和工业技术领域。

第一节　热分析法的分类

被普遍认可的热分析的定义为：热分析是在规定的气氛中测量样品的物理性质随时间或温度的变化，并且样品的温度是程序控制的一类技术。该定义包括三方面内容：①测量的参数必须是一种物理性质（热学、力学、光学、电学、磁学、声学等）；②测量参数必须能直接或间接表示成温度的函数关系；③测量必须在程序控制的温度下进行。

根据所测物质物理性质的不同，国际热分析协会（International Conference on Thermal Analysis，ICTA）将现有的热分析技术方法分为 9 类 17 种（表 17-1），其中差热分析法、热重法和差示扫描量热法是目前常用的三种热分析法。

表 17-1　热分析法的分类

物理性质	热分析技术名称	简称	物理性质	热分析技术名称	简称
质量	热重法	TG	尺寸	热膨胀法	TD
	等压质量变化测定			热机械分析	TMA
	逸出气体检测	EGD	机械特性	动态热机械分析	DMA
	逸出气体分析	EGA	声学特性	热发声法	
	放射热分析			热传声法	
	热微粒分析		光学特性	热光学法	
温度	加热（冷却）曲线测定		电学特性	热电学法	
	差热分析法	DTA	磁学特性	热磁学法	
热量	差示扫描量热法	DSC			

第二节　热　重　法

热重法（thermogravimetry，TG）是在程序温度下借助热天平以获得样品的质量与温度或时间关系的一种技术，这里的程序温度包括升温、降温或某一温度下的恒温。用于进行这种测量的仪器称为热重分析仪。

一、热重法的基本原理

热重分析仪主要由热天平、炉体加热系统、程序控温系统和气氛控制系统等部件构成。当试样在加热过程中无质量变化时热天平保持初始平衡状态；当有质量变化时，天平就失去平衡，由传感器检测并立即输出天平失衡信号。信号经放大后自动改变平衡复位器中的电流，使天平又重回到初始平衡状态，即所谓的零位。因为通过平衡复位器中的线圈电流与试样质量的变化成正比，所以记录电流的变化即能得到加热过程中试样质量连续变化的信息。同时，试样温度由测温热电偶测定并记录。这样就得到试样质量与温度（或时间）关系的曲线，即热重曲线（TG 曲线）。热重分析法的突出特点是定量性强，能准确测定物质的质量变化及变化速率，不管引起这种变化的原因是化学的还是物理的。

热重曲线（图 17-1）表示加热过程中样品失重累计量，为积分型曲线。其纵坐标为质量 m（余重，mg）或失重率（余重百分数，%），向下表示质量减少，反之为质量增加；横坐标为温度（T）或时间（t）。在 TG 曲线中，如果反应前后均为水平线，表示反应过程中样品质量不变；若曲线发生偏转形成台阶，则相邻两水平线段之间在纵坐标上的距离所代表的相应质量即该步反应的质量损失。

如将 TG 曲线对温度或时间取一阶导数，即把质量变化的速率作为温度或时间的函数连续记录下来，这种方法称为微商热重法（derivative thermogravimetry，DTG）。DTG 曲线（图 17-1）的横坐标与 TG 曲线相同，纵坐标为质量变化速率 dm/dT 或 dm/dt。DTG 曲线上峰的起止点对应 TG 曲线台阶的起止点；峰顶温度（$d^2m/dT^2=0$）与 TG 曲线相应的拐点相对应；峰数与 TG 曲线中的台阶数相等。DTG 曲线反映了样品质量的变化率与温度或时间的关系，其形状与差热曲线（DTA曲线）类似，是对 TG 和 DTA 曲线的补充。图 17-1 中，TG 曲线有三个失重台阶，反映试样存在三个失重阶段，

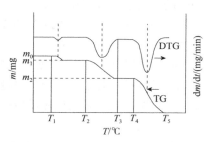

图 17-1　典型 TG 和 DTG 曲线图

对应的 DTG 曲线上有三个峰。m_0、m_1 和 m_2 分别代表试样的原始质量、第一失重阶段和第二失重阶段结束时的质量，T_1 表示试样第一失重阶段开始时的温度，T_2 和 T_3 分别表示第二失重阶段开始和结束时的温度，T_4 和 T_5 分别表示第三失重阶段开始和结束时的温度。

二、热重法的影响因素

热重分析数据一般不是物质的固有参数，其具有程序性的特点，受仪器状态、实验条件和试样本身反应等因素的影响。因此，在表达热分析数据时必须注明实验条件。

1. 仪器因素

1）基线漂移：指试样没有质量变化而记录曲线却指示出有质量变化的现象，它造成试样失重或增重的假象。这种漂移主要与加热炉内气体的浮力效应和对流影响等因素有关。

2）试样容器（坩埚）：坩埚的几何形状、大小、结构、材料对 TG 曲线有着不可忽视的影响。

3）温度测量与标定：主要是校正热电偶温度。

2. 实验条件因素

1）升温速率：随着升温速率的增大，所产生的热滞后效应增强，样品的起始和终止分解温度都将有所提高且反应区间变宽，即分解温度向高温方向移动。升温速率过快，会降低分辨率，有时会掩盖相邻的失重反应，甚至把本来应出现平台的曲线变成折线。升温速率越低，分解温度越向低温段移动，分辨率也越高，但太慢又会降低实验效率。

2）气氛：常见的气氛有空气、O_2、N_2、He、H_2、CO_2 和水蒸气等。气氛的影响不仅与气体的种类有关，也与气体的存在状态（静态、动态）、气体的流量等有关。

一般来说，气氛对 TG 曲线的影响取决于反应类型、分解产物的性质和气氛种类。气氛种类影响试样热分解温度，同一试样在不同气氛中起始温度和终止温度可能不同。例如，$CaCO_3$ 在 CO_2 气氛中 900℃开始分解，914～1043℃终止分解；而在 N_2 气氛中，500℃即开始分解，683～891℃终止分解。

如果在静态气氛下，测定一个可逆的分解反应，虽然随着温度升高，分解速率增大，但由于试样周围气体浓度增大又会使分解速率降低。若气氛气体是惰性的，则反应不受惰性气氛的影响，只与试样周围自身分解出的产物气体的瞬间浓度有关。当气氛气体含有与产物相同的气体组分时，加入的气体产物会抑制反应的进行，分解温度升高。

3）样品量：样品量越大，信号越强，但传热滞后效应也越大，内部产生的温度梯度会使反应时间延长，分解温度偏高，造成分辨率降低。试样量小，分辨率较好，肩峰能分开，中间的平台也比较明显。此外，挥发物是否不易逸出也会影响曲线变化的清晰度。因此，样品用量应在热天平的测试灵敏度范围之内尽量减少。当需要提高灵敏度或扩大样品差别时，应适当加大样品量。再有，与其他仪器联用时，也应加大样品量。

4）样品粒度：样品粒度主要影响气体产物的扩散，从而改变反应速度，影响 TG 曲线的形状。试样粒度越小，反应速率越快，导致热重曲线上的反应起始温度和终止温度降低，反应区间变窄；粗颗粒的试样反应较慢，反应起始和终止温度都比较高，故应注意保持样品粒度均匀一致。

5）样品装填方式：样品装填方式对 TG 曲线也有影响，其影响主要通过改变热传导实现。一般情况下，样品装填越紧密，样品颗粒间接触越好，越有利于热传导，温度滞后效应越小，但不利于气氛气体向试样内部的扩散或分解的气体产物扩散和逸出，致使反应滞后，同样会带来实验误差。所以为了得到重现性较好的 TG 曲线，样品装填时应轻轻振动，以增大样品与坩埚的接触面，并尽量保证每次的装填情况一致。

三、热重法的应用

热重法已在许多科技领域得到广泛应用，可用于研究物质的热稳定性、分解反应、脱水反应、反应动力学和测定纯度等；也可与其他分析方法联用，组成热重/质谱、热重/差热分析、热重/差示扫描/质谱/红外等，获得物质组成和结构更丰富的信息。

第三节　差热分析法

差热分析法（differential thermal analysis，DTA），是指在程序控温下，测量物质和参比物的温度差与温度或者时间关系的一种测试技术。

一、差热分析法的基本原理

物质在加热或冷却过程中发生物理化学变化的同时，往往伴随吸热或放热现象。热效应变化时伴随发生晶型转变、升华、熔融等物理变化，以及氧化、还原、分解等化学变化。另有一些物理变化如玻璃化转变，虽无热效应发生，但比热容等某些物理性质也会发生改变。物质发生熔变时质量不一定改变，但温度必定变化。

差热分析仪一般由加热炉、程序温控系统、差热系统及信号记录系统等部分组成（图17-2），其中差热系统主要由示差电偶、均热板（或块）和试样坩埚等部件组成。

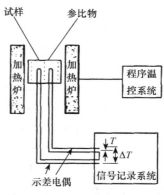

图17-2　差热分析仪结构示意图

加热或冷却操作过程中，被测试样的热效应通过示差热电偶闭合回路中温差电动势的变化而反映出来。温差电动势的大小取决于试样本身热特性，与 ΔT 成正比。记录 ΔT 与 T 或 ΔT 与 t 的关系曲线称为差热曲线（DTA 曲线）。DTA 曲线以温度 T 或时间 t 为横坐标，试样与参比物的温度差 ΔT 为纵坐标，如图17-3所示。按照 ICTA 的规定，DTA 曲线纵坐标表示温差（ ΔT ），吸热向下，放热向上。在排除外界因素影响的情况下，DTA 曲线的形态与试样加热（或冷却）过程中产生的热效应及试样本征热特性存在对应关系。

DTA 曲线的有关术语如下。

1）基线：ΔT 近似于 0 的区段（如图17-3 中 OA、CD 段）。

2）峰：离开基线后又返回基线的区段（如 ABC 段）。

3）峰宽：离开基线后又返回基线之间的温度间隔（或时间间隔）（如 AC 段）。

4）峰面积：峰与内切基线所围的面积（如 ABCA）。

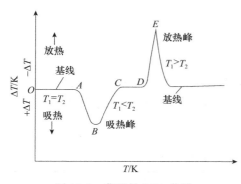

图17-3　典型的 DTA 曲线

需要指明的是，峰高表示试样与参比物之间的最大温差，指峰顶至内插基线间的垂直距离。峰温是指峰顶对应的温度。DTA 曲线中的峰反映了试样的放热或吸热过程，峰的数目表示物质发生物理、化学变化的次数；峰的位置表示物质发生变化的转变温度；峰的方向表明发生热效应的正负性；位置相同条件下，峰面积大的热效应也大。峰数、峰位、峰形（宽度、高度、对称性）可作为物质鉴定的依据。

二、差热分析法的影响因素

1. 仪器因素　主要有加热炉的形状与尺寸、均温块体材料导热系数、坩埚材料与形状和示差电偶性能等。

2. 实验条件因素

（1）升温速率　主要影响 DTA 曲线的峰位、峰形和相邻峰的分辨率。一般升温速率大，峰顶温度向高温方向移动，峰形变陡，峰面积增加。若升温速率不稳，使基线偏移、弯曲、甚至造成假峰。升温速率的选择应考虑多种因素，如试样传热差、仪器灵敏度高，升温速率应慢些。升温速率选择适当，可得到真实表征试样热效应特性的DTA曲线，有利于研究分析。

（2）气氛　　有的气氛可能与试样产生反应，气氛的种类与压力大小会给有气体参与的反应产生不同的影响。当试样在变化过程中有气体释放或与气氛组分作用时，气氛对可逆的固体热分解反应DTA曲线的影响很大，而对不可逆的固体热分解反应影响不大。对于易氧化的试样，分析时可通入氮气或氦气等惰性气体（惰性气氛并不参与试样的变化过程）。惰性气体的压力对试样的变化过程（包括反应机理）也会产生影响。

（3）样品量　　试样量多影响热效应温度的准确测量，妨碍两相邻热效应峰的分离。即试样量多，内部传热时间长，形成的温度梯度大，DTA峰形扩大，分辨率下降，峰顶温度会移向高温，温度滞后会更严重。

（4）样品粒度　　样品粒度会影响峰形和峰位，尤其是对有气相参与的反应影响更大。粒度过大，受热不均，峰温偏高，反应温度范围大。但对易分解产生气体的样品，粒度应大些。

（5）参比物与试样的对称性　　包括用量、相对密度、粒度、比热容及热传导性等，两者都应尽可能一致，否则可能出现基线偏移、弯曲、甚至造成缓慢变化的假峰。参比物必须符合在所使用的温度范围内是热惰性的；参比物与试样比热容及热传导率相同或相近，这样DTA曲线基线漂移小。

（6）试样的形状及装填方式　　样品不同所得热效应峰的面积不同，以采用小颗粒试样为好，通常经磨细过筛并在坩埚中装填均匀。装填时一般采用紧密装填。

三、差热分析法的应用

1. 定性、定量分析

（1）定性分析　　依据DTA曲线中各种吸热峰与放热峰的数目、峰位、峰形等可定性分析物质的物理、化学变化过程。表17-2列出差热分析中物质吸热和放热的原因，可供分析时参考。

表17-2　差热分析中产生吸热峰与放热峰的原因

物理的原因			化学的原因		
现象	吸热	放热	现象	吸热	放热
结晶转变	√	√	化学吸附		√
熔融	√		析出	√	
气化	√		脱水	√	
升华	√		分解	√	√
吸附		√	氧化度降低		√
脱附	√		氧化（气体中）		√
吸收	√		还原（气体中）	√	
			氧化还原反应	√	√

应用DTA可对部分化合物进行鉴别时，主要是根据物质的相变（包括熔融、升华和晶

型转变等）和化学反应（包括脱水、分解和氧化还原等）所产生的特征吸热或放热峰。有些材料常具有比较复杂的 DTA 曲线，虽然有时不能对 DTA 曲线上所有的峰做出解释，但是它们像"指纹"一样表征着材料的种类。

（2）定量分析　　大多采用精确测定物质的热反应产生的峰面积，再以各种方式确定物质在混合物中的含量。DTA 曲线的基线形成后，如果试样产生吸热（或放热）效应，曲线上会呈现对应的吸热（或放热）峰。借助 DTA 曲线测定混合物中某物质的含量通常采用定标曲线法、单物质标准法和面积比法等。

2. **应用实例：玻璃化转变温度的测定**　　玻璃化转变是一种类似于二级转变的转变，它与具有相变的诸如结晶、熔融类的一级转变不同，其临界温度是自由焓的一阶导数连续，二阶导数不连续。由于玻璃在转变温度 T_g 处比热容会产生一个跳跃式的增大，因此在 DTA 曲线上会表现为吸热峰。图 17-4 为用 DTA 测定的聚苯乙烯的 T_g，由于聚苯乙烯玻璃态与高弹态的比热容不同，因而与玻璃化转变相对应，DTA 曲线上出现转折。由图 17-4 可知，$T_g = 82℃$。

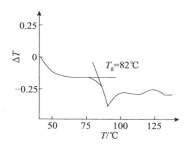

图 17-4　聚苯乙烯的 DTA 曲线及 T_g

第四节　差示扫描量热法

差示扫描量热法（differential scanning calorimetry，DSC）是在程序控制温度下，测量输入到试样和参比物的功率差（能量差）与温度之间关系的一种技术。它能克服 DTA 在定量分析上存在的不足，通过对试样能量变化进行及时补偿，保持试样与参比物始终无温差，无热传递，热损失小，检测信号强。因此，测量灵敏度和精度都有所提高。DSC 不仅可涵盖 DTA 的一般功能，还可定量地测定各种热力学参数（如热焓、熵和比热容等）。

一、差示扫描量热法的基本原理

差示扫描量热仪由加热系统、程序控温系统、气体控制系统、制冷设备等几部分组成。根据所用测量方法的不同，可分为功率补偿型 DSC（图 17-5）和热流型 DSC（图 17-6），其中后者为主流产品。

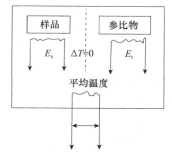

图 17-5　功率补偿型 DSC 原理示意图

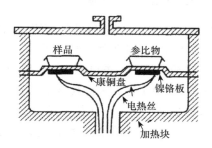

图 17-6　热流型 DSC 原理示意图

功率补偿型 DSC 采用零点平衡原理，核心部件为一功率补偿放大器。整个仪器由 2 个控制系统进行监控，其中一个控制温度，使试样和参比物在预定速率下升温或降温，另一个控制系统用于补偿试样和参比物之间所产生的温差，即当试样由于热反应而出现温差时，通过功率补偿放大器使得试样与参比物之间无温差（$\Delta T=0$）（零点平衡）、无热交换。补偿的能量就是试样吸收或放出的热量。

热流型 DSC 主要通过测量加热过程中试样吸收或放出热量的流量来达到分析的目的，其基本结构与 DTA 仪相近。样品与参比物共用单一热源进行加热，然后测得样品与参比物的温度差 ΔT，再把测量得的 ΔT 经过转换得到热焓值 ΔH。由于高温时试样和周围环境的温差较大，热量损失较大，故在等速升温的同时，仪器会自动补偿因温度变化对试样热效应测量的影响。记录样品及参比物之间在 $\Delta T=0$ 时所需的能量差与时间（或温度的变化）关系的曲线称为差示扫描量热曲线（或 DSC 曲线）（图 17-7）。

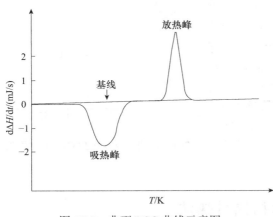

图 17-7　典型 DSC 曲线示意图

DSC 曲线的纵坐标为反映样品吸放热速度的热流量差或热功率差，以 $\mathrm{d}\Delta H/\mathrm{d}t$ 表示时，单位为 mJ/s；以 $\mathrm{d}Q/\mathrm{d}t$ 表示时，单位为 mW/s。横坐标为温度或时间。

曲线离开基线的位移代表试样吸热或放热的速率，峰面积代表热量的变化，即热焓变化 ΔH，其表达式为

$$\Delta H = m\Delta H_{\mathrm{m}} = KA \tag{17-1}$$

式中，ΔH_{m} 为单位质量试样的焓变；m 为试样质量；A 为峰面积；K 为修正系数，也称仪器常数，可由标准物质试验确定。对于已知 ΔH 的试样，测量出相应的 A，按照式（17-1）即可求得 K。这里的 K 不随温度、操作条件而变，因此 DSC 比 DTA 的定量性能好。

二、差示扫描量热法的影响因素

影响 DSC 和 DTA 曲线的因素基本相同，既有仪器因素，也有实验条件和样品状况等因素，具体情况可参考 DTA 曲线相关内容。

三、差示扫描量热法的应用

DSC 克服了 DTA 以温度差间接表达物质热效应的缺陷，可定量测定多种热力学和动力学参数，且可进行物质细微结构分析等工作。

1. **焓变的测定**　若已测定 K，按测定 K 时相同的实验条件测定试样 DSC 曲线上的峰面积，由式（17-1）计算求得其焓变 ΔH（或单位质量试样的焓变 ΔH_{m}）。

2. **比热容的测定**　比热容是指 1g 物质温度升高 1K 时所吸收的显热。DSC 分析中升温速率为定值，而试样的热流率是连续测定的，所测定的热流率与试样瞬间比热容成正比，其关系式为

$$\frac{\mathrm{d}\Delta H}{\mathrm{d}t}=mc_\mathrm{p}\frac{\mathrm{d}T}{\mathrm{d}t} \qquad (17\text{-}2)$$

式中，c_p 为比定压热容；$\mathrm{d}T/\mathrm{d}t$ 为程序控制升、降温速率。

试样比热容的测定通常是以蓝宝石作为标准物，可从有关参考文献查到标准物质不同温度下的精确比热容值。首先要测定空白基线，即无试样时的 DSC 曲线；然后在相同条件下测得蓝宝石与试样的 DSC 曲线，即可根据式（17-2）求出试样在任一温度下的比热容。

3. 结晶度的测定　　结晶度 W_c 可定义为聚合物的结晶部分熔融所吸收的热量与 100% 结晶的同类聚合物熔融所吸收的热量之比，也可定义为聚合物结晶所放出的热量与形成 100% 结晶所放出的热量之比。计算结晶度的公式如下：

$$W_\mathrm{c}=\frac{\Delta H_{m_\mathrm{s}}}{\Delta H_{m_\mathrm{R}}} \qquad (17\text{-}3)$$

式中，ΔH_{m_R} 为相同化学结构、100% 结晶的同类样品的熔融热焓，可从文献手册和工具书中查找或通过其他方法获得；ΔH_{m_s} 为样品的熔融热焓。

4. 水与聚合物的相互作用　　由于水与聚合物的相互作用在生物过程中起着关键的作用，因此 DSC 常用于研究含水聚合物体系，其中一种用途是含水聚合物中键合水含量的测定。当水与聚合物相互作用时，水可能以 3 种状态存在，即与高分子基体结合得很紧密的水分子，称为非冻结水（W_nf）；与高分子结合较弱的水分子，称为可冻结键合水（W_fb）；当超过聚合物的非键合含水量的最大值时，水则以自由水（W_f）存在。通过 DSC 和 TG 都可以求出与高分子键合紧密的非冻结水。

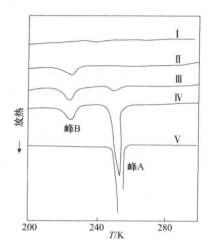

图 17-8　亲水聚合物所吸水的降温 DSC 曲线
Ⅰ. 非冻结水；Ⅱ. 冻结水+可冻结键合水；Ⅲ、Ⅳ. 冻结水+可冻结键合水+自由水；Ⅴ. 本体水

图 17-8 是亲水聚合物所吸水的降温 DSC 示意图。从图 17-8 中可以看到，非冻结水在 DSC 曲线上基本不显信号，可冻结键合水在明显过冷的温度出现了结晶峰；当超过临界值时，自由水的结晶峰就会明显出现。总的水含量可表示为 $W=W_\mathrm{nf}+W_\mathrm{fb}+W_\mathrm{f}$。作出 $W_\mathrm{fb}+W_\mathrm{f}$（峰 A+B）的总面积与 W 的关系图，从直线的截距即可求出 W_nf。

5. 食品中水分含量及玻璃化转变温度的测定　　食品的许多性质取决于食品与水的相互作用，食品体系中的自由水、食品体系的玻璃化转变温度均可用热分析技术来测定。淀粉的玻璃化转变关系到以淀粉为原料的食品的质构和货架寿命，玻璃化转变温度也是某些食品（如果蔬、鱼肉制品、蜂蜜等）储藏的一项关键指标，这些方面的研究可为生产实践提供有效的加工、保藏工艺参数。

6. 淀粉特性的测定　　淀粉在加工、储藏过程中，其颗粒会发生糊化和老化，进而影响含淀粉丰富的谷物食品的品质、结构和组织特性，可用 DSC 研究高交联非糊化淀粉在温度变化过程中的相变过程与特性。研究表明，糊化淀粉的玻璃化转变温度与淀粉的回生程度有一定的关系，回生程度越高，淀粉的玻璃化转变温度越高。

7. 脂肪特性的测定及品质鉴别　　食用油脂在食品煎炸过程中的降解和聚合产物会危

及人体健康，运用快速可靠的方法对煎炸油的质量和氧化程度进行监测显得十分重要。DSC通过研究加热或煎炸过程中不断生成的杂质（游离脂肪酸、部分甘油酯和氧化产物）对油脂结晶特性的影响，从而预测煎炸油热降解的程度。DSC得到的参数（峰值温度、热熔），可用来对未知植物油品、混合油、"地沟油"或存在于更加复杂的食品中的植物油种类进行快速鉴别，也可用热分析技术来检测食品原料是否被掺假。该技术在脂肪分析方面具有重要的实用价值，且所用样品量少、制备简单、省时省力，无须使用有毒的化学试剂。

8. 蛋白质的研究　　蛋白质加热时，蛋白质内氢键断裂，从而导致蛋白质分子的展开，分子展开过程中需要吸收能量（打断的氢键需要能量）。蛋白质的变性一般表现为分子结构从有序态变为无序态、从折叠态变成展开态、从天然状态变成变性状态，在这些状态的变化过程中都会伴随着能量的变化，可以用热分析技术进行测量。热分析技术还可研究蛋白质与蛋白质的相互作用、蛋白质与水的相互作用、蛋白质的热变性动力学等。

思考题与习题

1. 简述 TG、DTA 和 DSC 分析法的基本原理。

2. 试述 DTA 分析中放热峰和吸热峰产生的主要原因有哪些？

3. DSC 与 DTA 分析方法的主要区别是什么？

4. TG 法与 DTG 法相比各具有何特点？

5. 如何用热分析法区分化合物中的吸附水、结晶水、结构水。

6. 举例说明氧化性和惰性气氛对热分解反应的影响。相同化合物在不同种类气氛中的 TG、DTA 曲线上有何不同？

典型案例

热分析法在药品分析中的应用

热分析法包括 TG、DTA 和 DSC 及 DTA-TG、DSC-TG-DTG 等联用技术，已广泛应用于中药鉴定、挥发性成分测定、熔点的判断、纯度测定、多晶型分析、异构体分析、结晶水与吸附水的确定、药物与辅料相互作用、药物降解过程和稳定性研究等研究中。

1. 药品含水量的热重分析　　药品中或多或少都有一定量的水分，存在形式大体上分为游离水（吸附水）、结合水和结晶水，这些水分达到一定量时对某些药品是有害的，必须把它除去。而某些药品中一定水分的存在，对其生理活性起很大的作用，必须把它保存下来。测定药品中水分量有许多方法，热重法因为具有简便、快速、准确、样品用量少等优点，因而作为首选的方法在药品水分含量测定中得到了广泛的应用。

以舒它西林对甲苯磺酸盐脱去游离水和结晶水的 TG-DTG 曲线（图 17-9）为例：TG 曲线上在 A 点和 B 点之间基本没有质量变化，即样品是稳定的，样品从 B 点开始脱水，曲线上出现失重，失重的终点为 D，这一脱水反应为

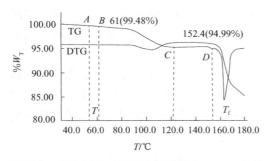
图 17-9　舒它西林对甲苯磺酸盐的 TG-DTG 曲线

$$C_{25}H_{30}N_4O_9S_2 \cdot C_7H_8O_3S \cdot 2H_2O \longrightarrow C_{25}H_{30}N_4O_9S_2 \cdot C_7H_8O_3S + 2H_2O$$

根据热重曲线两平台之间的质量变化可计算出样品的失重率为 4.49%，正好是 2 个水分子在该药物中所占的质量比。这一失重过程的温度是从 B 点 61℃开始（起始温度）到 D 点 152.4℃结束（终止温度），温度区间为：152.4℃－61℃＝91.4℃。在热重曲线上可根据在同温度上失质量的大小或在同一失质量时对应的温度的高低来衡量和比较物质的热稳定性。

2. 中药材真伪鉴别的差热分析法　　差热曲线上的吸热或放热峰可用来表征当温度变化时试样发生的任何物理或化学变化。在测定条件相同时，许多物质的热谱图具有特征性，可通过与已知的热谱图进行比较来鉴别样品的种类。该方法操作简单，不用溶剂，样品用量少，具有快速和图谱易懂等优点，因而在中药材鉴别中应用广泛。此外，根据峰面积与热量的变化成比例，也用来半定量（或在某些情况下定量）测定反应热。

虎杖是具有活血散瘀、祛风通络、清热利湿、解毒等功效的传统中药材，用量较大时有短缺；植物博落回的根经常被混作虎杖使用，然而博落回的根有毒，误用会产生严重的不良后果。虎杖药材和博落回的根在形态上极为相似难以区别，但二者 DTA 曲线（图 17-10）和数据（表 17-3）有显著差异，因此可以作为鉴别依据。从图 17-10 可以看出：不同产地的虎杖药材差热扫描图谱峰型相似，当升温至 343℃左右出现第一个相对平缓的放热峰，至 461℃左右出现吸热峰，505℃左右有较明显的第二放热峰，两个放热峰峰型差别明显，高度差异大。伪品博落回图谱特征为 338.5℃左右出现第一放热峰，468.5℃左右出现吸热峰，502.3℃左右出现第二放热峰，两放热峰间峰型差别明显但是高度相近。由曲线上可见虎杖与其伪品博落回根的差热分析图谱在放热和吸热峰的温度及峰形均有明显的区别，所以二者的差热分析图谱可以作为虎杖与其伪品博落回根的鉴别依据。

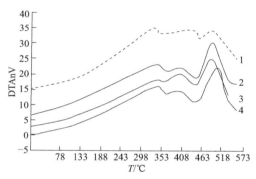

图 17-10　不同产地的虎杖和伪品博落回的 DTA 曲线

表 17-3　不同产地的虎杖和伪品博落回的 DTA 数据

样品	峰顶温度 /℃		峰谷温度 /℃
	T_1（放热）	T_2（放热）	T_3（放热）
1. 伪品博落回	338.5	502.3	468.5
2. 浙江临安虎杖	342.3	510.8	460.2
3. 江苏宜兴虎杖	343.7	499.5	461.5
4. 安徽合肥虎杖	345.6	505.6	462.0

3. 西药晶型差示扫描量热法分析　　差示扫描量热法的峰面积正比于反应释放或吸收的热量，曲线高度正比于反应速率。DSC 已广泛应用于药物研究过程中对原料药的纯度、晶型、稳定性等方面的质量控制。

许多药品存在多晶型现象，同一种药物的不同晶型，在体内的溶解和吸收可能不同，从而会对制剂的溶出和释放产生影响；且同一药物的不同晶型在某些条件下会发生转晶现象，从而影响药物的有效性。差示扫描量热法可分析一种药物存在几种晶型，各个晶型的熔点、熔融热、熔融过程及晶型之间是否发生转晶。以治疗恶性疟的硫酸奎宁为例，其存在 5 个不同晶型，分别为晶型 O、Ⅰ、Ⅱ、Ⅲ、Ⅳ，不同晶型的 DSC 曲线、熔点和熔融热均有明显的差别（见表 17-4），因此 DSC 曲线可用于硫酸奎宁不同晶型的鉴定。

通过 DSC-TG 联用分析发现晶型 Ⅰ、Ⅱ会发生固 - 固转变，亚稳态的 I_L 和 II_L 转变为稳定的 I_H 和 II_H，晶型Ⅲ和Ⅳ发生去溶剂化转变为晶型 O。

表 17-4　硫酸奎宁的熔点和熔融热

晶型	熔点 /℃	熔融热 / (J/g)	晶型	熔点 /℃	熔融热 / (J/g)	晶型	熔点 /℃	熔融热 / (J/g)
O	209.82	20.00	II_L	144.70	58.20	III_H	206.67	21.98
I_L	154.40	1.79	II_H	214.50	117.10	IV_L	103.29	15.57
I_H	203.50	48.00	III_L	129.64	42.16	IV_H	207.45	24.50

第六篇

超显微结构分析法

第十八章

透射电子显微分析法

　　显微镜是观察物质微观结构的重要工具之一。自从英国物理学家 Hooke 于 1665 年制造出了第一台能放大到 140 倍的复式显微镜，并用其观察到栎木软木塞切片的蜂房状"细胞"结构后，至 20 世纪 50 年代，已开发出了明场、暗场、相衬、偏光、干涉、紫外、荧光、体视和倒置等各种类型的光学显微镜。伴随着切片技术和染色技术的发展，显微镜极大地促进了包括生命科学在内的诸学科的发展进步。

　　用普通光学显微镜可以观察细胞中的染色体、叶绿体、线粒体和核仁等结构，但无法显示出细胞中的细胞膜、内质网膜、核膜、核糖体、微体、微管和微丝等各种亚显微结构。这是以可见光为光源的显微镜分辨率（极限值约为 0.2μm）制约的缘故。1926 年，Davission 和 Germer 用电子衍射法验证了高速运动的电子能形成波长可调的电子波的现象。例如，在 100kV 高电压下，电子波的波长为 0.0039nm，这一波长仅为可见光波长的 1/100 000，意味着以电子束来代替可见光作显微镜的光源，有可能获得比光学显微镜高 10 万倍的分辨率。同为 1926 年，德国学者 Bush 提出了"轴对称的磁场对电子束起着透镜的作用并可使电子束聚焦成像"的理论。1932 年，德国物理学家 Knoll 和 Ruska 制作了第一台透射电子显微镜，成功地得到了铜网被放大的图像，证实了使用电子束和电磁透镜可形成与光学像相同的电子像。1939 年，德国西门子公司制造出了分辨率达 3nm 的世界上最早的实用型透射电子显微镜，并投入批量生产。1942 年，英国剑桥大学制成了世界上第一台扫描电子显微镜。此后，随着图像衬度理论、电子技术和信息技术的发展，电子显微镜的分辨率不断提高（透射电镜的点分辨率已达 0.1nm，扫描电镜为 0.7nm），功能日臻完善，不仅可以研究物质的超显微形态形貌结构，而且可以进行物质的微区晶体结构和微区成分分析。现在，电子显微技术已成为材料、生命、医学、化学、物理、矿物、电子和环境等学科进行超微结构研究必不可少的方法。

　　进行物质超显微结构分析的主要工具为透射电子显微镜和扫描电子显微镜，这两种显微镜虽然使用的光源均为电子束，但在仪器结构、工作原理和应用范围等方面有明显区别。其中前者分析过程中主要利用透过样品的电子束所携带的信息，而后者使用的是电子束在样品表面扫描时激发出来的各种物理信号。

第一节　透射电子显微镜的基本原理和结构

一、透射电子显微镜的基本原理

　　透射电子显微镜（transmission electron microscope，TEM）（简称透射电镜）的成像原理与普通光学显微镜（LM）非常相似。如果将光学显微镜中的玻璃透镜和可见光光源分别置换为磁透镜和电子束，则两者的光路以及样品台、物镜和光阑等主要部件的排列组合方式近于相同（图 18-1）。

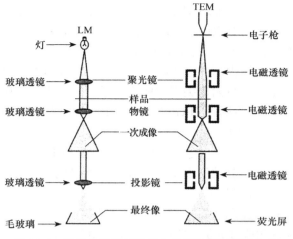

图 18-1　光学显微镜与透射电子显微镜光路的比较

透射电镜工作时，由电子枪发射出的电子，在加速电压的作用下，经聚光镜聚焦为很细的电子束照射到样品上，如果待测的样品足够薄，就会有一定能量的电子束穿透样品形成透射电子束。透射电子束由物镜成像于中间镜上，再经过中间镜和投影镜的逐级放大，显示在荧光屏上，根据图像的衬度特征就可以研究样品的形貌和微观结构。

透射电镜的成像主要基于电子的散射作用和干涉作用。当电子束中的电子与样品中原子的原子核和核外电子发生碰撞后，分别会发生不损失能量只改变运动方向的弹性散射与损失部分能量并改变运动方向的非弹性散射。由于样品不同部位的结构不同，散射电子能力强的部位，透过的电子数目较少，在荧光屏上显现为暗区；反之，散射电子能力弱的部位，透过的电子数目多，在荧光屏上显现为亮区。由此，在终像上形成了有亮有暗的图像反差，这种图像反差就是衬度。衬度包括振幅衬度和相位衬度 2 种类型。由电子散射强度变化显示出来的衬度，称为振幅衬度。振幅衬度包括质厚衬度和衍射衬度。与原子发生非弹性碰撞时，电子因损失部分能量而运动速度减小，当这部分电子与速度不变的电子发生干涉作用时，会使电子的相位发生变化，由此形成的图像反差，称为相位衬度。

在用电镜的低倍观察时，振幅衬度是图像的主要反差源，而在用高倍观察极小的细微结构时，相位衬度起主导作用。根据相位衬度还可直接得到产生衍射晶面的晶格像。

二、透射电子显微镜的基本结构

透射电镜主要由电子光学系统、真空系统和电源与控制系统 3 部分组成。

1. 电子光学系统　　电子光学系统通常称为镜筒，是透射电镜的核心部分，它又可分为照明系统、成像系统、观察与记录系统 3 部分。

（1）照明系统　　照明系统主要由电子枪、聚光镜及相应的平移对中和倾斜调节装置组成，其主要作用有 2 点：一是提供亮度高、束流稳定、相干性好、照明孔径角可控的照明源；二是根据样品特点选择相应的照明方式，以获得明场像或暗场像。

电子枪是电镜的电子源，相当于光学显微镜的照明光源。对电子枪的要求是：要有足够的发射强度，电子束截面积要小，束流强度均匀且连续可调，极高的加速电压稳定度。电子枪有热电子发射电子枪和场发射电子枪 2 种类型。热电子发射电子枪是一种热阴极型三极电子枪，由阴极（发夹形钨丝或 LaB_6 单晶）、栅极帽和阳极（加速管）组成，其中栅极帽的功能是控制阴极发射电子的有效区域。LaB_6 阴极的亮度和寿命要比钨灯丝高。场发射电子枪（FEG）分为冷阴极 FEG 和热阴极 FEG。在金属表面加一强电场，金属表面的势垒就会变浅，由于隧道效应，金属内部的电子将穿过势垒从其表面发射出来，这种现象称为场发射。为使阴极的电场集中，将阴极尖端的曲率半径加工成小于 $0.1\mu m$ 的尖锐形状，这种阴极称为发射极（或尖端）。冷阴极 FEG 将钨的（310）晶面作为发射极，不需加热而在室温下使用；热阴极 FEG 将钨的（100）晶面作为发射极，将发射极加热到比热发射低的温度（1600～1800K）使用。与钨丝热发射电子枪相比，场发射枪的亮度约高出 1000 倍，束斑尺寸非常小（10～100nm），能量分散度小（小于 1eV），而且电子束的相干性也很好。现代高性能分析性透射电镜中多采用场发射电子枪。

聚光镜的功能是将来自电子枪的电子束会聚到被观察的样品上，并控制照明强度、照明孔径角和束斑大小。高性能透射电镜一般都采用双聚光镜系统，这种系统由第一聚光镜（强激磁透镜）和第二聚光镜（弱激磁透镜）组成。第一聚光镜将电子枪第一交叉点的束斑直径缩小为 $1\sim 5\mu m$，束斑缩小率为 10～50 倍；第二聚光镜束斑的缩小倍数约为 0.5，结果在试样平面上形成直径为 $2\sim 10\mu m$ 的电子光斑，显著地提高了照明效果。双聚光镜的优点是在高放大倍数成像下，可以通过调节第一聚光镜缩小照明斑点直径，使之恰好等于该放大倍数下满屏所要求的数值。这样可以避免试样受热、漂移和污染。此外，通过使第二聚光镜散焦可以得到几乎平行于光轴的照明电子束（照明孔径半角为 $10^{-3}\sim 10^{-2}$rad）。这样的电子束相干性好，是进行电子衍射和衍衬成像的重要条件。

照明系统可通过电磁偏转器实现平移或倾斜，以达到获得明场像或暗场像的目的。明场成像用的是垂直照明，即照明电子束轴线与成像系统轴线合轴，进行电子束平移操作可以达到此目的。暗场成像用的是倾斜照明，即照明电子束轴线与成像系统轴线成一定夹角（一般为 2°～3°），这可由电子束倾斜操作来完成。

（2）成像系统　　成像系统由物镜、中间镜和投影镜组成，其功能是将带有样品结构信息的透射电子束由物镜放大形成第一次放大像，再经中间镜和投影镜多级放大并成像于荧光屏上，并可由屏下照相底板将像记录下来。

物镜是一个强励磁、短焦距的透镜，用来形成第一幅高分辨率电子显微图像或电子衍射花样，其放大倍数较高，一般为 100～300 倍。中间镜是一个弱励磁、长焦距的变倍率透镜，可在 0～20 倍调节。利用中间镜的可变倍率可以控制电镜的总放大倍数。如果把中间镜的物平面和物镜的像平面重合，则在荧光屏上得到一幅放大像，这就是电镜中的成像操作；如果把中间镜的物平面和物镜的背焦面重合，则在荧光屏上得到一幅电子衍射花样，这就是透射电镜中的电子衍射操作。投影镜和物镜一样，是一个短焦距的强励磁透镜，其作用是把经中间镜放大（或缩小）的像（或电子衍射花样）进一步放大，并投影到荧光屏上。

（3）观察与记录系统　　观察与记录装置主要包括荧光屏和照相机构。现代的透射电镜常使用慢扫描 CCD 相机，这种相机具有及时成像的特点，可将图像或电子衍射花样转接到计算机的显示器上，图像的观察和存储非常方便。

2. 真空系统　　真空系统由机械泵、油扩散泵、分子泵、真空管道和阀门等组成，其作用是排除镜筒内的气体，使镜筒真空度至少达到 10^{-5}Pa，对于场发射电子枪真空度要优于 10^{-8}Pa。如果真空度达不到要求，会产生如下后果：①镜筒内的电子与气体分子间发生碰撞，引起电子散射而降低图像的衬度；②残余气体会发生电离和放电而造成电子束不稳定；③灯丝被氧化，缩短其工作寿命；④残余气体聚集到样品表面造成样品被污染。

现代电镜中的电子枪、镜筒和照相室之间都装有气阀，各部分都可单独地抽真空和单独放气。因此，在更换灯丝和清洗镜筒时，可不破坏其他部分的真空状态。

3. 电源与控制系统　　透射电镜需要 2 部分电源：一是供给电子枪的高压电源部分；二是供给电磁透镜的低压稳流电源部分。加速电压和透镜励磁电流的稳定度是衡量电镜性能好坏的一个重要标准。

三、透射电子显微镜的主要性能指标

透射电镜的主要性能指标有加速电压、分辨率和放大倍数等。

1. 加速电压　　现代常规 TEM 的最高加速电压主要有 100kV、200kV、300kV 和 400kV 等几种类型，在实际使用中可以选用低于最高值的其他电压值。加速电压一般是非连续变化的。例如，300kV 的 TEM（Philips EM430）可以选择的工作加速电压为 300kV、250kV、200kV、150kV、100kV 和 50kV。TEM 电子束的穿透能力会随加速电压的提高而增加，但带来的样品损伤也会增大，但对于一台特定的 TEM 而言，如果使用低电压，则其性能将无法完全发挥出来。

一般而言，TEM 本体的购置和维护费用都与其加速电压密切相关，电压越高，相应的各类费用也就越高，因此并非电压越高越好。对于大多数生物、医学样品而言，由于构成样品的元素较轻，相应的电子束穿透能力就比较强，加之生物类样品一般不耐电子辐照，因此大部分生物、医学 TEM 都是 100kV 左右的低电压显微镜。对于材料科学研究来说，则至少需要 200kV 的 TEM。

2. 分辨率　　分辨本领是一台 TEM 最重要的性能指标。常规的 TEM 一般会给出至少 2 种分辨率，即点分辨率（point resolution）和线分辨率（line resolution），对于 FEG-TEM 还会给出信息分辨率（information resolution）。

与光学显微镜类似，点分辨率是指 TEM 在图像上可以区分开的 2 个点的最小距离，此值越小，表明该电镜的分辨本领越高，性能越好。点分辨率除与 TEM 的物镜极靴有关外，还与使用的加速电压有关。一般所讲的点分辨率是指最高加速电压下的点分辨率。

线分辨率也称晶格分辨率。200kV 型 TEM 的线分辨率基本都能达到 0.1nm 左右。多数情况下，可以通过对金颗粒中（200）晶面的观察来确定线分辨率。

对于 FEG-TEM，信息分辨率是一个主要参数，是反映 TEM 光源相干性、稳定性及平行度的参量。信息分辨率在电子显微全息术及电子显微镜图像处理技术中有重要意义。

3. 放大倍数　　调整磁透镜的电流强度可以改变 TEM 的放大倍数。TEM 的放大倍数调整范围一般都在几十倍至百万倍。假如 TEM 的分辨率为 0.2nm，则可以计算出使 0.2nm 的物体放大到裸眼可视范围所需的最小放大倍数，为 5×10^5 倍。实际工作过程中，即使拍摄高分辨像，所用倍数基本也只是在 50 万倍前后。对于生物、医学样品，一般对分辨率的要求较低，只有几纳米，此时 10 万倍的放大倍数足以分辨清楚样品的细节特征。

第二节 透射电子显微镜样品制备方法

对于 TEM 而言，首要的工作就是制备样品。要保证在制样过程中不会明显损伤或破坏样品的结构。

一、常规样品制备技术

1. **粉末法**　对于无机类粉末样品，电镜样品制备简单快捷。一般可以把原始样品放入玛瑙研钵中，加入适量的乙醇或丙酮溶液，将其研磨成为细小均匀的悬浮液，然后用滴管或直接用镊子将悬浮液滴撒在带有微栅的铜网上即可。根据悬浮液中样品的密度，滴撒过程可以重复几次，直至微栅上的样品含量适于 TEM 观察。粉末法制备样品可以用来观察粉末样品的形貌形态或进行物相分析。由于块状样品在处理成粉末的过程中，会全部或部分破坏体相的组织结构，在这种情况下上述制样法就不适合了。

2. **离子减薄法**　离子减薄法适合于一般材料学 TEM 样品制备，这种制样法能够基本保持样品的原始组织结构。其主要工作流程是：①将样品机械研磨至几至几十微米厚度；②用环氧树脂将磨薄的样品固定于铜环上，然后用离子减薄机进行离子减薄；③调节离子减薄机的工作参数（加速电压、离子束流、样品倾角等），获得合适的最终减薄样品。减薄过程中要注意离子辐照对高分子材料等样品的损伤。

3. **超薄切片法**　超薄切片法适合于生物和高分子等不耐离子辐照且硬度较小样品的制备。样品要利用专门的超薄切片机进行切割。超薄切片机的金刚石或玻璃切割刀，可将样品切割到最薄几十纳米的厚度。

二、生物样品制备技术

与金属材料、无机非金属材料和高分子材料不同，生物质材料的透镜样品制备有其特殊性，要在综合考虑样品特点和拟观察、研究内容的基础上，确定相应的样品制备方案，以获得衬度显著的清晰图像。常用的生物样品制备方法有超薄切片法和负染色法。

1. **超薄切片法**　超薄切片法一般要经过取样、固定、脱水、包埋、超薄切片和切片染色等几个步骤，要求获得的超薄切片薄而匀，无皱褶、刀痕、颤纹和染色沉淀等缺陷，细胞精细结构保存良好，无人为假象，具有良好的电子反差。

（1）取样　从动植物机体上或从细胞及微生物的培养物中取得所需材料即取样。由于生物质材料在脱离母体或离开正常的生长环境后，其组织结构常在自溶酶作用下迅速发生各种变化，为尽可能保持其组织结构，要求取样操作应遵循以下原则：①合理确定取样部位并取样，样品以体积不超过 $1mm^3$ 或截面不超过 $1mm^2$ 的长条为宜；②取样操作速度要尽可能快，动物材料离体后须在 $1min$ 乃至更短时间内立即投入固定液，以减少自溶作用的影响；③取样宜在 $0 \sim 4$℃的低温条件下进行，以降低组织结构的自溶。

（2）固定　用各种化学法或物理法迅速杀死细胞以在分子水平上真实地保存细胞超微结构的过程就是样品固定。物理固定方法有微波辐照、临界点干燥和冰冻等技术。化学固定法是利用化学固定剂使蛋白质和脂质等生物大分子发生交联固定的技术。常用的化学固定剂有四氧化锇、戊二醛、苦味酸、福尔马林、冰醋酸、高锰酸钾、乙酸铀等。固定剂常和适当的缓冲液配成固定液使用。配制固定液时要考虑固定剂和缓冲液的种类，固定液的浓度、pH、渗透压和离子浓度等因素。

（3）脱水　　用脱水溶剂取代组织细胞中游离态的水，以防止其组织结构在电镜高真空状态下急骤收缩而被破坏的过程就是脱水。常用的脱水剂是乙醇和丙酮。脱水时宜采用等级脱水法，即逐级加大脱水剂的浓度分步将水分置换出来，所用脱水剂系列浓度一般为 $30\% \rightarrow 50\% \rightarrow 70\% \rightarrow 80\% \rightarrow 90\% \rightarrow 95\% \rightarrow 100\%$，每个浓度处理时间为 2h 左右。

（4）包埋　　用包埋剂逐步取代已脱水样品中的脱水剂，并制备出适合机械切割的固体包埋块的过程就是包埋。理想的包埋剂应满足如下条件：黏稠度低、易渗透；聚合均一，不会产生体积收缩；能耐受电子束轰击，高温下不易升华和变形；对组织成分抽提少，能很好地保存组织的精细结构；自身在电镜高放大倍数下不显示结构；有良好的切割性能；切片易染色；对人体无害。环氧树脂是目前常用的包埋剂。

包埋包括浸透、包埋、聚合 3 个步骤。首先利用包埋剂对样品进行梯度渗透，将包埋剂与丙酮等体积混合均匀，利用混合液对样品进行渗透 1h；然后再用包埋剂与丙酮的体积比为 3∶1 的混合液对样品进行渗透 3h 后，将样品转移到干燥的容器中，在容器中放入纯包埋剂，利用纯包埋剂渗透样品过夜；最后将渗透处理后的样品装到胶囊管中包埋起来，然后放入恒温箱中在低于 60℃的温度下聚合一定时间，待硬化后取出，即可得到样品包埋块。

（5）超薄切片　　利用超薄切片机将包埋块切割成厚度在 $10 \sim 100\text{nm}$ 切片的过程就是超薄切片。对超薄切片的要求是厚度适中、均匀、平整、无刀痕、无颤纹和皱褶。超薄切片机的工作模式有机械推进式和热膨胀式两种。机械推进式以德国的 Leica 公司、美国 RMC 公司的超薄切片机为代表，热膨胀式以瑞典 LKB 公司的超薄切片机为代表。要获得合格的超薄切片对制样工作者的技术水平有很高的要求。

（6）切片染色　　利用重金属盐类中的重金属（铀、铅、锇、钨等）能与组织中某些成分结合或被吸附的特性，增强超薄切片电子图像衬度的技术，就是切片染色，又称为电子染色。超薄切片样品中，结构成分不同的部位与染色剂重金属离子的作用力不同，有的部位两者作用力较强，样品能结合较多的重金属，该区域就具有较强的电子散射能力，在电镜下呈现为电子致密的黑色；结合重金属较少的区域呈现浅黑色；没有结合重金属的区域由于散射电子的能力最弱，是电子透明的区域。通过电子染色提高了样品散射电子能力的差异性，能够明显增加电镜图像的清晰度。

2. 负染色法　　负染色法不涉及切片过程，是针对以蛋白质为主要成分的颗粒状样品的常用制样方法。负染色法的基本原理是：以某些在电子束轰击下稳定而又不与蛋白质相结合的重金属盐类作为负染色剂，使之在支持膜上将颗粒材料包围，形成具有高电子散射能力的背景，以衬托出低电子散射能力的颗粒样品的形态细节。负染色法样品电子显微像的衬度特征与超薄切片电子染色相反，即样品颗粒亮而背景暗，这种图像明暗对比称为阴性反差。负染色法操作简便，所获得的图像衬度大，分辨率也高于超薄切片，广泛用于研究蛋白质分子、细菌鞭毛、蛋白质结晶及生物膜和分离的细胞的细微结构，尤其适合于蛋白质大分子及病毒颗粒结构的三维重建研究。

常用的负染色剂有乙酸铀、磷钨酸钠、磷钨酸钾、硅钨酸、铜酸铵及甲酸铀等重金属盐。制样时，先将负染色剂配制成染液，用喷雾法或液滴法将颗粒样品的悬液加在载网的支持膜上，然后滴加染液；或将颗粒的悬液与染液按一定浓度混合后滴加或喷撒到支持膜上，用滤纸吸去多余的液体，待干燥后，即可上电镜观察。染液的 pH 和样品颗粒在支持膜上的均匀分散是负染色法制样成功的关键因素。一般要求染液的 pH 应在中性偏酸范围（pH 为 5～7）。

第三节　透射电子显微分析法在生命科学中的应用

作为一种大型的综合性分析仪器，透射电镜可以在微纳尺度进行物质的形貌、物相、结构、缺陷和成分分析等，而且微区结构成分信息的采集和提取可以同时、同区进行，如果再辅以一些特殊样品台，还可以进行一系列有关结构动态变化的实时原位观察，在材料、物理、化学、生物、医药、冶金、矿物等多种学科中都有许多应用。

TEM 在生命科学中主要用于细胞器和病毒的超显微形态学研究、病变组织与机能研究、蛋白质电子晶体学研究、冷冻透射电子显微学研究和三维结构重构等。

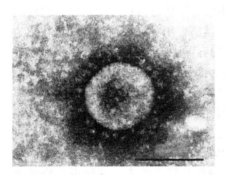

图 18-2　SARS 冠状病毒的负染色像
（比例尺＝100nm）

1. 病毒的超显微形态学研究　病毒的形态结构属于亚微观尺度，只能通过电子显微技术进行观察、研究。在电镜下病毒主要呈现球状、杆状（丝状）和蝌蚪状 3 种形态，此外还有弹状、杆菌状、无定形体和双联体等。球状病毒主要包括动植物病毒，杆状病毒主要是植物病毒，而蝌蚪状病毒主要是细菌病毒——噬菌体。图 18-2 是严重急性呼吸综合征（SARS）冠状病毒的负染色像，病毒呈球形，其包膜（囊膜）由细小的穗状突起组成，宛如皇冠。

利用 TEM 可以研究病毒入侵细胞的方式、病毒与受体的结合状况。病毒入侵细胞的方式如核酸注入式、膜融合式和内吞式等均是通过观察电镜超薄切片首先发现的。病毒引起宿主细胞的病理变化，在原核细胞的形态学信息中有所反映。当病毒（噬菌体）入侵原核生物时，可导致原核细胞膜变得皱缩，呈波浪形，不再光滑，有些细胞还出现空泡化现象，其间包裹大量子代病毒粒子。病毒入侵细胞可导致细胞膜及其表面分化而形成结构变异。在病毒入侵初期，病毒主要依靠识别细胞膜上的受体分子结合上去，继而改变细胞膜的结构，如病毒的囊膜与细胞膜融合；或导致细胞膜内陷，使细胞吞噬病毒等。在病毒复制、成熟过程中，病毒也可导致细胞膜发生变化，如引起细胞膜与相邻细胞膜发生融合，这在黄病毒中是比较常见的现象。病毒在成熟后的释放，可引起细胞膜发生出芽或者破裂等现象，从而释放成熟的病毒粒子。在大多数情况下，正常线粒体呈圆球状或棒状。病毒感染宿主细胞后，TEM 图像显示线粒体发生嵴内肿胀，基质变稠，形成电子密度致密带，有些基质呈致密板状绕于线粒体周边，还有一些嵴消失，严重时线粒体膜破碎。有些病毒感染宿主细胞后，可引起线粒体膜内陷，形成小泡状结构，研究表明这些结构与病毒核酸的复制、蛋白质合成及其子代病毒粒子的组装等过程有关。这些步骤的完成往往需要大量的能量、物质运输等，所以还经常会引起宿主细胞内线粒体数量及分布等方面的变化。总之，TEM 可以直接观察病毒的形态结构、数量，以及病毒侵染宿主后引起的细胞超微结构变化，使得人们更容易判断发病原因和致病病毒的种类，在病毒性疾病的诊断和鉴定中具有不可替代的作用。

2. 蛋白质电子晶体学（protein electron crystallography）研究　　用 TEM 观察负染色的生物样品，虽然可以获得病毒、细胞器或二维蛋白质薄晶中的分子或蛋白质亚基的排列和形状，但由于染色剂的颗粒性，只能获得 1.5～2.0nm 分辨率的结构细节。为了获得小于 1.0nm 分辨率的结构特征，必须使用相位衬度成像方法。为防止电子束对样品的辐射损伤和真空损伤，采用糖包埋法制备样品。由于糖是非挥发性物质，覆盖在晶体上的糖分子层能阻止蛋白质分子在电镜的高真空中失水造成的结构畸变或塌缩。但是糖作为有机分子，其密度与蛋白质的密度很接近，因此蛋白质在糖中的衬度很低。糖包埋主要适用于蛋白质二维晶体的研究，因为对二维晶体图像的处理主要依赖于其傅里叶变化图中的衍射点，而分子本身的衬度并不是很重要。科学家用这种方法获得了 0.34nm 分辨率的响尾蛇毒素的结构。

3. 冷冻透射电子显微学研究　　冷冻透射电子显微学是基于冷冻技术的生物大分子电子显微技术，适用于生物大分子晶体、非晶体生物大分子、超分子复合物（如病毒等）及细胞器的超微结构研究。冷冻透射电子显微学与 X 射线晶体学、核磁共振波谱学共同成为结构生物学的三大支柱方法，是当前国际上生命科学研究的前沿领域。

冷冻技术是使生物样品中的水分快速形成非晶态的冰，以克服冷冻造成的冰晶对结构损伤的制样方法。把含有生物大分子的缓冲液迅速投入导热性能良好、由液氮冷却的液态乙烷中，当冷却速度超过 105℃/s 时，水溶液形成非晶态冰，生物大分子被很好地保护在其中。为了保持冰处于非晶态，阻止冰中水分子在电镜的高真空中升华，在整个电镜观察过程中，样品都必须用液氮冷却后保持在－170℃以下。

冷冻技术有如下优点：①能使软生物组织迅速凝固成固体，抑制其生理过程并能极大地减少可溶性物质的移动，是在最接近自然状态下保存生物组织的优良方法，而且基本上克服了电镜真空对样品的损伤。②能减少电子束辐射对样品的损伤。由于电子的非弹性散射，高能电子束辐射会引起样品局部的升温和电离。局部升温会使生物分子的组成构架的可动性提高，使一些分子由于热激活而发生裂解反应。电离效应使分子中的化学键断裂，H、O、N 等原子丢失，以及整个分子或部分分子构件发生碳化等，从而造成样品的损伤。研究表明，在－120℃的低温下，蛋白质薄晶可承受的电子束辐射的剂量大为增加，大约比室温下提高一个数量级。

冷冻透射电镜技术根据不同的生物材料，可以采用 2 种不同的研究方法。①单颗粒重构技术（single-particle reconstruction）。对于具有全同性的颗粒材料，即这些生物颗粒每一粒的结构都是一样的，在提高信噪比时采用很多颗粒的像叠加的办法，从而形成单颗粒重构技术。冷冻电镜单颗粒重构技术对病毒样品的最高分辨率已达 3.3Å，此时病毒的衣壳蛋白上的许多氨基酸残基侧链能被清晰显示出来。对二十面体对称的病毒的结构进行测定，其分辨率水平已具有与 X 射线晶体学方法媲美的潜力。而由于不用结晶及数据处理较 X 射线晶体学简单，因此研究周期大为缩短，成为病毒结构生物学研究的主要手段。②冷冻透射电镜断层成像技术（cryo-electron microscopy tomography）。对于不具全同性的生物材料，只能采用断层成像，即对样品采取一系列不同取向的成像，然后按照三维重构法重构出样品的三维结构，从而形成断层成像技术，它在解析结构方面目前最高可获得约 2.0nm 的分辨率。

冷冻透射电镜技术可以对不同生理条件下的生物大分子复合物进行"快照"，从而了解蛋白质在不同条件下的构象变化和功能。通过对病毒的高分辨率结构进行解析，可以提供多方面的信息：①了解病毒的装配和组装方式，这是结构解析最直接也是最重要的目的；②提供通过同源建模技术解析结构蛋白单体原子分辨结构的基础；③了解病毒结构蛋白上重要的功能位点及其结构学意义；④了解病毒蛋白单体的构象变化；⑤了解核酸可能的释放通道；⑥了解病毒的入侵方式和入侵机理。

思考题与习题

1. 简述透射电镜的工作原理。
2. 简述生物样品超薄切片的制备方法及注意事项。
3. 何谓正染色与负染色？二者所得的电子图像有何不同？
4. 透射电镜的图像衬度有哪几种类型？各有何用途？
5. 单颗粒生物样品 TEM 结构研究的制样方法有哪些？
6. 简述透射电镜在生命科学中的主要应用。

典型案例

越南安息香雌雄蕊的形态及显微结构

越南安息香（*Styrax tonkinensis*）属于安息香科安息香属，是优良的绿化、美化、香化及油用树种。通过对越南安息香胚珠和花粉的内部解剖学构造的透射电镜观察，可以探讨其生殖机制，为杂交育种、苗木扩繁和种质资源保护等工作提供参考，也可为安息香科植物的生殖生物学研究提供资料。

1. 材料与方法

（1）供试材料　　试验材料来自南京市六合区马集镇河王坝水库边种植的越南安息香 3 年生实生苗木。

（2）样品制备　　①越南安息香的花粉、子房清洗干净；②用体积分数 4% 的戊二醛（每 100mL 磷酸戊二醛固定液中含有质量分数 25% 的戊二醛溶液 16mL）固定，再用 0.1mol/L 磷酸缓冲液（pH7.2）清洗；③用 1% 锇酸［0.1mol/L 磷酸缓冲液配制（pH7.2）］固定，用磷酸缓冲液清洗；④用系列乙醇梯度脱水（体积分数为 30%→50%→70%→90%→100%）；⑤以环氧树脂 Epon812 渗透、包埋、聚合；⑥修块、切半薄切片（LKB-5 超薄切片机）、定位、超薄切片 50nm；⑦用乙酸铀染色、柠檬酸铅染色。

（3）透射电镜观察　　将制备好的超薄切片置入透射电镜样品室内，进行观察、拍照。

2. 花粉内部的超显微结构　　越南安息香的花粉在发育过程中，既有败育的，也有发育良好的。图 18-3a 为败育花粉结构，花粉发育不健全，皱缩成不规则的形状，内部物质结构松散，里面有些大的空泡，花粉壁外壁的突起与正常的相比显得松散，内壁也相对薄。图 18-3b～f 为正常花粉。正常的花粉粒切面呈椭圆形（图 18-3b），花粉壁（图 18-3c）有外壁外层、外壁内层和内壁，外壁外层包括覆盖层、基粒棒层和基足层，外壁较厚，里面填充着高电子致密物质，可能是由一些孢粉素和角质构成，表面有凹凸不平类似垛墙的结构，形成一定的花纹。花粉内壁紧密分布在花粉粒边缘，可能由果胶质和纤维素组成，颜色较浅，厚度不均，在萌发孔周围内壁较厚。壁上有 3 至数个萌发孔，在萌发孔的周围，外壁消失，留下孔道，当花粉粒萌发时，内壁经外壁上的萌发孔向外突出，形成花粉管（图 18-3b）。图像观察表明，发育良好的花粉细胞内细胞质浓厚，含有高尔基体、大量的线粒体、较多的高电子致密物质、淀粉粒等结构，淀粉粒有的单独散在花粉细胞里，有的 2 个在一起，周围还有膜结构包裹；高电子致密物质有的是单独存在，有的是与淀粉粒结合在一起。

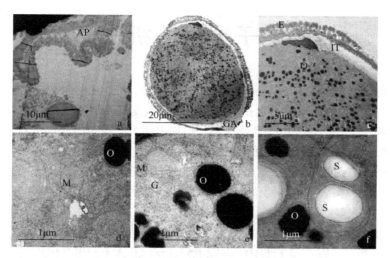

图 18-3　透射电镜观察越南安息香花粉的内部结构

a. 败育花粉（AP）全貌；b. 正常花粉全貌；c～f. 正常花粉局部放大

E. 花粉外壁；G. 高尔基体；GA. 萌发孔；IT. 花粉内壁；M. 线粒体；O. 嗜锇颗粒；S. 淀粉粒

19 第十九章

扫描电子显微分析法

商用扫描电子显微镜（scanning electron microscope，SEM）（也称扫描电镜）问世于 20 世纪 60 年代，它是一种基于电子束扫描样品表面后激发出的物理信号调制成的图像，来观察样品表面微形貌结构的精密电子光学仪器。扫描电镜具有很高的分辨率和连续可调的放大倍数，获得的图像景深大、立体感强。

扫描电镜样品室附近有较大的空间，能够与电子能谱仪、波谱仪和电子背散射衍射仪等设备实现有机组合，构成一台能同位分析样品形貌、微区成分和晶体结构的多功能仪器，在生物学、医学、材料学、化学化工、冶金、地质、矿物、半导体等领域有非常广泛的应用。

第一节　扫描电子显微镜的基本原理和结构

一、扫描电子显微镜的基本原理

扫描电镜的成像原理与透射电镜完全不同，它不是通过电磁透镜放大成像，而是利用极细的聚焦电子束在样品表面逐行扫描时激发出来的各种物理信号来调制成像的。将这些物理信号用相应的探测器收集，经处理后就能获得试样表面的微形貌和微区成分等信息。

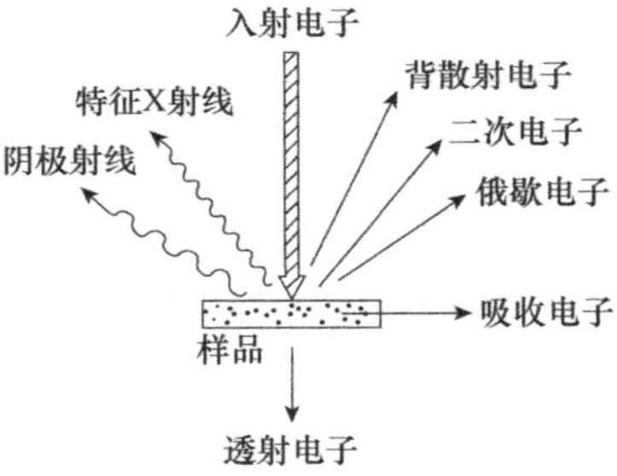

图 19-1　电子束与固体样品作用时产生的信号

1. 电子束与固体样品作用时产生的信号　当高能电子束轰击样品表面时，电子与固体中的原子发生相互作用，可能产生的信号有：二次电子、背散射电子、吸收电子、透射电子、俄歇电子和特征 X 射线等，见图 19-1。其中与扫描电镜成像有关的信号主要是二次电子和背散射电子，而特征 X 射线则是与扫描电镜相结合的 X 射线能谱仪进行成分分析时的采集信号。

（1）二次电子　　二次电子是被入射电子束轰击出来的原子中的价电子。价电子与原子核的结合能较小，在高能电子束的轰击下，容易脱离原子核的束缚而形成向各个方向运动的自由电子，其中的一部分电子会折向入射表面，当其到达样品表面并有足够的能量逸出样品表面时，就会发射出来形成二次发射电子（简称二次电子）。二次电子的能量一般不超过 50eV，大部分小于 10eV。只有在接近样品表面 5～10nm 深度内的二次电子才能逸出表面，成为可被接收的信号；深度大于 10nm 的二次电子，因其能量较低及平均自由程较短而不能逸出样品表面，只能被样品吸收。因此，二次电子对样品的表面形貌非常敏感，能够十分有效地显示样品的表面形貌特征。几乎所有物质在电子束轰击下都能产生足够强的二次电子信号。二次电子的产额和原子序数间无明显依赖关系，所以不能用其来进行成分分析。

（2）背散射电子　　背散射电子是被固体样品中的原子反弹回来的一部分入射电子，其中包括弹性背散射电子和非弹性背散射电子。弹性背散射电子是指被样品中原子核反弹回来的，散射角大于 90° 的那些入射电子，其能量无或基本上无损失。由于入射电子的能量很高，弹性背散射电子的能量能达数千到数万电子伏。非弹性背散射电子是指入射电子与样品原子核外电子发生非弹性碰撞，经多次散射后仍能逸出样品表面的那些电子。非弹性背散射电子的能量分布范围很宽，从数十电子伏直到数千电子伏。上述 2 种背散射电子中，弹性背散射电子的数量占绝大多数，其能量一般高于 50eV。背散射电子来自距样品表层 10nm～1μm 的深度内，其产额随样品原子序数的增大而增大，因此既能用作形貌分析，也可以用来显示原子序数衬度，定性地进行表面成分分析。由于背散射电子来自样品较深处，其对样品的表面形貌不太敏感，因此用于形貌分析时，其成像分辨力要比二次电子低。

（3）吸收电子　　吸收电子是指进入样品的入射电子（假定样品足够厚，无透射电子产生），经多次非弹性散射后能量不断降低，最后被样品所吸收的电子。吸收电子的信号强度与逸出表面的二次电子和背散射电子的数量成反比。若将吸收电子的信号调制成图像，其衬度和用二次电子或背散射电子信号调制的图像衬度相反。

（4）透射电子　　透射电子是指穿过足够薄样品后的电子。一般采用扫描透射操作方式对薄样品进行分析时使用透射电子。透射电子的信号强度由样品微区的厚度、成分和晶体结构决定。

（5）特征 X 射线　　入射电子与样品发生作用时，当原子的内层电子被激发到外层轨道上或脱离原子的束缚而被电离后，原子就处于激发态。激发态的原子不稳定，其外层电子将向内层跃迁以填补内层电子的空缺，这一过程释放出具有特征能量的电磁波，这种电磁波就是特征 X 射线。特征 X 射线的能量一般较高，分布于距样品表层约 1μm 的深度范围内。几乎所有物质都能产生足够强的特征 X 射线信号而被检测到。如果用 X 射线探测器探测到了样品微区中存在某种波长的特征 X 射线，就可以判定这个微区中存在着相应的元素。

（6）俄歇电子　　高能电子束与固体样品相互作用时，当原子内层电子因为电离激发而留下一个空位时，由较外层电子向这一能级跃迁并释放能量的过程中，可以发射一个具有特征能量的电子，这种被电离出来的电子称为俄歇电子。俄歇电子的能量很小，一般位于 50～1000eV 范围内，其平均自由行程约 1nm，特别适合于物质极表面层成分分析。

2. 扫描电镜的成像原理　　扫描电镜的成像原理不同于一般光学显微镜和透射电镜。当电子束在样品上进行逐行扫描时，样品的微区特征（如形貌、原子序数、晶体结构或位相）存在差异性，导致产生的物理信号类型和强度不同，在荧光屏上相对应区域显示的亮度就不同，这就形成了具有一定衬度的图像。扫描电镜用来成像的信号主要是二次电子和背散射电子信号，相应的图像衬度有二次电子像衬度和背散射电子像衬度。

（1）二次电子成像　　当一束能量和方向确定的入射电子束照射到样品表面时，其产生的二次电子产额主要与样品的几何形状有关。由于二次电子信号对样品表面的几何形状最敏感，影响二次电子像衬度的最主要因素是形貌衬度。二次电子形貌衬度的最大用途是观察样品表面的凹凸形貌。

（2）背散射电子成像　　与二次电子相似，背散射电子也能成像。背散射电子来自样品表层较深范围内，能量较高，其信号强度随原子序数的变化比二次电子大得多，特别是在原子序数 $Z<40$ 的范围内，背散射电子产额对原子序数十分敏感。样品表面原子序数较高的区域，背散射电子信号强，图像显示较高的亮度，而在轻元素区则图像较暗，所以背散射电子

像有较好的成分衬度，可用于定性地表面化学成分分析。

二、扫描电子显微镜的基本结构

扫描电镜主要由电子光学系统（镜筒）、信号探测及显示系统、真空系统和电源系统组成，见图 19-2。

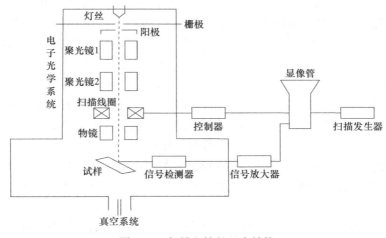

图 19-2　扫描电镜的基本结构

1. 电子光学系统　　电子光学系统包括电子枪、电磁透镜、扫描线圈和样品室等。

扫描电镜中的电子枪与透射电镜相似，也有热电子发射型和场发射型 2 种，只是其加速电压比透射电镜的要低。

扫描电镜中的各电磁透镜都是聚光镜而不是成像透镜，其功能是将电子枪的束斑（虚光源）逐级聚焦缩小。聚光镜一般由三级聚光镜组成，其中前两级是强磁透镜，作用是把电子束光斑缩小；第三级透镜是弱磁透镜，具有较长的焦距，因靠近样品习惯上称之为物镜。照射到样品上的电子束直径越小，就相当于成像单元的尺寸越小，电镜的分辨率就越高。采用普通热阴极电子枪时，扫描电子束的束径可达到 6nm 左右。若采用六硼化镧阴极和场发射电子枪，电子束的束斑直径还可进一步缩小。

扫描线圈的作用是使电子束偏转，并在样品表面作有规则的扫动，由于电子束在样品上的扫描和在显像管上的扫描是由同一扫描发生器控制的，因此两者扫描的动作保持严格同步。电子束在样品表面的扫描方式有光栅式和角光栅式 2 种，其中前者用于形貌分析，后者用于电子通道花样分析。

样品室的功能是放置样品和安置各种信号探测器。样品室内不仅有样品台和各种图像信号检测器，还能组合安装 X 射线波谱仪、X 射线能谱仪、电子背散射衍射仪和图像分析仪等，以适应多种综合分析的要求。样品台能夹持一定尺寸的样品，并能使样品做平移、倾斜和转动等运动，以利于对样品上每一特定位置进行各种分析。

2. 信号探测及显示系统　　电子束与样品作用产生的各种电子信号被探测器采集，经光电信号器的转换和放大，再经视频放大器处理后就成为调制信号。由于镜筒中的电子束和显像管中的电子束是同步扫描的，而荧光屏每一点的亮度是根据样品上被激发出来的信号强度来调制的，样品上各点的状态不同，接收到的信号也不同，于是就可以在荧光屏上看到一幅反映样品各点状态的扫描电子显微图像。

3. 真空系统和电源系统　　扫描电镜的真空系统和电源系统与透射电镜相似。如果镜筒内的真空度达不到要求，会导致电子枪灯丝的寿命缩短，极间放电，样品被污染，以及产生虚假的二次电子效应，进而严重影响成像的质量。

三、扫描电子显微镜的主要性能指标及优点

1. 扫描电镜的主要性能指标　　扫描电镜的主要性能指标有分辨率、放大倍数和景深等。

（1）分辨率　　扫描电镜的分辨率与检测信号的种类有关。表 19-1 列出了主要信号的空间分辨率。

表 19-1　主要信号的空间分辨率　　　　　　　　　（单位：nm）

信号	二次电子	背散射电子	吸收电子	特征 X 射线	俄歇电子
分辨率	5～10	50～200	100～1000	100～1000	0.5～2

从表 19-1 中的数据可以看出，二次电子信号的空间分辨率较高，相应的二次电子像的分辨率也较高。要获得理想的分辨率，电子束束斑尺寸要小，束流强度要大，场发射电子枪恰好满足这 2 个要求，因此是高性能（高分辨）扫描电镜的理想电子源。

（2）放大倍数　　当入射电子束作光栅扫描时，若电子束在样品表面扫描的幅度为 A_s，阴极射线在荧光上同步扫描的幅度是 A_c，A_c 和 A_s 的比值就是扫描电子显微镜的放大倍数 M，即 $M=A_c/A_s$。由于扫描电镜的荧光屏尺寸是固定不变的，电子束在样品上扫描一个任意面积矩形时，在阴极射线管上看到的扫描图像大小都会和荧光屏尺寸相同。因此，只要减小电镜中电子束的扫描幅度，即可获得高的放大倍数；反之，若增加扫描幅度，则放大倍数就小。扫描电镜通过改变偏转线圈交变电流的大小，可方便地实现放大倍数从 20 倍到 60 万倍的连续调节。

（3）景深　　景深是指透镜对试样表面高低不平的各部位能同时清晰成像的距离，也可以理解为是试样上最近清晰像点到最远清晰像点之间的距离。扫描电镜的景深与电子束开角的大小成反比，通过调节物镜光阑孔径的大小即可控制电子束的开角。当光阑孔径固定时，工作距离（物镜极靴到试样上表面的距离）越大，电子束的开角就越小，相应的图像景深就越大。扫描电镜的景深比一般光学显微镜大 100～500 倍，因此其图像的立体感较强，适合于直接观察较粗糙试样表面（如金属断口和显微组织）的三维形态。

2. 扫描电镜的优点　　与光学显微镜和透射电镜相比，扫描电镜具有如下优点：①分辨率高、放大倍数连续可调。其分辨率远高于光学显微镜，但低于透射电镜；放大范围基本涵盖了光学显微镜和透射电镜的部分区间。②景深大。与光学显微镜和透射电镜相比，扫描电镜的景深大，视场调节范围很宽，适合观察表面凹凸不平的厚试样，得到的图像富有立体感。③试样制备简单。扫描电镜对厚薄样品均可观察，只要样品的厚度和大小适合样品室的大小即可。透射电镜只能观察薄样品，厚试样须经超薄切片、复型等复杂的制备过程。④对样品损伤小。扫描电镜的加速电压远低于透射电镜，照射到样品上的电子束流为 $10^{-12}\sim10^{-10}$A，远小于透射电镜。此外，电子束在样品表面来回扫描而不是固定于一点，因此样品所受的电子损伤小，污染也小，对观察高分子试样非常有利。⑤得到的信息多。扫描电镜除了观察微区形貌外，还能与能谱仪、波谱仪、电子背散射衍射仪等附件相结合，进行微区成分分析和

晶体结构分析。

四、环境扫描电子显微镜简介

环境扫描电子显微镜（environmental scanning electron microscope，ESEM），是扫描电镜的改进版。ESEM 的特别之处在于，在其物镜的下极靴处装有一级或多级压差光阑（狭缝），该光阑能将镜筒内高真空的电子枪区和低真空的样品室隔开，这样就允许样品室内有气体流动，室内气压可大于水在常温下的饱和蒸气压。ESEM 在低真空模式下收集利用的信号主要是二次电子和水蒸气负离子。所用信号探测器为气体二次电子探头，其工作原理为：高能电子束轰击样品表面激发出的二次电子，与样品室内的水蒸气发生碰撞后将其电离，这些被电离的离子继续与其他水蒸气发生碰撞，周而反复，导致二次电子及继发的环境离子数呈指数式上升。在气体探头外正电场的作用下，这些二次电子及被环境放大的负离子被探头吸引，样品表面形貌的特征信号随即被收集。而被电离的正离子则飞向样品表面中和堆积的一部分负电，这样就有效地降低了样品表面观察时电荷积累引起的放电现象。

ESEM 既可在高真空度下作为普通扫描电镜使用，也可以在低真空度和模拟试样环境下对试样进行微区分析。对于生物样品、含水样品、含油样品，既不需要脱水，也不必进行喷碳或喷金等导电处理，可在自然的状态下直接观察二次电子图像并分析元素成分。相对于普通电镜，ESEM 的使用更加方便快捷，对样品的要求降低，极大地拓宽了电镜的使用范围。

五、冷冻扫描电子显微镜简介

冷冻扫描电子显微镜（cryo-scanning electron microscope，cryo-SEM）是基于超低温冷冻制样及传输技术发展起来的一种新型扫描电镜，这种电镜无须对样品进行干燥处理，可直接观察液体、半液体样品，最大程度地减少了常规扫描电镜样品制备中的干燥过程对高含水样品的不利影响。与同样可以观察含水样品的环境扫描电镜相比，冷冻扫描电镜具有能在高真空状态下观察含水样品、分辨率较高、可对样品进行断裂刻蚀等优点。

冷冻扫描电镜的关键是超低温快速冷冻制样及传输技术，可以通过在常规扫描电镜上加载低温冷冻制备传输系统和冷冻样品台将其升级为冷冻扫描电镜。超低温快速冷冻制样技术可使水在低温状态下呈玻璃态，以减少冰晶的产生，从而不影响样品本身结构；冷冻传输系统则保证在低温状态下将样品转移至电镜腔室并进行观察。冷冻扫描电镜的制样过程简单快速，无须对样品进行脱水、干燥，也无须使用锇酸等有毒试剂，只需利用超低温快速冷冻完成样品的固态化后，通过冷冻传输系统在低温状态下将样品转移至电镜样品舱中的冷台（温度可达−185℃）上即可观察。此外，冷冻扫描电镜样品制备舱的冷冻台上配有冷刀（切断样品进行内部观察用）、加热器（升温除霜用）和喷镀装置，可简单快速地对预冷过的样品进行断裂、升华、镀金，暴露其内部结构以供观察。

常规扫描电镜和环境扫描电镜一般只能观察组织器官的游离面和细胞的表面形态结构，不能观察其内部结构；若想观察组织和细胞的内部结构，需在制样时采用特殊方法割断组织块，以暴露内部结构。例如，生命科学研究中通常用锇酸-二甲基亚砜-锇酸冷冻割断法（ODO 法）来断裂组织块，过程中必须使用高价、高毒的锇酸，而且如在电镜观察时发现断裂获得的细胞内表面不理想，还必须重新制样；而冷冻扫描电镜样品的断裂、选择性蚀刻和内部结构观察可以快速连续进行，不涉及其他处理过程，如对进入电镜腔室的样品结构观察效果不满意，还可以随时将样品再次转移至制样舱进行重复断裂，直至目标结构暴露。

总之，冷冻扫描电镜具有如下优点：①能直接观察含水和液体样品，保持其中的可溶性物质，对样品的机械损伤小；②制样过程快速，可在 5min 内完成新鲜材料的冷冻、断裂、喷镀，进入电镜观察；③基本不使用有毒试剂；④与环境扫描电镜相比，样品室为高真空状态，分辨率较高；⑤具有选择性刻蚀能力，可通过断裂升华显露样品内在信息；⑥具有重复使用样品的能力，可对样品重复断裂涂覆；⑦特别适合于柔软材料如组织、细胞、生物材料和有机系统的成像。

第二节 扫描电子显微镜样品制备方法

一、常规样品制备技术

扫描电镜较透射电镜的样品制备简单。常规扫描电镜对样品的基本要求如下：化学和物理性质稳定；不含有挥发性有机物和水分；表面清洁；在真空和电子束轰击下不挥发和变形；无放射性和腐蚀性；块状样品尺寸不能太大，要与仪器专用样品底座的尺寸相匹配。

对导电良好的样品（如金属或半导体），只要其大小合适，表面清洁，一般可保持原状直接固定在样品台上，放入样品室中观察；对不导电或导电不佳的样品（如无机材料、塑料、橡胶、玻璃、纤维、陶瓷等），需要在样品表面进行真空喷金或喷碳镀膜后才可放入样品室中观察。镀膜既能改善样品表面局部电荷积累和放电现象，还可以提高其二次电子发射率和增加表面导电导热性，减小电子束照射样品时产生的热损伤等。

粉末样品一般可直接均匀铺撒在碳导电胶或胶带上进行固定，多余的粉末用洗耳球吹走以免污染镜筒。对于干燥后容易团聚的粉末样品，可以在适当的溶剂（如水、乙醇、丙酮等）中进行超声分散后（必要时也可加入适当的表面活性剂帮助分散），将悬浮液滴涂在干净的玻璃片或云母片上烘干即可。

如果要观察样品的内部结构，需用适当的方法断裂样品以获得适合观察的断口或剖面。对易碎或脆性的样品可直接掰断；高分子材料样品可在液氮中淬冷断裂，不能断裂的可以冲断或超薄切片。断裂时应注意保护断口，去除表面黏附的碎屑，断口表面起伏不宜过大。

二、生物样品制备技术

生物样品普遍含水且质地柔软，经干燥脱水处理后易皱缩、变形；某些稚嫩材料的形态、结构极易受 pH 和渗透压等环境变化的影响；机械强度低，不耐受电子束的轰击；元素组成主要是碳、氢、氧等，不易被激发产生二次电子。因此，必须对生物样品进行适当处理才能满足电镜分析的要求。基本的制样程序主要有取样、清洗、固定、脱水、干燥和镀膜等，其中取样、清洗、固定和脱水等步骤按透射电镜样品制备操作即可满足扫描电镜样品制备要求。

干燥的目的是去除样品中游离态的水分或脱水剂，要求干燥前后样品原有的形态与结构尽量维持不变。临界点干燥法是保存样品微细形态结构最好的技术，其主要步骤是：①用中间剂置换样品中的脱水剂；②用干燥剂置换样品中的中间剂；③使干燥剂进入临界状态并维持其临界状态，排尽干燥剂。中间剂（如乙酸戊酯或乙酸异戊酯）既能与脱水剂又能与干燥剂（一般为液态 CO_2）相溶，使用中间剂目的是使样品从含有脱水剂的状态转换到只含有干燥剂的状态。将经 2 次置换的样品放入一个高压密封容器中，充入一定量的液态 CO_2 后密闭容器并对容器加热。容器受热，液态 CO_2 温度升高，体积增大、密度降低，同时不断气化，形成的气态 CO_2 密度增大，容器内压力增加。当容器中 CO_2 达到临界值（31.1℃和72.8atm）时，气、液态 CO_2 密度相等而相界消失，即达到临界状态。这时液态 CO_2 的分子内聚力为零，液体表面张力系数为零，即不存在表面张力。继续对容器加热，保持临界状态情况下以一定速度排放 CO_2 气体直到放尽为止，样品在无表面张力的临界状态下得以干燥。

除上述制样方法外，透射电镜中介绍的负染色法同样适用于扫描电镜样品制备。观察负染色的生物样品时，应使用最小的物镜光阑（20～30μm），以增大反差。可适当提高加速电压，以增加电子束的穿透能力。样品应尽量避免被电子束长时间照射，一般在 3 万～4 万倍的放大倍数下即可获得高分辨率的电镜图像。

第三节　扫描电子显微分析法在生命科学中的应用

与透射电镜不同，扫描电镜在微纳尺度进行物质表面和断面立体结构分析方面具有突出优势，得到的图像富有立体感，特别适合于生物质材料显微组织三维形态结构的观察与研究。加之样品制备简单，因此，扫描电镜在生命科学和医学等领域获得了广泛的应用。

1. 形态学研究　　形态学是生物分类学的主要依据，对于其他生命学科，特别是医学、兽医学及植物病理学也具有重要的作用。扫描电镜的高分辨率和大景深特点，使其能获得大量未知的或者是以前用光学显微镜知之甚少的形态结构细节资料，将生物形态学的研究提升到了微纳尺度，极大地促进了该学科的发展。例如，蒋晓红等用扫描电镜观察了荒川库蠓雌雄成虫的形态，获得了雌虫的触角、触须、翅面、小盾片和后小盾片及雄虫尾器等结构，以及体躯量度值。还发现了前人未描述的一些特征细节：如雌虫小颚的形态、小颚齿排列方式；小盾片鬃毛类型、数量及排列方式；距的形态特征；爪的形状、弯曲方向、端部分叉状尖突；爪间突分支数量；受精囊表面特征及基孔与受精囊宽度比值；雄虫尾叶等特征。盛晟等研究了混腔室茧蜂触角的微观结构，发现茧蜂雌雄成虫触角上共有 6 种感器，分别为毛形感器、Böhm 氏鬃毛、板形感器、栓锥形感器、锥形感器和刺形感器，其中栓锥形感器仅分布于雌蜂触角上，其余感器的数量、大小在雌蜂和雄蜂之间无显著差异，研究成果可为深入研究茧蜂的搜寻行为生态学特征及其保护生物学提供依据和参考。

2. 显微组织研究　　应用扫描电镜技术，可对生物质材料细胞的超微结构进行研究。王祥军等对橡胶树木质部细胞的观察结果表明，在橡胶树幼茎木材中，导管和木纤维细胞壁随着木质部发育成熟会发生明显的次生加厚，加厚方式主要为螺纹加厚；木质部各类型细胞均存在大量纹孔，纹孔排列方式主要有散生、网状、梯状和单串状等类型；在木质部发育过程中，木射线和部分薄壁细胞中会逐渐积累大量淀粉粒；木质部细胞内壁及其填充物表面存在不同类型的附着物，研究结果对橡胶木材材性及其形成机制的研究具有一定的理论意义。Kovač 等使用冷冻扫描电镜研究了海洋浮游植物黏液团聚体的有机组织，观察了经冷冻断裂处理后有机组织的非晶基体超微结构，发现非晶基体的主要成分是厚度仅为 20nm 的多糖纤维。冷冻扫描电镜是监测低温环境对组织和细胞影响的有力工具，能够显示细胞外冰晶与细胞之间的相互作用情况。

3. 超细颗粒观察　　超细颗粒的形态、大小和均一性等与其反应活性、可加工性等性能有密切关系，扫描电镜在微纳颗粒的微形貌和微区成分表征方面具有独特优势。例如，在生物医用材料中，羟基磷灰石是目前广泛研究及应用的生物活性陶瓷材料，具有良好的生物相容性，为目前齿科和骨科常用的替代材料，水热法合成的羟基磷灰石，颗粒尺寸为100～200nm，颗粒间有团聚现象，形态以薄板状为主；将胰岛素和聚氰基丙烯酸酯制备成纳米微粒，扫描电镜观察发现胰岛素和聚氰基丙烯酸酯之间在强酸环境下的静电吸引作用十分强烈，胰岛素被牢牢吸附于表面，这种结合可以有效规避胃蛋白酶、胰蛋白酶对胰岛素的分解作用，为口服胰岛素的研发提供了可能。

4. 药物鉴别和产品质量控制　　扫描电镜在动物类生药质量控制中的应用也很广泛，主要是根据动物的微观组织形态和动物的皮毛进行生药鉴别和质量鉴别。例如，利用扫描电镜观察发现不同种类的鹿茸在茸毛颜色、髓质形态、毛长等方面存在显著差异，可以作为区分不同品种鹿茸的重要依据；根据车前、雀舌草和菟丝子在种皮表面纹饰与长短径上存在的明显差异性，可准确地鉴别出车前及其易混伪品；根据扫描电镜对淀粉颗粒超微形貌特征分析，可以发现市场上食用淀粉的掺假问题。

思考题与习题

1. 电子束与固体样品作用时产生的信号有哪些？
2. 简述扫描电镜的成像原理。
3. 扫描电镜哪种信号的空间分辨率最高？为什么？
4. 比较扫描电镜、环境扫描电镜和冷冻扫描电镜的优缺点。
5. 采用临界点干燥法干燥生物样品的优点是什么？
6. 简述扫描电镜在生命科学中的主要应用。

典型案例

橡胶树幼茎木材的超微结构观察

橡胶树是我国重要的热带经济作物，橡胶种植的副产物橡胶木是木材供应的重要来源。利用扫描电镜对不同发育阶段的橡胶树幼茎木材的木质部细胞的超微结构进行观察，研究橡胶树木材特性及木材形成机制，有助于橡胶树木材性状优良新品种的选育。

1. 材料与方法

（1）实验材料　　实验材料为0.5年生橡胶树培苗。选择顶蓬叶物候为古铜期、长势基本一致的植株，分别取树皮颜色为浅绿色、绿色，以及树皮半木栓化和完全木栓化的幼茎，仔细剥离树皮，用单面刀片切成厚度约0.5cm的薄片，作为样品。

（2）实验方法　　幼茎木材薄片用0.1mol/L磷酸缓冲液（pH7.0～7.4）清洗去除脏物，并保持木材组织的渗透压。清洗后的木材薄片用2.5%戊二醛固定12h，然后置于冰箱中冷藏1～2h。取出样品，逐级采用不同浓度梯度的乙醇溶液进行脱水处理，乙醇浓度梯度依次为20%、40%、50%、60%、70%、80%、90%、95%和100%，每级浸泡处理30min，重复3次。脱水后的样品用叔丁醇置换乙醇，浸泡30min，重复3次，然后置于CO_2真空冷冻干燥仪中干燥。干燥后的样品用单面刀片切成可供观察的横切、纵切和弦切薄片，离子溅射法喷金镀膜后，用扫描电镜观察拍照，加速电压为 10kV。观察部位为幼茎木材邻近髓心组织的木质部细胞。

2. 超微结构观察结果　　观察橡胶树不同发育阶段木材横切面的显微结构、薄壁细胞的细胞壁形态、木射线的细胞壁形态、管状分子中的纹孔及木质部细胞内的淀粉粒填充和附着物等。图 19-3 为淀粉粒在木质部细胞内填充的照片。在树皮颜色为浅绿色的样品中，木质部各类型细胞内均未观察到淀粉粒填充（图 19-3a）。在树皮颜色为绿色的样品中，可观察到木射线和部分薄壁细胞内出现淀粉粒填充，但淀粉粒体积较小，形状较不规则，体形不饱满（图 19-3b）。在树皮半木栓化的样品中，淀粉粒体积较明显膨大，体形饱满，绝大部分呈规则的梨形，松散分布于细胞腔内（图 19-3c）。在完全木栓化的幼茎样品中，细胞内填充的淀粉粒数量明显增多，几乎填满整个细胞腔，淀粉粒之间发生挤压变形，体积缩小，密度相应增加（图 19-3d）。绝大部分细胞中均会积累较多数量的淀粉粒，但是有的细胞中只填充了 1 个胶囊状的淀粉粒（图 19-3e）。观察表明，随着木质部逐渐发育成熟，细胞内填充的淀粉粒的数量和体积也在逐渐增长。木材中的淀粉对于木材加工各有利弊。一方面，较高含量的淀粉使得橡胶木易腐，影响木材的耐久性；另一方面，在橡胶木热改性处理时，淀粉糊化能够延迟木材细胞壁的热降解，使改性橡胶木的性能更加接近未处理时的初始状态。

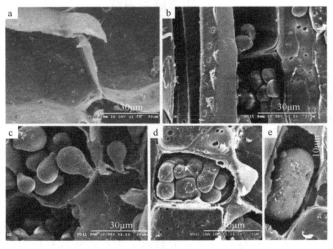

图 19-3　橡胶树幼茎木质部细胞中的淀粉粒形态和填充特征

主要参考文献

陈浩. 2010. 仪器分析. 2版. 北京：科学出版社

陈培榕，李景虹，邓勃. 2006. 现代仪器分析实验与技术. 北京：清华大学出版社

陈义. 2006. 毛细管电泳技术及应用. 2版. 北京：化学工业出版社

董慧茹. 2010. 仪器分析. 2版. 北京：化学工业出版社

杜一平. 2008. 现代仪器分析方法. 上海：华东理工大学出版社

冯玉红. 2008. 现代仪器分析实用教程. 北京：北京大学出版社

高向阳. 2018. 现代食品分析. 2版. 北京：科学出版社

高义霞，周向军. 2016. 食品仪器分析实验指导. 成都：西南交通大学出版社

谷亦杰，宫声凯. 2009. 材料分析检测技术. 长沙：中南大学出版社

顾佳丽，赵刚. 2013. 食品中的元素与检测技术. 北京：中国石化出版社

郭明，胡润淮，吴荣晖，等. 2013. 实用仪器分析教程. 杭州：浙江大学出版社

韩宏岩，许维岸. 2018. 现代生物学仪器分析. 北京：科学出版社

黄敏文. 2007. 化学分析的样品处理. 北京：化学工业出版社

蒋晓红，常琼琼，侯晓晖. 2018. 荒川库蠓雌雄成虫形态和超微结构. 昆虫学报，61：498-504

鞠熀先. 2006. 电分析化学与生物传感技术. 北京：科学出版社

李银环. 2016. 现代仪器分析. 西安：西安交通大学出版社

廖杰. 2007. 色谱在生命科学中的应用. 北京：化学工业出版社

刘淑萍. 2013. 现代仪器分析方法及应用. 北京：中国质检出版社

刘约权. 2006. 现代仪器分析. 2版. 北京：高等教育出版社

刘振海，徐国华，张洪林，等. 2006. 热分析仪器. 北京：化学工业出版社

陆婉珍. 2007. 现代近红外光谱分析技术. 2版. 北京：中国石化出版社

蒙克. 2012. 电分析化学基础. 北京：化学工业出版社

聂永心. 2014. 现代生物仪器分析. 北京：化学工业出版社

庞国芳. 2007. 农药兽药残留现代分析技术. 北京：科学出版社

阮榕生. 2009. 核磁共振技术在食品和生物体系中的应用. 北京：中国轻工业出版社

盛龙生，汤坚. 2008. 液相色谱质谱联用技术在食品和药品分析中的应用. 北京：化学工业出版社

盛晟，郑煜，周雨，等. 2016. 混腔室茧蜂触角微观结构的扫描电子显微镜观察. 蚕业科学，42：1117-1121

史永刚. 2012. 仪器分析实验技术. 北京：中国石化出版社

苏立强. 2009. 色谱分析法. 北京：清华大学出版社

孙东平. 2015. 现代仪器分析实验技术. 北京：科学出版社

汤轶伟，赵志磊. 2016. 食品仪器分析及实验. 北京：中国标准出版社

唐钢锋，包慧敏，赵滨，等. 2014. 核磁共振法分析酚氨咖敏药片中各组分含量. 实验室研究与探索，33：5-7

田丹碧. 2015. 仪器分析. 2版. 北京：化学工业出版社

王冬梅，张帅. 2019. 脂质体药物微粒的共焦显微拉曼光谱鉴别. 哈尔滨商业大学学报（自然科学版），35：12-14

王启军. 2011. 食品分析实验. 2版. 北京：化学工业出版社

王祥军，曾仙珍，王亚杰，等. 2018. 橡胶树（Hevea brasiliensis Muell. Arg.）幼茎木材的超微结构观察.

植物研究，38：876-885

王永华，戚穗坚．2017．食品分析．3 版．北京：中国轻工业出版社

午金钧，王尊本．2006．荧光分析法．3 版．北京：科学出版社

夏之宁，季金苟，杨丰庆．2012．色谱分析法．重庆：重庆大学出版社

肖媛，李婷婷，周芳，等．2015．冷冻扫描电镜及其在生命科学研究中的应用．电子显微学报，34：447-451

谢笔钧，何慧．2015．食品分析．2 版．北京：科学出版社

徐丽萍，喻方圆．2017．东京野茉莉雌雄蕊的形态及显微结构．南京林业大学学报（自然科学版），41：34-40

徐勇，范小红．2013．X 射线衍射测试分析基础教程．北京：化学工业出版社

杨根元．2010．实用仪器分析．北京：北京大学出版社

杨星宇，杨建明．2010．生物科学显微技术．武汉：华中科技大学出版社

叶宪曾，张新祥．2007．仪器分析教程．2 版．北京：北京大学出版社

游小燕，郑建明，余正东．2014．电感耦合等离子质谱原理与应用．北京：化学工业出版社

于治国．2017．药物分析．北京：中国医药科技出版社

张华，刘志广．2007．仪器分析简明教程．大连：大连理工大学出版社

张景强．2016．病毒的电子显微学研究．北京：科学出版社

章晓中．2006．电子显微分析．北京：清华大学出版社

张宗培．2009．仪器分析实验．北京：科学出版社

赵晓娟，黄桂颖．2016．食品分析实验指导．北京：中国轻工业出版社

中华人民共和国国家卫生和计划生育委员会．2014．食品安全国家标准 植物性食品中游离棉酚的测定．北京：中国标准出版社

中华人民共和国国家卫生和计划生育委员会．2016．食品安全国家标准 食品中抗坏血酸的测定．北京：中国标准出版社

中华人民共和国国家卫生和计划生育委员会，国家食品药品监督管理总局．2016．食品安全国家标准 食品中维生素 K_1 的测定．北京：中国标准出版社

中华人民共和国农业部．2006．中华人民共和国水产行业标准 水产品中硝基苯残留量的测定 气相色谱法．北京：中国标准出版社

周玉．2016．材料分析方法．3 版．北京：机械工业出版社

朱诚身．2010．聚合物结构分析．2 版．北京：科学出版社

朱明华，胡坪．2009．仪器分析．北京：高等教育出版社

朱鹏飞，陈集．2016．仪器分析教程．北京：化学工业出版社

Hickey H, MacMillan B, Newling B, et al. 2006. Magnetic resonance relaxation measurements to determine oil and water content in fried foods. Food Research International, 39：612-618

Li J Y, Sun D F, Hao A Y, et al. 2010. Crystal structure of a new cyclomaltoheptaose hydrate：β-cyclodextrin · 7.5H$_2$O. Carbohydrate Research, 345：685-688

Lu P, Hsieh Y L. 2012. Preparation and characterization of cellulose nanocrystals from rice straw. Carbohydrate Polymers, 87：564-573

Schumacher E, Dindorf W, Dittmar M. 2009. Exposure to toxic agents alters organic elemental composition in human fingernails. Science of the Total Environment, 407：2151-2157